图提拉

一座新西兰羊场的故事

〔新西兰〕赫伯特·格思里－史密斯 著

许修棋 译

商务印书馆
创于1897
The Commercial Press

H. GUTHRIE-SMITH

TUTIRA

The Story of a New Zealand Sheep Station

根据威廉·布莱柯伍德父子公司 1921 年版本译出

前言

在过去的四十年里,新西兰发生了巨大而迅速的变化,即便是那些像我这样每日记录的人,若要将过去和现在联系起来也是相当困难的——过去的温馨美好湮灭难寻,而现在则充满着变化和可能。这些变化并不仅仅体现在自治领里的动物、鸟类和植物群中,也不仅仅在于乡村地形、地貌的改变,而更在于它们深刻地渗透到农业、畜牧业和土地占有制的整体风貌中。

图提拉的故事是对霍克斯湾省一座羊场变迁的记录。如果说这本书包含了某些永恒的价值,大概是基于这样的事实:书中描述的生活永远消失了,那些概述的自然条件也从人们的记忆中消散了。乡野的处女地不可再得,移民先驱的悲欢离合不可再演,外来动物、植物和鸟类的入侵不可重复,古老的植被也不可复苏——"未知领域"这样的词已经在小小的新西兰地图上抹除了。

如何对全书谋篇布局,在最初进行构思时——正如作家都想站在热爱其书的读者立场上考虑——作者不过是想描述牧羊场的自然历史。然而,随着书往下写,自然地理、土著生活、拓殖垦荒和地表变迁等章节都加了进来,此书便有了如今这一体量。书中涉及的每一个主题都有意从当地视角进行处理。作者从不愿意走出牧场的疆界之外，对于所探讨的话题，他所获取的只有当地知识，别无其他。因此，作者并不为自己的微观视角而表示遗憾，也不对有关章节里论述人类在牧场放牧活动中体现出的赤裸裸的自我中心而致歉。人类在图提拉早期的失败以及最终的归化，作者都尽量以黄鼠狼或兔子的视角记录下来；人类也不偏不倚地被当成了原野里的动物来处理。总体而言，《图提拉》是对一片土地细微改变的记录：根据写作需要，作者的新西兰西部以莫哈卡河（Mohaka River）为界，东接阿拉帕瓦纽伊牧场（Arapawanui Run），南临怀科欧河（Waikoau），北抵怀卡瑞河（Waikari）。

每个人都有其秉性，作者的秉性就在于用半生的时间记录小事情，这些让他充满乐趣。因此，也许找不到一百个和他有同样兴趣且正直的人，不过找到十个是有可能的——他们阅读、记录和学习，在心里慢慢消化乡村地表下的侵蚀、毛利人的古老生活方式、人和动物的移民先驱的命运、外来动植物群的归化、擅占土地者的消失以及自耕农的兴起。

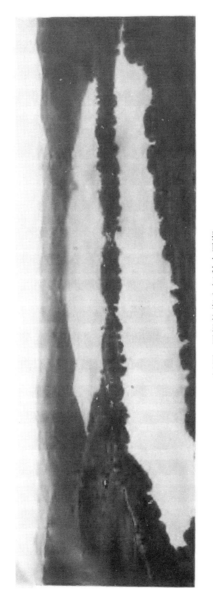

插图：图提拉湖和怀科罗皮罗湖

致谢

　　感谢比阿特丽克斯·多比女士所画的地形素描图以及羊场古老栅栏寨子的精准复原图，能够得到她的帮助是我极大的幸运。同时我要感谢奥克兰博物馆的 T.F.奇斯曼先生和新普利茅斯植物园的 W.W.史密斯先生，他们就植物术语为我提供了帮助。我还要感谢《波利尼西亚通讯》博学的编辑珀西·史密斯先生，尽管他公务缠身，还能拨冗为我转录和更正我那些土著朋友时不时所写下的文件。最后，作为一名追求真理的牧羊场主，旧世界里许多的图书馆和博物馆都能够容忍和同情我的志向。在此，我要再次感谢那些博学之士能够为我付出宝贵的时间。

谨以此书献给威廉·史密斯少将（后为海军少将）

目　录

寨子······两次战争之间的和平······土著人口的缩减······毛利人所离开的羊场

出色的记录……逃难植物的撤退

机……赫伯特·格思里-史密斯成为羊场唯一的主人

图提拉——一座新西兰羊场的故事

开路先锋……进入内地的植物和种子所带的基督教信息……核果植物……野菜……垂柳

插图列表

插图

地图

第一章 图提拉的主要自然特征

图提拉牧场位于新西兰北岛霍克斯湾省（Hawk's Bay province），其农庄则坐落在离海几英里的内陆地区，纳皮尔港（Napier）和怀罗阿港（Wairoa）之间。图提拉的面积超过 20000 英亩，书中大概涉及其三分之一的土地（这三分之一的土地曾为作者所有）。大部分地区为三条大河所包围。最大的一条发源于北岛内陆，沿着毛嘎哈路路山脉（Maungaharuru range）底部流淌，最终于牧场以北 20 英里处入海。该河水位深，水流急，险象环生，或许在某河段有一渡口，我则不得而知。另一条河，从源头流向大海，皆在两山之间，若不是当代在某些河段修建了渡口，也不可横渡。第三条河流，发源于图提拉内陆的高地，在古老的驮马浅滩处可通行，十九世纪九十年代，这里有一个"笼子"挂在铁线上，以方便现代退化的行路人；接近现代，行路人更显堕落，河上已经修建好了一座桥梁。在离海更近之处还有一浅滩，古老毛利人的小径由此经过，通向内陆，若不走此路，除非走出图提拉边境，此段河流便不可跨越。

为了对牧场的外部构造及其组成物质进行解释，我们必须考虑到新西兰东海岸——其实是新西兰全境——整体的宏大变迁。做这样一个综述，作者既缺少知识也没有足够的空闲书写。不过某些主要事实可是得到权威的解释。第一个事实是：该省从基德那波斯角（Cape Kidnappers）到玛西亚半岛（Mahia Peninsula）的海湾地带，在较近的地质历史时期里，地势高耸，气候干旱；第二个事实是：这片巨大的"半月形、呈糟糕的鞍尾状的"土地发生了下沉，与此同时，随着上述土地的塌陷，朝东即向海的沿海地区整体上也随着下降。

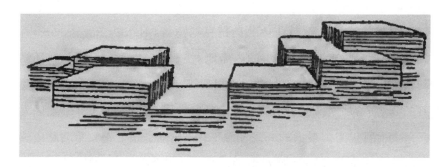

1–1：原始高原的截面

关于霍克斯湾地区的地理，并没有什么特别之处吸引人做一个细致的研究。这里是"金羊毛之地"，牛羊成群，却没有石油、煤矿、铁矿或金矿以激发人们进行细致考察的热情。

我想，图提拉及其邻近地区以前是海床上升所形成的高低不等的高原。很可能该省当前的海湾地区发生了沉降时，这种结构才发生了改变。原始高原的终端边沿地区向东发生了倾斜：乡下地带就从一团凌乱的高原变成了一系列的倾斜台地。毫无疑问，牧场的群山由此而产生。伴随倾斜的进程，群山必然随之升高；一端边缘下沉了，另一端便上升，直到牧场演化为接近现在的外观。

1-2：倾斜高原

牧场位于两排平行的山脉之间，中心是一块地势低平的土地，形状恰似一个拉长的食槽。食槽的西部边缘是毛嘎哈路路山脉，高达3200英尺，低一点的山丘也在2000英尺以上；食槽东部是牛顿山脉（Newton range），海拔较低，最高的不超过1400或1500英尺。尽管图提拉的地形在整体上与其南北部的邻近地区相似，它却展现出一种特别明确的地理特征。能够或者曾经可以有效概括整个牧场的只有一种模式，不过有时很清晰，有时则显得模糊。这种模式很简单：每条山脉或部分山脉都是南北走向；山脉的西坡很险峻；山脉东坡走势舒缓，且为深涧所切，涧壁陡峭，垂直于地。

土著人称其中一座山脉为"赫鲁-欧-图瑞亚"（Heru-o-Tureia），意为图瑞亚[1]之梳，极好地描绘了牧场的整体地质模式——接连不断的山顶、西侧的险峰和东部遍布深涧的缓坡。这就是图提拉山脉山系整体的典型特征；不过，若能够紧紧抓住这个名称的含义，读者就容易找到

1　图瑞亚，即塔玛提亚（Tamatea）六世孙，塔玛提亚乘着"塔基提姆"（Takitimu）登陆新西兰，那是开始于夏威夷的伟大迁徙中最快的一艘独木舟。

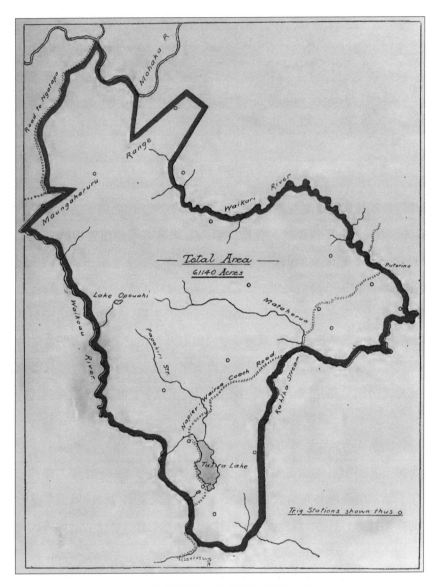

1-3：作者所租用及自由持有的所有土地

图提拉——一座新西兰羊场的故事

一把打开牧场基本地理概况大门的钥匙。绵延不断的山脊本身是巨大梳子的"梳背",尖坡呈垂直上升,成为了"梳齿",而裂谷从未将严实的山峰(即"梳背")钻空,因此也未将山脉截成两段,便可看成梳齿间的"缝隙"。平直垂立的"梳齿"边壁进一步强化了这种地理结构与梳子的相似性。

这里大致列举了梳式山脉系统的特征,以便读者能对这种陌生的裂谷模式有一种视觉上的认识。不过,现在必须作一点修正,即尽管裂谷与山脉主体呈垂直关系,但是裂谷边坡彼此并不平行。这些山谷底部的形状多多少少呈反向马蹄形状,随着与梳背距离的加大而变宽。此外链式平行山脉还有一小处修正,即到处存在着一些狭小互连的尖坡伸向东方或西方,仿佛要互相连接起来。山脉总体上垂直挺拔,南北分布,虽不常见,但却是这块土地上的明显特征。

若读者放飞想象,置身于食槽最西边缘(牧场整体上与食槽相似,从此出发可东抵大海),则牧场横穿而过,其景观亦可纵览。赫鲁-欧-图瑞亚山脉标出了石灰岩的边界,并将砂岩、砾岩以及沿海地带的泥灰从更古老的板岩及其内部的流纹岩相分离。由此向东走,我们会通过绵延不绝的群山,一直到牛顿山脉——食槽的最东端。牛顿山脉也显示出了这个主要特征,山顶绵延不断,岩壁垂立西向,这便是"巨梳"的"梳背";裂地而起的尖坡缓缓向东,那便是"梳齿"。

因此,我们能够在图提拉发现占主导的一种模式、原则和结构;我们还可发现,在牧场全境,狭隘的"巨齿"山谷为陡峭的高墙所包围——即山谷,这些山谷可变深,却从不扩张,而且牧场大部分地区的山谷都看不到水流。为了方便起见,我们把这些包含此种山谷的峭壁称

1-4：怀科欧河上的蓝鸭（此图以及其他图片由作者提供）

为牧场的干旱峭壁系统。

与此形成鲜明对比的系统，我们可相应地命名为湿润峭壁系统。和前者不一样的是，大自然的雕琢作用并不难想象。作用于该系统的侵蚀进程仍在进行。流水如凿，深深凿入河床，溪流流经之地，早已远远深于原来的地表。上层土壤渗透了水分，进而渗入到山壁之中，因此山壁从头到脚滋生着各类蕨类植物和新嫩的绿色植物。事实上，存在着两种截然不同的峭壁：一种岩壁上干燥，寸草不生，突兀而夺人眼球；另一种岩壁上湿润，杂草丛生，若不靠近些，便不可辨别。

除了上述界河，图提拉境内仍有几条径流较小的河，同样流淌在狭隘的山壁之间；唯一全流域逃离峭壁禁锢的河流是帕帕基里河（Papakiri），该河最终注入图提拉湖（Tutira Lake）。每个高地湖泊对于倾注的河流而言都是海洋；对于帕帕基里河而言，此湖便是使其消失的大海。怀科欧河靠近太平洋时，流速变缓，淤泥沉积，基于同样的原因，帕帕基里河在靠近图提拉湖时释放裹挟的泥沙。除了这条长一英里左右的小河以及奥普阿西高地（Opouahi）同样很短的一些小溪，还需要去寻找牧场其他的排水系统。它就在地下。牧场的边界为湿润峭壁，该边界与阿拉帕瓦纽伊山（Arapawanui）齐头并驱延绵两三英里；除了在牛顿山脉，小草场都为湿润峭壁所围绕。每座草场里都有湿润峭壁，多个草场之间，湿润峭壁绵延数英里。此外，几乎在每个自然围场里，都能够发现数英里的干燥峭壁。读者若不能理解草场里分布着数百英里干湿分明且高度在 20 到 150 英尺不等的悬崖峭壁，那么就无法掌握接下来发生在图提拉的故事。

　　牧场其他明显的特征便是水域。此处最大的湖为图提拉湖，其次为怀科皮罗湖（Waikopiro）——两湖在雨季时汇成一湖，面积可达 500 多英亩。在离后者几座山头外，地势较低处，坐落着奥拉凯伊湖（Orakai），面积大概 5 至 6 英亩。在高地西部，有一个小湖叫奥普阿西湖（Opouahi），面积与之大体相似；在普陀瑞诺（Putorino）有一淡水小湖，水位很深，名为德·玛如（Te Maru）；赫鲁-欧-图瑞亚山间有一些山中小湖。图提拉湖长约两英里，位于牛顿山脚下，湖水从一条同名的溪流流出，该溪弯弯曲曲，如蟒蛇般盘旋，跨过了毛利人的小径，破碎成一系列湍流，最终在德·雷雷-阿-塔胡马塔（Te Rere-a-Tahumata）山上纵身一跃，跌入深 157 英尺的大峡谷里。

　　由于牧场的形成，水起到了无比重要的作用，因此值得在最初的一章里用几行文字探讨一下降雨情况。最大的暴雨是从农场的东北、东部、东南、南部和西南等方位吹来的。在三四天的时间内，降雨量常常能达到 1 英尺甚至更多，个别情况下达到接近 2 英尺，这样的记录并不少见。除非是暴雨，否则从图提拉北部和西部而来的雨水并不多。雷暴雨只出现在沿海和山中，牧场几乎不受影响。降雪也有，不过极少见——在我那个时代只下过三次雪，合起来不过几个小时；不过，其中的一场暴风雪下起来也和这里最大的暴风雨一样，极尽狂暴之能事。在低地，各处可见两英尺厚的雪，牛顿山脉则积得更厚，好多天，羊群和雪地融成一团，辨别不清。

图提拉东部的降水特征与其内部不同，暴雨因海岸山脉的阻拦并不总能到达内陆。有一次，农庄草地上两天里降水达到 17 英寸，而在"头像山"（Image Hill）下的小路上，离雨量计所在地约 3 英里之处，却没有足够雨水洗去路上因牲畜经过所扬起的灰尘。

牧场西侧的降水常常是暴雨，当沿海暴雨抵达山脉内侧时，降水量就会慢慢降低。总体来说，图提拉的降水不仅是纳皮尔（纳皮尔与图提拉直线距离才 10 到 12 英里）的两倍，而且图提拉的空气中还有一股气味，大概是因为图提拉内陆有着许多深谷，而且越往里走越多的缘故。当霍克斯湾南部一片枯黄时，图提拉的小山上仍然绿意葱茏。在四十年间，我从未听说图提拉朝南朝东的山坡能够烧起大火；而在朝北朝西的山坡上，我倒见了六七次被烧成一片焦黄。

这些降雨的细节不仅仅是以客观的气象数据来体现的，而且也深刻地影响着牧场的命运。过后，读者可以看到，过量的降雨成了祸害，使当地的发展停滞了数年。[1]

---

1 并非所有的记录都公之于众。我记得有一位观察家，邻居们要求他不要再寄发他的统计表了。"科学也许在某些领域是正确的，"他们声称，"但是他那该死的降水正在毁坏我们的居民点。"

总结：图提拉的原始面貌有可能是一块单独抬高的平原，更可能是一系列破碎的高原。之后的时期里，由于受到外部沉降的影响，此地向东倾斜，使牧场呈现出现在的大致面貌——一系列朝东的山坡，背后峭壁屹立。与此同时，牧场的很多山系由此形成，不过不是由于地壳下层向上运动，而是由于高原的一端上升而另一端随之下降。图提拉的其他地理特征，如湖泊、降水、河流及双重峭壁体系（干燥峭壁系统以远处便能辨识的地层群为明显标志，湿润峭壁系统则以悬挂着的蕨类植物丛为标志）都进行了论述。最后，论述了牧场的有关降水情况。

图提拉 1917 年降水量记录

平均海拔：500 英尺　　观测时间：9 a.m.

日期	1月	2月	3月	4月	5月	6月	7月	8月	9月	10月	11月	12月
1	0.83			0.28					0.07		0.54	0.20
2	2.70		0.32						0.15		0.05	
3	3.94	0.57	0.10		0.01				0.35		0.02	
4		0.09			1.65			0.26		0.52		
5		0.03	0.03					3.40				
6					0.08	0.11	0.36					
7			0.05			0.05	0.24	0.44				
8	0.18		0.08					1.91	0.08	0.16	0.15	
9	2.23		0.55					1.67	0.04			
10	0.02		0.27	0.03		1.70[1]	0.01	0.01	0.08	0.35	0.04	
11			0.04	0.98		8.40	0.02		2.92	0.14		
12		0.12	0.09	0.02	2.95	8.40	0.02		2.44			
13		0.30	0.07		6.80	1.61			0.02			

日期	1月	2月	3月	4月	5月	6月	7月	8月	9月	10月	11月	12月
14		0.39	0.16		0.47			1.63			0.36	
15							0.14	0.13				
16				0.86			0.16				0.14	
17				0.08							0.01	
18		1.68					0.11	0.10		0.27		0.85
19		0.61						0.22				0.60
20		0.73					0.57				1.14	
21	0.10	1.80									1.88	
22	0.66	0.03					0.11	0.10			0.93	0.17
23		0.55				0.24	0.01	0.12			0.16	
24				0.01		0.29				0.01		
25					0.25			0.01		0.46		
26				0.27		0.15	0.02		0.01			
27	0.12		0.11		0.01		0.27				0.06	0.33
28						1.30	0.09		0.04			
29			0.08	0.02			0.33					0.08
30				0.02								
31	0.06									0.01		
合计	10.84	6.90	1.95	2.57	12.22	22.09	2.02	10.16	6.64	1.92	5.48	2.23
天数	10	12	13	10	8	8	15	14	12	8	13	6
	1月	2月	3月	4月	5月	6月	7月	8月	9月	10月	11月	12月

全年总降水量为 85.02 英寸。

1　6月10、11、12 和 13 日雨量都超过 20 英寸。在 11 和 12 日时，我们发现雨量计已满并外溢，因此无法判断额外的降水量。

图提拉 1919 年降水量记录

平均海拔：500 英尺　观测时间：9 a.m.

日期	1月	2月	3月	4月	5月	6月	7月	8月	9月	10月	11月	12月
1								0.15				
2						0.05					0.08	0.30
3		0.25	0.01	1.20	0.02		0.03		0.15	0.05		
4		0.03	0.02							1.80	0.01	
5								0.37		1.32	0.03	
6							0.06	0.06		0.17	0.16	
7			0.43				0.18	0.14	0.04			
8								0.40				
9					0.06			0.12				0.16
10			0.06						1.75			
11									1.19			
12		0.50					0.18	0.01	0.40			
13		4.55							0.11		0.16	0.26
14				0.12								0.02
15						0.01	0.04					
16			0.17	0.14			0.23	0.28			0.55	
17						0.01		0.72				
18					2.15							
19		0.01			0.21	0.05						0.12
20			0.20		0.22							0.02
21						0.22						
22		0.20							0.02			
23		0.27				0.09	1.40					

日期	1月	2月	3月	4月	5月	6月	7月	8月	9月	10月	11月	12月
24				0.07	0.05	0.19	0.07					
25						1.78	0.48		0.01			
26					0.11	0.53	0.42					0.11
27					0.20		0.32		0.01			
28				0.01			0.62	1.26				
29	0.76				0.02		1.10	0.87		0.07	0.47	
30	0.07				0.25		1.95	0.35				
31							2.25					
合计	0.83	5.81	0.89	1.54	3.29	3.06	9.20	4.73	3.68	3.41	1.46	0.99
天数	2	7	6	5	10	9	15	12	9	5	7	7
	1月	2月	3月	4月	5月	6月	7月	8月	9月	10月	11月	12月

全年总降水量为 38.89 英寸。

读者会发现，这两年的降水变化很大——毫无疑问，这两年的最大和最小降水量都超过了其他年份（无法找到其他年份的降水量记录）。其中一年，129 天内降水量达 85.02 英寸；而另一年，94 天内降水只有 38.89 英寸。不过，在霍克斯湾的气候条件下，日降水量少于 0.10 英寸则会很快蒸发变干，事实上，1917 年雨季只有 84 天，1919 年则只有 60 天。

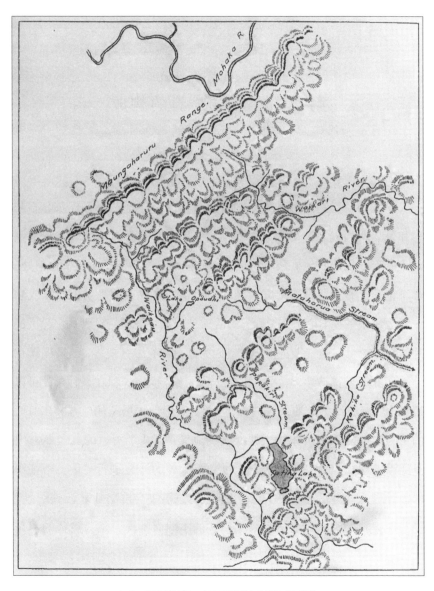

1-5：图提拉东、中和西部的"梳"形结构

第二章　牧场岩石的构成

　　羊场的岩层物质由泥灰（或称之为"帕帕"）、砂岩、砂泥灰、石灰岩和砾岩所构成。除砾岩外，其他岩石明显都是海源性的。泥灰是基础，其上堆积着其他岩层，构成了图提拉的基岩。不论岩层源自何处，亦不论其是否为某古老南方大陆的遗留物，其成分似乎是由洋流或潮汐所运送来的。不论怎么说，沉积活动是间歇性而非持续性的。起伏成片的粗砂粒可在峭壁上觅得踪迹，因为其上常有岩石剥落，结果裸露在外的部分便显得洁净[1]。尽管粗砂粒轮廓比较模糊，只在某种角度可以辨识，就像波纹绸上的条纹一般；不过，它们像牧场其他地方露出海面的更为粗糙的深海沉积物一样，明确地标识了几个短暂的沉寂期。泥流泛滥，规模宏大，有时可以通过数英尺外的沙地进行丈量。若细小的沙子进入沙地后便不见了，则可推断泥流很快会再次到来。

　　图提拉的泥灰因肥力和风化模式的不同而不同，最为贫瘠的泥灰

1　在怀卡瑞河至莫哈卡河之间的沙滩峭壁上，这样的呈线状分布的粗砂粒尤为多见。

最为同质化也最严实，而最为肥沃的泥灰则碎裂成块状或销蚀脱落[1]。

现在我们可以考虑堆在泥灰基层上的岩石结构了。为了方便起见，读者尽可如前面那般发挥想象，站在毛嘎哈路路山上，由西向东俯瞰牧场。

西边的干燥堡垒是由砂岩和石灰岩交替构成的，显然是沙子泛滥沉积在满是贝壳的海床上的结果。每一岩层的厚度各不相同，物质组成上也稍有不同，有时砂岩会少一些，有时更为干燥，石灰岩层则因贝壳碎片的性质不同而不同。有时会发生这种情况，由大风带来的土质覆盖物会剥去海床的最上层，而堆在压实的红砂之间的具有斑驳灰色条纹的石灰岩，则呈现出几乎是正方形的裂缝[2]。

继续跨越牧场，向东移动，我们到达了图提拉中部。在这里，石灰岩消失了，砂岩和砾岩堆在泥灰层之上，前者的砂砾经研磨变成了沙子，后者经翻滚、磨损逐渐变成了卵形石子。在这些砾岩和砂岩层中，化石很少见。在砾岩层中，我仅仅发现了一个品种，即一小段明显是某种树的无节树干；在砂岩层中，则发现了一两种双壳类动物的化石。通常而言，峭壁表面的交替岩层的风化活动是均匀进行的。然而，有时在某种较松软的砂岩中，受霜和风的侵蚀则比位于其上的砾岩更为明显。若这种情况发生了，峭壁就会显得惹人注目，一副圆鼓鼓或大腹便便的样子。通常情况下，在牧场中央，砾岩层会覆盖在砂岩层之上。一旦失

---

1 因爱丁堡和东苏格兰农业学院罗德博士热心助人，我们得以分析羊场的泥灰样品。它"包含34%的碳酸钙（石灰），数量较大的氧化铁和氧化铝；较少量的氧化钙和氧化镁。有磷酸盐，没有碳酸钾"。

2 此构造的最佳例子可在毛嘎哈路路山脉的巨大风积岩处看到。

去了砾岩的保护，更为松软的砂岩就会销蚀为山锥、山包、尖脊和山峰。

再次从西往东走，我们就抵达了一连串的低矮山丘，高度不超过小山冈。这里的可见岩层物质和前面所提到的砾岩差不多；岩层的颜色是锈红色而不是灰色的，看上去并不是整体连成一片，用镐一翻就动，甚至用一把铲子几乎就可以翻动。也许这里卵石的形状大小和之前的地方相比没太多变化。

继续往前走，穿过几个湖泊，我们到达了图提拉的东部山脉，即槽形地带的东部边沿。岩层的构造再次发生了改变：这里典型的朝西峭壁由石灰岩、砂岩和泥灰组成，岩层厚度不一，岩层的上下分布也没有规律。与西部地区的砂岩和石灰岩比起来，东部地区的砂岩和石灰岩显得更新，更具有海洋生命的痕迹。这里的沙子更是真正的海沙。这里的石灰岩里包含了数量更多的贝壳类动物化石，这些化石彼此密切联系，或者说事实上与附近海域里的贝类动物是同类。在数层石灰石岩层之上沉积着一层薄薄的易碎含铁物质。在东部的峭壁上，一个最为重要的新因素也随之产生。在这个区域，泥灰层不均匀地插入岩层中，使得原本更为稳定坚固的岩层迅速削弱和破裂；峭壁变得不那么陡峭了，暴露在外的岩层也经历了更不均匀的风化。于是，由于海床的塌陷，巨大的方形岩体已经与其脱离——岩石裂缝与西部的石灰岩相似——与此同时，插入空隙的其他岩石似乎也要破裂了。

总结：蓝色泥灰（或称为"帕帕"）是整个羊场的基岩。堆积其上的岩层分布如下：西部山脉为砂岩和石灰岩，中部山脉为压实无砂的卵石岩和板岩砂，东部山脉则为一层层的泥灰、砂岩和石灰岩。

在这些岩石物质中，砂岩和砾岩占据了羊场十分之九的空间而无利用价值。这些肥力元素存在于露出地面的石灰岩层里和成片的石灰华当中，不过在高耸而起的泥灰带里尤为丰富。

2-1：图提拉东部的海床

第三章　湖泊

审视牧场的整体地理特征，你会发现牧场从南到北分布着一系列平行的山系。从牧场内陆边缘穿越牧场，读者就穿过并目睹了一个又一个梳形构造，尽管海拔越来越低，但自西向东横穿牧场的整个槽形地带。这些地理特征延绵不绝——也许正是人们所期待的——尤其是越过一小段阻隔后，又在图提拉东部出现了。不过，我们却来到了一大片静止的水域前，这里堆积了数个世纪的沉积物，水深九十英尺，长两英里，宽半英里。这里没有常见的狭窄谷地，而有着为数众多的庞大浅坑，其中一个"大"沼泽早已堆满淤泥，其他的浅坑则变成了图提拉湖、怀科皮罗湖（Waikopiro）和奥拉凯伊湖（Orakai）。

牛顿山山脚——牧场中央的砾岩层止于此，而图提拉东部的石灰岩层则始于此——插入了一个全新的模式，牧场平面图也随之画风改变。这是一种反常现象，与羊场的整体特征无关。我认为，要想解释这个过程不可依据前面的经验。

浅坑里有水也许可做以下解释：侵蚀、火山口内积水、各种物质汇聚成的障碍，或堤坝以及地壳的下沉。

除去最后一个原因，侵蚀作用也许是唯一看上去接近事实的理

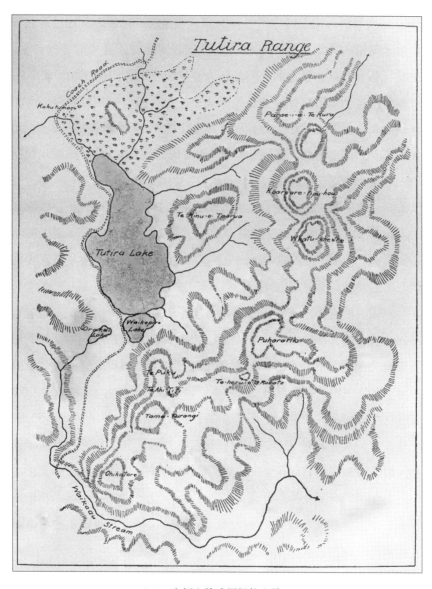

3-1：牛顿山脉或图提拉山脉

由。巨大的槽形地带横穿图提拉中部——该槽形地带在羊场里南北延伸数十英里——庞大的砾岩和砂岩河床遍及全境，这些前文已备述。这些沉积物彼此泾渭分明，可能因为某种流水的作用而沉积下来。可以想象在这个槽形地带或狭长的低地里，也许某个时期存在过一条大河，这条河留下了一大片"沼泽"——过去的一片水面——即如今的图提拉湖、怀科皮罗湖、奥拉凯伊湖、奥普阿西湖（Opouahi）、德玛如湖（Temaru），以及北边的怀卡雷摩瓦纳湖（Waikaremoana）和怀卡雷蒂湖（Waikareiti），南边的怀普库劳湖（Waipukurau）、德·罗托-阿-塔拉湖（Te Roto-a-Tara）和怀拉拉帕湖（Wairarapa），以上都是该河流先前河道的佐证。事实上，我们可以认为，这一连串的湖泊便是由某条远古大河开凿出来的。

　　然而，接受这个理论并不简单。沙子和砾岩并未混杂，彼此截然不同；后者的含沙比例显然与河床可能的含沙率不符。此外，这里的卵石形状表明它们既非形成于倾斜海滩的打磨，也不是滚滚河水侵蚀的结果。在每一砾岩带里都分布着水平岩缝，因岩石的大小而各异。仔细考察这些岩石可以发现，里面的卵石不是由于流水的作用而随机推入，而是在进行大规模的表层处置时，被精心植入的。这些岩石起初也许是因霜冻而破裂的石块，然后经历了更加强大的研磨作用；它们光滑的卵形也许得之于火山岩浆的沸腾和翻滚。不论怎么说，它们与牛顿山脉顶端有着同样物质构成的岩石大不相同——这些岩石明显是很久以前某些流经此地的溪流造成的。

　　事实上，砂层和砾岩层交替沉积看上去与图提拉东部的沙子、石灰岩和泥灰层层相累的情况似乎有很大的相似处。也许我们可以得到一个更深刻的相似性，即东西两侧的岩层深度彼此相符或相对应。

图提拉湖湖盆由河流运动而形成的理论还存在一个短板，即前文提到的双双相对的尖峰，它们到处将山脉连接起来。其中两座尖峰刚好立于图提拉湖两端，越过湖面，第三座尖峰则于怀科皮罗湖南侧稍高的地方阻断了它们的去路。这些成双出现的尖峰和牧场其他地方的尖峰一样，可不能想当然地认为是岩石的崩落和土壤的固化而形成的。它们是泥灰——原始组成物质的基本成分和同种成分。尖峰垂直地出现在狭长的湖面上排除了河流运动的可能性。猛力冲刷而开凿出湖盆，必然要消耗掉同样深度的坚硬泥灰。再者，现在没于水中的湖盆表面，在一个相对较近的地质时期，必然也会受到牧场其他地方所经受的一些地表影响。它们见证着排水系统从古至今以至今后都发挥着作用。事实上，它们是先前大陆架和地表的遗迹，只是当时的海拔与现在不同，上层的物质也被冲刷殆尽。在地质沉降之前，类似于在山脉东、中和西部塑造各类尖峰的地质活动同样也塑造着它们。此外，适用于这些相对较小水域的结论同样适用于整个地形，这包括了贯穿及越过霍克斯湾省全境的巨大低地。即便在某个时期真有一条河流沿着牧场槽形地带向南或向北流淌，我们也不可能发现任何踪迹。可以肯定的是，自从图提拉的排水系统基本保持现在的模式后，就一直是东西流淌，而不是南北流动。

如果湖盆的形成既不是由于冲刷，也不是因为塌方导致流水的堵塞，那么只有一种可能：我认为，湖盆的出现是由于地壳下沉——这一地质运动与外围地区（即该省如今的海湾）的大规模沉降是相关联的。

尽管过分强调地方现象并无必要，仍然有很多小事可以支持图提拉位于地震多发带的观点。八十年代，著名的"粉红和白色台地"毁于塔拉韦拉火山（Tarawera）的喷发，奥拉凯伊河（Orakai）河水变成了黯淡的棕绿色，并且连续多周释放出浓烈的硫化氢气味；从那以后，相同的情况又发生了多次，只是持续时间短了些。硫黄的恶臭在怀卡瑞河的许多河谷地段也非常明显。"瀑布草场"里有一眼含硫泉水，怀科欧河的一条支流的水也是温热的。地震很常见，不过也许并不比该地区的其他地方更频繁。此外，牛顿山脉的东部山坡好像比其他地方缓和一些，大概是由于离湖很近，山脚多多少少与当地同步沉降——事实上，山脉的坡度在某种程度上受到塑造湖盆的下沉作用的影响，而进行了重新调整。

用地质下沉来解释图提拉地区湖泊的形成是可靠的，这有以下论据：当地地壳薄弱；地质平面连贯性破裂；有证据表明海床上升外露而带来诸多变化；山脉东部的坡度有可能因靠近湖泊而受到影响。

湖泊的原始深度也许可以通过帕帕基里河两岸山脉的现今面貌以及观测该河的汇水面积来大致计算。砂石从峡谷里凿出，并由河水带走，减去浑浊流水冲走的部分，剩下的就沉积在各个湖盆底部。图提拉湖先前的面积比现在大得多，因为湖的外流河已经吃进砂泥灰质河岸深达 20 英尺。尽管如此，我们找不到那个时期的任何线索——这个事实可以解释为什么外流河道在一开始就侵蚀得特别快；这个过程不是在数年间完成的，而是在几周内，也许只是几天内就完成了。

如果牛顿山脉的肥沃泥灰因洪水塌方滚下，而且洪水夹着污泥流注到了当时还在水面以下且吸收性能很好的浮石质地面上，那么上面应会长出一些独特的植物。这种浸没影响明显，大洪水后，湖水因污泥灌入而数月浑浊不堪[1]。我相信在表面覆盖着这样一层淤泥，其效果即使到了今天也可以看得出。若不出意外，我们可以通过一种颜色更深的欧洲蕨和一种长得更高的麦卢卡树辨认出来。

图提拉湖和怀科皮罗湖的汇合水域是从前者的西北角流出的。汇合水域是否总是这样流出是一个开放性的问题；若超过当前水位 30 英尺，湖水就会从三个方向溢出。这三条流出水道如下：第一条，是当前的出口；第二条，沿着自然草场山（Natural Paddock Hill）山脚往西流；第三条，向南流向跑马场平地（Race Course flat）。因此，在火山区域里一个坡度不大的斜坡，就足以让湖水往西或往南逃逸。

在当前的地理条件下，湖泊的未来与它的过往一样让人困惑，晦暗难知。现在湖水翻滚之地有可能变成陡峭的山坡和坚实的地面。即便在我的时代里，也明显发见成百上千吨泥沙不断地淤积在欧珀瑞湾

3-2：如今的图提拉湖

1 1917 年发洪水，四天内降雨量超过 20 英寸——雨量计两次满溢——即便是 24 个月后湖水也没恢复往日的蓝色。

（Oporae）和卡西卡纽伊湾（Kahikanui）。这座湖的最终命运将是萎缩成一条曲折的小溪，顺着目前构造的西部边沿流淌；因为西部山坡坡度较缓，冲刷下来的沉积物体量大为减小。然而，即便如此，这也并非是最终的变化。在想象中，我们看到湖水消失了，湖盆上堆满了从山上冲刷下来的沉积物，同时一条细流在上面涓涓流动。

放眼更遥远的未来，我们会发现，不仅湖泊会消逝，其底部也会消失，还有那堆积了数百年的冲积层也会被冲散流向大海。曾经是湖泊之处的中央将会是一条又深又长的山谷，臂膀伸向各个分支平地，每个分支又都变成了峡谷。

目前湖水从西北角经图提拉河流出。这条溪流蜿蜒盘旋走了半英里，通过平坦的亚麻沼泽，然后抵达古老的当地渡口玛西瓦（Maheawha）。渡口下方，湍流、瀑布交杂，最高的从超过 150 英尺之处一跃而下。瀑布离湖大概 40 链（英制长度单位，1 链 =66 英尺——

3–3：未来的图提拉湖

译者注），其间的距离每年都因侵蚀而缩短。我想自八十年代以来，该瀑布往湖方向后退了大概两码（英制长度单位，1 码 =3 英尺——译者注）。做到绝对精确是不可能的，因为用来测量磨损的地标本身就发生了移动。不过，在瀑布上方的溪流边缘长着一株古老的四翅槐树，树干与湖岸相较 37 年前远了五英尺到六英尺；湖岸倒退了同样的距离。无论如何，瀑布缓慢向图提拉湖倒退是毋庸置疑的。目前的磨损无法感知，不过有理由认为在某些情况下，磨损会加快，数百年堆积在湖盆的淤泥沉积物会在数周内冲刷殆尽。因为多年来湖里几乎没有运动，这种状况不太可能一直持续下去。

即便在我的时代里，快速侵蚀的例子也并不少见。卡西卡纽伊平地的排水沟渠数年来沉寂无闻，深 3 英尺，宽 2 英尺，完全满足正常排水需求。不过这条沟渠经历一次洪水后，便在数个小时内变成长 300 英尺、宽 140 英尺、深 15 英尺的小湖。1917 年的三天洪水中，600 码长的

3-4：“一条又深又长的山谷，其臂膀伸向各个分支平地，每个分支又都变成了峡谷”

3-5：目前的瀑布

梯利山谷（Tylee Valley）泛滥成灾，宽为 1 链，深达 20 英尺。洪水进入较柔软的地壳当中，并在数小时内带出了大量泥土。在遥远的将来，因降水过多，这样的灾难很可能再发生。有一个岩洞，深入岩脊之下，岩脊之上有水流，证明了其下存在着更为松软的岩石。因此，倘若上层较硬的地壳破裂或磨损了（这种情况最终必然会发生），且溪流持续冲击较软的物质，那么此山谷向湖边的发展进程会相应加快。湖盆本身早晚会受到影响，湖内松软物质也会被迅速冲走。从各分支平地上排水的各条溪流将会变深而形成峡谷。分布在这些小平地上的丘陵会开始依次移动，直到在短时间之内形成一个与图提拉东部相似的深谷。"已有的事后必再有，已行的事后必再行，日光之下并无新事。"这座湖和图提拉中部巨大的砾岩峭壁一样并不是永久的，亿万年前，峭壁上的每一块卵石在远古的山上都因寒霜而破裂。如今它们再次碎裂，进入现代河谷，卷入现代海洋，碾轧成砂砾。

　　　　　　　　　　　　　图提拉——一座新西兰羊场的故事

3-6：退向湖泊的瀑布

不过，在这种变迁远未发生之前，那里的湖水将会产生另一种变化。每一年，都有一段时间湖水的外流受到阻碍。这种变化不会严格按自然进程进行，而是依着开掘于九十年代连接帕帕基里河和图提拉湖的大沟渠，以灌溉"大沼泽"的逻辑进行。在二十五年里，该河渠开挖出了一条规模相当的水道。先前沉积在沼泽表面的淤泥如今直接流向了湖泊。河渠的入口处早已形成了一片长长的沙洲；湖的北部湾区砂石迅速堆积，最终必然会变成干燥的陆地。现在那条注入湖里又从湖里流出的溪流，它的大概 60 码的河段，在不久的将来注定要直接脱离湖，流水也不会混入湖水之中。

在旱季，或者西北风压迫着湖水南流的时候，每年总有几天或几小时，图提拉湖的四周将为陆地所包围[1]。

---

1 即便是水面之小如图提拉湖，风在上面的压力作用也是清晰可见的。西北大风结束后，我看到了被逼离在平静天气里隔离图提拉湖和怀科皮罗湖两片水域的低矮水道的湖水往回灌入此数英寸的水道；这里所发生的与红海发生的类似，不过前者规模小，后者规模巨大。

总结：为什么羊场的湖泊好像是生硬地插进这个地理形态当中的，理由已经给出了。已有证据表明湖泊的当前形态最不可能的理论解释是路面沉降。湖泊的原始深度来源于邻近地区的洪水和塌方所造成的侵蚀。除了泥沙的沉降，我们还列举了其他事实来证明图提拉湖面积缩小的速度很可能非常快。最后简述了图提拉湖的未来，在排除人类干预后，这座湖泊最终会消失。

3-7：1921 年北部湾

3-8：大约 100 年后的北部湾

第四章 图提拉的土壤——过去和未来

有一段时期，图提拉各处分布着一层黑色的腐殖质。紧接其下的是一层干净的灰色浮石砂砾，厚达三四英寸；此层之下是稍显泥泞而又严实的红砂砾。牧场东部，可看到灰白而无价值的黏土的痕迹。这些是古老图提拉的原始表土和下层土。

纳皮尔西部和北部的广大地区相对比较贫瘠经常归结于浮石带的存在，这其实是错误的。它与这层浅浅的砂砾层关系不大。本地区（图提拉是本地区的一部分）的祸根在于连片的严实的红砂砾[1]。

地壳不受时间和变迁影响的部分，如今只可在高地顶部发现，即前面所述的梳背。更高处的土壤并未于此沉积。由于土地贫瘠，肥力也不可能增加，再加上居高临下地暴露在外，只有低矮树木和蕨类植物可在这荒芜又风吹日晒的高地生长繁衍，森林和灌木丛则无法生存。因此，原始土壤分层不会因为植物根系生长过大而受影响或分崩离析，从而保留下来。这片荒芜恶劣的高地仅由生长缓慢的植物所覆盖，这种

---

1 由腐殖质、尘埃和浮石砂砾构成的表层土壤带往爱丁堡进行分析的结果是"此土贫瘠，量轻，砂砾多，只含有 7.2% 的有机物质，不含磷酸盐"。红砂下层土则"主要成分是硅，颜色来自于氧化铁。没有磷酸盐和钾碱"。

看法可因一种植物的缺席就得到证实，即麦卢卡树。我们会看到，这种灌木日后会占据整个牧场。这些高地是羊场唯一不受虫害影响的地方。大概是麦卢卡树与欧洲蕨在高地上交替生长，时间久了，植物成长所需的化学物质便耗尽了。以下例子可以进一步证实这个理论：七八十年代，图提拉另一小片土地上麦卢卡树生息繁衍，随后，庄稼则变得稀少，长势很差。

这些高耸的地块或"梳背"——总共就几英亩——仍是图提拉的过去的样本。直到今日，这里的原始土壤比其他地方都更清晰地反映出最初的沉积顺序——布满灰尘的黑色腐殖质、灰色砂砾以及严实的红砂砾层。在那样的高度上，不仅沉积物不可能覆盖上面，而且即便是"地下河"的侵蚀、树木连根拔起造成的撕裂和混合以及土地塌方，在这里都比牧场的其他地方受到更小的影响。

4-1：腐殖质、灰砂砾、红砂

图提拉：一座新西兰羊场的故事

从最底层考察是最为方便的，因此我们就以红砂砾、浮石砂砾和腐殖质的顺序进行。红砂砾层是一个坚实、不可渗透、有些泥泞的构造。整个牧场到处是这种没有价值的物质，在图提拉的东、中和西部都很常见。这一层在"风化岩"处裸露，呈现红色。里面嵌入了石灰岩质海床最上层所具有的方形条纹。红砂砾层呈片状位于砾岩之上。

毫无疑问，这些红砂沉积物来源于火山。它们本质上也许是经水浸泡且被磨得很细小的浮石，表现出的泥泞也许是牧场东部的少许浅白色黏土混入其中。沉积物的颜色也可能与赋予砾岩层铁锈色的来源相似。

从下往上，现在要谈到红砂砾层之上的浮石砂砾层。这一层厚约四英寸，砂砾疏松干燥，颗粒均匀，形状与粗砂糖相近。此层畅通无阻，从不与外来物质混合。与其他糟糕的物质一样，它也是从北岛（North Island）内陆的某座火山来到图提拉的。我想，它由风所载且为风所塑，可能落在某一郊野，而此地植物茂密、坚硬又高大，能够即刻为其提供庇护所。它的质量很轻，如雨一般从上落下，或者直接渗入植物之中，或者在雨天里被冲到地上。它会均匀地落在地上——正如我们在不受干扰的高原地块上发现的那样——在接下来的数个世纪里，为植物的枯根与腐叶所覆盖。接纳这些浮石砂砾的植物一定生长在红砂砾之上，因为，毫无疑问，顶层的腐殖质就是由腐朽的植物堆积形成的。浮石砂砾层的形成好像只是一次火山爆发的结果。至少我在任何地方都找不到一丝砂砾层和腐殖质层交替出现的痕迹，这两种物质区别明显。其他的浮石砂砾也许在其他时段如雨般落在了裸露的地表上，然后被风吹走了，但我相信，导致牧场土壤构成的那次火山喷发落在不受风影响的地面上了。除非我们假设了不同的气候条件，否则在光秃秃炙烤的红砂层上的砂砾是禁不住西北大风刮一个小时的。即便是冲击力更小的雨水，也会很快将其冲走。

浮石砂砾层风成说的替代理论是假设砂砾落在水面并最终下沉。不过这个理论有诸多问题。若落在海面上，这种轻量物质会迅速分散开；即便落在了四周为陆地包围的水域，这些漂浮的物质也会在风和水波的作用下堆积成一块，不能均匀地分布在底部。此外，假设砂砾没入水中的一个水平地带，当地表上升时，它的表面干涸，那一层不重的浮石就会被大风吹散。最后，在新露出的红砂砾层表面也看不出有沉重的含水砂砾覆盖其上。它的颗粒也未与任何低洼物质相融合。在我看来，既然一个理论有不可克服的障碍，那么相信另一个理论就没什么困难。

汤加里罗火山（Tongariro）、拿鲁赫火山（Ngaruhoe）和鲁阿佩胡火山（Ruapehu）都在图提拉一百英里之内。1886年塔拉韦拉火山爆发期间，若大风正好吹向图提拉，牧场就会覆盖上一层厚厚的细砂砾。图提拉东部浮石碎片很少见；而毛嘎哈路路山则有成片的浮石，大小不一，小如硬币，大似手掌。莫哈卡河发源于新西兰主要的火山活动区，在洪水季节里，从河源携带了大量的海绵状石块；事实上，浮石碎片的形状和尺寸因离产地的距离不同而有所不同。

满是灰尘的黑色成片腐殖质不需要过多说明。毫无疑问，它是牧场最新的土壤，来源于从森林与蕨地吹来的腐烂蕨叶、树木残骸和细微沙粒。

从上述对牧场的土壤和下层土的描述中显然可知，牧场的原始地表各处都相当贫瘠。同样明显的是，要想改变地表土质，只能在地里添加石灰石、石灰华、泥灰和沙子，再添加上来自茂密森林的土壤，并加厚腐殖土。从牧羊人的角度来看，原始状态下的图提拉完全没用：事实上，即便是现在，他仍认为新西兰的发现和图提拉的"占用"都提前了几十万年。

在第一章，我希望自己所提出的"梳子"比喻能够帮助读者掌握牧场的整体构造。若土壤有其他重要事实需要掌握，读者通过同样的方法也能很容易理解。这一重要事实即牧场的肥力与坡度成比例，最陡峭的地方最肥沃，最平坦的地方——冲积平地除外——最贫瘠。就前者而言，浮石砂砾层和红砂砾层的外部在某种程度上为冲刷物所覆盖，或为泥石流所剥离。后者则数世纪保持原样，即使是腐叶堆也因皮下侵蚀而慢慢消失。

卡西卡纽伊沼泽位于羊场最高的泥灰露出地的下方，沼泽里的冲刷物几乎全部由该物质组成，是牧场土壤条件最好的地方，成为了远近闻名的波弗蒂湾（Poverty Bay）平地的缩影。

这里的每一块平原——其一，面积为几十英亩里；其二，面积达数千英亩里——都是洪水将山上的泥灰带下来而冲击形成的。在各自情况下，更粗更大的颗粒沉淀在了平原的高处，而最细又高度粉碎的淤泥则留在浊水中，直至受到了阻碍而回流——在一种情形下是受到图提拉湖的抑制，另一种情形下则受到太平洋海水的压制。结果是尽管平原全境都是肥沃的，但是高处和低处的物理条件却又很大不同，即高处容易翻动，土质疏松，低处则土质沉重坚硬，连成一片。赫伯特·斯宾塞（Herbert Spencer）所说的"倍增效应"还可以在不同的杂草、牧草和一个不同的永久性牧场上得到验证。

牧场浮石质的槽形平地——用冲积平原则显得太过华丽——的面积并没有超过 40 英亩或 60 英亩，最大一块也许也未超过五六英亩。作为羊场的资产，它们价值不高，不过值得注意的是它们所形成的方式——不是从高处直接沉降，而是从地下注入含有微量腐烂植物的水流以及来自山坡高处的渗透液。这些浮石冲积层在外观上与邻近土地并无区别。很久以来，它们被同样地视为没有价值。干旱的地表砂砾、长在上面的植物外观——麦卢卡树小林子，树皮又破又薄，叶呈褐绿色且多刺，树冠既不能让人躲避冬日的冷雨，也不能让人享受夏日的清凉——都证实了这样的看法。而另一方面，绿色的新西兰毒空木和柳叶赫柏长势茂盛，覆盖了邻近的山坡。人们认为它们的叶子落在了山坡上，形成了腐叶堆；事实上，它的肥力通过一种后文会解释的过滤过程，透过了腐殖质和沙质砾石，然后由于在平地上不能再逃逸

4-2：绪弗拉（Shephera）的花篮真菌

　　　　　　　　　　　　　　　　　图提拉：一座新西兰羊场的故事

了，便以一种与清茶差不多浓淡的含泥浑水的形式从地下冒出来[1]。

牧场的土壤及其原始沉积顺序已经进行了足够的说明。如果读者掌握了陡峭之地土壤好、平坦之地土壤差这个事实，他就知道了所需了解的一切。

---

1 与一位畜牧及羊场代理人骑马穿过这种郊野的某处，他评价着长满深深绿色毒空木的斜坡，大概是想说点好听的话："那看起来没那么糟，不过这——！"我没来得及细想就回答道："你也许并不是这么想的，但这确实是好多了。"我仍然记得在他掉转马头看看我时，他的脸阴沉着，很不高兴。正如我所说的，他是一名从童年开始就习惯了欺骗的畜牧及羊场代理人，不过他感觉相当不舒服，当然不是因为他想当然地解释成的谎言，而是对这样一个愚蠢的错误所体现出来的无能、不足、徒劳、浪费和无用感到恶心。

第五章　地表下的侵蚀

我们已经描述了图提拉的原始面貌，不过还未对改造其轮廓的媒介进行追踪。读者应该记得，我们将最初的羊场描摹成一系列的高原向东倾倒，这些倾斜的台地或高原表面光滑，由深堑相连接。至于巨梳系统的演化，这些深堑的发展，书中尚未论述。我想，解释上述过程需要引入皮下侵蚀这个神奇的进程，这是一种与野兽尸体分解相类似的过程，先是肌肉腐烂，然后外皮收缩变皱，最后骨头才露出来。在这个变化过程中，水是主要媒介，不过为了简化我们的任务，暂且不表水起到的作用，先来谈谈水没起到的作用。

水并未创造干燥峭壁系统。由石壁所包围的险峻山谷里的坚硬岩石，也非水所冲来。不论是理智还是所见都否定了这种假设。水也未侧面浸入其中。在数百个样例中，除了天上的雨水直接落在上面，其他外来水从未进入其间。通过水流冲刷的岩石侵蚀并不存在，因为流水经过两边的邻近地面时就消失在砂砾当中。两重峭壁之间的峡谷并不呈尖矛状，而呈马蹄形，这不是流水侵蚀所形成的典型沟壑。倘若流水果真起了作用，那么山谷里两重峭壁之间的距离从开始的 2 码到 20 码以至于 200 码，则这种悬殊与流水冲刷而形成的山谷很不成比例。最后，

　　　　　　　图提拉——一座新西兰羊场的故事

若流水腐蚀是其形成的原因，那么山谷口必有岩石材料沉积的痕迹，而我们看不到任何踪迹。我认为对于这些峡谷而言，流水没起到的作用已经说明白了。

流水的作用是清除岩壁间沉积的少量物质，如果冲刷这个动词可以描述这漫长宏伟的进程的话，那么流水就是冲走早已堆积在山谷里的物质，使人们得以目睹一种更伟大的力量所完成的杰作。因此，腐蚀并未创造而是揭开了图提拉乱石丛生的山谷的面纱。我所假设的作为牧场原貌的高原向东倾斜之时，羊场形成了一系列的倾斜台地，这些沟壑深涧也已塑成。

图提拉现在放牧之地以前是海床，有一股力量将其割裂开来，其间的裂缝并不平行。这是一股什么性质的力量，我并不能提供有价值的猜想。不过，它看起来是一种双重运动——一股力量使之呈南北线性裂开，另一股力量将这些条状地带沿东西方向进行不完整的切割，形成既不平行也不对称的山谷。南北分布的裂缝应该是地面下降时，陆地一块一块往东倾斜造成的。而东西走向的山谷，开始是巨大的马蹄状，倒不易解释。也许当岩石还具有弹性之时，水分蒸发了，便收缩而破裂，因为这些山谷的形状看上去不可能是外力导致的断裂。

尽管山谷的形成原因没有令人满意的解释，但山谷以何种方式展现在世人面前却值得大书特书。每座山脉都细微地修正了整体地理形态。因此，为了不使读者在烦杂的细节里摸不着头脑，我决定按阶段从古至今进行叙述。请读者想象在腐蚀未发生之前，图提拉中部砾岩山体的一块理想化坡面。

最初，图提拉的主要河流的位置比现在高了数百英尺。我们想象中

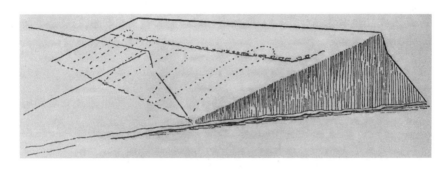

5-1：图提拉中部未腐蚀前的理想坡面，虚线表示隐藏着的"梳缝"

的坡面看上去完整、光滑、没有坑洞，并稍微向东倾斜。上面是一层黑色腐殖质，其下是风化浮石砂砾，再下面是松散的红砂砾。雨水渗入松软表土进入浮石砂砾和红砂层，不过并未深入便在皮下层顺着坡势，以一种看不见的过滤作用消失了。我想，雨水是流过一颗颗砂砾，均匀而四处扩散，流量极小，正如水滴洒在一块倾斜的吸水纸上。最后，在我们想象中的山坡的底部，水流汇集在另一个"梳子"崖壁的背后——背靠的是另一个朝西的崖壁，即倾斜高原的另一段。流水在那里无法继续向东压迫，便暂时停住了。最终，在此山坡底部形成了一条溪流，这是腐蚀假说的关键因素，它向南或向北流向主要的几条河流，即怀科欧河、马塔荷茹亚河（Matahorua）或者怀卡瑞河。直到现在，我们想象的坡面仍似一同质整体，不过，随着溪流拓深——这个过程与羊场的整体排水系统的变化是一致的——两种不同性质的地表开始出现。起初，小溪会顺着腐殖质缓缓滴流。随着溪流持续加深，水流便渗入火山砂砾层，然后进入疏松的砂砾层。随着该进程的延长，溪流也进一步变深，最终会开始绕开坚硬物质，同时冲刷松软物质，即仍然隐藏着的"梳子"的"梳齿"和"梳缝"部分。对梳齿（即砾岩）的腐蚀微不足道，而对梳缝的腐蚀（即砂砾和松散沙子）则一目了然，前者岿然不动，后者则土崩瓦解。随着溪流变深，梳缝里受冲击的松软物质脱落浮起并发生皱缩，而坚硬的部分则保持不变。随着时间的流逝，这种皮下渗水以及坡面以下物质的剥离，开始影响了坡面的平整度。梳齿间的腐殖质地表会轻微下陷，洼地和山丘交替出现在那个我们想象中的平整坡面上。地下流水不断侵蚀着洼地底下的物质，洼地变深了，而山丘的高度看上去反而升高了。就像牙齿长在牙龈上，岩石的坚硬边沿仿佛从腐殖质地面当中挤出来。地面的皱缩并不停息，随后出现了矮墩墩、光秃秃和直楞楞的岩壁。此后，我们想象中平整的坡面变成了一部分区域平整如故，一部分则皱缩塌陷。由于梳齿区域的皮下侵蚀并未受到干扰，便会年复一年地使山谷变深。与此同时，山谷下陷多深，岩壁看上去就升了多高。最终，在图提拉中部，我们所想象的"梳子"地带就出现了现在的这般情形——一条长坡向东倾斜，上面峭壁林立，岩壁之间是干燥下陷的山谷或表面仍是平整的岩石褶皱，看不到一丝外部流水作用的痕迹。在这片疏松多孔的土地上，暴雨并未冲刷出水道，流水

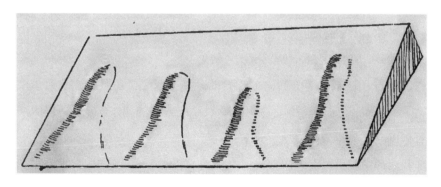

5-2："山谷下陷多深，岩壁看上去就升了多高"

也未开辟出河道。除去猪拱过之处和残枝败叶形成的小山包，直到今天，没有哪块凹凸之地可改变这片单调平整的黑色纤维腐殖质地面。

图提拉中部条件最简单，此处的山谷始终保持干旱状态，除非雨水从天而降。我们假想中的第一块坡面就选取自这里的砾岩山体。为了更容易理解皮下流水体系的进一步发展，现在假设从西部的石灰岩山区再截一段坡面。和前面一样，我们必须假设山坡向东倾斜，黑色腐殖质覆盖着浮石砂砾和红砂砾，且具有皮下渗透系统、位于坡底且垂直于地面的溪流、朝西的绝壁，以及在图提拉中部假想中的砾岩坡段下陷时所展现的不同历史阶段。前面我们以峭壁之间下陷 10 到 20 英尺为结尾，现在我们就从这里开始。首先，西部的山谷与中部的山谷相比长宽都大了好多倍。由于面积大多了，此地降水总量便更大。这里海拔更高，排水系统获得的雨水也更多。当两侧岩壁都升高到 80 到 100 英尺，渗透水、第一次为人所注意的冲刷而下的泉水以及降落于谷中的雨水，都对岩层褶皱的中心部位造成侵蚀之时，塌陷的皱缩会变得越来越明显，深谷变成了斜坡，即从 U 形谷变成了 V 形谷。最重要的是，倒 V 形山顶的腐殖质第一次直接暴露在流水中。泉水流淌加之大雨浸泡最终腐蚀了山谷底部；一条小溪潺潺流过沉陷区的下部；一个普通的山谷形成了，不过失去了横向发展的可能。

现在从较难的部分转向最难的部分，读者需要在图提拉东部想象第三块坡面。与前面一样，这里需要想象成典型的朝东斜坡，平整的浮石砂砾和红砂砾覆盖其上，排水系统与斜坡垂直。不过，正如我们从中部和西部发现了区别一样，我们也发现了其他不同。这里的裂谷更宽，汇水面积更大，降雨更丰富，出现了黏土，泉眼的数量也更多，泥灰更靠近地面，此外还紧挨着重叠的石灰岩。这些不同的条件造成了不同的影响。不过，首先，水流如前两个例子那样渗入坡底；像之前那样，渗透水在相邻的西部峭壁的底部堵住了；然后，水流浸入底部，缓缓流动，形成了一条初期的水道；然后，水道变深，形成冲刷效应；然后，冲刷力开始将隐藏的山谷顶部成分冲走；最后，沉陷区变成山谷，山谷发展成了浅浅的 U 形谷。

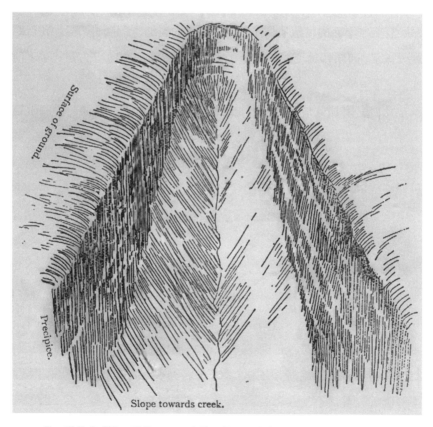

5–3：从 U 形谷变成了 V 形谷——一个普通的山谷形成了，不过失去了横向发展的可能

不过如今出现了一种变化，U形谷的底部与中部和西部的情况不一样，并不是疏松可渗透的砂子，而是一种更坚硬的物质——泥灰。植物纤维和砂砾混合的腐殖质层与不可渗透的泥灰之间有雨水流过，形成了一种三明治结构，在这个结构内雨水将沙子和砾石一颗颗地冲走。随着时间的推移，尖锐的浮石砂砾在泥灰层上挖出了一条不规则的河床，河床变深形成了一条隐藏的小溪流，最后发展为地下溪流，或用牧羊人的话说——"地下河"。起初，看不到水道，时间久了，水道拓宽加深，覆盖在上面的腐殖质层不时坍塌，大的裂缝空洞随处可见，其行踪就暴露了。河床持续变深，其上的草皮掉落得越来越多了，最终地下河变成了地上河。

此时，附加效应变得明显起来，小河两岸地表下侵蚀开始发生第

5-4：到处出现坍塌的地下河

二重作用。小河的二级地下溪流形成，与其成垂直关系，同时横向支流也与后者垂直。小河深度变大，两岸的坡度也更陡。当这三重仍在地表下的、为腐殖质所覆盖的侵蚀同时腐蚀山谷中的围阻墙时，我们才可能在图提拉第一次看到山谷既能变宽也能变深。这些围阻墙既不是图提

5-5：碎裂的石灰岩盖

拉中部的砾岩，也不是其西部的石灰岩和砂岩，而是由石灰岩和泥灰交替出现的岩层构成的。泥灰易碎，石灰岩盖则会日渐销蚀；围阻墙的上部暴露在空气、风霜和雨水当中，不再与地面保持垂直——它们日益变为极为陡峭的山坡。而受到土壤保护、尚未暴露在外的部分山峰，不受自然磨损，仍然保持绝对垂立。最终，我们假想中朝东倾斜的山坡如今变成了一个开放的山谷，剥离了原始物质，留下了星星点点碎裂的石灰岩块。

现在可追踪到图提拉地下流水系统的三个发展阶段：第一阶段，雨水渗透腐蚀，山谷在峭壁内越变越深；第二阶段，雨水渗透和泉水腐蚀，山谷在峭壁内越变越深；第三阶段，雨水渗透和泉水腐蚀，辅之以崖壁不再直立的山谷缓慢变宽变深。

通过从高处往下观察可以得出以上结论，这些可通过一个算术术语"坡度"获得证明。读者只需顺着主要溪流的水道去探究其支流，最后，注意这些支流的源头。我们的结论也是通过演绎取得的。通过枯燥的归纳法证实也很简单。现在我们可以放下那些理想中的坡面，来考虑一下实际的情形。

每个阶段都有皱缩且在不停地修正，尽管细节不同，但总体原则错不了，模式也很清晰。就先以还在塌陷初期阶段的岩石褶皱为例，该褶皱在赫鲁-欧-图瑞亚山区，位于人们称之为Z形路的马径南部，并与其平行。尽管与图提拉最高山脉的山谷相邻，这条狭窄褶皱仍仅仅是条褶皱；另一方面，在"瀑布草场"上多是半圆形土丘，显得默默无闻。"梳子"模式不可辨识，梳齿和梳缝也不明显，难怪两地都开了荒。"第二山脉"的谷地塌陷并不明显，仅仅是山峰的轮廓露出腐殖质层；显然，牙齿还没从牙龈里长出来。

在"砂山"（Sand Hills）上，"梳缝"的间距尤宽，而"梳背"比一般情况更不突出。在"毒空木山坡"（Tutu Faces）上，"梳齿"彼此距离很小，上面的褶皱彼此几乎不可分别，它们为高度在 10 到 15 英尺的小山所包围。"努比斯山脉"（Nobbies range），就是赫鲁-欧-图瑞亚山的微缩复制品，沿线裂出多道山谷，互相间几乎平行，其他地方可见

5-6：仍有岩盖的台地的一部分

5-7：岩盖已滑落而形成的锥形山的一部分

不到。然而，到处都发生着地下和皮下腐蚀；不论塌陷区是深是浅，是宽是窄，是明是暗，古老的原始腐殖质始终铺在地表上。

　　图提拉"梳子"系统明显之地，其独特的地下流水系统便不足多言。不过在很多地方，我们所描述的皮下进程仍需要修正，其不同的地貌形态也值得做些说明。图提拉中部有一块山峰林立的区域——"圆丘"（Dome）、"圆锥山"（Conical Hill）、"剃刀背"（Razorback）、"马塔–特–兰基"（Mata-te-Rangi）、"帕山"（Pa Hill）以及其他独立山峰。

这些山都由砂岩构成，如山名所示，多多少少会风化变尖。每座山都是当年倾斜台地的一小部分，上面的砾岩岩盖消失了，光秃秃地暴露在外，成为了散乱的"梳子"系统分散的"梳齿"。雨水作用销蚀了山顶岩盖，多少加上风霜的影响，便成了圆锥形、半圆形和剃刀背形。事实上，这种山峰的形成意味着新西兰北岛东海岸正处于从遥远过去的高原过渡为久远将来的平原的阶段。

皮下侵蚀对这些独立山峰——也许我可称之为漂移之山——的底部所起的作用与对台地系统的山坡的作用同样让人充满好奇。尽管尘土脱落物本可能沉积在地面上，但这种恩惠并未降临。大海如强盗，到处劫掠山地的农民，对于图提拉的农民更是肆无忌惮。地下河将改善牧场土地所急需的物质带往了大海——这片空间虽然广阔无垠，却荒芜得寸草不生，即便有千百万英亩，也放不了一只羊。牧场的砂岩构造周围——尤其是更松软的砂岩附近——支脉高度发达。图提拉中部的"圆丘"和"死人山"（Dead Man's Hill）[1] 最为极致地展现了隧洞网络：陡峭的山坡上布满了蜂窝状的孔洞。上面一粒风化沙子都难见到，暴雨时节，瓦解的锥形表面上的物质直接冲入隧道，隧道的嘴张得圆圆的，如漏斗般，似乎要吞噬一切。正如东部的泥灰形成了流水三明治结构，类似的情况在这里再次发生，只不过泥灰换成了砂岩。图提拉依然贫

1　这么称呼是因为在山上发现了野猪拱乱的人类骸骨，不过很明显，发现之时死者死去未久。我们可假设死者生前在高山顶部迷路了，筋疲力尽之后发现了湖泊，在前往湖泊的路上困在了牧场中部的裂谷上。无论怎么说，这些骸骨离其中一裂谷边沿就几码。在我的时代里，图提拉又发现了两具尸首，其中一具是欧洲人，另一具是毛利人。在那具毛利人尸首旁发现了用火烧过的绿岩残块。

瘠，牧草和绵羊所需要的成分仍然被冲到饥饿的海洋里，具有古老原罪的腐殖质几乎仍旧死守着钝形砂岩质锥形山。这些独立山峰经历了风雨，破碎崩裂。尽管其周围的地面已经下陷了几十、上百英尺，但是那些最差的土壤——覆盖灰尘的腐殖质——仍保留在顶部。

第六章　滑坡

　　前文已提到图提拉不时到来的暴雨，读者便不难想象它们对陡峭泥灰山坡的影响。尽管泥灰质地面在羊场占比很小，不过往大处讲，"帕帕"地面遍及北岛东海岸，尤其在波弗蒂湾，松质泥灰更是惹人注目。有一股强大的力量使其崩裂，变得平整，一直延伸到大海。不过，由于我所写的是图提拉的历史，上述影响涉及区域有限，因此我只挑选当地的几个事实进行说明。

　　图提拉东部暴雨时节，雨水灌满了无数的溪流、裂缝和"沼泽"，自然也浸入了泥灰和石灰岩交替出现的岩层里。地下土含水过多而外溢，深达数英尺的裂缝形成了，山坡上的淤泥喷涌而出；地下河成了谷地，或为沉渣岩屑所阻，山坡上流溢出大量混杂着淤泥、草皮和奇形怪状的黏土团的浊流。

　　狂暴的"破坏者"走后，图提拉东部止不住泥土的泪水。所有古老的山坡边沿都浸透了，滴下了黏土水；绿色的山坡上到处是鲜红的伤口，一块块头皮状的草地纷纷剥落，混在污泥和杂草当中向山下滑落。有时，整个山坡会起皱，像融化的屋顶积雪一般滑落，那巨大的波瓦状构造向可怜的羊群冲击，将半群甚至整群姿态各异的羊埋在地下。

6-1："就像融雪从屋顶上滑落一般"

有时，泥石流冲下陡峭的山坡，暂时阻断了谷底的溪流，溪流水涨，将泥石流冲走，却在溪流上方几码高的对面山坡留下了一层让人好奇的泥土。溪流稀烂如胶，流速不比冰川快，羊一旦陷入黏稠的泥水里，牧羊人只能抓着蹄子拉起来，这使得牧羊人都害怕去山坡[1]。"南来的破坏者"到来后，或者一阵带来三四天不停歇的倾盆大雨的"黑色东北风"过后，在山坡上两英里的区域里，我计算过大大小小的新滑坡有两百多个。自1882年起，厚达6英寸到两三英尺且覆盖在环湖山谷的牧草和苔草之上的泥石流多达七八次。大量的泥土从山上滑落到了更广大的平地，掩埋了篱笆，冲毁了道路和桥梁，破坏了管涵，牲畜深陷其中，

---

[1] "一战"停战后，我回来了，发现了件趣事，即一年前的洪水记忆被改编成儿童的游戏。我的三个侄女发明了一种叫"沼泽里的绵羊"的新游戏。小牧羊人们所定的游戏规则不需详说。总体而言，游戏可在垫子或草地上进行，其中一些人扮演"绵羊"，另一些人扮演"牧羊人"，"牧羊人"的任务是通过扯着"绵羊"的腿将其从泥潭中救出来。倘若在解救过程中绵羊叫得悲惨，又掉进了沼泽里，或者最好是，绵羊的冰冷痉挛的腿拒绝了没有牧羊人支持的帮助，那么游戏就要重新开始。

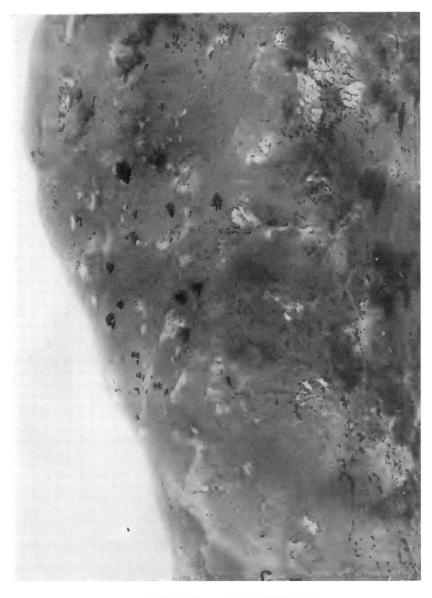

6-2：图提拉东部——洪水过后的泥石流

或为四溢的泥流所裹挟而淹没。

每次暴雨过后，除了滑坡外，山坡上到处是9英寸到1英尺深的裂缝。有时裂缝是纵向的，但更多的则呈不规则的椭圆。这些裂缝标志着面积不小的区域里地面发生滑动。通过树木自然生长角度的些微不同、围栏的弯曲程度、干草皮的交替覆盖、地表的起皱以及门闩的爆裂等现象，可进一步判断该区域的所在。然而，即便滑坡已经开始下滑，该进程并非总能持续进行。有时连续数年开着大口的裂缝并未扩大，有时则堆满了尘土和杂物。尽管如此，缝隙对于前面所说的滑坡的发生起到重要作用。汇聚在缝里的水侵入泥灰层，使得上层土壤所倚的下层变得润滑，加速了泥石流的到来。

我相信，我在图提拉短暂的时期里，牧场东部没有一寸泥灰在某种程度上不受到大雨的影响，没有哪一寸泥灰地没向大海滑动几英寸或几英尺。

事实上，在早期皮下侵蚀的进程中，滑坡和泥石流也许是互为补充的。在"牛顿放牧场"的山谷里，我们有一个例子，由于降水不足，侵蚀进程受到抑制。那里有一条溪流为石灰岩碎片所阻，仍在海拔几百英尺之上流淌。原始的上层土壤在外力作用下被扯碎，变得零散，还未全部化为烂泥。

不过，在毛嘎西纳西纳（Maungahinahina）山谷，谷底几乎沉降至海平面，谷口也直接与怀科欧河相接，这里几乎完全由流水塑造而成，深五六百英尺，宽近半英里。由纤维和根茎组成的腐殖质、浮石砂砾、红砂以及黏土，如今都消失了，它们都曾将此大凹地埋藏，如今却完全露了出来。渗透水进入了地下河系统，地下河进入了开放的峡谷，峡谷之水又流入大量的横向河谷中，直到填满巨大裂谷的混合了多种物质的疏松土壤被流水冲走了，谷底的泥灰层暴露在外。最后，由于溪流冲不走大量的石灰岩碎块——从两边滑入的原始岩盖的碎片——小溪只能任其堆积，如某种冰碛石一般在谷口格外显眼。

尽管有洪水来袭，泥石流造成了塌陷，但图提拉东部剩余的岩盖仍可维持长久，因为岩盖的磨损极其缓慢。

在我还是这片土地的主人期间，石灰岩海床分裂开来的三大灰色方块明显发生了移动。1905 年，长约 1/4 英里的滑坡从跑马场平地的下部出发，冲向邻近怀科欧渡口的路面，一举将其毁灭，周长达三四英尺

6-3：毛嘎西纳西纳山谷

的大树为之所摧折，最后将两块巨石带入了怀科欧河内。它们屹立至今，全身灰白，不长苔藓，成为了对不久前泥石流的纪念。

1911 年，另一块巨石移动了，不过不是在雨后，而是长时间的燠热天气后，发生在一个平静得无人会相信发生地震的日子里。这块石灰岩巨石从跑马场草场的海床最高处崩裂，岩石滚动的声响及其扬起的尘土即便在半英里之外也能感受到。往近细看，巨石已在山坡的着落处撞出了一个深缝，那里的坡面如战舰船头的海水被迎头撞碎。不过尽管巨石体形巨大，跌落——或者说急剧下落——了 10 到 15 英尺，巨石上的杂草和亚麻仍然保持着自然的生长角度。尽管只发现三块移动的石灰岩岩石，我相信仍有数不清的从岩盖上断裂下来的巨石深深嵌入山坡之中，从未停止运动——它们被缓慢地吸往山下，也许一年一英寸左右，又因数不尽的地下河的侵蚀而塌陷。

河床上大型磐石位置上的变化再明显不过了，可观测到磐石的某些部位向海洋移动了一两英尺。与河床的其他部位相比，河滩得到了更为细致的观察：我们发现怀科欧河河滩四十年里几乎没有变化。我们现在渡河的地方——或者从建好的桥上渡河——与 1882 年的渡口不过相距几码地。

还有两种细微的腐蚀进程仍未记录，我认为其中更重要的进程与图提拉东部古老高原的岩盖遗迹上所发现的圆形坑洞有关。有时这些漏斗形坑洞里长满了草，有时草坪破坏了，坑洞底部暴露在外。大部分的坑洞不深。不过离图提拉边境不远处有一个洞，若不是用铲子挖开来，就会一直是动物的死亡陷阱。过去，洞里经常可见绵羊和野猪的尸骸，前者也许是为陷阱旁的鲜嫩野草所吸引，或因运气不佳而跌入，后者则因前者的诱饵而滑入坑内，结果爬不出来了。这些大大小小的坑洞，很可能在雨水里的碳酸的作用之下腐蚀了石灰岩，岩盖日渐磨损，溶解的物质被水冲走，形成石灰华，石灰华越积越多，堆积在了溪流两侧。由于下面岩盖的化学分解作用，无所支撑的土壤便沿着中间薄弱的地区坍塌，形成了大致圆形的坑洞。地下物质的抽离或许也是羊场该地区其中一条溪流沿线形成几乎完美的漏斗形坑洞的原因。坑洞穿过一堆杂乱的石块和石板——都是从石灰岩岩盖剥落下来，且由泥石流强力裹挟，或者由地下河挖出而堆在山谷底部的。乱石当中毫无疑问有数不尽的裂缝，而流水从中逃逸——也许在溪流低处重新出现，也许在别处变成了泉水。河床里也有着微小的旋涡，时断时续，有时会吸水，有时则停止吸水。

还有一种腐蚀仍未提及。这种腐蚀的整体作用微不足道，也许我要为将其写入而致歉，不过该腐蚀奇特的快速作用让人着迷。那些斜坡上的花园主人，尽管花园干燥多尘，还是精心垦殖，并尝试进行浇灌，他最能理解上述腐蚀的运作。在旱季，光秃秃的陡坡底部——山体滑坡未愈的伤疤——汇聚了大量的细微尘土。西面而来的大雨首次降临在这些粉末状的土堆上。这段坡既不能截留雨水，也不能瞬间吸收水分。雨水击打在山坡上，混杂在尘土中并往山下滚动。在滚动过程中，奇迹发生了，液体变成了固体，开始是灰色球粒，然后变成了棕色小球。这些泥丸形状不变，其中的物质构成却变化了，发疯似地朝山下又跑又跳，不再是晶莹透亮的雨滴，而是呈球状的小土粒。若雨下得更急，该进程也许会结束；泥堆也会变成泥水潭。

霜降和风力在牧场形态塑造上作用很小。在寒冷的早晨，前者通

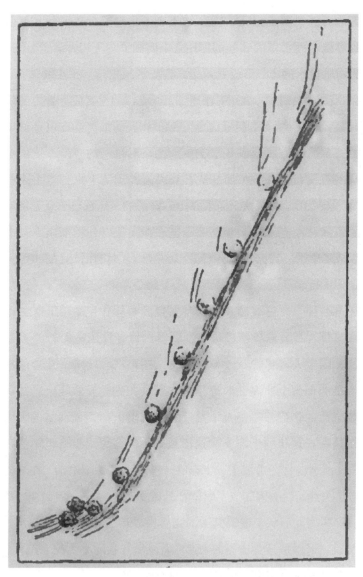

6-4："不再是晶莹透亮的雨滴，而是呈球状的小土粒"

　　　　　　　　　　图提拉——一座新西兰羊场的故事

过直立的冰针抬升沙质地面而加快锥形区的侵蚀，后者则通过吹走粉尘进行侵蚀。可以确定的是，霜降也是其他地面破碎的原因。尽管如此，总体而言，目前牧场的形态主要是由水塑造而成的。

牧羊场的收缩可比作野兽死去的躯壳：柔软的部分腐烂分解，皮毛则发皱下垂，但却仍能持久。这种情况遍及图提拉大部分地区。图提拉地表自古以来便随着时间而收缩变皱，仍完好无损。尽管有倾盆大雨，如今的羊场地表仍与久远之前大体一致。地面上覆盖着一层黑色多孔且贫瘠多根的腐殖质，自古迄今皆如此。由此来看，内部消耗和皮下分解所带来的巨大变化也许在图提拉地质史上都是绝无仅有的。

第七章　逝去的森林

尽管最初租下图提拉作为牧羊场时，那里还是一片长满欧洲蕨（*Pteris aquiline, var. esculenta*）的荒原，但在不久之前此地却成了一片森林。牧场中部的溪流周围到处沼泽密布，缓慢的水流几乎动摇不了纤细的浮萍，也无法让高大碧绿的芦苇轻轻颤动；而在这里却长满了树木。未排干或已排干的沼泽地里，也到处是林木。排干的沼泽日渐收缩，保存在泥炭中的黑色树干从较干的地方伸了出来。被洪水冲刷出来的大沟渠中可发现树木的冠盖和章鱼状的树根。牧场大大小小的湖泊的湖盆上都能发现木头。草地之下的木头在霜降的清晨更显得灰白，而在干旱的夏季则是焦黑色的。地表的木头主要是罗汉松，数量不少，或者说过去曾经有很多——成千上万的柱子和固定杆都以此为原料。在牧场槽形地带最干旱的区域罗汉松最多。在那附近，蕨类植物长势不好，因此便少了易燃之物。过去时不时席卷乡野的大火因少了易燃物，便更少光顾这些地方，火势也不再猛烈。大火雕琢出的巨大尖矛形圆木，造型奇特，随处可见，不过这里到处都是完整的树干，几乎没有毁损。

伏倒的树干有些周长极大，有一根倒在空地上的木头，直径

　　　　　图提拉——一座新西兰羊场的故事

7-1：深陷泥土中的松木树干

达 12 英尺；还有一根深深插入泥土，直径不小于 15 英尺。不耐腐蚀的巨大树枝倒在黑色砂砾土当中，萎缩的主干则完全陷入地下，看不出一点凸起，若不是大火宣告它的存在，就不会有人发现它。这些树干似乎因发霉而分解了，或者更准确地说，也许是遭遇了大火而烧成了木炭。构成这些腐烂树干的物质，若要重组成形似乎不可能——干涸的树骸还活着。不过它们还是做到了。大火横扫蕨草之后，这些早已消失的大块头有时会再次被点燃，在地下连续几天慢慢地焖烧，不冒出一点烟气。

正如照片底版上看不见的图片需通过化学试剂才能显现一样，那些落木的庞大外形需要经过火烧方可重现。最开始，大树平倒在黑土地上，形状支离破碎，树干枝丫皆硕大无比，周身包裹着一层厚厚的灰色尘土。雨后，尘土上长了一层翠绿色的如天鹅绒般的柔软苔藓。大树死去已久，却在自然的奇迹下持有一种比生前最是枝繁叶茂时还富有生机的葱郁。变化还未停止。倾倒的树骸在尘土里待了几天就看不到了，几周之内已为青苔所覆盖，然后长久地隐身于灌木丛中。麦努卡树拥有充足的钾肥，很快就在周围的植物中鹤立鸡群，它们呈随意的线性分布，

7-2：大火后重现的落木形态

成为了对过去的一种记录，不过只有那些目睹各阶段变迁的人方可解读它们的身世。

牧场全境中，树木分布最均匀最丰富之地是槽形地带。在东部的泥灰层地带，持续不断的泥石流活动很大程度上导致了树木的消失——树木或被冲走或深埋于地下。长得缓慢且更持久的树苗，还没来得及长到更结实，山体滑坡到来时便被连根拔起，冲下山去。

除了木材保存于水中，埋在泥土沼泽中，毫无规则地散布于牧场地面上这些证据外，还有其他证据证明原始森林的存在。羊场的很多地方都可看到如蜂窝状的坑坑洞洞，它们是树根腐烂或燃烧所致的结果，因此除非缓步慢行，否则骑马是很危险的。

牧场的槽形地带上小土包林立，大风吹来之地正与土包的纵向边沿垂直。土包数量众多，外形相似。可以肯定的是，这些树干是被西风或西北风刮倒的。小土包分布在图提拉中部全境，这也表明曾有一片森林长势极盛，最初被大火烧毁，然后又为狂风所摧折。在新西兰绿色的森林里，大树死而不倒，它们常常由邻近的树干支撑着，或被盘根错节的藤本植物缠绕而无法自然倒下。它们常常站立着，慢慢腐烂，卡卡鹦

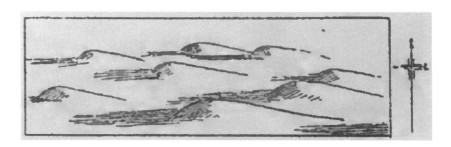

7-3：土包——图提拉中部

7-4：倒挂金钟

图提拉——一座新西兰羊场的故事

鹆在搜寻虫子时会将树木啄成碎片。

最后，有两种蕨类植物可提供一点证据，因为在当前的条件下，这两种蕨类植物不可能生长。它们都是长在森林里的品种——一种是伞形蕨，通常出现在长着树林的山嘴上；另一种是铁线蕨，通常长在林地上。尽管萎靡不振，发育不全，与图提拉的现代植被完全不一样，它们还是存活下来了。

虽然对于先前的森林是否存在已无疑问，但是森林存活了多久，什么时候消失的，败落的原因又是什么，便不易解答。即使考虑到地下渗透将枯枝败叶的养分带走，土壤在短时间内变得如此贫瘠也是不可思议的。图提拉十分之九的土地无法提供种植一年黑麦草所需要的养料，不过，可以肯定的是，人类开始在这里定居时，森林从地面消失的时间并不久。

无论哪里，地表土和地下土都没有完全混合，这对于解决原始森林存在多久的问题毫无助益。前文已经解释，大树往往死而不倒——它们是立着腐烂的，随着时间流逝，随着附生植物以及寄生植物在其上生长，枝干因负担过重而断裂；根茎也不是逐渐腐烂，而是因虫咬鸟啄而消逝。腐殖质、浮石砂砾和红砂砾毫无疑问在某种程度上互相混杂，不过大火焚烧后的森林裸露出的黄色小土包，鲜明地反映出最上面的12英寸土层完全不同于前者。

关于森林消失的时间，我询问过最年长的当地土著——八九十岁的老人——他们并没有关于森林大火的记忆，部落历史中也未流传过这样的传说。森林大火很可能并未发生，森林的消失可能是一步一步完成的。牧场不同区域木材质量和数量的不同，可反面证实这种缓慢的倒退。假设羊场分成宽度相同的条带，就能很好地解释这种差异。这样的话，最靠近海边的条形地带里，几乎就发现不了木材，即便有些地区有利于木材的保存。往内陆走，到达另一个条带，我们能够在地面上、沼泽里发现少量木材，同时还有大量的小土包，在那里，木头的树根全部腐烂了。第三个条带离海岸线更远，地面上、沼泽里的木材更多，小土包受大风、寒霜及雨水侵蚀的痕迹更少，树根和树桩并未全部腐化。第四个条带上到处是高大焦黑的树干，死而不倒，只是部分腐化了。在我到达图提拉前的十到十五年里，这一带一定是葱茏的森林。大概在1865年到1870年期间，一定有将近一千英亩的树木在大火中被焚毁，因为直到1882年——我到达的年份——仍然有三分之一的森林岿然屹立；成千上万的树干足有80英尺到90英尺高，虽然被烧得焦黑，仍能长出枝丫，挺立不动。第五个条带包括大小山脉，如今那里灌木丛密布，成为了曾经覆盖整个牧场的原始森林的最后一点遗存。

森林逐渐退往山区不太可能是气候变化引起的，因为以气候变化来解释的话，时间太短了，因此必须寻求其他原因来解释欧洲蕨何以在原来的林地上繁盛起来。有时我倾向于一种只能给出一个最简单的框架的解释。人们都认为，大概在五百年前发生了最近一次成规模的移民涌入。从各地迁来的移民也许驱逐了数量不多的不够孔武有力的部落，优势种族从此不受阻碍地繁衍壮大。古老的毛利人擅长耕种，他们精心培苗除草，使庄稼地保持良好的生长状态。

这些海岛民族最初的据点是在沿海地区。那时，不论人类在哪里劳作，他们最有用的工具便是火。也许是五个世纪以前这些移民燃放的火，开始了破坏森林的进程，只不过欧洲人抵达霍克斯湾时森林还未尽毁。旱季里，毛利人燃放的火无疑越过了他们清理出来的空地；同样可以确定的是，蕨类植物趁机占领了因此而照耀在阳光下的疏松肥沃的土堆。此外，蕨类植物立稳脚跟后，每过四五年，就会因长得太茂盛而需要大火焚烧；每次烧荒，火苗都会蹿入一片新的森林。尽管有少数树苗能够与欧洲蕨一比高下，可是它们往往长不到四五年的树龄。就这样，欧洲蕨先是占据了沿海地区，然后逐步向内地渗透，到达更为潮湿、寒冷的区域。人们也大量地使用火作为进入内陆猎场的简易方式。原始森林为大火所毁便没有疑问。

若排除了人类、牲畜和火的干扰，林地便会自行恢复，这是毋庸置疑的。二十五年后，野草就会艰难地生长出来，不过还是蕨类植物；一百年后，荒野又会重新长满森林。我生活在这里的时候，就发现过一个展现这种大趋势的例子。1883 年，牧场有一块叫"砂山"（Sandhill）的地区为大火所焚。除了一块长满蕨草的四五英亩的土地之外，到处都烧得焦黑，光秃秃的一片。而这块深谷绿洲或者说沙地绿洲，即便在夏季的高温下也特别潮湿，它位于面向东南方的斜坡上，除此地之外，并没有别的地块能明显地抵御使周围土地成为焦土的大火。这块地逃过了 1883 年的大火，此后一次又一次地从有计划的定期烧荒中脱身。四十年中，这里已经从蕨草地变成了灌木丛，又从灌木丛演化为稀疏的小树林。八十年代，这里有成片的高大蕨草，还有一部分小新西兰毒空木、柳叶赫柏、麦努卡树。随后长出了单薄的薄叶海桐、总状酒果树、倒挂金钟、蜜糖花、四翅槐树和朗伊奥拉树；然后，最初的新西兰毒空木和柳叶赫柏的灌木逐渐长大成树；麦努卡树的树干也变得坚实；树蕨、悬钩子和熊柳藤在灌木底下出现了，硬邦邦的欧洲蕨的长叶进一步分离。体形更大的树种如白松、芮木泪柏和罗汉松开始出现。再过二十五年，这片单薄的林子就成了占据整块沙地的森林的先驱。

图提拉全境在一段时间里曾被森林所覆盖，体形小、生命周期较短的灌木占据了东部沿海地带，而有着巨大直径、生命周期更长的树木则在槽形地带及羊场西部兴盛起来。我们可以追溯森林由于受到大火的摧残而整体缓慢退向内陆的迹象。过了大概两到三个世纪，图提拉东部也许已经是一片荒芜，看不到一棵树；而另一方面，图提拉中部有一千英亩的林地刚刚毁于七十年代。在远处的西部，古老的原始森林的遗存仍然焕发着生机。

7-5：四翅槐树

第八章 毛利人的两个时期

在接下来的数章里，我将论述图提拉的古老居民——他们的命运、民间知识以及世代纠纷。我从三位朋友那里听到了一些过去的故事，他们年纪很大了，一位是阿纳鲁·库恩（Anaru Kune），已经离世；另一位是阿帕拉哈马（Aparahama）——简称"帕哈"或"培哈"；最后但不是最不重要的一位是德·哈塔-卡尼（Te Hata-Kani），一位了不起的老人，或称"*tauwhena*"，这个词有时指侏儒、身材矮小者，有时则表示一个从不老去，到死仍保持青春活力的人。我能够论述纳伊-塔塔拉（Ngai-Tatara）的历史，归功于上述三位朋友以及不知疲倦的、尊敬的伯纳德（P.A. Bennet）先生。为了理解这个亚族（sub-tribe，毛利语 *hapu*）以及他们古老的生活方式，读者不妨将摩西十诫先放在一旁，暂且接受石器时代的伦理观念，想象他们裸着脚，光着头，一身古铜色的肌肤，将日常所穿的"帕科"（新西兰毛利人的一种防雨衣物——译者注）披在肩头，遇到节庆日则围上亚麻缝制的毯子，头戴羽翎，手持"泰阿哈"[1]

---

1 毛利人殖民新西兰的一个为人普遍接受的理论是，五百年前荷外基（Hawaiki）有大量移民迁往新西兰自治领，不过这种说法太绝对，不可能包含全部事实。我向西尼·H.雷（Sidney H.

8-1：德·哈塔-卡尼

（*taiahas*，毛利语，新西兰毛利人使用的一种武器——译者注）。

对于接下来几章里那些看似多余无关的名字，必须预先做一个说明。毛利人没有时间概念：一个故事里的每件事都会讲得清清楚楚，不舍弃任何细节。因此，读者请忍住不要大叫——这是不对的！德·阿莫西亚（Te Amohia）的两位密友莫胡（Mohu）和万噶维西（Whangawehi），对于她从托澜嘎-科欧（Tauranga-Koau）的囚禁中逃出来有什么用？知道塔塔拉莫亚（Tataramoa）和坡兰基（Prangi）是少女图坎诺伊（Tukanoi）的父母，不过他们都是柯西皮皮（Kohipipi）的子孙，对于她与勇敢快活、长着红头发的德-瓦图-伊-阿皮皮（Te-Whatu-i-Apiti）的相爱又有什么用？是的，这些很重要，因为很久以来他们就是

Ray）先生请教了这方面的信息，他非常友好，允许我使用他的回信，他是这么回复我的：

　　"不论西方元素是什么时候引入波利尼西亚的，这个时间一定远远早于十四世纪。在已知的毛利语言中有证据表明，在毛利人早期的语言中强行加入了印度尼西亚的语言元素（印度尼西亚元素指的是印度尼西亚群岛上的岛民的原始语言——作者注）。他们并不了解源于印度尼西亚的词语的确切含义，便放入自己的语言中。因此，一个词可以是'pahiwi'或者'hiwi'（意为猛拉——作者注），也可以是'pahore'或者'hore'（意为削——作者注），也可以是'karipi'或者'ripi'（意为割或砍——作者注），还可以是'karakape'或者'kape'（意为挥棍——作者注），词义上没有差别。不过可以肯定的是，前缀并非没有意义。不过在借鉴其他语言的时候，毛利人过去对它们的意思并不了解，现在似乎对于后缀也一样一无所知，比如 tariana 中的 ana（犹英语中 stallion 中的 ion——作者注），或者 Hakarameta 中的 meta（犹英语中 sacrament 中的 ment——作者注），Kamupeneheihana 中的 hana（犹英语中 compensation 里的 tion——作者注），或者 pirihimana 中的 mana（犹英语中的 policeman 里的 man——作者注）。此外还有一个表明借鉴已有词汇的事实。其他波利尼西亚人并不认识这些形式的词，因此这些词不是他们传给毛利人的，他们也不会从毛利人那里学过来。这些词汇一定是在一次大迁徙中从印度尼西亚直接传到了新西兰的，而这次迁徙其他波利尼西亚人并未参与，比如萨摩亚人或汤加人。这些词汇在其他地方、其他时间里吸收了印度尼西亚语言的成分。荷外基和普楼图（Pulotu）也许是这些不同来源的代表，它们都位于大洋东部。"

这么将故事流传下来的，准确地按照他们的叙事方式将故事写下来，就是合理的。

现在可以重点论述人名和地名的英国化。在部落信仰仍分化为异教和基督教的短暂时期里，地名如 Te-wai-o-hinganga 英化为了 Bethany——因为毛利字母中没有 B、Y 和 TH——或者转化为 Petane。同理，一位朋友的祖父，名叫 Te-Iwi-Whati，在这几个章节中他是一名自耕农，他的名字英化为 Abraham——Aperahama。与人名、地名英化相对应的是有关攻击性武器的英化——火枪取代了矛。比如这位 Te-Iwi-Whati 先生，他为争夺乌雷威拉（Urewera）地区在纳如阿-提提（Ngarua-titi）打了一仗，被异教徒用矛刺了八枪，几乎丧命。随后，他受洗更名为 Aperahama，即 Abraham，结果在又一次争夺乌雷威拉地区的战斗中，中了基督徒的子弹，伤得也不轻。

接下来我会讲述新西兰的一些英勇的亚族的故事。他们有一些悼词、歌曲和摇篮曲，我只能大体上翻译成英语，那些更古老的诗歌则无法转译成另外一种语言，我也没敢做过尝试，因为那些古老语言的意义已经丢失了，神秘晦涩到几乎不可解读。准确描述特殊风俗或声明的那些毛利语句，保留在民间故事和部落神话当中。从对纳伊-塔塔拉的历史中所搜集的材料看，作者已经意识到了它们的宝贵价值，若是在其他地方，这些材料一定会流失的。

被称为图提拉的土地，属于年老的纳提-卡浑古奴（Ngati-kahungunu）人所占有或认领的广阔领土的一部分——他的领土从吉斯伯恩（Gisborne）一直延伸至伍德维尔（Woodville）——从图兰噶

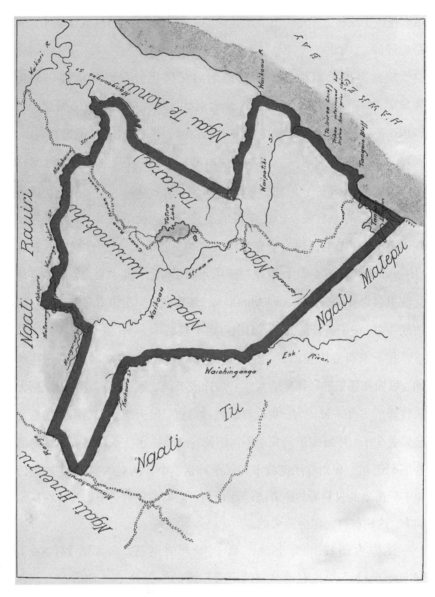

8-2：纳伊-塔塔拉土地的边界及其周边亚族的名称

图提拉——一座新西兰羊场的故事

（Turanga）延伸至塔马基（Tamaki）。纳提-卡浑古奴宣称是隆果-卡科（Rongo-kako）的子孙，在那场大迁徙（毛利语 heke）中隆果-卡科的儿子塔马蒂（Tamatea）乘着一种最为知名的独木舟"塔基提姆"（Takitimu），从神秘的荷外基来到这里。这个庞大的部落里包括了在图提拉生活或享有利益的亚族。刚开始，这个亚族名叫纳伊-塔塔拉，不久后由于下文所说的原因，又改称为纳提-库茹-摩基西（Ngati-kuru-mokihi）：它由两大家族组成，即纳提-莫伊（Ngati-moe）和纳提-西内拉凯伊（Ngati-hinerakai），每个家族都有各自的种植区域。不过，这两个家族是团结的"豪阿马腾嘎"（毛利语 hoa matenga），即至死不渝的朋友。此外，两大家族也通过血亲和友情与周边的亚族建立友好关系。文中所附的地图便是纳伊-塔塔拉土地的边界以及周边亚族的名称。

虽然图提拉也建起了围栏寨子（毛利语 pas），但是纳伊-塔塔拉境内仍有不少流浪汉。无论如何，毛利人并不完全信任死的工事，而更加依靠坚强的内心和灵活的四肢；他们的部落格言是 Ko to ratou pa ko nga rekereke，即"寨子就在脚跟上"。和老道格拉斯一样，他们更喜欢听云雀歌唱而不是老鼠的叽叽喳喳。他们的临时营地是根据季节和食物供应选择的。正如当地的另一则谚语所言，Ka pa a Tangitu, ka huaki a Maungaharuru, Ka pa a Maungaharuru ka huaki a Tangitu，意为"唐吉图（Tangitu）渔场关闭时，毛嘎哈路路的大门便打开了；毛嘎哈路路山关闭了，唐吉图渔场就开放了"〔唐吉图是坦哥伊欧（Tangoio）外的一个深海渔场，毛嘎哈路路是一座山，山上多鸟。——作者注〕。

人类和其他动物一样，依赖所拥有的土地求生存求发展。毛利人的祖先来自较温暖的气候带，来到新西兰后他们聚居于沿海地区、温热地区还有北岛北部地区。冬季或种植庄稼的时节，纳伊–塔塔拉部族主要居住在各河流的河口。图提拉的气候有些太冷、太潮湿，要是大规模种植芋头、葫芦和红薯，这类作物土地就显得太过贫瘠了。另外，亚麻（*Phormium tenax*）[1]长满了周围的沼泽地带，以强韧而闻名。湖泊的浅水处到处是蚌——例如卡卡西，这里鳗鱼的滋味也无与伦比。人们用长矛捕杀鳗鱼，在溪边沿构筑的鳗鱼梁（毛利语为 *patunas* 或 *whare tunas*）也能捕获大量鳗鱼。在森林深处，鸽子、蜜雀和卡卡鹦鹉数量众多；当地土著或设假鸟诱捕，或在选定的树下布陷阱逮捉。他们通常把多余的鸟肉用油脂腌起来以便交换其他亚族人的美味。他们用木头制作工具，用石头制作武器。这些古老的遗物——能使亚麻纤维变松软的杵臼、扁斧、鳗鱼骨制的长矛、藏在岩石里的为数不少的捕鸟陷阱——还能不时被发现。女人们不辞烦劳，把长长的亚麻叶片编织成松软漂亮的垫子，或者在照顾婴儿时，哼唱起如下摇篮曲哄他们睡觉：

哦，少女为了孩子而哭泣，

天气太冷，哪里寻来树叶编织外套。

一起去图提拉湖吧，

---

1 通过此植物的学名，新西兰的每个男人、女人和小孩与生俱来都学会了一个拉丁语词汇。他们都知道此拉丁文学名的两个词，即 *Phormium* 是指亚麻，*tenax* 是指硬的。凡是关注乡村事物的作家都不会放弃这些具有魔力的词汇，即便是亚麻磨坊工也充满着学究气。*Phormium tenax* 对于新西兰居民而言就像西哥特王旺巴（威特里斯的儿子）常说的"pax vobiscum"（祝你平安）。羊毛价格会下跌，股票也会下跌，新西兰人却拥有着 *Phormium* 是指亚麻、*tenax* 是指硬的这样确切的知识。

那里有鱼堰，有树硕果累累。

小姑娘呀，图提拉湖可不年轻，

自你那伟大的祖先以来一直守护至今。

只是现在没了食物。

西纳-罗-瓦剌瑞基正拿着麻绳，

要去绑缚肚子里闹腾的饿鬼。

图提拉湖及其邻近地区在某种程度上连接着沿海村庄和内陆山区。和平时期，纳伊-塔塔拉部族就住在河流入海口和沿湖地区，战时则跑到森林及腹地要塞处避难。持续占有图提拉湖是这个亚族的荣耀，因为它不间断地出产最好的食物。他们的战士活跃、勇敢、视死如归，我们之后也将看到，对于冒着生命危险这件事，女人比起她们的丈夫和儿子，毫不逊色。

部落的历史明显可分为两个时期。第一个时期是纳伊-塔塔拉亚族——也是全体毛利人——达到人口顶峰时期，那时图提拉和其他地方一样，高处和险要之处都用作防御，而每一块肥沃的土地都种上了庄稼。另一个时期持续时间比较短，特征是出现了开放式的村子凯恩嘎（毛利语为 *kaingas*），村子被大面积的庄稼地环绕着；毛利人的棚屋聚集地延伸到了防御围栏之外，正如在旧世界的城市，居民的房子突破了城墙和城门的限制，蔓延到城外；最后，菜园和田地里出现了外来的植物和果树。

第一个时期还是异教时代，第二个阶段则进入了基督教文明。前者可从民间知识和传说中获得丰富的证据。历史记录着从莫哈卡方向过来的、来自怀卡热莫阿纳（Waikaremoana）和赫热托嘎（Heretaunga）地区部族的突袭。如果按照现代观念，图提拉的土地上还没发生过一场称得上是战斗的行动，也许提-卫卫（Ti-Waewae）的遇害及其部落的复仇是传出牧场以外最远的一个事件。除此之外，图提拉土地上的小打小闹就仅仅是小打小闹，不过既然描述了当地居民之前的生活方式，作为羊场历史的一部分，必须记录下来。

1882 年，仍具有要塞性质的地方有遥远西部的科科朴如（Kokopuru）、欧珀瑞（Oporae）半岛和德·热瓦半岛（Te Rewa），以及托澜嘎-科欧岛（Tauranga-koau）。还有其他一些地方也能发现先前是居住地的证据；在八十年代，毛利人的古老定居点有一个确定性的标志，即生长着某种当地杂草。半环扁芒草和哭泣草在其他地方因蕨草和灌木的挤占会窒息死亡，却在毛利人过去的棚屋区或结实的道路旁存活下来。

科科朴如是一座圆锥形小山，连接着奥图科乎（Otukehu）——即努比斯山脉——一条狭窄的山脊。1882 年建在山顶且由围栏构成的主体防御工事还几乎完好。巨大笔直的罗汉松树干，黑黝黝地，绕了一圈，插在孤零零的山腰上，直愣愣地耸立着。若无人破坏，此木栅栏工事可持续数世纪，不过有人将其推倒，用作了篱笆的木桩。这本是一个典型的围栏式防御工事，如今已和周围的山头没有区别。展现过去用途的痕迹几乎全不见了——只有灰烬和劈裂的石头还能让人看出那是古老的厨余垃圾。1919 年，我的女儿发现了一段罗汉松木，木头的纹理仍可见工具打磨的痕迹，也许这是毛利人在此居住的最后一点遗迹了。

欧珀瑞是图提拉湖东岸的一个小型半岛，有迹象表明这也是一个防御工事。其三面临水，是天然的屏障，第四面挖了一道路堤壕堑——

8-3：科科朴如

毛利语为 *maioro*——尽管部分地填了土，但仍深达数英尺。在平坦的山顶边缘的坑洞里，仍保留着构成主体防御工事的大木桩，木桩或被拔起，或被焚毁，或就地腐烂。壕沟由桥梁连接，如今桥梁已了无踪迹，不过路堤上的狭窄开口，即古老入口之所在，依然清晰可见。小型半岛的自然坡面也被平整成垂直面。在这些防御工事之内，平整的地面上分布着彼此相挨的芦苇顶茅屋。附近的湖岸也有着独木舟航行的模糊痕迹。

德·热瓦是另一个较大的有防御工事的半岛，它是一个山嘴的终端，山嘴几乎将图提拉湖和怀科皮罗湖分割开来。这个半岛的其中一面是以难以穿越的沼泽作为自然屏障，另外两面是水域，即面向图提拉湖的北面和面向怀科皮罗湖的南面；它的第四面和欧珀瑞类似，修筑了一道路堤壕堑，不过相对较宽。壕沟和路堤如今都不见踪迹，成百上千的绵羊年复一年地出入羊毛棚，已经将其踏成了平地。

古老的栅栏木桩留下来的坑洞也被抹平了，只有毛利人先前的棚屋所在地因长满了一种外来草——草地早熟禾——而得以保存。

8-4：欧珀瑞围栏寨子

托澜嘎-科欧岛，靠近图提拉湖东岸，开始只是一块光秃秃的礁石——如其名所示，"鸬鹚的栖息地"。此自然形胜之地是由大陆运来的泥沙所造就。直到1882年，尽管岛上没有一棵站立的树，但大量还未腐化的木头躺在了浅水中或小岛上。很多倒下的栅栏木桩仍然装饰着奇特的头像，这是为了纪念祖先，对于筑造要塞的毛利人而言极为珍贵。在水下，不仅可以看到一排为主体防御工事所挖的洞，而且湖水还保留了胸墙——毛利语为 *kiritangata*——最里面的较小木桩的残余。当然，水是主要的自然工事，要抵近此地除非有独木舟、木筏，或

8-5：德·热瓦

靠游泳。

　　毛利人也占领了其他半岛，不过除了变得更加陡峭的山坡、丢在河床里的破碎卡卡西贝壳、大量用在锅炉上的石制工具，以及与其他地方一样平整的地面外，那里的防御工事保留不多。每座半岛上大概都生长着前面所提到的当地杂草。在其中一块突出的地岬上，即帕里-卡然嘎然嘎（Pari-karangaranga），十年前仍有一段 20 码长的土著人小道，那是在穿鞋的移民来到之前由光脚的毛利人长期走出来的。

　　这条旧世界的小道有些凹陷，宽度大概为 18 英寸，过去曾是牧场里毛利人生活最有意思的遗迹之一。小道的土壤由砂砾、尘土和粉状的卡卡西贝壳组成，罕有人关心。这里长着萎缩又难吃的欧洲蕨和枯槁的扁芒草，没有什么可以吸引牛羊或猪来这荒芜的绝地。唉！如今小道不复存在；因羊场管理的迫切需要，人们将此道放弃了，正如一位作家放弃了他所珍视的情感体验。牛群啃坏了小道的轮廓，最终湮灭无闻。

　　以上就是悍勇的亚族的战斗要塞，他们占有着图提拉及其邻近土地。他们的生活和新西兰的其他部落相似。他们的格言"寨子就在脚跟上"只是相对正确，正如曼宁[1]所言，直到十九世纪五十年代，若不是住在围墙之内，或睡觉时不携带武器，则没有人是安全的。每天早上，男人们先从要塞里走出来，以防止突发事故，后面跟着的是女人和孩子；每天傍晚，女人和孩子先进入要塞，背着晚餐所需的木材、水和食物。

十九世纪中叶发生了一种变化，这里迎来了一个短暂的美好时光，那时候部落战争停息了，而红种人和白种人之间不可避免的斗争还未开始。传教士的影响熄灭了因部落内讧而引发的烈火般的仇恨、战争和流血，而在此之前，这些是这里的常态。基督教信条已经在部落间广泛流传。图提拉的土著们和其他同伴一样，不再到栅栏围成的寨子里过夜，而是"像西顿人那样，大胆地"居住在开放式的村子里。"凯恩噶"取代了"帕"（即木栅栏）；耕种的田地也不设防、不围篱笆；人们再不需要将庄稼藏起来了，也不需要急急匆匆、偷偷摸摸地收割庄稼，储藏粮食。异教村名也改成了基督教的名称，约翰、皮特、亚伯拉罕和以赛亚这样的名字充斥着每个部落。在战争间隙的这个黄金时期，图提拉主要的开放式村庄安全和平地在曼嘎西纳西纳"翻过之地"以及现在称之为"跑马场平地"肥沃的山坡上延伸开来。卡西卡纽伊和德·热瓦也有一些较小的居民点；此外，沿着湖岸到处零星分布着孤立的棚屋，它们离群索居，都有一块耕地、一片果园。

就在图提拉成为羊场前不久，发生了一件影响更为深远的变化。毛

---

1 《旧新西兰》的作者，该书不仅富有智慧，而且还语含同情地赞赏了毛利人的性格，两方面都做得极为出色。

利人放弃了防御要塞和高地，但很快开放式村庄也被遗弃了。新西兰的土著人口整体萎缩，使得内陆的部落和亚族涌向了沿海地区，涌向了这些温暖肥沃之地，涌向了食物更容易从海洋、环礁湖以及河口获取的地方。图提拉被抛弃了，只作为打猎时的临时居所而存在。

第九章　沿海到图提拉的小径

　　毛利人古老的小径是沿着植被稀疏的路线前行的，比如开阔的流域地带、贫瘠的山顶、光秃秃的山脊，以及最不可能遭到埋伏的出入口。图提拉有两条小路连接着海岸线，一条来自东部的阿拉帕瓦纽伊，另一条来自南部的坦哥伊欧（Tangoio）。这些小路围绕着湖泊，又从山脉中向外延伸，正好可为我们的故事穿针引线；通过这些地方，我要给读者讲述那里的传说故事、民间知识和历史。

　　从沿海的阿拉帕瓦纽伊出发，小径大体上沿着怀科欧河向内陆延伸至图提拉的东部角落。道路较为宽敞平整；河流的海拔不过几十英尺，两岸沉积了从上游冲下来的沙子、砂砾和石灰石碎石。靠近阿拉帕瓦纽伊、坦哥伊欧和图提拉的交接处是一个大转弯，陡峭的泥灰悬崖迫使小径转向。几乎是在曼嘎西纳西纳小溪汇入主河之处的对面，我们的小径穿过河流，进入了图提拉。我们越过乌母戈伊罗滩头（Umungoiro）之后，大体沿着河床的方向，顺着一条勉强称得上支路的小径走了四分之一英里，来到了一小块清出来的林间空地。不用说，这曾是某独居者的家，这里的居住条件符合牧场土著居民第二阶段的生活；和这个阶段的其他定居点一样，都以种植了桃树为特征。回到顺着怀科欧河的主路上，只见此路沿着曼嘎西纳西纳小溪向前，直到小溪和图提拉的一般小溪那样，越变越窄，流入河谷中。小径先是顺着一条狭小的山脊往北走，然后又沿着另一个山嘴的山脊朝西前进。在长长的上坡底部有一大堆岩石碎片，被称为"德–坡阿–科瑞"（Te-Poa-Kore），小径从此处分出两条路，人走得少的那条向南到达曼嘎西纳西纳"凯恩噶"。这个"凯恩噶"坐落于一处拥有同样名字的林子的附近高地。在过去，这里长着东部图提拉所能找到的最大树木。其中之一叫作"德·阿威阿威"（Te Awhiawhi），是一棵巨大的罗汉松，它在八十年代就倒了，树冠被砍，中心被掏空，呈现出一种粗糙的独木舟形态。在"凯恩噶"周围看不到防御工事；尽管村子并不设防，但是仍属于古代之物，解释着已提到的纳伊–塔塔拉亚族的故事——寨子就在脚跟上。这里种植着牧场里占地面积最大的番薯，因为这里土壤肥沃，光照充足，特别适合热带块茎植物的生长。老旧的棚屋周围也在八十年代出现了后一时期常见的桃树园。在这废弃村子的园子里，我又发现了一种存活下来的外来植物，长了一丛又一丛——一种薄荷植物小荆芥。

在八十年代之前很久，"翻过之地"——人们过去皆如此称呼——就已恢复了莽荒的状态。只有这个名称表明土著们曾在此开荒种地。这里的土地上遍布着茂盛的苦槛蓝、酒果树和麦卢卡树，不过每种林木都未显示出向正常森林发展的倾向。每块土地上的树木树龄相近，并不混杂其他树种。人们一放弃这些耕地，这里就立即被这些树木占领。"翻过之地"的原始植被很可能是稀疏的灌木，中间混杂有欧洲蕨，足够放火一烧。土著人在干燥的夏季里焚林，然后借着有利条件将土地彻底清理。"凯恩噶"就建在古老土著人偏爱的地方：聚拢的棚屋位于山嘴

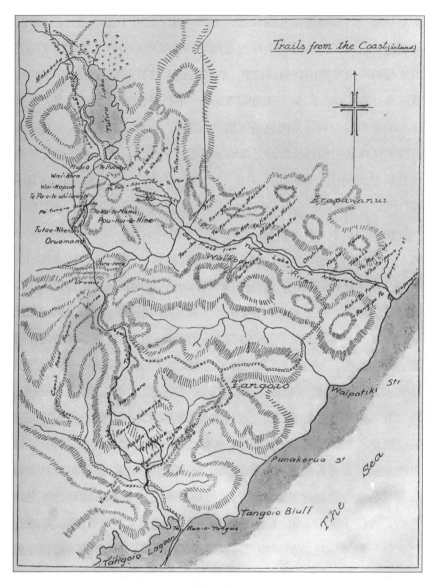

9-1：沿海而来的小径

图提拉——一座新西兰羊场的故事

的舒缓的山坡上，山嘴上到处是巨大的深深陷入地下的石灰岩石壁。这里是图提拉最美的地方，在河谷两岸都可看到森林覆盖的谷中升腾起袅袅水汽，还可看到从怀科欧河河谷狭长的断裂带出现的最早的数抹晨曦。倘若这里的居民生活得不快乐、不自由，那么真的可以说他们太挑剔。不管怎样，我们至少知道一个渴望到这个好地方的人，一位叫哈瑞阿塔（Hariata）的姑娘，她深爱着德-伊威-瓦提（Te-Iwi-Whati）。哈瑞阿塔站在怀帕提基（Waipatiki）和阿拉帕瓦纽伊之间的高地——德-卡拉卡（Te-Karaka）——上往下望，能够看到或者说几乎能够看到她爱人住的地方。以下这首诗是友好的女诗人科薇欧（Kowhio）所创作的供弹唱的诗歌：

> 清晨我愿登上德·卡拉卡山巅，
> 要看清那曼嘎西纳西纳，
> 那里住着我的爱人。
> 独守空房，蜷起膝盖且做伴，
> 长夜漫漫，伊威两番入我梦。
> 梦醒人去，徒然伸手将你寻。

　　再次回到主路，往西沿着一侧陡峭山嘴的边脊前进，途经石灰岩乱石堆——早已命名为"德-坡阿-科瑞"——然后是一弯小湖，名为德-若托-阿-西卡怀诺阿（Te-Roto-a-Hikawainoa）。再沿着山顶到达德-沃瑞-普（Te-Whare-Pu）高地，最后到达另一座高地，它在古代称为卡科哈（Kakeha），不过，最近为了纪念一段种植经历，又被命名为图泰-

欧-沃瑞-帕吉亚卡（Tutae-o-whare-Pakiaka）。道路在这里再次分成了两条，人走得少的那条顺着陡坡下降到达了一个台地，现代人起先称之为"保护区"，后来称为"跑马场平地"。另一条支路同样下降，到达了德-蒲库（Te-Puku）顶坡，经过一堆叫同样名字的石灰岩，然后沿着不间断的狭窄山脊线往下走，到达怀科皮罗湖——凸出之地德-蒲库是图提拉的"头"，怀科皮罗湖和欧拉凯伊湖则是图提拉的"眼睛"。

现在我们暂且放下这段路，开始描述另一条进入内陆的线路——来自坦哥伊欧的小径。纳莫兰基（Ngamoerangi）是沿海重要的栅栏寨，小径开始以此为起点，后来海水将其冲毁了，便以雷-欧-坦哥伊欧（Rae-o-Tangoio）栅栏寨为开端。小径顺着耕地走了很长一段路程，这块耕地沿着德·纳儒（Te Ngaru）小溪的河床分布，小溪则从北部流入平地。在溪流与派-阿-胡儒（Pae-a-Huru）交叉路口处，小径分成了两条路，其一沿着北面陡峭的山嘴而上，另一条则继续顺着派-阿-胡儒走了半英里然后也向北转向；在第一条路上看不出人居住过的迹象，而第二条路则零星长着四十年前种下的桃树和葡萄藤。在早期，这些以及其他更罕见的外来植物都是旅行者出于一位良民的善意而种下的。种子播下后，便繁茂地生长出来，在这个没有病害、没有绵羊啃食，也没有牛群的摧折和破坏的地方。

上述第二条路在小溪变成了河谷之后便与其分道扬镳，爬上德·纳科奥-欧-塔克托（Te Ngakau-o-Takoto）山嘴，顺着坦哥伊欧牧场内部主要山脉往西北到达"多尔贝尔边界大门"（Dolbel's boundary gate）——凯-阿瑞罗（Kai-arero），这里正是两条分岔路的交会地。随后，小径从乌如马伊（Urumai）山脉险峻的山脊上下降到怀科欧河谷。

八十年代，此河流附近有好几处长势喜人的桃树林，这里和其他第二个时期的地方一样，以不设围栏的一家一户种植为标志，有时住着的是子女已长大成人的年老夫妇，有时则是形单影只的鳏寡者。这个地方被称为"塔拉-瑞瑞"（Tara-rere）。溪流下游的不远处是当前桥梁的所在地，小径经此处从凯伊瓦卡（Kaiwaka）牧场进入图提拉。随后，小径登上了险要的图泰-欧-温纳科（Tutae-o-Whenako）山嘴，继续沿着德·胡-欧-麻奴（Te Hu-o-Manu）小溪的石灰岩河床西侧前进。小溪汇入主河的地方就是奥如阿马诺（Oruamano）山洞。

在山洞高处下方的右侧还有一个小山洞，名叫坡-纽伊-阿-辛那（Pou-nui-a-Hine），藏在一块突出的石灰岩之下，古代这里住着一种叫"库米"（kumi）的怪物。纳伊-塔塔拉部族里仍然流传着怀卡托（Waikato）酋长参访图提拉的故事。酋长听说了坡-纽伊-阿-辛那里面"库米"的故事，但却对故事里所说的"库米"的能力大加嘲讽。不过，也许他并非如其表现的那样不相信这个故事。有一位据说能够降服"库米"的"托罕嘎"——毛利语 Tohunga，魔法师或者祭师——说服他前去看看。他们爬越高地，好不容易登上那块突起的石头，下面就住着可怕的怪物，它的形状在我的理解是一个"提欧"——某种蛙类。"托罕嘎"念了一段咒语，结果贝壳慢慢打开了，一种长得像蜥蜴的小型爬行动物——默克-巴赖（moko-parae）——出现了。酋长显然对此并不感兴趣，也不认为这就是怪物。"托罕嘎"又念了一段咒语，可以看出"库米"明显变大了，怀卡托酋长的态度开始发生变化。他亲眼看见一只爬行动物变成了一头令人生畏的怪物。满怀恐惧的酋长拔腿就跑，但"库米"开始追赶。他们从陡峭的山上冲下去没命地跑着。当他们跑过"跑马场平地"时，正好被辛那–基诺（Hino-kino）看到。辛那–基诺是一个充满智慧的女人（或者说是女祭司，"女托罕嘎"），同样拥有制服"库米"的力量。望着那个因傲慢和自以为是而陷入了困境之中的怀卡托人，辛那又叉开双腿，呼唤他从她的两腿之间穿过。怀卡托人别无选择，只好顺从，而结果"库米"停止了追击，回到坡–纽伊–阿–辛那下面它的巢穴里。在过去，除非是妻子，否则男人跨过女人身体的任何一部分都是不得体的。夜里男人若坐在篝火旁伸出腿，周围的女人要想过去，需要提前知会一声，男人就会收腿避免身体接触。因此，当怀卡托人从女祭司辛那–基诺的双腿下穿过时，就失去了"门纳"（*mana*）——权威、特权和荣誉；他居然寻求庇护；他所珍视的作为上层人物和酋长的威望也被褫夺了；人们不再把他看作纳伊–塔塔拉土地上的人民领袖。他丢失的"门纳"经历了毛利人所说的"塔拉罗"（*tararo*）——堕落 [1]。

小径继续上升，到达"跑马场平地"。从山上被水冲下或被风刮下来

---

[1] 波西·史密斯（Perscy Smith）的《十九世纪毛利人的战争》里对此风俗有一个很有名的例子："德·奥–卡普–兰基（Te Ao-kapu-rangi）是纳提–兰基–维维西（Ngati-Rangi-wewehi）部落的一个有地位的女人。当她所在的部落要攻击自己族人所在的莫科伊欧（Mokoio）时，她急切地要将自己的亲人们救出来，坚持要和'塔瓦'（*taua*，即军队）一起出征。她向丈夫求情要救自己的亲朋，其丈夫又向洪基·锡卡（Hongi Hika）求情。洪基很不情愿地答应了，但提出一个条件，只有从她大腿下穿过的人才能获救。德–阿瓦阿（Te-Awaawa）是岛上唯一一拥有火枪的人，洪基的小舟上了岸时，他正潜伏在亚麻丛中，并向其射击，洪基应声而倒。此时，德·奥–卡普–兰基就在此舟上。洪基戴了钢盔，受了伤，并未死，但他一倒，造成了恐慌。就在这时，德·奥–卡普–兰基立即跳上岸，迅速来到部落的一栋大房子前，叉开双腿，站在门口，然后呼唤她的族人进入屋里。他们依言而行，直到将整个屋子塞满了，这些人获救了。于是就有了一句谚语，'Ano ko te whare whawhao a Te Ao-kapu-rangi'，即'就像德·奥–卡普–兰基的屋子那般拥挤'。"

的肥沃土壤成就了毛利人的耕地，就像在曼嘎西纳西纳那样，他们充分利用焚烧丛林所造就的有利自然条件。穿过耕地，小径继续往前，朝着图提拉湖方向，其间经过一块巨大的方形岩石。在我拥有牧场的时间里，该岩石上长着一株漂亮的四翅槐树。这块巨大的方石名为德·帕-欧-德-阿西-塔拉-依提（Te Pa-o-te-ahi-tara-iti），过去是乡村孩子们最喜欢去的地方，他们在那里玩"国王的城堡"游戏以及世界各地的孩子都爱玩的其他游戏。

继续往前，小径左边穿过了怀-哈普阿（Wai-hapua），然后是玛西亚（Mahia），右边越过了怀-哈拉（Wai-hara）。这里有几个深坑，附近原来立着几块界石——"坡-罗何"（pou-rohe）；坑——"如阿库玛拉"（ruakumara）——还是太小了，藏不了土豆之类值得储藏的食物，也许如其名所示，只用于存储番薯。离怀科欧河河床左边大概半英里之处是一个叫帕图纳-欧-塔玛瑞何（Patuna-o-Tamarehe）的地方。接着，小径的右边路过了低矮浑圆的山嘴或山丘，名叫"德·儒阿·阿怀"（Te Rua Awai），那是部落古老的坟场。附近长着高大的"提"（ti），即剑叶巨朱蕉，枝干上可以放置遗骨，等待最终的安葬。在古代，坟场、巨朱蕉和皮罗纽伊坑（Piraunui）三者一样都是极为"塔普"（tapu）——神圣的；即便是如今，这种神圣的回忆也并未完全消失。绝大多数关于古代世界的传说，我都是从年老的德·哈塔-康尼那里听来的，往事可追溯到八十多年前。在散步时，哈塔尽管一言不发，却总是小心翼翼地避免踩踏那些神圣之地。

现在，在怀科皮罗湖的最南端，两条小径会合了，小径由此便将图提拉与海洋以及外部的世界连接起来了。

第十章　图提拉湖的环湖小径

在毛利人占领期间，图提拉水域的产出比陆地更多。当地有一句谚语"*Te wai-u o koutou tipuna*"，即"先祖的乳汁"，象征着他们从湖泊和河流源源不断地获得食物。因此，自然而然地，这里的地名、传说和传统更多地让人想起湖泊的四周、湖岸、肥沃的小沼泽和岬地，而不是牧场的其他地方。此地交通多为水路，即便是八十年代仍有几艘古旧的独木舟在湖上漂荡，更多的小舟则沉入了怀科皮罗湖中，至今保存完整。这里还有一些临时性的狭窄小径，将栅栏寨子之间、凯恩噶之间，还有耕地之间连接起来，不过也许很多地方并没有永久性道路。湖泊的东部路线整体而言植被最稀疏。大火一次又一次地焚烧了那里的亚麻和蕨草，滑坡伴随着洪水一次又一次地降临，都在某种程度上改变了道路的形态。

小径从皮罗纽伊出发，沿着湖泊东岸前进，此路虽小，但在到达如今被称为"佩拉沼泽"（Pera's Swamp）的地方之前，右边经过了著名的泉水"德·克罗克罗-阿-西纳-拉凯伊"（Te Korokoro-a-Hine-rakai），左边路了叫作"德·瓦卡-欧-瓦凯罗"（Te Waka-o-whakairo）的圆木。在八十年代，这块干燥的土地上还保留着古老小屋的遗迹，园地

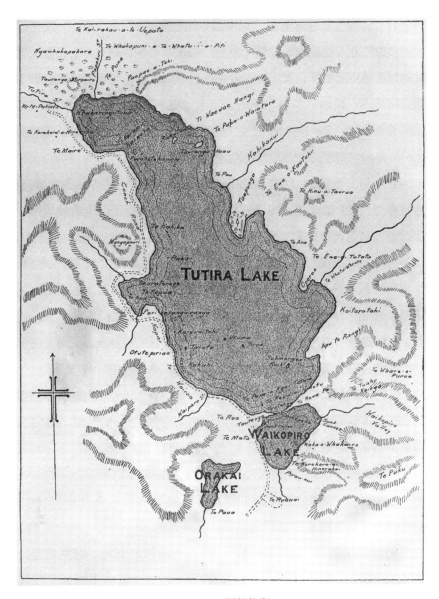

10-1：图提拉湖

里还有一两畦生长的百里香。在这温暖干燥的河谷顶部，有一片茂盛的桃园。在另外一处高地，则枯叶成丘，石灰华显现，孤零零地长着一棵桃树。怀科皮罗沼泽远处，有一耸立的山嘴从主山脉绵延而来，止步于德·热瓦-阿-西纳图半岛（Te Rewa-a-Hinetu）。在这舌形地带的底部，坐落着德·图阿胡（Te Tuahu）凯恩噶，在其末端散落着前文描述过的德·热瓦栅栏寨子。

在半岛上方大概一百码之处可看到一个仓库的遗迹，其周边的土地被称为"德·瓦瑞-欧-坡儒阿"（Te Whare-o-Porua）。沿着深湾沿岸往前走，到达地岬德·阿普-特-兰基（Te Apu-te-rangi）。半岛前部水面之下有一个洞或深裂缝，人们都不敢冒险驾舟驶入该水域附近。给我提供消息的人只知道要避开它，即便是不小心途经此水域也是最大的不幸。在德·阿普-特-兰基地岬上可以发现人类居住的常见痕迹，比如，自然的陡峭湖岸被人为地削直了，先前棚屋的平整地面、湖盆底部的卡卡西贝壳，以及还夹杂着的用于炊事的碎裂石块映入眼帘。

如今，德·阿普-特-兰基上还长着一株生机勃勃的剑叶巨朱蕉，也许正是以古老厨余垃圾为养料。半岛的沿湖一带尤为神圣，因为在过去那里是圣地——*tuaahu*，即托罕嘎进行宗教仪式的场所。然后小径穿过了一小片平地凯塔拉塔希（Kaitaratahi），往前五十码就越过了较大的沼泽德·瓦图-维维（Te Whatu-whewhe），传说古代这里丢了一块巨大而宝贵的绿岩石板。

沿着湖泊再往前走，到达一小块伸入湖泊的土地，那里就是欧珀瑞（Oporae）栅栏寨子。大概在五代人之前，莫哈卡酋长坡坡亚（Popoia）将此地洗劫一空，因为他其中的一位妻子与一个来自赫热通嘎（Heretaunga）的陌生人有染。为了拾回"门纳"（即面子），坡坡亚从莫哈卡派出了两支"塔瓦"[1]（即军队）。两支军队当天分别到达了欧珀瑞和德·儒阿-欧-图努库（Te Rua-o-tunuku，靠近坦哥伊欧冲刷地的一个村子），此地两个村子的居民都遭到了屠杀，只有一人逃出欧珀瑞。为什么一个来自于欧珀瑞南部 30 英里的陌生人，羞辱了此地北部 20 英里的部族酋长，却要让欧珀瑞人偿命，这样的思考能让我们深入了解毛利人错综复杂的部落风俗。简单地说，所有的冒犯必须受到惩戒，若找不到冒犯者本人或其亲朋，那就要追究其他人或者其部落，实在不行也要追加在无生命的物体上。

小径继续沿着德·艾维-欧-图塔塔（Te Ewe-o-Tutata）湖岸线前进，经过了德·阿纳（Te Ana）砾岩山洞。"就在对面的深湾里，一名叫塔玛鲁纳（Tamairuna）的酋长撒下渔网捕捞鳗鱼。塔玛鲁纳抓着渔网的一端，他的族人抓着另一端。很快，他们就感觉到出没于湖湾的'塔泥瓦'（taniwha）将渔网拽走了。他们的力量完全无法与这个怪物

1　曼宁在他那部无人企及的著作《新西兰古代史》中是这样描述"塔瓦"的："有时可看见有些东西在森林边缘移动——那是一堆黑色的头颅，有时则可以清楚明白地看清这些人。整支'塔瓦'突然从平原上冒出来……他们排着严整的矩形队形。队长在纵队的左边，带领着军队前进。这些人全副武装，可以立即作战，他们赤身裸体，以武器和子弹盒为军服……正如我所说的，为了军事行动，他们脱光了衣服，不过我同时注意到，他们身上的刺青、皮肤的颜色以及武器装备完全掩盖了裸露的外表。事实上，这些男人比穿着毛利服饰时好看多了。每个男人从膝盖到腰部都是刺青，几乎没有例外；脸上也画满了螺旋线条。每个人都在腰部绑了一条皮带，上面一前一后挂两个子弹盒。另一条皮带从右肩绑到左臂下，然后在左边靠后的地方又挂了一个子弹盒；腰带后面挂着一把短柄战斧，用于近战和杀死伤兵……他们向前行进，个个高大，强健，来势汹汹……现在他们走了平原一半的路程，仍保持着一个牢固的矩形队列，起起前行，让人生畏，不过却从不齐步前进：在行军距离较远时就造成了一个很奇特的现象……这支军队好像一只巨大的爬行动物向你爬行而来，尤其是他们从山坡上下来之时就更加明显了。"

相比。塔玛鲁纳的一位名叫德·阿莫西亚（Te Amohia）的妻子，前段时间被他抛弃了。阿莫西亚擅长潜水，与'塔泥瓦'有某种程度的亲近，或者说对它有一种神秘的同情——很难将这个意思表达出来。总之，在这个故事里，这名前妻又叫作德·乌里塔泥瓦（Te Uritaniwha），即塔泥瓦的子孙。塔玛鲁纳十分珍视这张渔网，现在他想到了德·阿莫西亚，只好亲往拜访，最终说服她潜水去要回渔网。她做了种种准备，念诵过'卡拉吉亚'（karakia）——咒语——然后潜入水中洞穴。渔网就卷在塔泥瓦面前。勇敢的阿莫西亚阻止住怪兽的侵扰，将渔网快速拖走浮出了水面。"

另一条经过德·艾维-欧-图塔塔地区的小径处在湖岸和巨大独立的德·西奴-欧-陶鲁阿（Te Hinu-o-Taorua）山之间，即陶鲁阿平地。"这么命名是因为，到了可在山里挖蕨草根的时节，叫这个名的人的尸体被从坦哥伊欧带来，当成美味——kinaki——就着蕨草根吃掉了。"

再次回到湖岸线，我们到了托普嘎（Taupunga）岬地。这块几英亩大的岬地，一度曾与上述高山的最狭小山脊相连。那时一定也改造成了防御工事。尽管精准确定定居日期很困难，但是那里堆着数英尺厚的卡卡西贝壳和炊事碎石块，并混在泥土当中，足以证明这里曾经有人长期定居。托普嘎也许是毛利种族达到人口巅峰之时的一个栅栏寨子。除了那个时期，居住在图提拉的任何人群都不可能使用如此大的空间。从部落间战争停息到开始与白人移民发生战争之间的日子，这块地方除了作为凯恩嘎，没有其他的使用迹象。

往内陆走一百码，到达卡西卡纽伊沼泽边缘，然后来到德·西奴-欧-陶鲁阿山脉西部山嘴之下，便是八十年代繁荣兴盛的桃园和樱桃园。

前者是毛利人在此地最后十多年时种下的，后者是白人一到牧场就种下的。1882 年，离果园不远处还长着三棵高大的白松，它们是原来白松林的幸存者，这块平地大概也以此为名。直到今天，在白松旁仍可见一栋芦苇棚屋的遗迹。这里很长一段时间是羊场的总部，也是船只抵达奥图特皮瑞奥——Otutepiriao，即目前农庄的所在地——之前的停靠站之一。在当时浓密的亚麻丛中，也有几英亩的空地，也许开始是大火偶然造成的，不过后来人们加以利用可种植庄稼，正像曼嘎西纳西纳翻过的土地和"跑马场平地"上肥沃的泥流和沉积物一样。

小径继续前行，经过了陡峭的德·坡（Te Pou）山嘴顶端。沿湖再往前不远，就可见到托澜嘎–科欧岛。此岛因提·维维（Ti Waewae）的死与纳伊–塔塔拉（即后来的纳提–库茹–莫基西，Ngati-kuru-mokihi）的复仇而在东湖岸的历史上留下浓墨重彩的一笔。提·维维娶了茜陶（Hitau），茜陶是特·瓦塔纽伊（Te Whatanui）的姐妹，而后者同时也是纳提–罗卡瓦（Nga-raukawa）的酋长，他的一支军队在普克塔普（Puketapu）附近吃了败仗。幸存的军士逃到提·维维处寻求庇护，他当时正在德·普特瑞（Te Putere）与纳提–帕儒（Ngati-paru）住在一块。维维招待了这些客人，然后将他们杀死、吃掉。如此行事可不要吓坏我们的读者，因为这样做没有什么不对，我们不能用基督教的道德准则来衡量他们。他甚至可以像波恩·高尔提尔（Bon Gaultier）民歌里的费尔肖（Fhaishon）[1] 那样，因为好几代人以前的冒犯而复仇。话虽如此，维维在托澜嘎–科欧岛立稳了脚跟，准备迎接毛利人式的报复。"在围攻岛

---

1 费尔肖曾说："自我的山谷遭劫掠已经六百多年了。"

屿期间，敌人使用了快速筏，小岛四周的栅栏工事都遭到了攻击。岛屿久攻不下，双方准备和谈。那时，特·瓦塔纽伊的姐妹茜陶站在兄弟一边，反对自己的丈夫提·维维。她从岸上呼唤他，引诱他乘着装满鳗鱼的小舟离开，而这些鳗鱼便是他乞和的诚意。"我想敌人若是接受了就应该给他一个公正的待遇，至少也不能死得那么窝囊。人们还来不及说一些最后告慰的话，敌人就将提·维维杀死。重击头部，一种最为普通的死法。和他同行的另一个人叫帕伊亚（Paia），他"对提·维维充满了敬爱"，坚决与其共同赴死[1]。

尽管提·维维死在了特·卡乎-欧-特-兰基（Te Kahu-o-te-rangi）手里，寨子的守卫者继续勇敢地抵抗着。守卫战一直在进行，然而迫于压力，纳伊-塔塔拉部决定寻求神谕——*te tuaahu*——的指示，查看未来的凶吉。德·维提基（Te Whitiki）和图纽伊-欧-特-伊卡（Tunui-o-te-ika）那时是纳伊-塔塔拉部的神灵。当时，他们通过托混嘎的媒介拜问了图纽伊-欧-特-伊卡。图纽伊-欧-特-伊卡是复仇的邪恶之神。任何人胆敢冒犯部落，属必须加以惩罚的，他们便会寻求这位大神的协助。不过在神反馈前，需要——一个现代短语或许更能表达该含义，即通灵之前——收集冒犯之人的一点东西：一枚饰品、一缕头发、一点衣料、一块足印和地上的一星唾沫等，奉献在神前。图纽伊-欧-特-伊

---

1 可怜的帕伊亚，忠诚又心地纯良，勇敢地选择与自己的领袖朋友一同赴死，我对他虽然崇敬，其他人却并不同情；博纳特（P.A. Bennett）教士是我的翻译，至今对我的印象也不错，他与两族皆有联系，针对此事他看起来很严肃。佩拉（Pera）和德·哈塔（Te Hata）对此事直言不讳，他们对帕伊亚的做法颇为不屑，直抒胸臆地脱口而出："*Porangi! Porangi!*"即"疯了！疯了！"他们解释说，从实际角度上看，活着或者和他们拼命总比引颈就戮来得明智。从部落思维的角度看，帕伊亚是在浪费自己的生命。

10-2：托澜嘎-科欧岛

卡被供在一艘小舟里，此种舟根据人们的需要会来回移动。神化身为火迹，不仅祭师们能够看到，全体的部落成员也能看到；佩拉强调说："整个世界都能看到。"

面对困境，部落举行了宗教仪式，念诵咒语，石子在火焰中"如彗星般"飞出，掉在地上，图纽伊-欧-特-伊卡通过石子所飞的方向来传达神谕。解释火石飞行的方向很简单，即纳伊-塔塔拉部应朝这个方向撤退。藏在栅栏工事里的小木舟及时装备好了，不过直到那时，部落长老们才发现小舟不能带走所有人。于是决定男性成员可以逃离，而女人们留下听凭敌人处置，问题解决了。甚至男婴也带走，他们说："*Ma ratau e ngaki te mate.*"——"把男孩都给我们，因为只有男人可以为灾难报仇。"

　　乘着夜色，纳伊-塔塔拉部的小舟悄悄驶入图提拉湖，而托混嘎仍在不停地念诵咒语，确保敌人不被惊醒。驾舟撤离很顺利：纳伊-塔塔拉部没有一名男性留在托澜嘎-科欧岛。夜色中，他们一路狂奔，划过狭窄的奥西尼帕卡水道（Ohinepaka），在怀科皮罗湖东岸登陆，然后击沉小舟。最终，他们安全地来到德·蒲库高地，向着他们的小岛高呼："*Hei konei ra e kui ma e hine ma.*"——"再见了我们的女人，再见了我们的女儿。"[1]

　　纳伊-塔塔拉部的战士们离开后，敌方突袭部队占领了岛屿，女人、老人和小孩全部被俘虏，并被带到岸上一个叫作"德·帕帕-欧-怀阿塔拉"（Te Papa-o-Waiatara）的地方。由于突袭部队大部分来自德·乌热维拉，俘虏们便被往北方驱赶。根据古时风俗，撤军时夜里要点起大火照明取暖。德·阿莫西亚是囚徒中身份高贵的妇女，她在夜里巡视了每一处篝火，目的在于查看她的人民过得如何，周边是什么情况，以打消敌人对她们要逃跑的怀疑。就这样连续巡视了三个晚上。到了第四个晚上，部队离莫哈卡不远了，德·阿莫西亚向两位密友——德·哈

1　为了解释这种撤退行为，我要引用我其中的一本书《羊肉鸟和其他鸟类》，这本书是在我听说托澜嘎－科欧岛撤退故事的几年前出版的，书里这么写道："对于在布谷鸟入侵时雄性羊肉鸟的卑劣行径，读者会感到惊奇，甚至有些心痛。有如此感受的读者是在人类的角度而非鸟类的角度思考问题。它居然藏在林子里不敢出来，我们会用很愚蠢的词比如'懦夫''不是个男人''没有骑士风度'等来形容；不过雄性羊肉鸟却不这样看，它认为这是明智合理之举，在这种情况下它只能这么做，否则就是没尽到义务。人们所说的骑士精神指的是男性即便是付出生命的代价也要拯救女性，这种观点在雄性动物的心里没有任何市场。就像轮船即将沉没却无足够救生艇这样类似的情况下，雄性羊肉鸟一定首先自救，不仅是为了自己，也是为了整个族群，为了将来的后代。"纳伊－塔塔拉部显然在潜意识里受到了同样本能的驱动。

塔–卡尼喜欢称她们为德·阿莫西亚的"姨妈们"——万噶维西和莫胡（Mohu）悄悄透露了逃跑计划。午夜时分，三人逃离。

当乌热维拉人的首领（名字已经记不起来了，这是德·哈塔–卡尼为数不多的几个记忆遗漏）发现德·阿莫西亚及其朋友们过了很久还没有回到原来的位置，便高呼："*Te Amohia, kei hea keo?*"——"德·阿莫西亚，你在哪里？"没有人回答。高声询问其他篝火的看守："你们看到德·阿莫西亚了吗？"有人回答，最后一次看到她时，她正从他刚才呼喊的方向回来。德·阿莫西亚和两位同伴消失了。天一泛亮，就派出了抓捕的队伍，领头的远远地把队员们甩在身后，顺着逃犯的踪迹紧追不放。德·阿莫西亚和两位同伴就要进入一片灌木林时，回头发现追兵就在身后不远处。德·阿莫西亚能够应付这种情况，她让朋友们"*kia whakanga*"——"休息一下，松一口气"——自己则准备战斗。之前她蹚过小溪时，捡了一块长条形的石块，一方面可用来处理蕨类植物的根茎做食物，另一方面则预备着应对有可能发生的危机。

女人们休息了片刻就不再去找藏身之地了，而是在她们的领头人身后做好了防御准备。德·阿莫西亚跪在地上，身体倚抵着脚后跟，头向前倾：追兵发现她们时，她就一直保持着这样的姿势。来者手持长柄战斧，斧头是铁质的，此时正处在旧制度向新制度的转变期，用于战争的武器也发生了变化。来者大叫着朝女人们冲去，摆出战士们惯常会做出的攻击姿势。也许是为了给她们以更大的震慑，他向两旁的树木左劈右砍，好让她们瞧瞧他耍弄板斧的手段。随着树干应声而倒，他越来越靠近这三个可怜的女人了。不过他忘记了，德·阿莫西亚来自一个尚武部落——她身上流淌的是纳伊–塔塔拉部族的血。她的眼睛没离开地面，坐在那儿岿然不动，眼睛不放过敌人的每一个动作，并紧紧盯着敌人的脚趾。她明白，敌人攻击之前必须先将脚趾深深嵌入地里，稳定下盘。终于他做好了攻击的准备，高高举起战斧，用尽全力劈下，似要将德·阿莫西亚的脑袋劈成两半。不过，机敏的德·阿莫西亚跳到了一边，右手及右臂不仅躲过了攻击，而且在敌人立足未稳之前迅速冲上去，揪住他的头发，将其撂倒，并呼唤同伴——她的"姨妈们"——前来帮忙。接下来是一阵激烈的斧头争夺战，德·阿莫西亚最终抢到了斧头，尽管她的手伤得很重。然后三位女战士重击敌人头部，直到他不再动弹。此时德·阿莫西亚把脚踏在敌人的脖子上，用尽全力，"一下，两下，三下，每一斧头都正中脑壳"。三个女人将敌人的胸膛剖开，取出心脏，心脏还是温热的，还在跳动。德·阿莫西亚把心脏放在右手里，按照古老仪式，高举过头，作为对其"门纳"或者"阿图阿"（atua，即荣誉）的献祭。

有意思的是，德·阿莫西亚是异教徒采用基督教名字和风俗的另一个例子，她在日后更名为伊丽莎白——或者说是毛利语中的对应词"里里佩提"（Riripeti）；在佩拉和德·哈塔-卡尼还是孩子时，她已是一位安静虔诚的老人，声称自己是英国国教教徒，使用着基督教名字，穿着欧式服装，给他们留下了深刻的印象。

这个曾被称为"纳伊-塔塔拉"的勇敢的小部落，如今以"纳提-库茹-莫基西"为世人所知，他们曾因受到快艇的围攻而在托澜嘎-科欧岛失利，心中燃烧着复仇的烈火，报仇的目标便指向乌热维拉酋长毛塔拉纽伊。

部落的战士们举行了秘密会议，并从与会人员中选出一人作为使者，即胡奴胡奴（Hunuhunu）。胡奴胡奴受命出使至德·怀罗阿（Te Wairoa）沿线的大小部落。出了德·怀罗阿就是乌热维拉的广大地区，那里是毛塔拉纽伊的地盘。胡奴胡奴出发了，背着一葫芦腌制蜜雀肉。到达德·怀罗阿附近的怀-西-瑞瑞（Wai-hi-rere）时，他拜见了当地酋长德·阿帕图（Te Apatu）。他向德·阿帕图解释了自己的使命，并且请求他能够协助本部向乌热维拉部复仇；然后，他向德·阿帕图敬献了那一葫芦腌制蜜雀肉。然而，这位酋长并不打算接受礼物履行诺言，而是带着胡奴胡奴去会见阿瓦特瑞（Awatere）的酋长提阿基怀（Tiakiwai）。胡奴胡奴对着提阿基怀重复了向德·阿帕图说过的话，并向其呈上了那个葫芦。提阿基怀学着德·阿帕图，拒绝了这份危险的礼物，陪着胡奴胡奴穿过他自己的领地，将其介绍给德·儒阿塔尼瓦（Te Ruataniwha）的纳兰基玛泰欧（Ngarangimataeo）。纳兰基玛泰欧也把礼物放在了一边，将他引介给帕科怀（Pakowhai）的酋长浦西儒阿（Puhirua）。浦西儒阿再一次把他带到德·瑞恩噶（Te Reinga）的酋长图阿基亚基（Tuakiaki）面前。在图阿基亚基及其人民面前，胡奴胡奴再次献上这份危险的礼物，并说明了相关条件。图阿基亚基将礼物收下了，又将礼物分给了胡奴胡奴先前拜会过的其他酋长。

图提拉的使者回去复命，带着图阿基亚基的信息，即他会妥善处理攻击托澜嘎-科欧岛事件，他会向德·毛塔拉纽伊复仇。图阿基亚基的计划很简单：他准备了大量的猪肉、土豆以及其他美食，在德·帕普尼（Te Papuni）设宴邀请德·毛塔拉纽伊。毛塔拉纽伊应邀前来，宴会很丰盛。当宴会快结束时，图阿基亚基突然抽出垫子下的帕图短棍，当场将德·毛塔拉纽伊击毙。这里再次引用一下"费尔肖"民歌里的话：

"拔出匕首，插入他的腹内。"

胡奴胡奴所拜会过的酋长们都认为杀死德·毛塔拉纽伊是明智的，这样就避免了更大的冲突——正如德·哈塔引用《新约》里的话说：一人为众人而死则得利。若答应纳伊-塔塔拉部派部队攻击，则部队必然会经过这些部族的领地，那里的人民也会受到战乱之苦。

杀死德·毛塔拉纽伊后，他的尸体被放在烤架上烹烤，尸体烘烤出的油脂则装进独木舟造型的容器，一点都没浪费。更美味的部分放在了胡奴胡奴从图提拉带去的那个葫芦容器里，舌头置于最上，然后浇上油脂。最后，葫芦嘴用人皮封上了，就是那位死去酋长臀部的皮，上面还带着精致的刺青，专为封住葫芦嘴而保留下来。图阿基亚基派人将葫芦送往图提拉，还带上了德·毛塔拉纽伊的一把骨头，用作鱼钩：这是极大的侮辱——他们向我强调说，骨头时不时叮当作响，那是在发怒与抗议，"因为那是死人灵魂说话的方式"。

托澜嘎-科欧岛失利的仇终于报了，德·毛塔拉纽伊的部落之后也从未实行报复。他们为酋长创作了一曲令人心满意足的挽歌——这首挽歌之后成为纳提-库茹-莫基西部众取笑德·毛塔拉纽伊部众的笑柄："*Ko te papa i a matou ko te waiata i a ratou*"，即"我们取得了胜利，他们创作了好曲"。第一首是写给德·毛塔拉纽伊的挽歌，第二首是科欧写给提·维维的挽歌。

尽管杀死了德·毛塔拉纽伊，实现了对乌热维拉部落的复仇，但是纳提-库茹-莫基西的领袖们认为德·瓦塔纽伊（Te Whatanui）人必须受到惩罚，因为他才挑起了对托澜嘎-科欧岛的攻击。因此怀罗阿地区的五位酋长与纳提-库茹-莫基西联合洗劫了德·罗托-阿-塔拉（Te Roto-a-tara），那里是一些德·瓦塔纽伊人所在的纳提-罗卡瓦（Ngati-raukawa）部落。在战斗中，纳提-罗卡瓦部落领袖德·莫莫以及其部族的大部分人被杀死了。联合部队继续侵入德·维提-欧-图（Te Whiti-o-tu），击溃了纳提-罗卡瓦部落的另一分支。于是继续前行到达陶坡（Taupo）地区，他们攻击了那些住在陶坡湖西岸奥马库卡拉（Omakukara）的德·瓦塔纽伊人的亲戚。在那里，德·瓦塔纽伊·马特塔霍拉（Matetahora）主要的部落首领和大量不知名的部众死于联军的刀剑之下。这样才彻底完结了托澜嘎-科欧岛的羞辱。

胜利的军队重新夺取图提拉后，基督教的浪潮如洪水般涌来，部落之间的征伐也逐渐接近尾声。纳提-库茹-莫基西从此流传起了一句谚语："*Ko Te Roto-a-Tara, ko Te Whiti-o-tu, ko Omakukara, ka iri te ake i te whare, e iri nei, tae ana mai tenei ra.*"——"罗托-阿-塔拉、维提-欧-图和奥马库卡拉三役之后，我们的武器直到今日还高挂墙头。"

言归正传，再次回到小径，穿过德·帕帕-欧-怀阿塔拉（Te Papa-o-Waiatara）、提·维维·韩基（Ti Waewae Hangi）和儒库托阿（Rukutoa）浅滩，到达绵长的帕欧帕欧-阿-托基（Paopao-a-Toki）山脊的一处，这是图提拉湖东岸最靠北的山脊。山脊周围是常见的古老居民点、茅屋旁平整的地面、零散的草皮以及前文提到的数块长着当地草类的草地。一直以来大家都说这里曾经有人居住，除此之外便没有其他信息。大约在离儒库托阿浅滩不远的地方——历史并未给出确切的地点——一个叫德·乌阿哈（Te Uaha）的人有一次布下了他的鱼堰。一段时间之后，他去把捕到的鱼带走。他拉起了第一个鱼堰，里面没有鳗鱼；第二个鱼堰，也一无所获。到了第三个鱼堰，同样也是空空如也——无法获取食物总被看成一种凶兆，预示着危机即将到来——他自言自语地说："*he kopunipuni pea I kore ai.*"——"抓不到鳗鱼，看来是有人要袭击我们。"那时候德·乌阿哈脖子上长了瘤子，发音受影响，便发出一种奇特的喉音，德·哈塔-卡尼幽默地向我模仿了他的声音。德·乌阿哈立即划船回家，告诉大家他在鱼堰上的霉运，警觉的部落立即进行常规守备。果然，湖岸的芦苇及亚麻丛中潜藏着一支入侵的队伍。他们认为自己被发现了，突袭可能要失败，便悄悄离开了。"图提拉玛西亚"（*mahia Tutira*）——湖面传声的特性，或者按照佩拉的翻译，即"图提拉的电话"——传递了德·乌阿哈喑哑的声音，阻止了一场战斗[1]。

帕欧帕欧-阿-托基北部紧邻着湖泊的土地被称为德·普纳（Te Puna）。它的后面是一块淤泥沉积平地，帕帕基里溪在此流入沼泽并销声匿迹（或过去曾消失）于泥淖和布满泥炭木的地方，便是德·瓦卡普尼（Te Whakapuni）和德·瓦图-伊-阿皮提（Te Whatu-i-Apiti）。在现代所挖的水渠将小溪与湖泊连接起来之前，帕帕基里河床止步于一连串很深的盲坑前，旱季里，多余的水分如经过海绵一般渗入沼泽，而在雨季，则泛滥开来。这条溪流还被赫热通嘎（Heretaunga）南部的大酋长德·瓦图-伊-阿皮提（Te Whatu-i-Apiti）进一步恶意堵塞。他的主要栅栏寨子在德·罗托阿-塔拉（Te Rotoa-tara）。除了出身高贵之外，他

1　我个人对"图提拉玛西亚"（*mahia Tutira*）有着亲身的体会，可完全证实此故事的可靠性。1882 年的一个宁静的清晨，我躺在卡西卡纽伊（Kahikanui）等待黎明的到来，听到了牧羊场的厨师叫醒我同伴的声音，而他们是在湖的对面整整一英里以外的皮罗伊（Piraunui）。这传来的声音每一个音节都清晰可闻，就好像是嘹亮的起床号在棚屋里响起来，而我就在此屋的对面躺着。

10-3：欧珀瑞和托普嘎

还因头发的颜色闻名于世；他的头发——在毛利人当中比较少见，但并不唯一——是红色的，或如我朋友德·哈塔-卡尼所说，"姜黄色"。他常能吃上赫热通嘎人民从图提拉湖里捕到的鳗鱼，并像很多品尝过这些美味的人那样，常常贪婪地盯着图提拉湖。夏天，他带领一大群战士前往图提拉。到达湖的北部，显然因畏惧纳提-库茹-莫基西部的彪悍居民，并不敢发动攻击，转而将帕帕基里溪改道。该溪那时是流向大湖的，改道会使湖水静止变质，最后鳗鱼会死去。从此之后，湖里常常冒出一股难闻的臭味[1]。

　　与此同时，当地人远远地观察着他们的行为，并未感到不安。终

---

1 我如实转述了这个故事，但为了图提拉湖的清誉，我必须指出，流入该湖的不仅有帕帕基里溪，还有数不清的泉流和溪流。

于，德·瓦图-伊-阿皮提明白了，纳提-库茹-莫基西部既不会攻击他们，也不准备离开湖泊。他撤离了，他所造的河堤被毁，帕帕基里溪重归故道，新鲜的活水抑制了湖水的继续变质。

不论德·瓦图-伊-阿皮提的手段和声望在图提拉如何糟糕——他与图提拉人有亲缘关系，却对他们使出卑鄙的手段——他却在坦哥伊欧受到友好的接待，当时那里还有一座防卫坚固的寨子德-瑞-欧-坦哥伊欧（Te-rae-o-Tangoio）——"坦哥伊欧之额"。坦哥伊欧是古老托伊（Toi）人的一位著名酋长的名字，托伊人在毛利人迁来之前就拥有这些土地，他临死前要求用他的名字来命名这个寨子。在这块前陆或者说"额地"上，红发德·瓦图-伊-阿皮提受到了塔塔拉莫阿（Tataramoa）的招待，而塔塔拉莫阿的妻子坡兰基（Porangi）是柯西皮皮（Kohipipi）的后代。他在那里与主人的女儿图卡诺依（Tukanoi）订了婚约，并在那儿待了很长时间。与图卡诺依分别时——他不是一个感情细腻的人——他道别道："*Kit e whanau to tamaiti he urukehu me tapa tona ingoa ko Whakatau, ke te whanau he mangu, he tane ke nana.*"——"如果你生下的男孩是红头发，就叫他瓦塔托（Whakatau）；如果生下的男孩是黑头发，那我就知道你和其他男人有染。"

事实上，德·哈塔-卡尼犯了一个小错误，用了一个英国化的词"*tariana*"——种马，而不是正确的毛利词"*tane*"——男性，他的句子就变成了："如果你生下的男孩是红头发，就叫他瓦塔托；如果生下的男孩是黑头发，那我就知道你和种马有染。"不过，正如这个老人所说的，句子的意思并没变。

一段时间后，男孩在大家的期盼中诞生了。让我们祝愿并相信孩子是红头发，不要让少妇图卡诺依受到惊吓；得其所愿，他确实是红头发，并取名为"瓦塔托"。一段时间之后，此事救了坦哥伊欧人的命。事情是这样的：坦哥伊欧的奥图阿（Otua）娶了赫拉通嘎人德·西库-欧-特拉（Te Hiku-o-Tera）的妹妹。德·西库-欧-特拉身材高大，远近闻名。有一天这个巨人躺着睡着了，就在此时，他的妹夫德·奥图阿来了。奥图阿对他那臀部到膝盖的长度着实吃惊，就蹲下来要测量。他们的测量方式不像白人那样根据"一手长"或"一腿长"来计算，而是以握紧的拳头来计量。

这条腿真是大得惊人，即便是波尔托斯也不免嫉妒。德·奥图阿一激动居然忘记要克制、注意言行了，在亢奋中，他一边数一边发出惊叹："*Katahi, ka rua, ka toru.*"——意译过来即"一，太赞了！二，一棵树呐！！三，一棵小松树！！！"，等等。那时人的腿骨可比在其主人身上长着有用得多，德·西库-欧-特拉也许意识到他腿骨的价值令自己很危险，于是显得格外敏感。总之，奥图阿运气不佳，德·西库-欧-特拉在他测量的时候醒了。德·西库-欧-特拉认为这是一种侮辱，并谴责奥图阿想用他的腿骨做捕鸟矛——因为腿骨越长，做的矛就越高级。他愤然离开寨子，回来向酋长德·瓦图-伊-阿皮提报告此事。在那个年代，侮辱一个人就是侮辱一个部落。军队很快集结起来，不过德·瓦图-伊-阿皮提警告指挥官，决不能伤害他那还未相见的红头发儿子瓦塔托。

部队沿着海滩那条道路前进，海滩与敌寨之间有一个很大的环礁湖，在那个季节湖面上拥挤着很多鸭子。这些鸭子可没朱庇特山的鹅那般警觉，被战士们用计慢慢地包围了：每一名战士都用高大优雅的"趾趾草"当作羽毛进行伪装，午夜时分则趴在环礁湖周围，悄悄穿过湖面——据说，有时候真的碰到了天真的鸭子——然后在寨子外围的建筑之下藏好，在那里等待黎明的第一束曙光——"*Kia kitea nga turi.*"——"直到日光下能看到人们的膝盖。"

天还未亮，一位妇女正巧从寨子里出来，发现了下面的部队。她大喊着发出警报："*Ko te whakaariki!*"——"敌人入侵！"德·奥图阿是第一个听到警报而惊醒的人。他抓住一捆麦卡卢树做成的尖头长矛，一边跑一边咬着上面的绳子。当他跑到村子里堆积亚麻废料的地方，硕大的亚麻叶残端堆积了几英尺厚，德·奥图阿脚下一滑，刚好摔倒在敌人中间。高大的德·西库-欧-特拉——那位髋骨被粗鲁摆弄的战士——此时正在部队的最前头。他认出了正与人扭打的德·奥图阿，高呼道："*Koia tenei!*"——"就是他！"随即战士们一拥而上，将其杀死。报过仇后，德·西库-欧-特拉把瓦塔托找了出来；军队要撤退了，德·瓦图-伊-阿皮提那红头发的儿子也跟着这些新认识的朋友前往赫拉通嘎。

现在回到图提拉湖的最南端，从那里进入西侧的小径。从皮罗纽伊平地起，小径穿过奥拉凯伊湖和怀科皮罗湖之间的山脊地带。继续沿湖北行，到达托腾嘎半岛（Tautenga），那里就是羊毛棚的所在。这里也是图提拉湖和怀科皮罗湖的分界线，以前是一块无法穿越的沼泽，如今经牲畜的踩踏早已变成一片沙洲。半岛经羊群踩踏已不是原来的模样，当年很可能是一块墓地，因为那些浅层表土吹去后露出了很多具人类的骸骨。在半岛破碎的北岸下面躺着一块也叫"托腾嘎"的岩石；不远处的深水里，还浮着一根木头（或许已经不在了），即"德·热瓦-阿-西讷图"（Te Rewa-a-Hinetu）。此木长 15 英尺，周长 1.5 英尺，外形酷

10-4：托腾噶岩石——在古代，木头德·热瓦-阿-西讷图
若靠近托腾嘎岩石就预示着部落里有人会死

似鱼头。正如它的名字"热瓦"——漂浮物——所示，它有一种魔力，能够从一个地方移向另一个地方，它所走过的足迹在底部沙地上清晰可见。若它靠近托腾噶岩石则被认为是一种凶兆，预示着部落里会有人死去。德·热瓦-阿-西讷图是一种叫"木卡凯伊"（Mukakai）的树的一段枝干，从南岛漂来，到达奥塔基（Otaki）海岸；另一段枝干则在怀拉拉帕湖（Wairarapa），还有的在提科基诺（Tikokino），有的在德·普特热（Te Putere）。据说，不论这著名树木的一段出现在哪里，哪里就会丰衣足食；倘若它消失了，部落的食物则会锐减。

进出托腾噶的是两座小山——一座是现代人所说的羊毛棚山，即德·玛塔（Te Mata）；另一座是德-罗阿（Te-roa）。后者可指引人到达乌如马伊浅滩；当你身处德-罗阿的马鞍形地带的低处时，穿过湖面可以看到位于凯瓦卡（Kaiwaka）羊场的乌如马伊（Urumai）山脉，也能看清乌如马伊浅滩的具体位置。在这里，捕捉鳗鱼的正确方法是搅动水塘，让水里的鳗鱼钻进泥土，然后用长矛去刺。沿着湖岸往北走，我们越过了怀帕拉（Waipara）小溪，该溪过去曾流经一个芦苇和亚麻混杂生长的沼泽。再往前走几百码，就到达了奥图特皮瑞奥（Otutepiriao）平地，如今的村庄就建在这里。在这块平地的北部是一面低矮的陡岸，堆满了卡卡西贝壳；由此向东，离湖岸三十英尺的水面上，伸出了一角叫卡如怀塔西（Karuwaitahi）的尖石。

继续沿着小径走去，我们就到了西岸的最低处——德·科普阿湾（Te Kopua），或者叫娜哈湾（Ngaha）。此湾南部边沿是另外一个陡岸，不算高，称之为帕里-卡阑嘎阑嘎（Pari-karangaranga）。在古代，该湖湾叫德·科普阿湾，后来又以一名叫娜哈的女性的名字重命名。这位女性死后葬在了湖泊上方的山洞里。住在水下深处的"塔尼瓦"飞到高处的洞穴，带走了装着娜哈尸体的棺材。"这是真的，娜哈的尸体被带走的那个山洞还在山顶上，直到今天那里还有一根当时留下的木棍从湖湾中心伸出来。她那名叫帕吉瑞（Pakiri）的小狗则变成了一块大石头，目前仍在这浅水域里。"

和其他原始居民一样，奇特的自然现象总能创造出有趣的故事。在前面的两个例子中，山洞总会与魔法师和怪兽的传说连在一起。现在我们有了上面故事里所说的山顶洞穴，有湖湾里的尖石，还有一块奇形怪状的石头，这些足够成为传说的细节。

越过一小块亚麻丛生的沼泽，我们的小径在此处分岔——一条路沿着荒芜的山头前进，直到抵达科-特-帕基阿塔山（Ke-te-pakiata）遥远的一侧，我们才来到古老的玛西瓦（Maheawha）浅滩，此处的小溪由图提拉湖外流；另外一条小路则紧紧贴着湖岸走，先后经过奥库拉特热热（Okuraterere）、德·卡西卡（Te Kahika）、凯瓦卡半岛（Kaiwaka）、德·卡拉姆（Te Karamu）、德·梅尔（Te Maire），以及德·克罗克罗-欧-辛那拉吉（Te Korokoro-o-Hineraki）水洞。最后，两条环绕图提拉湖东西岸的小路在瓦卡隆哥-图纳（Whakarongo-tuna）之地上的外流小溪处会合。图提拉河，从湖泊最西北处的瓦卡隆哥-图纳开始，弯弯曲曲，深水静流，流向古老的玛西瓦浅滩。在过去，这个渡口到湖口的地带所产出的食物大概比羊场其他地方加起来都多：在半英里不到的水域，人们知道的、能说出名字的鳗鱼堰就有十六个之多。

在这浅滩上有一座鳗鱼屋。它不属于部落共有财产，建在哪个人家的土地上就属于哪个人家或其亲属。

鳗鱼屋的大小因地点、溪流深度的不同而有异，不过一般长约 15 英尺，高约 1.5 英尺，宽约 4 英尺；小屋的墙体、屋顶和接头都是用麦努卡木搭建的，并用亚麻绳捆绑起来，就如同用芦苇将卧室四面墙绑在一起那样；鳗鱼屋屋顶上留有三到四个孔，大小足够人把手伸进去。靠在溪流且远离河岸的那面外墙，放置了数块石头以抵御水流的冲击。下流方向的那面墙同样堆上石头使其变得更加沉稳。上游方向的那面墙则敞开着，让溪水能够全部或部分地流入。鱼屋的内部布置得温馨舒适，放了些松散的水草——*rimurimu*。鱼屋是永久性的捕鱼装置，不需要人照看，不需要诱饵，也不必提竿抓鱼，对于纳伊·塔塔拉部落这样的游耕者而言特别有用。鳗鱼在鱼屋里汇集，有时候鱼多了，鱼屋的水温会上升；捕抓这些鱼唯一要注意的，就是要轻手轻脚地靠近。[1]

有时，人们想吃鳗鱼了，就把一根柔韧的树杆或木环——毒空木——连接在或塞在鱼屋的屋顶开孔上；然后在上面安上"普兰基"（即导引渔网，毛利语为 *purangi*），由此构成一条安全的通道，通向柳条编制的大罐，那里用来放可马上食用的鳗鱼。一切准备就绪后，一人用脚踩"普兰基"的上端，与此同时，他的同伴则把手伸入鱼屋的孔洞，抓住一条鳗鱼，把鱼头对准大罐的方向，捏一下鱼尾，鳗鱼就会迅速地向前游去。站在"普兰基"上的人就会抬起脚来让鱼儿通过，然后又立即踩住以防到罐的鳗鱼逃跑。沿着图提拉河流的诸多鱼堰进行过

1　我问德·哈塔-卡尼是什么启发了纳提-库茹-莫基西人修建鱼屋的，这鱼屋好像是他们的特色建筑。他回答说，当他们在小溪、小河里摸鱼时，发现了鳗鱼常常躲在中空的木头当中，尤其喜欢躲在一些蕨类树木的中空枝干里，比如 *mamaku* 和 *ponga*。

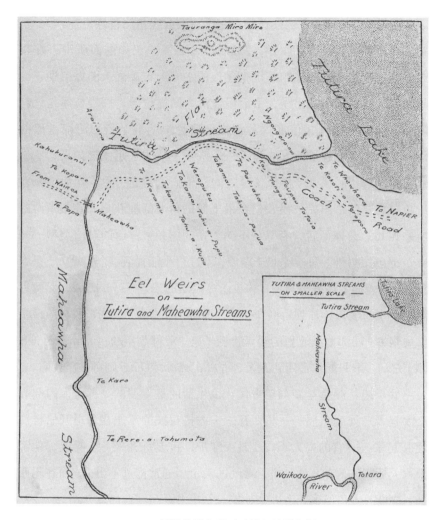

10-5：图提拉溪和玛西瓦溪上的鳗鱼堰

一次捕捞后，过剩的鱼往往被放在一个巨大的鳗鱼储备罐里。

在图提拉捕捞鳗鱼的条件可谓得天独厚。正如前面所说，在很久以前，水量充盈的帕帕基里小溪里的水并未直接流入图提拉湖，而是先流入几百英亩的沼泽，最后慢慢汇入图提拉溪，图提拉溪是该湖的外流河。毛利人相信在这片泥煤和腐烂根茎混杂得如海绵一般的沼泽里，生活着数量惊人的鳗鱼，这些鳗鱼从未去过图提拉湖，它们钻过河岸的孔洞往来于溪流沼泽之间。他们很肯定，尽管在河畔修建鳗鱼堰需要横跨图提拉溪，但在最上游的鱼堰的捕获量和在最下游的所差无几。总体而言，有三种不同类型的鳗鱼：普通的湖泊类型——*tatarakau*；另外一种也来自于湖泊，不过很少能抓到，个头更大，呈青铜色——*riko*；还有第三种，来自图提拉溪的鳗鱼——*pakarara*。两种湖泊类型的鳗鱼，抓到后剖开肚子，里面往往塞满了食物，我想应该主要是蜗牛；而那些溪流里的鳗鱼，肚子里一般都是空的。*pakarara* 剖开晒干之后一般只能保存四到五天，而 *tatarakau* 和 *riko* 则可保存数周。

鉴于捕获鳗鱼是新西兰古代人民生活的最重要的一部分，因此有必要提及一处鳗鱼屋——玛西瓦——图提拉溪的溪水在那里开始再次泛滥起来——它的主人不得不日夜守护，鱼堰每进入一条鳗鱼，他都要马上抓起来。在其他地方，鳗鱼进入鱼屋通常都逃不出去，而在玛西瓦，这里的鳗鱼似乎怎么进来就能怎么出去。

鱼堰的所有权一般是父子相继的，但是这种自然的继承可能被强行破坏，例如图塔塔（Tutata）的例子；或者通过战利品的分配而获取，例如坡哈吉（Pohaki）的例子。阿纳鲁·库恩（Anaru Kune）向我讲述了如下一个故事：

"热热（Rere）和洪基（Hongi）是两兄弟，他们一起去布设鳗鱼陶罐。那时正值雨季，鳗鱼屋所在之地河水满溢。两兄弟选好了一个合适的空地，摆好盛放鳗鱼的陶罐，整体上就像人的手指指向河面。当他们在鱼屋绑扎'普兰基'的时候，一个叫图塔塔的人走过来说这个地方是他的。两兄弟因不服而恶语相向，图塔塔一怒跃入河内，一把抓住洪基的脖子，按进水里。热热赶来要帮兄弟的忙，结果自己的脑袋也被按了进去。足足喝了一肚子的水之后，图塔塔才让他们爬回岸上。他们趴在那里，嘴巴张得大大的，好一会儿河水才从鼻子和喉咙里流尽。图塔塔于是拿走了鱼堰里的鱼，而自那以后，人们说热热和洪基再也没回到图提拉。故事就是这样！那个放置陶罐的地方就是玛西瓦，它从前属于洪基和热热，后来被图塔塔夺走了，直到现在还是属于他的。"

另外一个故事也是阿纳鲁·库恩讲的，阿纳鲁·库恩是佩拉的父亲。这个故事表明部落的共有财产是如何赠予个人，以表彰其在战争中的表现的，不过这种赠予也许不能传给下一代。

"纳提-马纳瓦（Ngati-manawa）是纳提-阿帕（Ngati-apa）部落的一个分支。有一次，他们的一队战士取道毛嘎哈路路时对图提拉进行了劫掠，这支队伍由凯阿瓦（Kaiawa）率领。那时住在湖边的图提拉人只有怀（Whai）、他的妻子德·兰基阿塔华（Te Rangiataahua），以及他们的孩子库帕（Kupa）。他们杀死怀，掳走了女人和孩子，同时带走了不少的鱼堰设施，然后回到位于毛嘎哈路路的德·怀维洛（Te Whero）。第二天，凯阿瓦外出去捕几维鸟，猎狗躁动不安，所捕获的几维鸟也很瘦小，这就像前面提到的乌阿哈没抓到鳗鱼一样，是一种凶兆。凯阿瓦回到寨子备战。当晚，图提拉著名的酋长坡哈吉率队来袭。应战中，凯阿瓦大呼：'*Tahuna tea hi kia marama ai a Ngati-apa te riri*——把火烧起来。'这是一个错误的决定。抢来的鱼堰燃烧起来，人们在火光中发觉凯阿瓦一边只有八个人，图提拉人立即振奋起来。纳提-阿帕人失败了，凯阿瓦也受了伤。有人说他躲在一段大木头里游走了，也有人说他从此就消失了。坡哈吉获得了两处鱼屋作为奖励，一处在玛西瓦和怀科欧的交汇处，另一处在图提拉溪沿线。这些鱼屋的名称为：前者是托塔拉（Totara），后者为德·科帕瑞（Te Kopare）。德·科帕瑞上游有卡乎库兰纽伊（Kahukuranui），下游是玛西瓦。"之后，一句谚语在乡下流传开来，"*upoko-pipi*"——"软脑壳。"这是用于说明那些曾经攻打图提拉的队伍的命运。请读者相信，他们讲述故事时是这样强调的：图提拉经历了多次洗劫，除了维维的死，图提拉的其他首领从未被抓；图提拉人挫败了每一次进攻，因此才有这样一句话："*Tutira upoko-pipi*"——"来到图提拉，脑壳硬不了。"

那个被掳的小孩库帕，后来获得解救，长大成人后生了德·乌穆-卡皮提（Te Umu-kapiti），德·乌穆-卡皮提生了帕拉考（Parakau），帕拉考生了阿佩拉哈马（Aperahama），阿佩拉哈马生了阿纳鲁，而阿纳鲁的儿子就是佩拉，本章里的很多信息都是我从佩拉那里获取的。

第十一章　通向山区的小路

不论图提拉中部的未来有多大价值——我个人认为这里在未来价值巨大——不过在欧洲文明进入之前，对于当地土著而言，该地几乎一文不值。这里没有森林，鸟儿无枝可依，没有溪流，鳗鱼也无从捕获。因此这里的地名和对过去的记录少之又少。

小路从玛西瓦浅滩出发向北行进。小路左边是数百英亩的低地丘陵，名为"帕瑞-伊阿-凯-欧拉"（Parae-ia-kai-ora）。这片丘陵中部有一座叫"塔麦阿华"（Tamaiahua）的小山，在小山对面，道路出现一条清晰可见的分岔，通往奥图帕尔（Otupare），即"圆锥山"（Conical Hill）。沿主路继续往前，慢慢向上爬升，到达奥拉瓦基（Orawaki）。这座小山以"头像山"之名更为人所知，它得名于过去立在山顶的一座头像。据我所知，这座头像是一件雕塑精品，装饰着绿石耳环，外着编织精巧的披风，最是为人称道。后来，头像雕塑毁于肆虐乡野的大火，到八十年代只留下一个粗糙的复制品。用于雕刻的白松木已经开裂，不过仍可

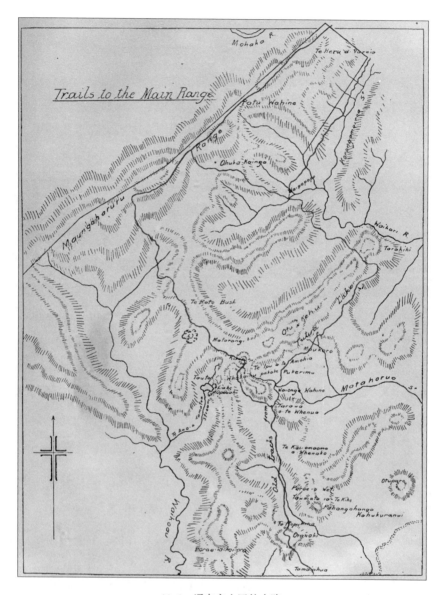

11-1：通向主山区的小路

图提拉——一座新西兰羊场的故事

见它脸上的图腾样式，以及传统的三指捧腹的形象[1]。雕塑由我的老朋友维拉希克（Werahiko）的一位兄长所立，为了纪念一位叫作库帕的叔祖。在这里，根据传统，为了方便人们下地干活，会建一座规模很大的营地；倘若情况确实如此，那么干活的地点一定是在湖边土壤肥沃的地方。没有人会在奥拉瓦基附近种植的，更不要说那些对土壤极为了解的土著。

　　小路翻过这座山后，大致以正西方向顺着德·罗浦西纳（Te Ropuhina）山那刀锋似的狭隘山脊顶部行进。在该山脊的西部终点处，小路向北下降，到达一片荒凉低矮的平地，帕瑞-欧-维提（Parae-o-weti），这片地区位于"砂山"北部的西部山区与孤立的帕罕嘎罕嘎山（Pahangahanga，即"圆丘"）南坡之间。随后，小路穿过帕帕基里河的一条支流，从帕罕嘎罕嘎山山脚以几乎笔直的路线前进，爬上了高耸的托马塔-伊阿-德-西何（Taumata-ia-te-hihe），最终抵达帕帕基里河的第二个渡口。我在那时称这个渡口为"Taipo"——妖怪——渡口[2]，也许得名于过去那里的一段松木，有点像人头，上面留有胡劈乱砍的痕迹。

　　继续向前走，小路越过了塔拉瓦-欧-德-维奴阿（Tarawa-o-te-whenua）山坡和位于"焦毯"（Burnt-Blanket）山脉西部终点的山脚平地。小路于此分为两条，西支线逐步爬升到沃凯夫-帕卡克（Whakaihu-

---

1　早期，土著人很需要传教士的大礼帽，用来装饰头像。四十年代，斯宾塞教士在塔拉韦拉（Tarawera）工作期间，毛利人曾经让他保证——这个保证他永远忘不了——即他要扔掉的帽子必须因此特殊用途而保存起来。前面所说的在奥拉瓦基山上的"头像"，赤裸着全身，充满阳刚之气，戴着象征教会勇气的高帽，只要再配上一条主教的围裙就是纯粹的基督徒了。

2　根据威廉的《毛利语词典》，这个词毛利人用时以为是英语，欧洲人用时以为是毛利语，其实两者都不是。

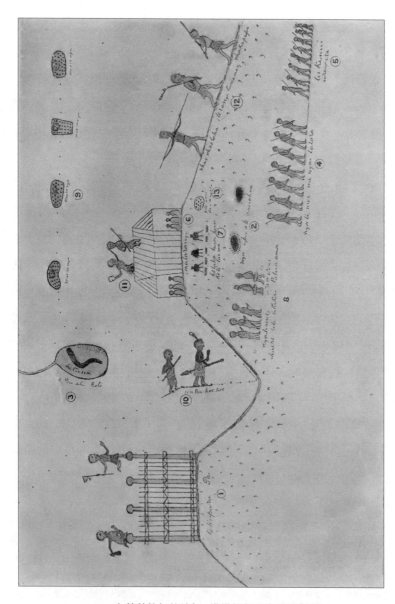

11-2：在科科朴如的纳伊-塔塔拉部和乌热维拉部

图提拉——一座新西兰羊场的故事

pakake）山顶。然后从山顶急速下降，进入狭隘的盆地"德–伊普–阿–德–阿莫西亚"（Te-ipu-a-Te-Amohia），盆地南端便是"寨子山"（Pa Hill）科科朴如（Kokopuru）。图霍（Tuhoe）的一支队伍就在附近的马塔兰基（Matarangi）山上败北。

在远处普拉霍–唐吉西亚（Puraho-tangihia）岬地附近，即"牧羊风光地"（Shepherds' View），图霍人或乌热维拉人于此地和纳提–卡浑古奴（Ngati-kahungunu）部遭遇并战败。图提拉人便是纳提–卡浑古奴部的一支。此役，图霍部的首领德·默克会热瓦（Te Mokohaerewa）和德·卡普阿沃卡瑞托（Te Kapuawhakarito）被杀，他们的尸体在运往坦哥伊欧之后，被人烹煮吃掉。"为了报复，图霍人派出了第二支队伍，想要杀死托胡托胡（Tohutohu）和枚克（Meke），他们是纳提–卡浑古奴部的两位领袖，指挥了普拉霍–唐吉西亚的战斗。"我很幸运，德·哈塔–卡尼给我画了一张图来解释这件事[1]。

1. 科科朴如的栅栏，其主木桩上是具有特色的雕刻。注意那些带有羽毛或刻有鳗鱼的"特沃特沃"（tewhatewha，毛利人的一种长柄棍式武器，外形像斧头——译者注），还有那露出乳房的形象。

2. 那–伊普（Nga-ipu）和德·阿莫西亚（Te Amohia）是该寨附近的两个小湖。

3. 欧普阿西湖（Opouahi）也在附近，因湖内盛产鳗鱼而闻名。注意那种典型的鳗鱼。

---

1 有一天晚上，这位老先生自娱自乐，在一张撕下来的大页纸上画下了他的族人与图霍族人会面的情景；随后他又在一张画纸上重新进行了绘制，这里附上了他的准确副本。

4. 纳伊-塔塔拉部的战士代表。请记住，该部与纳提-莫（Ngati-moe）是至死不渝的朋友（hoa matenga）。

5. 从乌热维拉的泰克纽伊（Tiekenui）出发的敌人，他们的身材与纳伊-塔塔拉部人相比，显然处于劣势。

6. 战斗结束后，敌人被邀请到位于马塔兰基山顶的巨大会议厅里。该建筑很宏伟，两端都设有大门。在那里可以看到敌人穿着克洛怀（korowai，毛利人特有的披风），心怀不轨。

7. 放在客人面前的食物包括腌制在葫芦里的鸟肉。注意雕刻的木制葫芦塞嘴、放着葫芦并置于三脚架上的编织篮子以及下面还有几小桶马铃薯。然而，客人们拒绝食用这些食物。德·哈塔-卡尼说，这种不情愿表明他们在考虑叛乱，那么纳伊-塔塔拉人要采取任何合适的行动来预防都无可厚非。屋内的立柱上做了一些准备，"以防"这些不讲信誉的乌热维拉人——事先将立柱锯开。

8. 经过谈判，双方进行了一项安排，即四队的图提拉人带着四队的乌热维拉人去看允许后者采集食物的庄稼地。然而，乌热维拉人不值得信任，每一队里，都是十三个手持长矛的纳伊-塔塔拉人跟随着十二个手提土豆桶的乌热维拉人——在德·哈塔的简画里，由于空间不足，一边画了三个人，另一边两个人，分别代表十三人和十二人。

9. 这是四块形状不一的庄稼地，每块地都有着各自的垃圾坑；为了预防乌热维拉人的反叛，四支十三人的长矛队在那里将四队十二人的土豆收集者全部杀死。

10. 沃卡霍霍（Whakahoehoe）是纳伊-塔塔拉部的领袖，正向寨子前进。注意看他的权杖、羽饰、胸脯和裙子，还有山坡上的随从，或者说是护卫，很可能是他的一位出身高贵的亲属。

11. 塔玛梯·塔拉儒阿（Tamati Tararua）挥动"帕图"（patu，毛利人一种短柄武器——译者注）击中乌热维拉人间谍的太阳穴。这么做也是对的——我了解到乌热维拉人对于纳伊-塔塔拉酋长的伟大、尊严和高尚并未表现出相应的称赞。用帕图猛力一击，轻轻一扭，就足够将人的头盖骨上部敲碎。

12. 由于乌热维拉人一再表现出敌意，图提拉人便将会议厅弄垮压到还在屋里的人身上，谁从屋里跑出来就用长矛刺死，只有德·兰基·普麻矛（Te Rangi Pumamao）逃脱。在逃跑的过程中，他跌倒将枪把子摔坏了。沃卡皮皮（Whakapipi）拦住他，一场枪——注意枪把子已经坏了——和"塔阿哈"（taiaha，一种毛利武器——译者注）的对决展开了。就在他们决斗期间，纳提-塔塔拉人沃沃塔哈（Whaowhaotaha）从后面赶来，用长矛将他的后背刺穿。

13. 这里放着烹煮人肉的锅，石头还散发着热气。德·兰基·普麻矛的尸体就是在这里被煮了。

就在同一个地方，从怀阿塔拉（Waiatara）和塔基罗（Takirau）身上可以看到另一个有关误解及其后果的故事——由现代土地法庭引起的、因父亲的罪行而给孩子带来的灾难。

怀阿塔拉是纳提-莫部的一位酋长的名字，他住在科科朴如。他有一位好朋友叫塔基罗，塔基罗是纳提-帕霍-维拉（Ngati-pahau-wera）的一位酋长，其总部在莫哈卡。怀阿塔拉住的地方盛产肥美的鸽子和蜜雀，而塔基罗所在的地方则因澳鲈鳟鱼、芒果鲨鱼以及其他种类的鱼而著称。为了表达友谊和善意，两位酋长隔一段时间通常会互换一下食物——怀阿塔拉送去腌制的鸟肉，塔基罗赞不绝口并回赠了晒干的鲨鱼肉和澳鲈鳟鱼。

有一次，塔基罗的属下刚好出访赫热托嘎（Heretaunga）地区。回途中，他们在图提拉稍作停留，塔基罗本人并不在内。这些来自于贝利尔（Belial）的人们，此时想起了怀阿塔拉曾经送往莫哈卡的美味腌鸟肉，于是前往怀阿塔拉位于科科朴如的鱼堰，佯称自己是塔基罗本人派来的。怀阿塔拉相信了他们的话，很高兴地送给他们装满好几葫芦的上等腌蜜雀。鸟肉的诱惑力实在是太大，当他们将这些礼物带到图提拉的宿营地，没能忍住将里面的美味一扫而净。

回到莫哈卡后，他们向酋长塔基罗汇报了此次旅行的各种事情，随便补充了路经图提拉的事情。他们的版本变成：见了怀阿塔拉，请求他赠送一些腌制鸟肉，然而非但被拒绝了，对方还对塔基罗和他的人民肆意诅咒。听到这无缘无故的诅咒，塔基罗勃然大怒，立即组建一支部队前往报复。

塔基罗的队伍当即赶往图提拉，第二天开始攻击科科朴如寨子里的怀阿塔拉及其追随者。怀阿塔拉大惑不解，他的好朋友为什么无缘无故前来突袭。最后，在第三方的斡旋之下，双方停战，经解释才明白，原来是手下人由于贪婪而欺骗了他。

现在轮到怀阿塔拉发怒了，这是一种尊严的表示，也是古代酋长们身上独有的特性。"塔基罗，"他大声说道，"一直以来我视你为挚友，你有困难我无不帮忙，每个季度送去腌制美味。而你居然背叛我，倒打一耙。现在我对你只有最后一个字：滚！我们的友谊从此一刀两断。"需要补充的是，每当调查确定某些土地的所有权时，人们便谈到这件事，塔基罗的子孙们因此而无法获得先祖留下来的土地，这足以证明那次断交并非毫无意义。

科科朴如的故事讲完了，小路于此处大致以正西方向沿着一座高大山脊的边缘行进，此山脊位于白松灌木林和怀卡瑞河的一座河谷之间。这座山脊为另一个河谷所阻断，而在河谷另一头的远方则是一片茂密的林地。小径在此地直转北上，并一路向北，穿过森林，到达德-赫如-欧-图瑞阿（Te-Heru-o-Tureia）。小径再次进入那块山地的开阔地带，然后顺着西部悬崖上主山脉的边缘前行，最终到达帕图-瓦西纳（Patu-wahine）悬崖。没有人知道在什么时候，小路又由此地进入乌热维拉的荒野。

现在我们可以再回到小路分岔之地——塔拉瓦-欧-德-维奴阿（Tarawa-o-te-whenua）区域；西线支路我们已经走过了，而北线分支则遇到了马塔霍儒阿（Matahorua）溪的河谷，该溪即是将图提拉与普托瑞诺（Putorino）分开的溪流。提提-阿-普恩嘎（Titi-a-Punga）曾一度住在这里。他和罗伯·罗伊（Rob Roy，苏格兰十八世纪罗宾汉式的人物——译者注）一样，遵循着"古训良法，简单计划，当权者应行之，能行者当守之"。同时，他的村子和种植园也在这里——这些也许只是出于讲述者的虔诚想象，他急于夸张地表达过去的繁荣。然而，这些地区范围很小，也不重要。

也许提提-阿-普恩嘎只是临时住在图提拉，而他永久性的居处似乎建在了毛嘎哈路路山脉险峻的山岬处。他住在上面，俯视着往来的旅客，下面是从霍克斯湾到达托普（Taupo）区域的道路。总之，不论他之前经历过什么，也不论他来自何处，他在图提拉期间建成了一栋会议厅；在建筑还未开放前，需要举办奠基礼。如今的仪式都是在地下埋一些硬币，而当时新西兰的习俗则是用奴隶活祭。提提-阿-普恩嘎或许没有奴隶可用，或许是他对自己和这栋新大楼有着更为高尚的理想，他决定让妻弟德·兰基-奴凯（Te Rangi-nukai）作为献祭，即他妻弟的尸体要埋在大厅立柱的下面，他的死就是奠基典礼的庆祝。他向莫哈卡送去了友好的信息，请求他来参加新大楼的奠基典礼。然而当提提-阿-普恩嘎的妻子得知了丈夫的意图，她向弟弟送去了警报，德·兰基-奴凯做好准备后赶来了。但他走了一条没人想到的路，避开了沿路设下的埋伏。于是当提提-阿-普恩嘎领着快乐的人群到山谷的一边等待时，德·兰基-奴凯和同伴们则从莫哈卡直达河谷靠近栅栏寨大门的一带。此时提提-阿-普恩嘎村子里没剩下多少人，剩下的也跑了。女人们被抓起来扔到山崖底下的小溪里，因此小溪如今仍被称为"德·怀-欧-那-瓦西纳"（Te Wai-o-nga-Wahine），即"女人之河"。

提提-阿-普恩嘎被他的妻弟活捉，他预见到自己的命运，对他妻弟说："*Taihoa ahau e patua.*"——"快杀了我吧。"然后他诵出一段流传至今的告别词："*Tamai pakani a Taha-rangi toroa uta ka he i toroa tai taratara o Manungaharuru ka whatiwhati.*"——"塔哈-兰基的健壮男儿，山林之鸟败于海洋之鸟；毛嘎哈路路顶峰折腰陨落了。"然后，老阿纳儒有些神秘地补充道："人们把他杀了——他真的就死了。"

过了浅滩，小路穿越普克瑞姆（Pukerimu）之地，随后向北经过奥图科胡山脉——即"努比斯山脉"——东部的斜坡和平地。接着小路急转向西，来到一连串丘陵的尾端与一孤立山峰之间，山峰上曾一度住着强盗头子塔拉基西（Tarakihi）。他与更有名的提提-阿-普恩嘎一样，也在此处收取过路费，他杀了某个重要人物，最后被人找上门偿命了事。

在怀卡瑞河上游的沙地浅滩上，小路分作两线，一线往上升到达帕图–瓦西纳（Patu-wahine），最后消失在乌热维拉旷野里。另外一线大体上与科隆格美罗阿（Korongomairoa）小溪平行前进，穿过怀坡泊泊（Waipopopo）凯恩嘎，又沿着几个高地小湖泊前行，最后到达海岸线的莫哈卡，超出本书论述的范围了。

　　这就是异教时代图提拉的丛林小径的全部历史；也许平时到这些小径上走一走会觉得乏味，不过这些小路是将各种历史事实串联起来的线条，可防止我们离题太远。此外，根据编年史作者如阿纳儒、德·哈塔–卡尼和佩拉所言，纳伊–塔塔拉人总是战无不胜的，读者应为此感到欣慰。正是如此，羊场才因一句话闻名于世，即"*Tutira upoko-pipi*"——"到了图提拉，脑壳硬不了"。

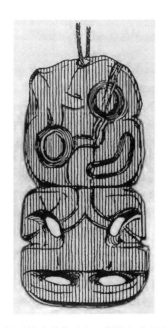

11–3：绿石提基神像（由土著朋友赠送给作者）

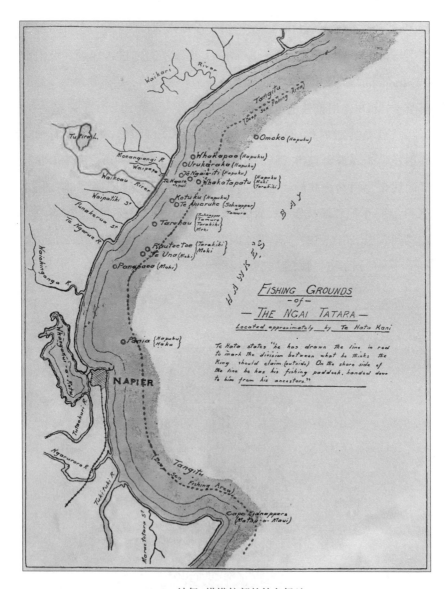

11-4：纳伊-塔塔拉部的钓鱼场地

图提拉——一座新西兰羊场的故事

第十二章　移民定居前羊场的植被

新西兰的两部分被一条狭窄的海峡所分割。在发现新西兰之初，其中一部——南岛——地势开阔，水草丰美，适合随时定居；另一部——北岛——则是长满蕨草、灌木丛和森林的荒野。北岛没有开阔的土地可供移民使用，北岛的移民先驱必须自己开拓牧场。

图提拉地方生长着几英亩的丛生草（*Poa cœspitosa*）、几十英亩的亚麻（*Phormium tenax*）和水烛草（*Typha angustifolia*），还有几百英亩隐藏在山谷与河谷里的森林及林地。此外，牧场全境还有数不清的欧洲蕨（*Pteris aquilina, var. esculenta*）。这种植物多生在松软腐殖土、沙质土壤和浮石砂砾当中，羊场为了将其消灭做了超过四十年的斗争。在那种不干也不湿的土壤中，欧洲蕨将根扎入地下数英尺。欧洲蕨也许是唯一一种靠粪便而生长旺盛的蕨类植物。年复一年，欧洲蕨入侵到花园，在羊圈里野蛮生长。在耕地上，欧洲蕨靠着人造肥料，叶子变得更肥大，茎秆更粗壮，颜色也更油绿了。

大火过后的林地，到处是倒下的焦黑树干，杂草丛生，每个空心树桩直径达八到十英尺，牲畜够不着树桩里面的东西，却成为蕨类植物生长的巨大花瓶。栅栏围起来的铁路穿过了清理出来的丛林地带，欧洲蕨呈条带状沿铁路两侧分布。欧洲蕨与稀疏敞开的灌木丛混杂在一起，其叶片经测量达到十四英尺长。在这样的条件下，欧洲蕨形成了蔓生植物的习性——主茎变得更细更柔韧，下部的羽叶停止生长，而蕨叶整体上变黄发蔫。在图提拉东部和南部斜坡的开阔土地上，欧洲蕨长势最为旺盛，它们与新西兰毒空木（*Coraria ruscifolia*）以及柳叶赫柏（*Veronica salicifolia*）相竞争，平均都能长到五到六英尺高。而在干燥的北部和西部山坡，那里的欧洲蕨则会矮一两英尺。不过，再干旱的土壤也能长出欧洲蕨。只要欧洲蕨萎缩到几英寸高，仍能布满最为干旱的山顶和最为荒芜的平地。

该植物生长状况如下：十一月初，无数棕绿色的细小螺形蕨叶开始从土里探出头来，就像活板门蛛抬起压在蜘蛛窝口的盖子一般。接着，这些蕨叶长成了问号状，然后一跃而跳出成枝，每片蕨叶开始展开，如同人的手腕折弯，五指仍旧握着。之后，蕨叶长成了鹿角尖头状，上面沾着铁锈色的粉粒。最后，蕨叶全部展开，呈现出新西兰蕨地特有的暗绿色。欧洲蕨在最贫瘠的土壤里成熟得最快，而在肥沃之地，蕨叶则要过几周才能长成。除非为火所焚或为牲畜所食，经过了春天的成长后，欧洲蕨就不再长高，直到第二年春天的到来。欧洲蕨在英国的亲缘植物有可能在一个冬天里腐化，而它们在新西兰就完全不一样，它们混杂在一起，六七年的植物残枝堆积也能分辨清楚。最底层的是支离破碎的腐败残渣，往上一层虽然成熟了，却发黄而易碎；再往上一层混杂着灰色，但有些部分仍然是绿的；再往上一层，弯曲变形，经过了风吹雨打，不过只有末梢干枯；再往上一层，颜色呈淡绿色，几乎没什么变化；最上的一层，植物仍然站立着，正处于数年以来的生长巅峰。这便是图提拉过去的景象。

其他植物则没有多少生长空间。事实上，因外来征服，山区成为了人们最后的栖身之所，同理，其他植物在图提拉的峭壁系统中活下来了，否则就要在欧洲蕨的残暴统治中灭绝。读者已经了解了羊场的地文状况——山坡与峭壁交互出现，排水系统在地表深处。欧洲蕨覆盖了每块山坡地段：它占据了每座峭壁的底部，并如流苏一般悬挂在每座山崖上。

在六万英亩的土地上，森林和林地只占不到两英亩——森林分布在群山内部，以众多巨大的树木命名，确实名副其实；林地则分布在地势低洼靠海的牧场边沿。尽管此腹地的森林面积有限——曾经一度覆盖整个区域的原始森林的残余和遗迹——却是新西兰混合与非混合"灌木林"的共同代表。从高处俯瞰，会被那些已经枝叶枯黄、气息奄奄的古老托塔拉白松（*Podocarpus totara*）所吸引，它们是这片灌木的先驱——其枝干直径可达 12、14 英尺，甚至 16 英尺。这些庞然大物一生的大部分时间里都昂然独立，庄严宏伟。现在它们则杂乱地躺倒在灌木林里——可以说，它们匍匐在脚下，濒临死亡，那粗糙的树干在长满了青苔的周围枯枝的衬托下尤为明显。大树旺盛的生命力已经随着年岁而耗尽，枝干内部或已掏空，或塞满了腐烂的木屑，有的已经化为干粉。树干外面，树皮化为无数细屑或碎片松垮地挂着。在巨大的树根旁，堆积着数英尺厚的腐木和一层层脱落的树皮——在温暖湿润的新西兰丛林，树木通过脱去长满寄生虫的树皮而进行自我清洗，就像鸟儿通过水浴和沙浴来除虱一样。考虑到托塔拉白松生长缓慢，衰老进程更慢，我认为这里最古老的树不会小于一两千岁。也许还要更老——或许要老得多——因为我对某些正走向死亡的树枝进行了三分之一个

12-1：塔瓦树灌木丛

图提拉——一座新西兰羊场的故事

世纪的观察：尽管观察的时间是托塔拉白松最短预期寿命的三十分之一，但我却没有发现任何变化。也许在两千年前，耶稣基督还在加利利时，毛嘎哈路路山上的这些白松中有一部分还是树苗；总之，这些托塔拉白松已经非常古老了。在适合托塔拉白松生长的地点还发现四种其他的新西兰松树：白松（*Podocarpus dacrydiodes*）、马太松（*Podocarpus spicatus*）、 黑松（*Podocarpus ferrugineus*）和红松（*Dacrydium cupressinum*）。混合丛林中其他的大型树种还有希诺树（*Elæocarpus dentatus*）、塔瓦树（*Beilschmiedia tawa*）和梅尔树（*Olea lanceolata*）。

在这些大树附近，藤本植物、悬钩子、葡萄藤以及铁线莲如蛇一般爬满各处。这些藤蔓如绳子般裸露的长茎，有的在年轻时便将触角附在树上并随其生长而爬升，有的则出于对阳光和空气的需要而主动向上爬，它们如同挂在桅杆上松垮垮的缆索，在树干上碰撞摩擦、悬荡摇晃。在高处，很容易根据这一棵棵树或一丛丛树的深浅不一的绿色来分辨树种。在山坡中下部，塔瓦树如兄弟一般聚在一起昂首而立，上面挂满下垂的花白地衣，如"老人的胡子"。这里还有小块深绿的阔叶树（*Griselinia littoralis*），顺便说一下，这个品种只有在图提拉腹地才能看到。

混合森林的另一显著特征是从高处能看到波浪式绿色顶盖的均匀轮廓。所有树冠都不高于平均高度；不过，在此影响下，也就没有枯萎病。这个森林社区的成员似乎生而驯良，好像还未降生前就掌握了大风影响的知识，因此从未去争夺超过自己正常份额的天空。从未见过树冠"为大风所肆虐"，也不曾见腐化的孤枝为大风所吹光；半空中森林起伏不定的表面就和地上的麦田一样平整。在那些拥有大量单一树种并无可争议地起到主导作用的地区，其单一树种就像是硬邦邦的新鬃长在了如剪了鬃毛的小马脖子上一般，在这样的狭窄山嘴上，情况会有所不同。这些特殊树种的聚集多多少少是因其生长地的地形而决定的。在锥形山上就呈锥形分布开来，在狭隘的刀锋状山脊上则呈狭长的条带状分布。图提拉有两种山毛榉（*Fagus fusca* 和 *Fagus solandri*）是最明显的群居树种，每一树种都拥有着自己不可侵犯的领地。其他地区分布着茂密的托合罗（*Weinmannia racemosa*），还有高大的麦卡卢树（*Leptospernum scoparium*）。忍冬（*Knightia excelsa*）是另一个像山毛榉、托合罗和麦卡卢树那样的品种，喜欢生在干旱之地，它那细长的球果生长在最干旱的山脊之上。

我们已经从上部俯视了森林，现在可以来到树林里面。在这种森林里，落叶的脉络不能保留很久，所有的叶子都在腐化、变软和弯曲。地面上到处是阻碍去路的大草丛，从上到下包括芳香草（*astelia*）、项链蕨草（*asplenium flabellifolium*）、铁角蕨草（*flaccidum*）和狭叶柴胡（*falcatum*）。大小腐化的树枝仍包裹着外皮，或穿着颜色更深的树皮，散落在地面各处。许多站立的树干都腐败了，或者一段一段地掉落下来；其他树干则横卧在地上，仅仅是一个空壳子，上面长满了真菌和蕨草，或者像披了一件苔藓做的大衣，颜色如同蕨草最嫩时鲜黄的绿色，或者像一片小松林那样笔直坚挺。枯树干较坚硬的纤维段长出了成片的真菌，如同黑美人的唇饰。各种各样的伞菌藏在岩架下窥探，它们的茎干薄弱而多肉，精致的伞盖紧挨在一起。有时可在这类混合森林里看到三层彼此分明的植被：最下层是地衣、苔藓、地钱和蕨类植物；第二层是茜草属植物，这些草下面裸露着，却把叶子高高举起组成一个由叶片构成的平面，由此造就了一层透明的迷雾，这种暮色中的植物，在

12-2：欧洲蕨的花

朦胧中将枯树干一分为二；最后是高高在上的树冠。在森林的其他地方，没有比这更醒目的东西，其他只不过是长得更小、生长周期较短的物种在巨大松树底下拥挤着，竞争着，聚拢在大树的腰间和树桩周围，如倒挂金钟、桫椤和海桐属植物、紫菀属植物、人参属植物、生长周期短的成片酒浆果树以及其他植物。

欧洲蕨到处都是，它们像常春藤那样握住粗糙的茎干，在上面装饰出优雅的蕨叶，并用娇嫩的根茎纤维将其编织成网，遍布于枯枝之上，把高高在上的又长又慵懒的枝叶都压弯了。有植根于巨大树杈上的真菌（*Griselina lucida*），菠萝似的芳香草也在此处聚集成丛。芬芳的兰花（*Earina mucronata* 和 *Earina suavolens*）伸出一簇簇根须，紧紧抓住适合生长之地，黑色的地衣常常在日光下散发出一种心旷神怡的紫罗兰花香。除了那些单一植物兴盛之所，以及树下荒芜且不见天日之处，这里的植物因少见的充足雨量和日晒而长势茂盛。在森林边缘，长着更为繁茂喜人的混生植被，简直比森林深处的还要旺盛——铁线莲、悬钩子、同心结以及当地的西番莲互相争夺着阳光。这是北岛典型的森林，除了在程度和经纬度上有所不同，其他方面与热带森林别无二致。新西兰自治领雨水充沛、阳光充足，造就了这里不同一般的条件。除了那些单一植物主导的、阴郁自私地排挤其他植物的地方之外，到处是绽放的生命，其盛况也仅见于真正的热带地区。

与上述森林情形相反，图提拉的林地分布在潮湿低洼的山谷，比如毛嘎西纳西纳山的急流峡谷里，那里的表土被水流冲走，泥灰暴露在外。除了某些山谷外，这些林地几乎没有大树。与群山西侧的森林相比，图提拉东部林地的树木——因为林地仅仅是成为真正森林的第一

12-3：尼考棕榈

步——注定只能止步于第一阶段。这里的植物生长取决于两个因素——
生长速度和泥石流发生频率。比如说生长较慢的松树，从来没有足够的
时间立稳脚跟，当它们还是树苗时，一场洪水带来的泥石流就能让它们
荡然无存。这里的地面常常翻新，除了那些速生且自由繁衍的树种外，
其他品种都无法成材。在这样的稀疏灌木林里常见的灌木和树种有：塔
瓦树（*Bielschmiedia tawa*）、瑞香科灌木（*Melicytus ramiflorus*）、苦槛

蓝（*Myoporum lœtum*，大火过后方可在图提拉西部见到）、朗伊奥拉树（*Brachyglottis rangiora*）、酒果树（*Aristotelia racemosa*）、倒挂金钟（*Fuchsia excorticata*）和柳叶赫柏（*Veronica salicifolia*）。

在牧场东端角落的林地里，同样生长着一些植物群落，如新西兰的棕榈——尼考树（*Rhopalostylis sapida*）和单一的新西兰月桂树（*Corynocarpus lœvigatus*）。菝葜藤（*Rhipogonum scandens*）、南方悬钩子（*rubus* sp.）、铁线莲还有葡萄藤，都郁郁葱葱，甚至盛于西部的森林。这里的土壤更肥沃，温度也更温和。此外，树林下的地面到处是野猪为了搜寻核果、树根和蛴螬而拱过的痕迹。

图提拉有一小块地为沼泽所覆盖，那里几乎长满亚麻（*Phormium tenax*）和水烛（*Typha angustifolia*）。这些植物的高度随着所在地排水状况的不同而各异：在坚硬干燥之处，每棵植物都长得很高；而在摇晃的沼泽地里，由于水分过多而酸腐，于是植物变得身材低矮，勉强存活。在干燥的地面上还生长着一丛丛优雅的趾趾草（*Arundo conspicua*）。在沼泽的外围，地势不平，长满了"黑人头草"（*Carex secta*）和其他粗粝的莎草及灯芯草。一种黑三棱属植物（*Sparganium antipodium*）也在某些地方生长着，这是一种奇特的植物，因为据我所知，它是唯一一种在我待在羊场那段时间里消失的当地物种。

最后，奥坡阿西和赫鲁-欧-图瑞阿有十到二十英亩的高山草甸，那里零星分布着一些枯死的大阔叶树（*Griselinia littoralis*），它们的树干扭曲，内部中空，依然挺立着。地面上躺着数量众多的白松木树干和其他正在腐化的罗汉松树干。在六十到八十年前，或者更短的时间，这些开阔的高地上还覆盖着森林。这里海拔高、气温低，欧洲蕨无法生长。由于一些不容易理解的原因，树也不再在那里生长。高地上长满了各种草类：黄色莎草（*Poa cæspitosa*）、香草（*Hierochloe redolens*）、一种来自火地岛的非常有趣的早熟禾品种[1]（*Poa anceps*），以及其他长在高地的草类。就在这莽荒的草地上，有很多有趣的品种立稳了脚跟并兴盛起来。到了开花季节，成片的长叶稻花（*Pimelea longifolia*）和毛叶麦秆菊（*Helichrysum bellidioides*）争奇斗艳。在一个最为潮湿荒芜的地方，我找到了一种难得一见的曲屈叶短毛菊（*Brachycome odorata*）。一种陆生兰花（*Pterostylis banksii*）在其花期也是如火如荼。在一个幽僻的角落，我发现了一种迷人的蜘蛛兰（*Caladenia bifolia*），这是我在图提拉的第一次也是唯一一次见到它们。还有一组有趣的植物群落，以毛叶蜡菊（*Raoulia australis*）为代表，它们中间包括了新西兰"植物界里的绵羊"。其他属亚高山草甸的还有：短毛菊属植物（*Brachycome sinclairii*）、菊科植物（*Celmisia incana*）、龙胆属的（*Gentiana grisebachii*）、车前属植物（*Plantago raoulii*）、蓝花参属植物（*Wahlenbergia saxicola*），以及一种纤弱浅白的风铃草、带刺的新西兰蔷薇（*Acæna Novæ Zealandiæ*）、针矛（*Aciphylla squarrosa*）、各种藁本属植物（*Ligusticum*）和各种天竺葵属植物（*Geramium*）；在越过牧场边界时，我发现了可爱的金黄色毛茛（*Ranunculus insignis*）在岩缝里怒放。

---

1 L.科凯恩博士在他那本让人爱不释手的著作《新西兰植物和它们的故事》第二版中这样写道："新西兰植被的火地岛元素尽管比澳大利亚元素相比影响很小，但是却引发了更多的猜想。这种猜想源于这样的事实：尽管生物地理学家愿意设想在澳大利亚北部、马来西亚和新西兰之间架设一座'陆地桥'，但要是在新西兰和南极洲或南美洲之间的极深海域也想象有这样一座'陆地桥'，很多人会迟疑。同时，火地岛元素居然出现在远离其来源地的新西兰，这必须做出解释。"

植物的其他藏身所还有：山壁上的岩石，砂砾山顶的砂石间，河边与湖畔的沼泽里。在干燥峭壁上长着两种当地金雀花（*Carmichaelia odorata*），此外还有菊科植物（*Vittadina australis*）、千里光属植物（*Senecio lautus*）、繁缕属植物（*Stellaria parviflora*）、东爪草属植物（*Tillæa sieberiana*），以及红耀花豆（*Clianthus puniceus*）——其鲜红的总状花序光彩夺目，有一段时间里，这种花在赫鲁-欧-图瑞阿数量众多，后来被牛群啃光了，而在阿瓦-欧-托塔拉（Awa-o-Totara）则还有少量分布。此外还有珍珠橙（*Nertera depressa*）和（*Geranium sessiliflorum*）（这两种植物都来源于火地岛）、澳大利亚天竺兰（*Pelargonium australe*）、千叶兰（*Muehlenbeckia complexa*）、白珠树属植物（*Gaultheria oppositifolia*）、当归属植物（*Angelica rosæfolia*）、百合科植物（*Arthropodium candidum*）、胡萝卜属植物（*Daucus brachiatus*）、新西兰亚麻（*Linum monogynum*）、山亚麻（*Phormium cookianum*）、"蓝草"（*Agropyrum multiflorum*）[1]。在潮湿的峭壁上

---

[1] 如今尽管牲畜已经将各处的 *Agropyrum multiflorum* 消灭了，但是它在坦特伯雷早期的牧羊农场里非常出名，人们认为它的种子可媲美燕麦，马儿吃了既结实又强壮。皮尔森林（Peel Forest）的乔治·丹尼斯举出了一个例子，他写道："六十年代中期，有一次，一位叫弗雷德·金博尔的邻居来到我们位于麦肯齐地区（Mackenzie Country）哈尔顿（Haldon）的家做客，他来自于'三泉'（Three Springs）。然后有消息传来，他的儿子误食了毒空木果，生命垂危。此去'三泉'走公路或牛道都有三十八英里。我立即将那匹澳大利亚纯种马'匹克威克'从草场里牵进来，那时乡下的草地上长满了'蓝草'。我告诉金博尔，不要担心把马跑坏了，只要一心想着救孩子就行。金博尔不仅是一名合格的医生，而且骑术不错。我不记得他骑了多久，不过他说从没想到马儿可以载着他跑得那么快。他救了儿子，而'匹克威克'饱食了一顿燕麦粥，然后带上燕麦，仿佛刚才只是做了一件再普通不过的事情。"读者可以想象，骑手了解医学知识，了解毒空木的毒性，而且病人又是他的儿子，他骑起马来会以怎样的速度；读者还可以想象，这匹马在糟糕的路况高速奔跑四十英里不停歇却没受伤，需要怎样的体格。

生长着：鼠麹草属植物（*Gnaphalium keriense*）、迷人娇嫩的荷包花属植物（*Calceolaria repens*，花朵上有紫色斑点）、小米草属植物（*Euphrasia cuneata*）、克拉莎属植物（*Cladium sinclairii*）、瓶头草属植物（*Lagenphora forsteri*），以及当地的雏菊——帕帕塔尼瓦尼瓦（*Papataniwhaniwha*）和芦竹属植物（*Arundo fulvida*）等。

在江渚、小岛以及河流边，最显眼的小型植物有：玄参科植物（*Veronica catarractæ*，此植物是在 150 英尺深且靠近玛西瓦河的山谷底部发现的）、千里光属植物（*Senecio latifolius*）、欧亚路边青（*Geum urbanum*）、幌菊属植物（*Ourisia macrophylla*）、麦哲伦酢浆草（*Oxalis magellanica*，第四种火地岛植物）、堇菜属植物（*Viola cunninghamii*）。湖边、泉水边和石灰岩山上的潮湿处，到处长满了微型的沼泽植物，比如：天胡荽属（*Hydrocotyle moschata*）、伞形科植物（*Azorella trifoliolata* 和 *Crantzia lineata*）、柳叶菜属植物（*Epilobium nummularifolium*）、马齿苋科植物（*Montia fontana*）、小二仙草科植物（*Gunnera monoica*，其红色浆果的形态特别适合生长在岩石上）、拉拉藤属植物（*Galium tenuicaule*）、通泉草属植物（*Mazus pumileo*）、水八角属植物（*Gratiola perviana*，第五种火地岛植物）、水麦冬属植物（*Triglochin striatum*）、薄荷属植物（*Mentha Cunninghamii*）、荠叶山芫荽（*Cotula coronopifolia*）、铜锤玉带属植物（*Pratia angulata* 和 *perpusilla*）、半边莲属植物（*Lobelia anceps*）、酢浆草（*Oxalis corniculata*）和绶草（*Spiranthes australis*）。

在荒芜的山顶，干旱的山沿和最干旱的平地上仍然生长着如下草木：巨蕉树（*Cordyline australis*）、鼠曲草属（*Gnaphalium*，多个种

12-4：在图提拉生长的其中一种火地岛植物，酢浆草属

　　　　　　　　　　　　图提拉——一座新西兰羊场的故事

类）、菊科植物（*Celmisia longifolia*）、瑞草科植物（*Pimelea lævigata*）、澳石南科植物（*Cyathodes acerosa* 和 *Leucopogon fasciculatus*、*Leucopogon Frazeri*）、薄子木属植物（*Leptospermum scoparium*）、灌木状安匝木（*Pomaderris phylicæfolia*）、禾本科植物（*Echinopogon ovatus*）、兰科植物（*Orthoceras strictum*）和葱叶兰属植物（*Microtis porrifolia*）。

在随后的一个时期里，欧洲蕨一统天下的局面被打破了，这些植物像一群奔波的移民，离开峭壁和沙漠，来到了这片新开拓的土地上，具体情况下文再作说明。

12-5：巨朱蕉

图提拉有 60000 英亩土地，刚开发成牧场时，58000 英亩土地是欧洲蕨的天下，森林和林地只占不到 1500 英亩，沼泽地不到 500 英亩，高原草甸、悬崖、河床、沙漠、停滞的溪流边沿地合起来不到 25 英亩。若从图提拉最西面和最东面各划出去一块狭长的土地，图提拉事实上就成为了一块广袤连绵的欧洲蕨植物带。下面是一份羊场植物品种名称的附录。我相信此附录没有遗漏那些不起眼的植物。不过由于相较于树木和灌木而言，作者更关注小型植物，因此关于前者的名录并不一定齐全。

图提拉当地植物名录

毛茛科（Ranunculaceae）

Clematis indivisa

　hexasepala

　colensoi

　faetida

　Parviflora

Ranunculus hirtus

　rivularis

　insignis

海桐花科（Pittosporaceae）

Pittosporum tenuifolium

　crassifolium

　eugenioides

石竹科（Caryophyllaceae）

Stellaria parviflora

木兰科（Magnoliaceae）

Drimys axillaris

十字花科（Cruciferae）

Nasturtium palustre

Cardamine hirsuta

堇菜科（Violarieae）

Viola Cunninghamii

Melieytus ramiflorus

虎儿草科（Saxifragaceae）

Carpodetus serratus

Weigmannia racemosa

景天科（Crassulaceae）

Tillæa sieberiana

茅膏菜科（Draseraceae）

马齿苋科（Portulacaceae）

　　Drosera binata

　　Montia fontana

　　　　auriculata

金丝桃科（Hypericaceae）

小二仙草科（Haloragidaceae）

　　Hypericum gamineum

　　Haloragis alata

金葵科（Malvaceae）

　　　　depressa

　　Hoheria populnea

　　　　micrantha

椴树科（Tilianceae）

　　Nyriophyllum elatinoides

　　Aristotelia racemosa

　　　　intermedium

　　Elæocarpus dentatus

　　Gunnera monoica

　　　　hookerianus

桃金娘科（Myrtaceae）

亚麻科（Linaceae）

　　Leptospermum scoparium

　　Linum monogynum

　　　　ericoides

牻牛儿苗科（Geraniaceae）

　　Metrosideros hypericifolia

　　Gernium dissectum

　　　　colensoi

　　　　microphyllum

　　　　scandens

　　　　sessiliflorum

柳叶菜科（Onagraceae）

　　　　molle

　　Epilobium pallidiflorum

　　Peargonium austral

　　　　chionanthum

　　Oxalis corniculata

　　　　rotundifolium

　　　　Magellanica

　　　　nummularifolium

铁青树科（Olacaceae）

　　Fuchsia exorticata

　　Pennatia corymbosa

山茱萸科（Cornaceae）

鼠李科（Rhamnaceae）

　　Griselinia lucida

　　Pomaderris phylicæfolia

　　　　littoralis

无患子科（Sapindaceae）

茜草科（Rubiaceae）

　　Alectryon excelsum

　　Coprosma grandifolia

漆树科（Anacardiaceae）

    Corynocarpus lævigata

马桑科（Coriariaceae）

    Coriaria ruscifolia

        Thymifolia

豆科（Leguminosae）

    Carmichælia odorata

    Clianthus puniceus

    Sophora tetraptera

蔷薇科（Rosaceae）

    Rubus australis

        cissoides

        schmidelioides

    Genum urbanum

    Potentilla anserina

    Acæna Novæ Zealandiæ

        sanguisorbæ

紫金牛科（Myrsineae）

    Myrsine salicina

        Urvellei

木犀科（Oleaceae）

    Olea lanceolata

玄参科（Scrophulariaceae）

    Calceolaria repens

    Mazus pumilio

        robusta

        cunninghamii

        tenuifolia

        parviflora

    Nertera depressa

    Galium tenuicaule

        umbrosum

菊科（Compositae）

    Lagenophora Forsteri

    Brachycome Sinclairii

        odorata

    Olearia furfuracea

        nitida

        ilicifolia

        cunninghamii

        nummularifolia

        solandri

    Celmisia incana

        longifolia

    Vittadina australis

    Gnaphalium keriense

        subrigidum

        luteo-album

        japonicum

    Raoulia australis

12-6：一种玄参科植物——怀科欧河

玄参科（继续）

Gratiola peruviana

Veronica salicifolia

angustifolia

catarractæ

Ourisia macrophylla

Euphrasia cuneata

Glossostigma elatinoides

瑞草科（Thymelaeaceae）

Pimelea longifolia

virgata

lævigata

桑寄生科（Loranthaceae）

Tupeia antartica（在 Leptospermum

scoparium 上发现过两次）

荨麻科（Urticaceae）

Urtica ferox（这种荨麻使我的

猎兔人失去了一条狗，又使得

另一条狗好几天不能行动；

一位牧羊人很不明智，驱赶着他

的纯种马经过布满此类荨麻之地，

结果马儿不受控制地跌倒了，再也

爬不起来了：第二天人们发现马死了。）

Urtica incise

Parietaria debilis

菊科（继续）

Helichrysum bellidioides

filicaule

glomeratum

Cassinia leptophylla

Craspedia uniflora

Bidens pilosa

Cotula coronopifolia

australis

perpusilla

Erechtites quadridentata

Brachyglottis repanda

Senecio lautus

latifolius

banksii

Microseris forsteri

Picris hieracioides

Sonchus oleraceus

松柏科（Coniferea）

Podocarpus totara

hallii

ferrugineus

spicatus

dacrydioides

壳斗科（Cupuliferae）

    Fagus fusca

      Solandri

      Sp.

香蒲科（Thyphaceae）

    Typha angustifolia

    Sparganium antipodum

茨藻科（Najadaceae）

    Triglochin striatum

    Potamogeton polygonifolius

      cheesemanii

帚灯草科（Restionaceae）

    Leptocarpus simplex（湖边）

莎草科（Cyperaceae）

    Eleocharis acuta

    Scirpus martitimus

      prolifer

    Schaenus axillaris

    Cladium sinclairii

      glomeratum

    Gahnia gaudichaudi

    Carex virgata

      secta

      inversa

Darcrydium cupressinum

棕榈科（Palmae）

    Rhopalostylis sapida

露兜树科（Pandanaceae）

    Freycinetia banksii

    Prasophyllum rufum

    Pterostylis banksii

      foliata

    Caladenis bigolia

    Chiloglottis cornuta

    Corysanthes obonga

      rotundifolia

      macrantha

    Gastrodia cunninghamii

鸢尾科（Irideae）

    Libertia grandiflors

      ixioides

百合科（Liliaceae）

    Rhipogonum scandens

    Cordyline banksii

      australis

      indivisa（花呈紫色）

    Astelia solandri

      nervosa

    Phormium tenax

莎草科（继续）

    Colensoi

      echinata

      subdola

      ternaria

      lucida

槐叶苹科（Salviniaceae）

    Azolla rubra

石松科（Lycopodiaceae）

    Lycopodium billardieri

      fastigiatum

      scariosum

      volubile

    Tmesipteris tannensis

兰科（Orchidaceae）

    Dendrobium cunninghamii

    Bulbophyllum pygmæum

    Earina mucronaia

      suaveolens

    Sarcochilus adversus

    Spiranthes australis

    Thelymitra longifolia

      Imberbis

    Orthoceras strictum

    Microtis porrifolia

杯轴花科（Monimiaceae）

百合科（继续）

    Cookianum

    Arthropodium candidum

    Diandella intermedia

灯心草科（Juncaceae）

    Juncus pallidus

      bufonius

      Novæ Zealandiæ

      luzula campestris

苦槛蓝科（Myoporaceae）

    Myoporum lætum

唇形科（Labiatea）

    Mentha cunninghamii

车前草科（Plantaginaceae）

    Plantago raoulii

蝶形花科（Illecebraceae）

    Scleranthus biflorus

蓼科（Polygonaceae）

    Polygonum aviculare

      scrrulatum

    Rumex flexuosus

    Muehlenbeckia australis

      complexa

胡椒科（Piperaceae）

    Piper excelsum

    Ligusticum（2 sp.）

杯轴花科（继续）

 Hedycarya arborea

 Laurelia Novæ Zealandiæ

樟科（Lauraceae）

 Beilschmiedia tawn

山龙眼科（Proteaceae）

 Knightia excels

夹竹桃科（Apocynaceae）

 Parsonsia heterophylla

  capsularis

马钱科（Loganiaceae）

 Geniostoma ligustrifolium

龙胆科（Gentianeae）

 Gentiana grisebachii

旋花科（Convolvulaceae）

 Calystegia sepium

 Convolvulus erubescens

茄科（Solanaceae）

 Solanum nigrum

  aviculare

桔梗科（Campanulaceae）

 Pratia angulata

  perpusilla

 Lobelia anceps

 Wahlenbergia gracilis

  saxicola

胡椒科（继续）

 Angelica rosæfolia

 Daucus brachiatus

五加科（Araliaceae）

 Panax edgerleyi

  colensoi

  arboreum

 Schefflera digitata

禾本科（Gramineae）

 Isachne australis

 Microlæna stipoides

  avenacea

 Hierochloe redolens

 Echinopogon ovatus

 Deyeuxia forsteri

  quadriseta

 Dichelachne crinita

 Deschampsia cæspitosa

 Trisetum antarticum

 Danthonia semiannularis

  pilosa

 Arundo conspicua

  fulvida

 Poa anceps

  cæspitosa

 Colensoi

杜鹃科（Ericaceae）

    Gaultheria antipoda

        oppositifolia

西番莲科（Passifloraceae）

    Passiflora tetrandra

澳石南科（Epacrideae）

    Cyathodes acerosa

    Leucopogon fasciculatus

        frazeri

    Draxophyllum（sp.）

伞形科（Umbelliferae）

    Hydrocotyle elongate

        moschata

        asiatica

    Azorella trifoliolata

    Oreomyrrhis andicola

    Crantzia lineate

    Aciphylla squarrosa

    imbecilla

Agropyrum multiflorum

    scabrum

Asperella gracilis

12-7：野蒲包草

第十三章　图提拉的蕨类植物

　　图提拉的蕨类植物值得我们特别关注，也值得专门写上简短的一章。奇斯曼的《新西兰植物手册》里列举了135种，若骨碎补属植物（*Davallia Forsteri*）不算的话，则有134种，超过半数的蕨类植物生长在图提拉。对于一个羊场而言，这是一个了不起的记录——我相信这个记录没人能够超越。图提拉地区海拔起伏不一，降水量大，气候状况多样，地理条件各异，经认真考察，这些多多少少促成了这个结果的出现。然而主要原因还是这个地区莽荒崎岖，有着大量的山谷和连绵数百英里的峭壁。其他地方待不下去的物种，却能较轻易在这里栖身——这里为它们提供了最后一个立足点；因此在低矮的砾岩山壁底部，仍有一丛微羽里白属植物（*Gleichenia circinata*）存活着。大火两次几乎灭绝了这种植物，不过它们两次都复活过来了。一块湿润的石壁成了陵齿蕨属植物（*Lindsaea viridis*）的栖身之所，不然就要被多足蕨属植物（*Polypodium billardieri*）所霸占；在赫鲁-欧-图瑞阿高处，那破碎的石灰岩裂缝里，冷蕨（*Cystopteris fragilis*）安了家；那成片又高又干的砾岩表面的凹陷处，成为了另一种蕨草（*Doodia meida*）的避风港；尽管牛羊啃食，泥石流成灾，它依然活着。滚落下来的砾岩磐石堆的边沿低处是长尾铁线蕨（*Adiantum diaphanum*）的最后据点。该植物有着运动员的素质，从原先的栖息地——森林地面——爬了上来。图提拉东部原始海床上断下的一块单体石灰岩，深深陷入绿色山坡旁的草皮底下，铁角蕨（*Asplenium trichomanes*）就在岩石上生长。以上所提到的每一个物种在图提拉都有小范围分布。另外一种能在岩石上找到的蕨类植物是细长美丽的一年生植物——风丫蕨属植物（*Gymnogramme leptophylla*）。自 1882 年以来，这种植物在图提拉中部的砾岩上曾三度繁盛。每一次都是在极度干燥和炎热之后出现，它们的孢子似乎只在高于平均温度时才萌发。若不具备这种条件，便不见其踪迹。每隔几年，这种植物就或出现，或消失，或湮没无闻，或葱葱郁郁，有时接天连地，有时踪迹全无。铁角蕨属植物（*Asplenium flabbelifoium*）也主要生活在岩石上，在石壁上，我还发现了许多其他种类——它们为火所焚，因饥馑而干枯。不过，在其他地方，它们长势旺盛，是大地美妙的装饰。还有一种蕨——微羽里白属（*Gleichenia cunninghamii*），通常是一种森林品种——在图提拉发现过一次。

可以说，我是把蕨类植物当成羊场的牧草和兰花，给予了特殊的关注。以下是一份该物种名称的附录：

膜蕨属植物（Hymenophyllum rarum）　　　　蚌壳蕨属植物（Dicksonia squarrosa）

　polyanthus, var. san-　　　　　　　　　　fibrosa

　guinolentum　　　　　　　　冷蕨属植物（Cystopteris fragilis）

　pulcherrimum　　　　　　　陵齿蕨属植物（Lindsaea viridis）

　dilatatum　　　　　　　　　铁线蕨属植物（Adiantum affine）

　demissum　　　　　　　　　　diaphanum

　scabrum　　　　　　　　　　aethiopicum

flabellatum

膜蕨属植物（Tunbridgense）

假脉蕨属植物（Trichomanes reniforme）

    humile

    venosum

红腺蕨属植物（Cyathea dealbata）

    medullaris

    Hemitelia smithii

桫椤属植物（Alsophila colensoi）

荚囊蕨属植物（Lomaria Patersoni, var. elongate）

    discolor

    vulcanica

    lanceolata

    alpine

    capensis

    filiformis

    fluviatilis

    membranacea

弓锯蕨属植物（Doodia media）

鞭叶蕨属植物（Aspidium aculeatum）

    Richardi

    capense

Nephrodium decompositum

    glabellum

    velutinum

    hispidum

姬蕨属植物（Hypolepis tenuifolia）

真碎米蕨属植物（Cheilanthes seiberi）

旱蕨属植物（Pellæa rotundifolia）

风尾蕨属植物 Pteris aquiline, var. esculenta

    scaberula

    tremula

    macrilenta

    macilenta

    incisa

铁角蕨属植物（Asplenium flabbelifolium）

    Trichomanes

    falcatum

    lucidum

    var. anomodum

    Hookerianum

    bulbiferum

    flaccidum

多足蕨属植物（Polypodium punctatum）

    pennigerum

    australe

    grammitidis

    serpens

    cunninghamii

    pustulatum

    billardieri

凤丫蕨属植物（Gymnogramme leptophylla） 块茎蕨属植物（Todea hymenophylloides）

微羽里白属植物（Gleichenia circinata） 瓶尔小草属植物（Ophioglossum lusitanicum）

Cunninghamii 阴地蕨属植物（Botrychium ternatum）

第十四章　羊场移民前的鸟类群

人们没有理由不相信不久前这里的鸟种类出现了下降。在这片牧场里，山峰林立，河床幽深，山谷险峻难越，鸟类藏身避难之所数不胜数。现在的鸟类与过去的区别不在种类的减少，而在个体数量的下降。毫无疑问，鸟类的总数确实大大减少了。若移民来到前有一千只鸟，现在可能只有十只。

然而，过去——比如一两个世纪之内——也存在着其他物种。年老的土著人通过传统知识而对它们有所了解，并知道它们的毛利名称。传闻他们能够较准确地描述这些鸟类的习性。他们很愉快地认出了布勒著作中彩绘的鸟类，我也因此得知蓝色垂耳鸦（*Glaucopis wilsoni*）在森林砍伐之前，大量地出现在怀罗阿和吉斯伯恩之间的沿海森林里，并且在图提拉一度也相当常见。他们还认出了鞍背鸦（*Creadion carunculatus*），我在羊场时，这个品种在东海岸非常少见[1]。还有一两种特征不明显的种类，毛利人也无法确认，不过我猜想应该是北岛知更鸟

---

[1] 我这辈子，只在当地见过一对这种鸟的雏鸟，当时是在波弗蒂湾背后毛嘎哈米亚山脉（Maungahamia）山坡上的一处浓密灌木林里发现的。

14-1：雄性铃鸟在喂养幼鸟

（*Petræca longipes*），或许它们一度也很常见。人们都认同这三种鸟类在殖民入侵前的很久前就消失了，也许是随着原始森林的毁灭而灭绝的。

我们会另起一章讨论当地鸟类因牧场发展而受到的不同影响，即在图提拉从蕨地和灌木林变为草地的过程中发生的变化：有些鸟儿是如何不可避免地灭绝的；有些鸟儿数量下降了，又是如何存活的；还有些鸟儿非但活下来了，而且数量还有增加。

下面是我那时在图提拉所见鸟类种类的名称附录：

14-2：小麻鸭

隼科（*Falconidae*）	鹟科（*Muscicapidae*）
Hieracidea Novæ Zealandiæ	Rhipidura flabellifera
ferox	鹦鹉科（*Psittacidae*）
Circus gouldi	Platycercus Novæ Zealandiæ
鸱鸮科（*Strigidae*）	Nestor meridionalis
Athene Novæ Zealandiæ	杜鹃科（*Cuculidae*）
翠鸟科（*Alcedinidae*）	Chrysococcyx lucidus
Halcyon vagans	Eudynamis taitensis
吸蜜鸟科（*Meliphagidae*）	鸠鸽科（*Columbidae*）
Prosthemadera Novæ Zealandiæ	Carpophaga Novæ Zealandiæ

图提拉——一座新西兰羊场的故事

Anthornis melanura

Zosterops lateralis

刺鹩科（*Certhiadae*）

　刺鹩 Acanthisitta chloris

Luscinidae

　Sphenaeacus punctatus

Gerygone faviventris

Petrœca toitoi

Anthus Novæ Zealandiæ

秧鸡科（*Rallidae*）

　Ocydromus earli

　Rallus philippensis

　Ortygometra affinis

　　　　tabuensis

　Porphyrio melanotus

鸭科（*Anatidae*）

　Casarca variegate

　Anas chlorotis

　　superciliosa

　Rhynchaspis variegate

　Hymenolæmus malacorhynchus

　Fuligula Novæ Zealandiæ

　Nyroca australis

Apteryginae

　Apteryx mantelli

Charadriadae

　　Charadrius bicinctus

鹭科（*Ardeidae*）

　　Ardea poeciloptila

　　alba

鹬科（*Scolopacidae*）

　Himantopus leucocephalus

　Limosa baueri

鸊形科（*Colymbidae*）

　Podiceps rufipectus

鹱科（*Procellaridae*）

　Thalassidroma melanogaster

鸥科（*Laridae*）

　Larus dominicanus

　　scopulinus

鹈鹕科（*Pelecanidae*）

　Phalacrocorax Novæ Zealandiæ

　　brevirostris

　　varius

14-3：窝在巢里的雄性紫水鸡

图提拉——一座新西兰羊场的故事

第十五章　建场之初

　　大概在 1860 年，政府从霍克斯湾南部的土著人手中购买了大量领土，并将获得的土地划成一块块大牧场作为不动产出售。这些土地从儒阿西纳（Ruahine）山和卡维卡（Kaweka）山的山麓下一直到大海都是一片片开阔的蕨地。羊场的农庄所建之地通过海路或牛径连接着纳皮尔港。牛径凹凸起伏，沿着几条古老的河床线路分布，河床早已干涸，贫瘠得长不出草，因此即便是最湿润的季节里也能畅通无阻。随后，纳皮尔北部还有一块土地被没收了，因为那里的土著参与了六十年代末的"叛乱"。不过在申诉与反申诉的过程中，人们发现每个部落当中总有某些分支和家庭仍然保持着"忠诚"。事实上，土著人在有意无意之中发现了十八世纪很多雅各比家族中所实行的一种机制——在家庭纠纷当中，当家长支持其中一方，而一个较小的儿子则坚决维护另一方权利之时，不论发生什么，财产都能得到保证。就上述土著的土地而论，最终的归属权问题得以妥协。政府将其中一小部分土地直接出售给了欧洲移民，而剩余部分则事实上——尽管我并不这么认为——归还给了之前的主人。

　　霍克斯湾的灌木地区除了强悍的斯堪的纳维亚人把自己的森林圈

15-1：将棉花包裹装上马

起来外，并不受影响。

　　人们占领了条件更好且进出方便的地带作为不动产，后来者或许也满足于省内的内陆土地。移民们开始向内陆推进，不过那里的土地不允许购买，只可向土著租赁。以这种方式占用的土地有图提拉、普托瑞诺——怀卡瑞那时的名称——和毛嘎哈路路。

　　1873 年 2 月份，四十位土著将图提拉出租给牛顿（T.K. Newton），租期二十一年，年租金为 150 英镑。这片土地由这些土著所共有，但是合同规定租金——每人 3 英镑 15 便士——必须支付给他们中的每一个人。和东海岸几乎所有的土著土地所有权一样，图提拉的地权也不是很明晰。牛顿在最开始一定对其中一个签名充满担忧。羊场的租期有一个特点——那时是羊场最早的婴儿期，开始还不到三个月——即土地事务办公室要有这样的一个记录，大意是"牧羊人威廉·毛里斯（William Morris），是其中一名地主的丈夫，现就其妻子在图提拉租用事宜上的签字表示确认"。

　　牛顿蓄养了 4000 只绵羊，并让他的姐夫克莱格（Craig）负责这项新业务。克莱格在图提拉住得不长，其总部离现在的农庄不远。他那泥砌的烟囱如今成了一座小山丘，大概就在我们现在草地的中央，多年来成为了纪念他的遗址。他挖泥的痕迹仍然可见。同样在那小山包上，有一个开挖处让人捉摸不透，我们认为那是他做的一个原始狗窝。这4000只羊——美利奴羯羊——还是逃脱了臭名昭著的德·奎提（Te Kuiti）的毒手，此人日前劫掠了莫哈卡的小块移民区，不论是欧洲人还是"友好"的土著，一律格杀，毫不偏袒。得知他要沿着海岸线劫掠，每个农庄的居民都出外逃命了。人们快速将这4000只羊——或者说剩下的羊——赶拢起来，急匆匆地离开了。克莱格和其他外围的移民一样，来到纳皮尔避难。随着克莱格的逃亡，将图提拉变成羊场的尝试中止了。

怀卡瑞牧场——当时叫作普托瑞诺——在建场之初也不幸运，德·奎提来抢掠之后，它的第一任主人就跑了。菲利普·多尔贝尔（Philip Dolbel）当时租下了毛嘎哈路路，但牧场被德·奎提手下的暴徒付之一炬，所幸的是，多尔贝尔因运送新买的牲畜耽搁了，躲过一劫。他们要买的这些绵羊原定周一就能在纳皮尔安排好，结果推到了周二

15-2：七十年代的农庄

才就绪；多尔贝尔和赶牲口的人到了毛嘎哈路路后才发现他们的小小农庄还在余烬中燃烧——耽误的 24 小时救了他们的命。

　　回到图提拉，我们有理由相信克莱格匆忙撤离活儿干得并不"干净"。实际上有为数不少的绵羊留在了羊场里，等到欧洲人再次占有这片牧场时，仍能看见当地土著人已经习惯让狗把羊群赶进高大的蕨地里，并在那里剪起羊毛。虽然绵羊变野了，可是在六英尺高的蕨地中只能任人宰割。它们的腹部深深陷入混杂缠绕、弹性极强的草丛里，而直立的蕨叶则像一堵墙那样围着它们。剪完羊毛后，毛利人就把这些强行征用的羊毛塞进袋子里扛走。不论怎么说，图提拉出现的第一幕剪羊毛的情形是一幅生动的图画——浓密的蕨地里踏出了一块楔形地段，

15-3："野"羊

湛蓝天空上万里无云，古铜色肌肤的毛利人带着一群叫唤的杂种狗，那大剪子在阳光下闪闪发亮，还有那愉快的笑声，是在嘲笑白人的不堪一击。牛顿在图提拉牧羊的试验并没有成功，他付了两到三个季度的租金，前前后后也许丢失了一半的羊群。

1875 年，羊场以 5 英镑的价格出售给了爱德华·图古德（Edward Toogood）。泰利（J.C. Tylee）那时替图古德管理牧场，我从他那里了解到，这笔钱主要不是为这片土地支付的，而是为了赔付牛顿所丢失的羊群及其野生后代。很快，牧场的绵羊达到了 4000 只，牛也有 100 头。边界划定了，羊群只允许在我们现在所说的"自然保护区草场"（Natural and Reserve paddocks）里觅食。牛群则生活在环绕图提拉湖边缘的沼泽地里。泰利还告诉我说，草籽已经播撒了两三袋，篱笆也立了好几段。

形势开始有所改善了，持久的和平有望到来，财产安全也越来越有保障。此外，霍克斯湾南部某些移民的开发热情表明，只要土壤好，土地干燥，蕨地也能获得收益。图古德和其他牧场主一样，开始了"开发"，毫无疑问，有一头钻进他在坦哥伊欧的土地。尽管如此，1877 年初，他将图提拉出售给梅里特（G.J. Merritt），售价为 2500 英镑——这笔钱比买进的 4000 只羊的总值要多几十英镑。第二年三月，梅里特向查尔斯·斯图亚特（C.H. Stuart）出售了牧场的一半产权外加 3600 只羊，售价 2500 英镑；买主是为未成年的弟弟托马斯·斯图亚特（T.J. Stuart）买的。由于梅里特不久前刚刚以 2500 英镑获得牧场全部所有权，而且并未投资"开发牧场"，他一定又得了一笔钱将牧场清出去了——由于时隔已久，具体数额无法确知，总之要根据牲口的年龄、条件和性别以及很多其他因素来决定。

　　直到此时，图提拉的拥有者都未住在牧场。牛顿是纳皮尔的一个商人，图古德的兴趣在坦哥伊欧的土地上，梅里特则定居在克莱夫。他们都将经营图提拉当作一种投机，将其看成一个过继的孩子。它的新主人托马斯·斯图亚特先生与他们不同，他一开始就喜欢这个地方。他要通过自己的劳动改造这个地方，通过双手在这里建一个家。

第十六章　开发的诱惑

　　前文已提及 1878 年 3 月梅里特将图提拉的一半产权出让给查尔斯·斯图亚特。1878 年 4 月 1 日的日记本上有一段记录画上了横线："查尔斯·斯图亚特接管了托马斯·斯图亚特的份地。"另有一条记录是："艾森（Ayson）从查尔斯·斯图亚特那里拿了 40 英镑，付给了当地修路工。"显然，两兄弟之间是有些私下安排的，因为尽管托马斯·斯图亚特那时还未成年，但是一开始他就拥有了羊场的那一半产权。

　　同年，梅里特剩下的产权也出让了，不过我并没发现相关的交易金额。可能他们通过一家银行或者抵押贷款公司已经支付了预付款。也有可能梅里特有义务支付开发此地的一些费用。不久后，出现了一个新名字，基尔南（T.C. Kiernan），他成为了查尔斯·斯图亚特的合伙人，当然，后者只是其兄弟的代理。

　　在斯图亚特和基尔南先生的手中，图提拉将经历巨变。他们买下了土地，自己干活，建设属于自己的家。他们年轻，精力充沛，洋溢着生机和希望。最开始关于 1878 年的书面记录比较零散，不过基尔南的日记记载了从 1879 年 1 月至 1881 年 7 月他在图提拉每日的工作。基尔南的日记实际上记录了霍克斯湾的早期历史，尽管主要是关于图提拉的，但在不经意间也涉及了该省内每个羊场的世事变迁，价格的涨落，命运的起伏。

那个时代正如亚瑟王当朝，每一小时都发布着公正的政令，每天都可以看到羊场里不对的事情得到纠正。斯图亚特兄弟和基尔南热爱着他们的牧场——他们都是激情澎湃的人。他们年轻，充满希望，干起活来不惜力气。他们梦想着有一天建起羊毛棚；心里一想到大片的绿色草地便会满心欢喜；他们仿佛看到了未来牛羊成群，那胖乎乎的羊羔，粗壮的羯羊，还有毛茸茸的母羊，这一切让他们激动得心都要跳出来。在那个黄金时代，金钱只有在采购改善羊场的新材料时才显得有用。羊场装饰上最笔直的篱笆、产毛最多的绵羊和树荫最浓的柳树丛，再加上高高的作物、平整的绿草和草坪的田园风光，她便成为了一位无与伦比的情人。移民最热烈的爱不在父母、妻子和儿女，而在他们的土地。

在之前的一章里，我曾让读者暂且放下摩西十诫，脱下衣服套上毛利人的披风。在这一章烦请读者耐下性子细读基尔南三个月的日记。天马行空的日记，尽人皆知是索然无味的菜肴，1879 年的日记也概莫能外。不过我还是要摘录一月、二月和三月的文字，逐字逐日，不删去其中的重复和琐碎，有关工资、库存、羊肉和烟草以及买进的止痛片也照抄不误。我想给读者呈现一个平直、毫不粉饰的故事整体，而不是去尝试选择有代表性的几天。因此恳请读者做好准备去消化这三个月的日记。遗憾的是，我不能向读者提供沾满尘垢的原始记录，因此敬请读者原谅，宽恕这样的冒犯。真实的情况是，他们并不用干净的纸张做草稿，字迹也潦草；作者在烟熏熏的小屋里，借着风中摇曳的烛光，用他那僵硬的破了指甲的双手握着铅笔记录着，时不时地要起来翻动一下吱吱响的排骨，用叉子拨弄一下煨炖的肉块，或者往烤箱里添些煤，如今要将这样的记录公之于众，我颇有些为难。

这部戏剧开始于1878年，局中人包括牧场主人和其前主人：托马斯·斯图亚特和查尔斯·斯图亚特、乔治·梅里特、一位神秘的"来自奥特哥"的道尔（Doul）先生——在1878年零散的日记中提到，并单独在名字前面加了尊称——牧羊人、伐木人、承包人和土著人。

羊场易手后，就没人阻止它的开发进程了；从一开始，他们便不惜力气在土地上干起来：疏浚、修路、搭篱笆，采购好材料的几周之内就开工了。专业性较强的工作还没开始——每个人都将力气用在最紧迫的任务上。若不详细引用实际发生的单调事实，而想让读者去理解这些拓荒者在羊场早期过着什么样的生活、干着什么样的活，那就便是不可能的。毫无疑问，最开始的工作原始、粗野，但正是在那些尘土飞扬、大汗淋漓而又充满野性的日子里，现代图提拉才开始了最初的建设。

请读者想象这样一群年轻人，他们以面包、羊肉、野猪肉和马铃薯为生，住在芦苇搭建的茅屋里，仅仅穿着靴子、衬衫和鼹鼠皮衣，鼹鼠皮衣用腰带捆着，腰带上别着一把屠刀，有时屠刀的皮革护套用久了，弯曲变形贴进人体曲线，看上去就像一条卷起来的尾巴；羊场仍是一片莽荒，没有围栏和道路，到处是蕨草、灌木丛和亚麻。

1878年的日记破碎、零散，也不知出自谁手，而1879年则每日都有记录。我便不再示以歉意，此日记会说明一切。不论该记录是否充满趣味，这些内容确实是对早期牧羊场的描述。

一月：

1. 星期三。查尔斯·H.斯图亚特和托马斯·斯图亚特在纳皮尔，要前往米尼（Meanee）。凯特（Kite）在佩塔内。基尔南的新年就是不停地将讨厌的牛群赶出燕麦地。赶出去了两次，最后一次从休菲（Hughie）栅栏的那侧赶出去了。傍晚 6:30 又看了一下，结果发现又有四头牛，只好放弃了，再赶也没用。记下这些混蛋算是迎接新年。

2. 星期四。基尔南和休菲在养马场里围了一天的栅栏。查尔斯下午四点左右从纳皮尔回来，他让凯特和托马斯去凯瓦卡（Kaiwaka）买些牛犊。

3. 星期五。凯特和托斯从佩塔内回来，并从凯瓦卡带来了两头牛犊。查尔斯、基尔南和休菲围了一天的栅栏。

4. 星期六。凯特和查尔斯从泰利山嘴里扛了些木桩回来，也砍了一些柯西树一道用作牧马场的木桩子。基尔南和休菲在凯卡纽伊（Kaikanui）的公羊放牧场里围栅栏。

5. 星期天。大家都在家里休息。

6. 星期一。上午下大雨。清理到下午两点，查尔斯、托马斯和基尔南围了一段栅栏。

7. 星期二。查尔斯和凯特打包了一捆羊毛去佩塔内。托马斯去怀卡瑞（Waikari）照看赶拢活动。基尔南和休菲围了一天栅栏。我给妈妈写信。

8. 星期三。凯特和查尔斯从佩塔内回来，并用马运回了些物资。两头牛犊死在了特劳特贝克（Troutbeck）牧场附近，一头"噘嘴死的"，一头掉进沼泽里。基尔南和休菲完成了凯卡纽伊的围栏工作。

9. 星期四。基尔南、查尔斯和休菲到后面的"烧焦灌木林"修建了赶拢集合场。托马斯还在怀卡瑞。凯特前往麦金农牧场（阿拉帕瓦纽伊）找我们的羊，它们是从摩恩吉尔吉（Moeangiangi）跑过去的。

10. 星期五。查尔斯、基尔南和休菲在"烧焦灌木林"搭围栏。凯特早上八点左右回来了，说在阿拉帕瓦纽伊找到了60只羊，大部分的羊毛还未剪。吃的剩下不多了，休菲也忘记买肉，面包也没剩多少。傍晚杀了头小猪，味道好极了。

11. 星期六。查尔斯、基尔南、凯特和休菲，他们饿得受不了了，回到羊场。野猪是个大麻烦，木桩和网都被破坏了。晚上八点半到达图提拉。

12. 星期天。大家忙得筋疲力尽，好好放松一下。托马斯从怀卡瑞回来，赶回来我们的40只羊，带来了芬利森（Finlayson）。我们雇了芬利森来赶拢，每周30先令。

13. 星期一。休菲和凯特很早就去烧焦灌木林了，要去把集合场弄好。芬利森去阿拉帕瓦纽伊试了一试，然后叫来阿塔集合羊群。查尔斯、基尔南和托马斯在仓库的柱子上镀锌，并把仓库打扫了一下。基尔南和查尔斯把牛群从凯卡纽伊赶往自然牧场沼泽。

14. 星期二。查尔斯、基尔南和托马斯做好了赶拢的准备，11点左右离开凯卡纽伊前往图提拉。马丁（Martin）带了四匹马的储备物资前往沃德灌木林。芬利森中午12:30从阿拉帕瓦纽伊回来。阿塔回不来。乔治·古道尔（Goodall）从怀卡瑞前来。基尔南修了仓门。查尔斯杀羊。托马斯煮饭。凯特和休菲晚上7:30从集合场回来。查尔斯、托马斯、乔治、芬利森、凯特和休菲前往位于帕帕溪（Papa Creek）的营地。帕克斯（Parks）从佩塔内回来，并在特劳特贝克买了六头牛犊，花了 13 英镑 10 先令。基尔南返回凯卡纽伊。

15. 星期三。基尔南去找马，无果。到图提拉把羊毛棚准备好。去的路上淋透了全身。太湿了什么也干不了，只好回来，又淋了一遍。换了衣服待在家里。斯帕克斯（Sparks）那儿接到订单要打造一个铁质雪橇，给福克纳写了信。

16. 星期四。斯帕克斯和马丁来到凯卡纽伊找雪橇的轮子。斯帕克斯拿着活动扳手进了灌木林，还有一个驮鞍——没找到马，他只好把鞍安在其中的一头牛上。去找马，发现查理（马）被缰绳勒死在了沼泽里。下午 2 点去图提拉，同时将牛群赶到柳树林那边去了。在羊毛棚里干活。回家插下木桩。晚上 10:45，地震强烈。

17. 星期五。燕麦地里发现了 10 头牛，把它们远远赶到 2 号沼泽里去了。又去找马，还是没找到。牛又跑到燕麦地里，我把它们赶到湖泊那头的柳树林里。在 2 号沼泽里发现了"汤米"。检查了凯卡纽伊的围栏，在需要处加固。

18. 星期六。今天看到的第一件事就是牛群又跑到燕麦地了，又把它们赶到湖泊那头的柳树林里。中午 12:30 出发去怀卡瑞。没找到，只好回摩恩吉尔吉，晚上 10:30 才到，待了一个晚上。留了些信给邮差。

19. 星期天。早上 7:30 离开摩恩吉尔吉，上午 10 点到达图提拉。发现休菲从赶拢的地方回来取食物。发现牛跑到了燕麦地，赶着它们去 2 号沼泽。发现巴勃罗夹在铁丝围栏里，费了一番周折把它弄出来。放火把小牧场里的亚麻烧了。

20. 星期一。赶拢还在进行。基尔南在羊场。发现牛群回到燕麦地里。把它们赶到柳树林里。在羊毛棚里干了一天的活。赶拢羊群的人从后乡回来了，大概是晚上7点到的，带回了2000只羊（800只羊羊毛待剪）。

21. 星期二。对后乡里赶来的羊进行了筛选。古道尔找到了100只怀卡瑞的绵羊，没有其他羊混进来了。剪了20只羊羔的尾巴，到目前为止剪了尾巴的羊羔达到了1145只，并不包括怀卡瑞的那些羊。休菲煮饭。凯特去烧焦灌木林拿工具。

22. 星期三。古道尔9点带着比的羊群离开了，托马斯去清理了道路。凯特带着22大包的羊毛去佩塔内，到目前为止达到173包。查尔斯和托马斯前往沃德灌木林安排伐木。休菲煮饭。基尔南整理了羊毛棚为再剪羊毛做好准备。查尔斯和托马斯大概晚上9点从沃德灌木林回来。

23. 星期四。凯特从佩塔内回来，用马运回来了面粉、食糖、葡萄干、无核小葡萄干和邮件袋，以及基尔南的包裹。基尔南、查尔斯和托马斯在羊毛棚里干活。休菲煮饭。晚上来了5个毛利人。

24. 星期五。早上开始为19头公羊剪毛，下午剪完了从后乡里赶回来的348只羊的羊毛。休菲为所有干活的人包括毛利人煮饭。基尔南、查尔斯、托马斯和凯特在羊毛棚里帮忙。

25. 星期六。托马斯去参加多尔贝尔羊场的绵羊筛选。凯特用雪橇从保留地里运薪柴，"罗德尼"拉雪橇。基尔南监督剪羊毛，自己卷羊毛等。查尔斯把羊毛装进大包，打包好可发往佩塔内。今天剪了431只羊。

26. 星期天。托马斯下午 4 点左右从多尔贝尔牧场回来了，带回了 200 只羊。

27. 星期一。查尔斯、托马斯、基尔南、凯特和两个毛利男孩凌晨 3 点就在保留地里开始赶拢。上午 10 点钟，赶来了 1000 只，大部分是母羊和羊羔。我们估计牧场里大概还有 600 只绵羊。查尔斯打包好羊毛可装上驮马。基尔南和托马斯剪羊毛。今天剪了 389 只羊。剪了 8 只羊羔的尾巴，这样总数就达到了 1167 只（8 只在怀卡瑞牧场，6 只在多尔贝尔牧场）。

28. 星期二。查尔斯和凯特带着 22 包羊毛前往佩塔内。去查看今天要剪羊毛的绵羊，发现它们几乎都在晚上逃回了保留地，只剩下 48 只羊可剪。基尔南去凯卡纽伊把牛赶到自然草场里。托马斯照看羊毛棚的工作。12 点时下起大雨。剪羊毛的人都回家了。剪了 48 只羊，3 只羊羔做了标记。帕克斯和妻子从灌木林里把牛犊带回来了，并称它们长得很好。他从围栅栏营地里取回烤炉，从灌木林里带回了一把铁锹，并在那留了一把铁锹和一把镐。

29. 星期三。托马斯和基尔南清扫了羊毛棚，把昨天淋湿的羊毛晒干。帕克斯和他妻子出发去灌木林，带走了 6 头老阉牛，同时也让"丹"驮上铁丝和营帐等。他也带上了铁质雪橇和凿子。晚上 7 点查尔斯和凯特带着驮马和物资回来了。他们在路上碰上了大麻烦。

30. 星期四。凯特带着灰色的母马去把昨晚留在路上的物资带回来。查尔斯、托马斯和基尔南在羊毛棚里烘干羊毛。凯特返回后来压羊毛。托马斯在牛顿山上放了火。查尔斯把物资整理入库。基尔南在保留地里也放了火并协助凯特。

31. 星期五。查尔斯、托马斯、基尔南和凯特早上在自然草场赶拢，把羊毛都压实了，并一一称了重。下午，休菲煮饭。

二月：

1. 星期六。查尔斯和凯特牵着载满羊毛的驮马去佩塔内。托马斯、基尔南和休菲挑选着昨天赶拢来的羊群，并把先前没赶来的绵羊打上耳记。我把交配种羊带到牛顿山区，托马斯则把梅里恩羯羊带到帕帕溪那边去。基尔南修理了仓库门并把羊毛棚里的羊毛绑好。

2. 星期天。托马斯和基尔南去图提拉买公羊。查尔斯和凯特从佩塔内回来，带回了些物资。托马斯和基尔南带了26只公羊安排在凯卡纽伊牧场。

3. 星期一。查尔斯和凯特把牛赶在一起，明天要带到佩塔内去卖。基尔南和休菲在搭篱笆。托马斯去凯瓦卡筛选牛羊。

4. 星期二。查尔斯和凯特赶着24头牛去了佩塔内。早上7:30休菲前往凯卡纽伊，派他去围栅栏那些人的帐篷里用驮马把绞盘等运回来，并且从自然牧场里带回些木材。下午大雨。待在家里写信，打扫房屋等。今年考克斯的第一场雪。

5. 星期三。查尔斯和凯特还没从佩塔内回来。托马斯还在凯瓦卡。基尔南乘着独木舟去图提拉去拿盐、铁锹等。休菲在自然牧场把绞盘安装起来，以便把木头从灌木丛里搬出来。基尔南12点回到凯卡纽伊。看到一大群绵羊在休菲的围栏外的烧焦草地上。前去检查围栏，发现围栏有好几处出现脱落。数了一下，总共有20根木桩需要更换。跑出去的绵羊大概有300只。

6. 星期四。基尔南和休菲在自然草场里安装绞盘拉木头。查尔斯和凯特从佩塔内回来了。每头牛平均售价为 5 英镑 2 先令 0.5 便士。

7. 星期五。查尔斯和凯特运羊毛去佩塔内。基尔南和托马斯前去坦哥伊欧，从多尔贝尔那带了羊回来（340 只母羊和羊羔以及一些羯羊）。晚上 9 点把羊带到了集合场里。晚上 11 点吃茶点，12 点睡觉。

8. 星期六。托马斯和基尔南给 6 只羊羔和所有的从多尔贝尔那里带来的梅里特母羊和羯羊打耳记和剪尾。休菲还在自然草场。查尔斯和凯特从佩塔内回来并带来了物资。

9. 星期天。大家都回家休息。

10. 星期一。托马斯、基尔南和查尔斯准备好了去赶拢。休菲和新人去砍柴。凯特煮饭。查尔斯和基尔南整理物资。整个下午都在下大雨，因此下午就无法去赶拢。

11. 星期二。基尔南、托马斯和查尔斯大概中午 12:30 出发去图提拉；发现了多尔贝尔牧场的尼尔（Neil），坦哥伊欧的乔伊（Joe）也来帮忙赶拢，这样我们总共就有 7 个人了——查尔斯、托马斯、休菲、凯特、乔伊、尼尔和新人。基尔南看家。赶拢当天晚上就开始。

12. 星期三。基尔南乘舟去图提拉拿工具。一整天都待在 2 号沼泽桥梁处清理水沟，寻找修补桥梁的材料。其他人还在外赶拢。

13. 星期四。基尔南在 2 号沼泽桥梁修桥，下午 5 点结束。其他人手仍在外赶拢羊群。

14. 星期五。基尔南前去图提拉。看到休菲从赶拢地回来了，他们的面包吃完了。修了桌子等。尝试着烧荒，结果蕨草不怎么能烧起来。

15. 星期六。待在家里看账簿。下午发现牛群把 2 号桥毁坏了，只好修补一下。赶拢的人还没回来。

16. 星期天。赶拢的人还在外未归。基尔南在家里。清洗马鞍、马镫、马蹄铁和马嚼子等。下午托莫纳（Tomoana）来访，他请求在图提拉过夜，我同意了。

17. 星期一。凯特早上 9:30 前往凯卡纽伊犁地。基尔南去了图提拉，把物资交给了凯特，在路上碰到几个毛利人赶来剪羊毛，是托莫纳通知他们时把时间搞错了。查尔斯、托马斯和其他赶拢的人下午两点回来了。查尔斯和托马斯在凯卡纽伊过夜，其他人则去牛顿山脉营地。

18. 星期二。查尔斯和托马斯早上 3 点就离开凯卡纽伊去牛顿山区帮忙赶拢。基尔南 6:30 就开始干活了。下午 2:30 羊群赶到了集合场。这次干得不错，赶来了 2000 只羊。查尔斯、托马斯和其他赶拢的人下午 5 点左右前往毛嘎西纳西纳山区的营地，明天要在保留地赶拢。

19. 星期三。基尔南前去图提拉修理筛选场的大门。赶拢者午夜 12 点回来，带回了 2000 只羊。休菲和基尔南在羊毛棚上面盖上了帆布。剩下的人休息。基尔南独自回到凯卡纽伊。看到了小屋旁的一头公牛腿断了。同时也看到 12 只羊，5 只在路上，7 只在小屋里，大部分都是杂交品种。

20. 星期四。所有人手开始筛选羊群。休菲做饭，有点生气。9 个毛利人开始剪羊毛，剪了 114 只羊。下雨下到 12 点，然后开始变小。下午，所有人都去筛选羊群了，筛了有一半。毛嘎哈路路的韦伯

（Web）下午 5:30 过来通知说周天有 3700 只羊会通过这里。

21. 星期五。基尔南和韦伯早上 6 点离开凯卡纽伊前往图提拉。托马斯、尼尔和凯特外出前往自然草场赶拢。早上 9 点开始剪羊毛。基尔南监管羊毛棚。剩下的人手完成筛选。12 点赶拢者返回，一无所获。剪了 550 只羊的羊毛。今天让羊羔前去自然草场。当我从凯卡纽伊回来，在找水的路上发现了跛足的公牛陷在了原先桥梁所在的沟渠里。太暗了什么也做不了，只好丢下它等明天叫些人手帮忙拉出来。

22. 星期六。8 点开始剪羊毛，不过下雨了只好停工，才剪了 25 只羊。只下了一阵。所有人都去筛选场，12 点时将昨天留下来的羊群筛选完了。下午羊毛就干了，重新开始剪羊毛。今天剪了 234 只羊。休菲今天离开。把陷在沼泽里的公牛搞错了，原来是叫雷德曼的老阉牛。

23. 星期天。查尔斯和托马斯乘舟去凯卡纽伊。吉姆（Jim）和尼尔看护着羊毛未剪的羊群。我们三人去图提拉吃了茶点。我独自骑马去凯卡纽伊。

24. 星期一。查尔斯、尼尔、吉姆和基尔南试着去拉雷德曼，却无法把它从沼泽里拉出来。毛嘎哈路路的羊群今天从我们这边路过。托马斯清理了道路。剪了 200 只羊，不过下雨了我们只好停下来。查尔斯把装羊毛的包缝起来并在上面标号。基尔南出去烧荒。吉姆看管着未剪羊毛的羊群。尼尔今天收工。

25. 星期二。早上准备去射杀雷德曼，结果发现它已经死了。剪羊毛忙到 12 点，开始下雨了便停下了。整个下午断断续续下着雨。白天的雨很大，只剪了134只羊。查尔斯和托马斯今早牵着9匹驮马载着羊毛去佩塔内。

26. 星期三。早上8:30开始剪羊毛。袋子不够用了，不能硬塞进去，只能尽可能多装些。剪了482只绵羊，本来可以多剪一些的，只不过已剪过羊毛的和没剪羊毛的混在一起，不得不花时间挑出来，浪费了些时间。查尔斯和托马斯晚上7点从佩塔内回到家。

27. 星期四。把没剪过羊毛的绵羊筛选出来带到羊毛棚，早上9点开始剪羊毛。傍晚6:30剪完了羊毛，总共剪了421只。查尔斯和托马斯筛选绵羊，并把已经剪过羊毛的羊群带回牧场。吉姆能够帮上忙了。凯特煮饭。

28. 星期五。将所有的毛利工人的工资结算了（剪羊毛工和其他），只留下史普纳（Spooner）来压羊毛。派他带着两匹驮马去佩塔内买袋子。查尔斯和托马斯在自然草场赶拢，赶来了30只可剪羊毛的羊。晚上杀了几只野公羊。一个美好的夜晚。用支票支付毛利工人工资如下：拉雷，3英镑1先令；牛顿，2英镑8先令8便士；赫墨拉，2英镑4先令4便士；维尼尔特，2英镑5先令；讷，1英镑11先令；纳迪，3英镑；托莫纳，3英镑4先令；霍尼，3英镑零6便士；纳皮尔，2英镑；杰克，1英镑；玛丽，1英镑7先令；马立根，9先令。总计26英镑10先令6便士。下午查尔斯整理物资。基尔南整理羊毛棚，缝补袋子，压羊毛。托马斯和凯特来帮忙。吉姆带着羊群到帕帕溪对面。

三月：

1. 星期六。查尔斯、托马斯、凯特和吉姆去保留地里赶拢走丢的羊。

下午 1 点回来，带来了 200 只长毛的绵羊和长尾羊羔。基尔南和史普纳压了 30 袋的羊毛，清理了羊毛棚。帕克斯下午 5 点从灌木林回到家里，一切都很顺利。

2. 星期天。查尔斯和托马斯上午 10:30 前往凯卡纽伊。帕克斯早上带着 7 头公牛进了灌木林。汤普森（Thompson）和麦金农（Mckinnon）下午 3 点到来。汤普森昨天就从纳皮尔出发了，不过迷路了，在野地里过了夜，早上 6 点到达阿拉帕瓦纽伊。麦金农下午 6 点离开。

3. 星期一。毛利人承诺过来剪那些走丢的羊的羊毛，但却没来。查尔斯和汤普森大概早上 9 点外出进了林子，下午 4 点回来。托马斯早上牧羊，下午和凯特整理成堆的羊毛。基尔南外出在牛顿山上烧荒，然后在羊毛棚里收集散乱的羊毛。吉姆一早就离开去坦哥伊欧赶拢了。

4. 星期二。查尔斯、汤普森和凯特早上 9 点带着驮马离开了。托马斯下午 5 点出发去墨恩吉恩吉。基尔南前往图提拉，下午 1:30 看到了史普纳（压羊毛工），他就一个人来，毛利人还没来剪羊毛。基尔南下午 2 点离开图提拉，6 点抵达佩塔内。

5. 星期三。基尔南和汤普森离开佩塔内前往纳皮尔。查尔斯和凯特返回图提拉，他们的驮马载着物资。托马斯照看羊群（还未剪羊毛）。

6. 星期四。基尔南在城里。初生的小草给人暖暖的感觉，看上去接天连地很壮观。天气不好，大家都闲着。

7. 星期五。基尔南在城里买羊。羊场下着大雨，响着惊雷。大家只能在屋里待着。城里和羊场晚上都下着雨。

8. 星期六。基尔南在城里。早上，凯特和查尔斯修理帕帕溪处的围栏，并建了一扇门；下午，他们维修了自然草场和保留地之间的围栏。托马斯在保留地里看管未剪羊毛的羊群。

9. 星期天。大家都没干活，休息一天。

10. 星期一。基尔南在城里。剪了8只羊羔的尾巴，这样总数就达到了1244只。

11. 星期二。凯特和查尔斯把羊毛装上12匹马带往佩塔内。托马斯前往纳皮尔与基尔南会面，一起去看看"欧卡瓦"母羊。基尔南从纳皮尔赶往佩塔内去与托马斯碰面。吉姆在坦哥伊欧赶拢。

12. 星期三。基尔南和托马斯出发去欧瓦卡看羊。凯特和查尔斯从佩塔内返回羊场。

13. 星期四。基尔南从比迷什那（Beamish）购买1500只母羊，单价为4先令，27号交付。基尔南和托马斯返回纳皮尔。凯特和查尔斯赶着12匹载着羊毛的马前往佩塔内。

14. 星期五。基尔南和托马斯在城里。出发去马瑞卡卡侯（Maraekakaho）和欧尔里格（Olrig），看一看那里出售的公羊。没能到达欧尔里格，所以在马瑞卡卡侯招待所住了一晚。查尔斯和凯特返回佩塔内，带了4英担（1英担=50.802千克——译者注）的铁线和驮马吃的燕麦。

15. 星期六。基尔南和托马斯到达欧尔里格。公羊看过了，不过不满意。大部分太老了，小一点的则羊毛太粗糙，所以没买。上午11点出发去纳皮尔，下午2点到达城里。查尔斯和凯特打包从羊场运往佩塔内的棉花。

16. 星期天。基尔南和托马斯在城里。托马斯去了米尼（Meanee）。查尔斯和凯特牵着驮马从佩塔内回到羊场，带来 4 英担的铁丝。

17. 星期一。托马斯离开纳皮尔前往羊场。基尔南雇了两名赶拢者，分别是怀特黑德（Whitehead）和罗斯（Rose），工钱是每天 15 先令。乔治和查理从林子里回来去维修分区围栏。吉姆从坦哥伊欧回来。查尔斯和凯特赶着 12 匹马载着羊毛前去佩塔内。

18. 星期二。基尔南在城里。凯特和查尔斯回到羊场，带来了 5 英担的铁丝、1 英担的主食和物资。在所有人都不在这里时，狗没人管，咬死了几乎所有的家禽，把五只绵羊吓坏了。

19. 星期三。吉姆、凯特和查尔斯把羊毛棚清理了。烘干一些潮湿的羊毛，用手将羊毛压平整。凯特下午前往坦哥伊欧去赶拢。托马斯从城里返回，怀特黑德和罗斯也回来了。乔治和查理开始修理分区围栏。

20. 星期四。查尔斯、托马斯、乔治、查理、吉姆、怀特黑德以及罗斯在保留地赶拢，赶回了 89 只可剪毛的羊、10 只长尾羊羔，这样目前共有羊羔 1256 只，长毛的绵羊总共赶来 6378 只。

21. 星期五。继续在保留地赶拢，赶来了 20 只可剪羊毛的绵羊、4 只羊羔。所有人在凯卡纽伊宿营，准备明天去牛顿山上赶拢。

22. 星期六。所有人都在牛顿山上赶拢。赶来 170 只长毛绵羊和 5 只羊羔。这样所有赶拢来的长毛绵羊目前为 6568 只，剪了尾巴的羊羔为 1263 只。

23. 星期天。查尔斯前去阿拉帕瓦纽伊寻找剪羊毛的工人。其他人手都在筛选。牛顿山上放了 1500 只羊：600 只母羊，100 只羯羊，

800 只混种羯羊。赶拢了 33 只公羊，把它们放在保留地里与 1800 只母羊混在一起。在自然草场赶拢。基尔南从城里回来，没有买到公羊。

24. 星期一。所有人都在"洛基山"上赶拢。赶来 62 只长毛绵羊。总共赶拢了 6630 只长毛绵羊。剪了 158 只绵羊羊毛。

25. 星期二。阉割了 20 只野公羊。把剪过羊毛的羯羊赶到羊场后面的地段，把 52 只母羊赶到牛顿山上去。

26. 星期三。基尔南、怀特黑德、罗斯和吉姆从欧卡瓦出发去赶回从比迷什购买的母羊。查理和乔治在凯卡纽伊维修分区围栏。毛利人回来剪羊毛了。剪了 142 只羊。剪了羊毛的羊总数达到 6375 只。基尔南和其他人晚上六点到达欧卡瓦。

27. 星期四。基尔南去欧卡瓦赶回了母羊，不过筛选结束时就已经很晚了，只能推迟到明天，其他人在帮忙照看羊群。图提拉已经剪完羊毛了。

28. 星期五。基尔南看着他们从欧卡瓦和羊群离开后，便去了城里。托马斯在牛顿山后面的小山谷里烧荒，烧起来的火基尔南在普克塔普都能看到。查尔斯查看了乔治维修的围栏。基尔南从罗塞尔那购买了 60 只公羊，花了 150 英镑，然后出发去怀普库洛（Waipukurae）筛选。

29. 星期六。基尔南在怀普库洛。早上 6 点开始挑选公羊，不过没能赶上早班火车，只好等到下午。晚上 7:15 带着公羊到达纳皮尔。把公羊先放在敞篷车厢里等着明早出发。

30. 星期天。早上 5 点出发去火车站，计划在那与米勒雇用的人碰面。

没有找到他，让汤普森帮忙把公羊赶到沙嘴处，在那找到雇用的人。安全地把羊赶上摆渡船，下午2:30到达了维勒斯，一切顺利。我和托马斯回去纳皮尔。

31. 星期一。基尔南离开城里前往佩塔内去看公羊。在去杨的马棚里取马时，发现多诺霍在马棚里喝醉了。骑马去佩塔内，从那里去了坦哥伊欧，告诉怀特黑德先别赶着母羊走，先去佩塔内赶公羊。幸运的是，公羊们都没事。在佩塔内待了一个晚上。

本章可就此结束——羊场建立中的日常生活细节已经充分展现出来了。我知道这种记录很乏味，也很沉重。但我不由地意识到麻木的文字记录将开发进步的荣光、喜悦和兴奋遮盖了，因为没有哪种生活能够比得上对土地的改造更具吸引力。对于一个年轻人，这该是一种多么令人向往的生活呀！兴致高昂地用自己的双手辛勤劳动，创造财富；排干沼泽，开辟山中小路，搭建栅栏，劈开山林，建造房屋，播撒种子，看着自己的羊群由小变大；记录着一片荒野在自己的手中变成了乡村，在美利奴羊的眼睛里阅读这里的历史。田园牧歌般的生活，多么美好！我要说，在那时，要想改变羊场便要爱上它。千万个对幸福的憧憬涌上心头——冲积平原上将会有翡翠般的草地画卷，平整的山径上驮马队伍悠闲地行进着，长长的栅栏穿过了尖坡，上面的铁丝闪闪发光，由粗大的木桩固定着；还有那未来的农庄、宽敞的羊毛棚和那即将长势繁盛的牧草。

夜里醒来是一件乐事，披着衣服从床上起来——那时候纳皮尔以北没有睡衣——透过小屋开着的大门看一眼明亮清澈、数不清的繁星，然后在巨大的壁炉里拨开一晚上小心堆积的锥形灰烬，柔软而尚存余温，接着在红色的炭火中放上干燥的薪柴，看着缕缕青烟上升，听着炉火哗啵作响。啊，在那些日子里，人们无忧无虑，从不恐惧未来，也没有个人财产的负担，大家所想无非是为了牧场，大家每拿出一分钱都要花在装饰这位天人般的情人上。

16-1 : "丛林漫游者"，白羊和黑羊

第十七章　艰难时光

　　在刚结束的一章里，读者享受着土地改善所带来的纯粹喜悦；而当思考羊场的开端时，读者并未想到明天，也不担心财务风险；但是，舒适和利润从来不是相伴而行的。当地知识、经验、判断力和对牲畜的熟悉程度，每个因素都很重要，决定着最终的成功与否。此外，还有些我们未提及的其他因素，阻碍着这些年轻人。[1]

　　那么回忆一下三月份的最后几天，基尔南买了60只公羊，他支付给一个羊场大概150英镑的支票。在4月1日的日记上，我发现了这样的记录："很奇怪，新西兰银行居然把我们支付公羊的支票退回了；我只好开具一张150英镑的个人支票来支付。"4月8日："查尔斯从城里回

1　直白地在这类话题上发表意见并不是件愉快的事，尤其是在这样一本面对普通读者的书。不过，到了一定年龄，拥有一定经验之后，警告成为了一种义务。从那些日记的字里行间，可以看出我们的开拓者们遇到了很危险的公司。我用不着说教——读者会反感任何形式的传道；同样，我也认为年轻人永远是年轻人——不过，说实话，我们的开拓者若遇上纳皮尔街上的那些人，情况会变好些。太容易进入的厅堂，往往最终面临的是伤害。若不能消灭某个阶层及其从事的工作，那么多少要对其进行监管。在八十年代，没人就此做出努力，银行家和贷款公司的经理可自主选择利率。后来才出台了相应的法律，那时新西兰政府本身才开始借入低息资金并贷给挣扎中的移民。而在八十年代，则是另一回事。那时，像斯图亚特兄弟和基尔南这样的年轻人，也无法控制自己落入坏公司的手里。

来，带来坏消息，我们可能要将牧场卖了。听到这样的消息，大家的情绪都很低落。"4月9日："在基赫卡纽伊（Kihekanui），因为那些坏消息而很痛苦——没有心情去做任何事。"4月10日："去城里处理牧场的相关事宜。"4月11日："要到下个星期四才能办事，只好从城里回来。"4月12日："试着消磨时光。"4月17日："在城里等着去见米勒。"

没有经历过"没有心情去做任何事""试着消磨时光"和"等着去见米勒"这三个让人烦躁的阶段的人是极为幸运的。

我们相信基尔南日记上的记录为读者接受那个悲伤的后果做好了准备，读者可追溯到几个月之前，即斯图亚特兄弟和基尔南结成合作关系之时。事实上，读者只看到牧场经营失败的一方面。然而，若读者在某种程度上受到了蒙蔽，那么斯图亚特兄弟和基尔南自己也受骗了。读者所看到的其实是有意安排的，即他们自身对事物的看法。事实是，这些先驱从一开始就注定失败。在那个时代，内陆的各种条件还不清楚；有关当地的知识——在所有知识中最为重要——则必须花钱获得。霍克斯湾南部肥沃地区的移民也许并不更聪明、更小心，他们总受到眷顾罢了——他们的土地肥沃，即便犯点错误也没太大关系，甚至还能容纳蕨类植物。在七十年代，没有人会知道一种在干燥气候里很容易摧毁的植物，居然在这温暖肥沃的土壤里生根发芽，成为了湿润多孔的土地上最难以根除的植物。

最主要的困难在于羊群找不到充足的食物。除去毒空木的叶子（只有那些有免疫的牲口能吃），蕨叶一年只生长六个月，图提拉能给羊群提供牧草的土地不到100英亩，而牛顿山上却有4000只羊。早期，不论是该牧场还是霍克斯湾的其他地方，羊群都是自行寻找牧草，自己照顾自己。那时要想在牧羊上获得成功，秘诀就是少养一些羊。不过这个原则是牧场所不能接受的。不可调和的对立也必须得到调解。图提拉的拓荒者们必须在同一时间里"开创"他们的牧场，并考虑到羊群的福利；这是将两种不可能强行焊接在一起。

在前面的一个章节里已经对牧场的本地植被进行了总体描述，包括蕨类、森林、林地和沼泽。随着欧洲人进入新西兰，牲口和外来植物的引进，牧草在图提拉开始了小范围的自然散布。野猪拱食的地方、土著弃置的开阔地和庄稼地、泥石流所经过之地、泥灰的底部以及石灰岩露出的地方，到处都是它的身影。这大块小块的草地分散在超过20000英亩的羊场上。它们有的相距几百码，有的则相离几英里，彼此有着小径相连，更准确地说，是横穿高大的蕨地和毒空木丛的小径将草地连起来。除了前文所述的自行播种的外来及本地草类，羊群也能在每年某几个月通过燃烧欧洲蕨而获得食物。这种植物在肥沃的土地上，其旋涡状的蕨叶营养丰富；到夏季，羊群便可尽情享用，保持良好身形。在这些分散的小块草地，蕨类植物还有毒空木的叶子便是图提拉最开始所能提供给羊群的食物。以色列的后人们没有稻草却要制砖，而图提拉的先驱们没有草料却要生产羊毛。

移民要做的第一件事是增加草场的面积，他们通过霍克斯湾地区所说的"粉碎蕨草"或"碾碎蕨草"行动来实现——这些词对于那些不幸的羊而言是不祥之语，后文会具体讲解。现在可以说，大火将杂乱的蕨地清理后，羊群啃尽残枝，地面播上草籽。由于暮春时分，蕨草长势最盛，不能饲养太多绵羊。八十年代的霍克斯湾，每个土地擅占者都在"碾碎蕨草"，因此在那个时期的这个时节里不能买羊。结果是，能够过冬的羊都留下来了，尽管有些已经老了，有的羊毛也长得不如意，但它至少还有一张嘴，还是一只可啃食欧洲蕨的羊。

不过，铲除蕨草在扩大畜牧的进程中不可避免——这是牧场的远期目标——尽管如此，这个进程却与将羊群喂养好相冲突。牧场的早期历史其实是谋杀羊群和"开创"牧场之间的一个妥协。牧场处于一个进退两难的境地，不得不对羊群下毒手，因为没有其他可行的措施。这违反了畜牧戒条中第一也是最重要的原则：不可过度放牧。罪恶既已铸就便无解药。

还有一个无法克服且难避免的困难，即对购买羊群的黄金原则的违反，这是所有成熟采购的基础，即不可将羊群从富饶之地迁往贫瘠之地，也不可将羊群从干旱之地赶向湿润之所。然而，在那个时代，更贫瘠或更加湿润的绵羊出售地是找不到的。因此，图提拉只能从更干燥更温暖的霍克斯湾南部购买羊群。这些买来的绵羊若生活在它们出生的牧场则无论如何都会长得更好。

在图提拉，人们期待羊群是收割蕨草的镰刀和义草机。即便是从条件差的地区前往条件更好的牧场，羊群也需要时间来适应；而图提拉买来的羊群则进行了相反的迁徙，从条件较好的地方迁往条件较差的区域，它们厌弃新环境，这里的牧草营养价值低，数量也少，羊群背上的羊毛也更经常是湿的。它们要去适应从干燥地区到湿润地带的转换，从肥沃之地到贫瘠土地的变化，从饱食水草到半饱不饱的变换。

买来的羊总想着逃。图提拉糟糕的地形让逃跑变得容易，再加上当时牧场上该品种绵羊——美利奴羊——的习性，逃跑的现象就更严重。牧场南部的边界——这里是买来的羊群进入之地，也是它们希望回去的地方——是唯一没有山脉阻隔的河段。怀科欧河尽管面临广大的石灰岩方形区域阻隔，但是该河仍在该区域之间及其边沿急流盘旋，形成了很危险的但却可横渡的浅滩。绵羊讨厌游泳，美利奴羊尤其如此，然而相对住在图提拉这个最让它们厌恶的地方，游泳还是可以接受的。

因此，每一群刚买来的羊必须看得紧紧的，几周里要不停地跟踪和阻拦，直到大部分的新来绵羊接受了不可改变的命运，开始在新家安顿下来。在羊群最为焦躁不安的时期里，负责看守的牧羊人必须日夜守在边界线上。每天清晨，一群群刚买的羊群简直是都对了钟表，准时排着长队赶往边界线，然后常常为牧羊人所阻拦，或被牧羊犬吠叫着赶回去。然而，即便是最好的牧羊人也无法保证每个逃跑的羊群里没有漏网之鱼。边界线的一头有了麻烦就给了远在另一头的羊群逃跑的机会；皎洁的月光可以说助纣为虐；若土著人去猎捕野猪，则会把羊群驱赶到整条边界线上，这就使得人们无法同时对巴不得逃向相反方向的羊群进行阻拦，因为在这样一点上绵羊和人类一样可怕，哪怕有一丝机会它们便能兴风作浪。少数绵羊也可能待在河床上的小灌木林里被人们忽略了，它们瞅准机会就渡过了河而没被人们发现。人们砍倒麦卢卡树堵住了最易通行的河滩，野猪在上面又钻又拱，开辟了一条逃亡大道。然后，在大部分羊群屈服于命运，边境看守人撤出之后，逃亡又发生了。我想，绵羊受不了冬天的苦楚和半饥饿状态，过去对家的渴望和对舒适牧场的期待再一次引发了它们逃跑的念头；少数绵羊能顺利渡河，但其他绵羊有可能溺亡。早春时节，不少老母羊三三两两地想着渡河，急着要在以前产崽的地方生育小羊。

数以百计的绵羊以这样或那样的方式逃离了牧场。有些在隔壁牧场的筛选中找回来了，有的则死在或陷在沼泽里，少数可能成功地穿过相邻的羊场而最终回到原来的牧场。因此，按照前面已提到的方式进行巡逻，从隔壁牧场带回筛选出的逃走的绵羊，在自己的牧场里把羊群从诸如毛利人庄稼地那样的绿草地里赶到已焚烧的蕨地去，这些消耗了早期羊群几乎所有的时间。这段时间的日记里，天天都是这样的记录，比如"从平地里把羊赶出去""去参加羊群筛选"和"带回逃跑的羊"。

所有的绵羊都想家，但美利奴羊也许是世界上思乡之心最切的动物。基尔南1879年的日记里，我发现这样一条记录，大意是："刚买来的羯羊坚持要——他在'坚持要'下面画了横线——靠在新的栅栏上。"将美利奴羊群放在陌生的旷野里，它们就会靠着阻隔其回家的屏障——山峦、河流、围栏，等等。日复一日，夜复一夜，周复一周，它们会聚在那里，忍饥挨饿。它们会围在拦住它们回家之路的围栏周围，直到羊粪堆积了几英寸深，以致瘦得只剩下皮包骨头。当它们起来时，则要"画线"一般，上上下下将草地啃个遍，不剩一点可吃的东西。

从美利奴羊心理状态的简述中，读者应该能对斯图亚特和基尔南初次购买羊群所面临的麻烦有一些概念。这种躁动的后果不仅仅包括绵羊的走失和溺亡，死神还以十几种方式张开双臂迎接这些可怜的动物。我在基尔南的日记中发现如下记载："1877年4月1日到1878年3月31日间，羊群损失达30%。"这样的记录一定让我们的先驱们低头不语。

读者应该记得勇敢的牛顿所赶到羊场的第一批4000只绵羊，后来很快因为德·奎提的劫掠而转移了。这是牧场的第一批羊；不过，由于我对类似事件有足够长的经验，我觉得第一批羊群可作为来解释这个让人伤感进程的教材，即为什么"1877 年 4 月 1 日到 1878 年 3 月 31 日间，羊群损失达 30%"。羊群在赶运初期走失得很少；不过，在横穿图泰·酷瑞（Tutae Kuri）和纳拉罗罗（Ngararoro）等大河的宽广河口时，有些羊可能会淹死。那时没有桥梁，羊群搭着平底船过河，赶羊的人则跟着马游在后面，鲨鱼攻击的可能性很小。在早期的日记中，我发现有一次平底船已经装满了公羊，结果船塞被踢掉，船上的羊群和牧羊人只得拼死游到对岸。佩塔内河也许也会夺取一些绵羊的性命；"冲刷"——海滩上短暂的危险间歇，在某种情况下，海浪冲刷而来，席卷而走——又要了一些绵羊的命；少数几只羊则死于饮用海水；一些绵羊啃食毒空木而中毒死亡，这种灌木对于没有免疫能力的牲畜极为危险；还有一些因跛足而掉队，或者落入地下河和陷阱里。然而，等到这4000 只羊——早已减员 2% 到 3%——到达目的地，更为严重的损失才开始。自那以后就开始了羊群想要回家而主人要它们留下的长期斗争。即便是最细心的牧羊犬有时也会鲁莽行事；因此牧羊人在走路巡逻时，既要信赖牧羊犬，也要眼观六路。起伏不平之地的凹陷处、挡住人们视线的灌木丛、供羊群歇脚的条带状林地、浓密低矮的毒空木那烧焦的树丛、茂盛蕨地和开阔地面交替出现的地带，还有整个布满地下河和狭窄裂谷的区域，这些都成为了牧羊犬为所欲为的藏身所。在这块破碎且灌木丛生的土地上是不可能有高质量畜牧的种种体面的。在那时，要带着羊群开辟新牧场，不仅牧羊人会承受巨大心理压力，而且还会让美利奴羊忍饥挨饿瘦成野狗一般。若羊群不受干扰，随意进食，尚且会有减员；更何况"缀连成行"，催促过急，一次便会出现十几、二十只羊被死神一口吞没的情况。羊群并不知道要去哪里，有什么可期待的；羊群所到之地不仅它们很陌生，它们的主人同样也不熟悉。绵羊在每个牧场通常会进行的"开垦"工作那时并未展开，它们在一个陌生的围场里所要做的第一件事便是对该地进行探索，绘成地图，即从建立的营地处呈线性辐射开来。一段时间后，羊径避开了渡口，因为它们发现此处有沼泽，不可通行；羊径也回避了泥泞之所、地下河遍布之地、隐藏着的潺潺溪流以及峭壁等。然而，那时人畜都没什么经验；经验之获取需绵羊付出性命，拓荒者们遭受金钱损失——借用一下吉普林的话，图提拉是用绵羊的尸骨建立起来的。这些早期的损失是无法避免的，就像旅行者们面对未知族群的领地、未知疾病和未知气候时所犯的错误一样无法回避。

牧场的条件并未因为霍克斯湾所饲养的绵羊品种的习性而有所改善。它们都是美利奴羊，天性中有一种发狂的成分，一看到同伴们逃向想象中的自由时就激发出来。早期为数众多的小片沼泽地——后文会对该沼泽地的硬化过程进行描述——能够承载十几到二十只绵羊的重量，不过无法承受上百只羊在上面吃吃啃啃。领头羊们都能安全跨越这种障碍。而后就变成了摇晃的泥沼地，一条由沉没在沼泽地里的死羊为标志的狭窄交通线。

可怜的绵羊在泥地里翻滚，会使它们的交通线偏离几英尺，直到一条平行的小径经历了相同的进程，也变成了泥塘。成百只绵羊所跨越之地通常会丢下几十只——它们的尸首沉入沼泽里或者露出来一半；尸体一旦被发现，鹞鹰（*Circus gouldi*）便会出现，对其广而告之——这种鹰自从图提拉开始放牧起，数量便大为增加。还有一种陷阱，日复一日，周复一周，总要在这群疑心重重的羊群里要几条羊的性命，这便是典型泥灰构造中的裂缝。紧挨而行的绵羊在受惊之时，面对看起来不明显的裂缝容易犯错而跳起来。牛顿的4000只羊当中，死神还以其他的方式逐一杀戮。经常性的放火烧荒会烧死一些绵羊，有些因为火光而失明，有些则因灼热而毁了羊蹄。一些绵羊的羊毛夹在了南方悬钩子丛中，另一些绵羊在低矮坚硬的灌木林里脚被绑住，或者像押沙龙一样，脖子被束缚住了。一些绵羊会因为某些当地野生植物的麦角菌的作用而死亡。在春天和初夏，许多绵羊因误食了毒空木的嫩芽而丧生。相当多的绵羊因为泥石流而死亡，有些确实被卷入泥流当中，有些则陷在流溢出的泥浆当中出不来。冬天到来后，情况就更加糟糕。由于放牧场地从干燥之地迁往湿润之地，从肥沃之所迁往贫瘠之土，加之经常性的狗追人赶，这4000只顾虑重重的绵羊到了秋天就变得更为消瘦。隆冬之前，羊群就啃光了毛利人旧时的庄稼地、烂泥地和裸露的泥灰地上的草；受饥饿的驱使，羊群不得不进去它们从未冒险进入的地方，而那些地方进一步增加了死亡的风险。

长话短说，即便德·奎提的劫掠没有导致牛顿将4000只羊清场，大概有1200只羊也会死于河流、坑洞、烂泥地、地下河、峭壁、地上深穴、沼泽地、泥泞滩头和河谷之中，或者被毒死、落入陷阱以及被火烧死；200只左右会变成过去所说的"丛林羊"；500到700只会从牧场里走失，大部分再也找不回来。在这第一批羊当中，真正能到剪羊毛人手中的不会超过总数的一半。

早期，马和牛也遇到类似的问题，冬季饲料短缺，围栏不足。不过和羊群一样，即便没草也要让它们过冬，马群和牛群也一样，必须想方设法让它们活下来以保证牧场的劳力供应。马群在沿湖延伸的肥沃沼泽地带觅食。夏季，那里水草充足，因为每年这个季节，美利奴羊慑于牧羊犬的声声吠叫，只敢停留在山坡上部或山顶。冬季，羊群吃光所有的草后，它们仍可依靠着茂盛的莎草以及趾趾草这些大型草类来保命。不过，倘若饥饿逼着它们涉入险境，马群也会减员。

羊场的牛群有一方面过得比不上马群：马和绵羊一样，再小的草也能啃到，而牛只啃到更茂盛的草。另一方面，牛群所食的灌木供应充足。没活可干之时，它们可自由漫步，自己照顾自己。不过在任何一种情况下都面临着风险：若将它们围在眼前的淤泥沉积地上，则有可能陷入泥地里；若让它们在灌木林里自由游荡，会有部分因误食了毒空木的枝叶和花朵而中毒身亡。此外，那时有一些野牛群，多多少少对毒空木"免疫"，它们在群山间游走，尽管头脑清醒的牛群通常对它们敬而远之，不过有时会有一两头牛加入其中。这种情况一旦发生，牛就再也找不回来了。尽管叮当响的牛铃可暴露它的位置，可要骑马穿过笨重的公牛都无法越过的灌木林去追，通常是不可能的。

不干活时，这些阉牛以及其他买来补充的牛，总是要乱跑。尽管时不时地将它们围起来，赶到湖泊附近，作为它们的总部，它们还是会四处逛荡。在基尔南的日记里，我发现有一次它们走出了图提拉，穿过了多尔贝尔·凯瓦卡三万英亩的牧场，然后在"靠近海岸线的特劳特贝特牧场"找到。它们出生在该牧场，没事可做时就要走回家，一路上叮叮当当地走过了三个牧场，毫无疑问地践踏撞坏了海岸线与它们之间的唯一一道围栏。日记上的其他记录也证明了牛群不论在羊场内外都是个麻烦。为了弥补冬季马饲料的不足，人们专门开辟了一块单畦耕地用来种燕麦秆，以便饲养一到两匹马，这样即便是冬天也可在零散分布的牧场里随时可用。这一小片绿地对牛群有着极大的吸引力，它们也许是由一头叫"丹"的牛领着——这头牛需要你用手喂面包，然后才允许在它背上放东西。我发现了很多这样的记录，比如"把牛赶出燕麦地"，"把它们赶出去了两次"，"晚上，发现有四头牛又回来了"。毫无疑问，黄昏时分，人们又得气冲冲地把它们从燕麦地里赶出来。不过在夜色当中它们取得了胜利。每头阉牛都用皮革颈带绑着一个铃铛，因此当它们跑去高处的灌木林或亚麻丛里觅食时，人们也能确定它们的所在。白日里去山里找寻走失的牛，听到叮当的牛铃声便是悦耳的福音；不过在夜里则相反。就在营地的人们慢慢入睡之时，远处传来了微弱的叮当声，那是从正在啃草的牛群身上的铃铛传来的。这声音慢慢靠近，越来越沉重，终于有一个人跳起来了，身上还穿着内衣裤，他阴郁地嘟囔着，穿了靴子，抓了皮鞭，然后解开牧羊犬的绳索。它们对业务极为熟悉，早已狂吠起来，巴不得要撕咬一番。牧羊犬把牛群赶走了，牛群身上的铃铛奏出疯狂的乐声；当牛群回过头要用角去顶追赶的狗时，铃声便出现了短暂的间歇；当它们如象群般奔驰时铃声则显得沉闷；当它们小步鱼贯而出时铃声则变得轻快而清脆。随着牧羊犬的最后一次驱赶和最后一声鞭响，这位庄稼拯救者回来了，全身大汗淋漓又为朝露所浸湿。在早期的日记中，有很多的关于阉牛群的记录。不论是在农庄附近或者在远处，它们都是无法避免的麻烦。

这些确实很烦人，但对于像图提拉这样正在成长的牧场而言，更大的不幸在于资金不足，时间不够，两者中任意一项条件具备都能挽救我们的先驱们。斯图亚特和基尔南通过艰辛的劳动成功使得羊场的绵羊数量达 8000 只，或者说冬天来临时数量达到了 8000 只。他们开路，排干沼泽，锯木头——可是这些改善还未到可以增加牧场银行账户收入的时候。修建一条围栏给牧场带来的收益要在二十多年后才能看到，而建造围栏所需的铁丝早已当场用支票支付。牧场上播撒的草籽要几十年才能挣回成本，然而当时立刻就要给商人付钱。开辟小路、沼泽排水和锯木造屋也是同样的道理；而且增加羊群数量这一首要开发任务最开始由于数量过多而遭遇困境，而这些都需要用借款进行偿付。收益长久之后才能看到，而为了获得这些长期收益必须立即用现金支付这些应付款项。因此，开发改善不能当即带来收益，使得牧场债台高筑。

在过渡阶段购买了各种财产，支付各种开发项目，而这些所带来的经济收益并不明显，人们才开始感受到艰难时代的揪心之痛；对于银行家而言，一道围栏、一条排水渠或一袋草籽又有什么用？仅仅是资产负债表借方账目上的一些可恶的项目而已。仅凭一腔热血，经验缺乏同时也没有什么好建议——也没有人可以提出好建议，因为那时还没有人在霍克斯湾北部的贫瘠土地上劳作过——对于斯图亚特兄弟和基尔南而言，这些是明显的危机，但那时他们似乎不在意。

不管怎样，他们在牧场融资前没有提前打算；日记中的一条早期记录恐怕便是当时流行的融资手段："从威廉·韦勒斯买了 8 头阉牛，包括牛车全套，总共 135 英镑。条件是有能力时再支付。"在日记中，除了剪羊毛的账目、送往纳皮尔洗羊毛的清单以及一些动产的库存记录（牧场的锅碗瓢盆，套上动产这个夸张的称呼）之外，时不时地会出现一些财务计算，数字很大，只不过常常没有相对应的事项。这些计算显然是作者一时兴起写下的，然后陷入了困境，计划搁浅，便再也没翻看过了。还有一现存的小本子，每位霍克斯湾的先驱读后都会在心中发出一声同情的叹息。小本子里将一年中的月、周和日纵向排列，仅仅是为了将每天丢失的牛、羊和马记录下来。然而这样让人伤感的记录正如其他新年决心一般，从来无法执行到底。该记录似乎在死了31只绵羊、淹死了一匹马和沼泽里掉进一头牛之后就停止了。

尽管如此，记载更为认真、计算更为详细的记录仍然存在。比如，尽管1878年的日记中并没有提到剪羊毛——也许主要由于非哺乳的绵羊组成的羊群已经在海边的坦哥伊欧剪过羊毛了——图提拉最早的羊毛目录仍然存在，总共218个口袋，每个口袋装18只到20只羊的羊毛，这与下列详细记录并重复的数字大体相符：

羊场收到的绵羊数 3600

1389

在剪羊毛前增加的绵羊数 685

1211

剪完羊毛后增加的绵羊数 ....<u>1081</u>

7966

减少30%，还剩　　　　　6460

羊羔 ....<u>300</u>

30%适用于1877年4月1日至1878年3月31日之间。

我只是将数字抄录下来，但我不理解是什么意思；不过不用怀疑，这些数字大体是正确的。在日记的下一页还有进一步的计算：

手头可供剪羊毛的绵羊数 4200

开始剪羊毛后收到的绵羊数 ....<u>2282</u>

6492

麦金农剪的绵羊数 ....<u>　　8</u>

<u>6500</u>

因此，我们可以理解为1878年所剪的绵羊数为4200只。1879年的初冬，又买了一批绵羊，数量达到9999只，其中7164只剪了羊毛。1880年初，图提拉土地上有8324只绵羊，其中6344只绵羊剪了羊毛。

然而，除了这些损失之外——这些损失也许是无法避免的——牧场的财务状况就从来没有好过。

苏格兰的格拉斯哥城市银行在我们现在所说的日期前的几年里就破产了。该行与一些经营土地的新西兰公司之间有着密切联系，一旦倒闭便对新西兰所有的担保业务产生了灾难性的影响。因此，羊毛市场价格一降很可能严重影响到殖民地早已疲弱的信贷体系。此外，这种情况一旦发生，最早感受到经济萧条痛楚的便是正在建设中的羊场的主人们。羊毛的价格果然跌了，谣言四起，有人说某人"在接下来六年里一头绵羊的毛卖5便士，没人买，听听"；压榨通常最开始指向那些最不能抗压的人，斯图亚特兄弟和基尔南便属于这群人。1879年4月这个致命的时节里，基尔南日记里的幼稚和惊奇确实表明了他们很可悲。羊毛的价格有可能下跌，银行也有可能收紧贷款，而他们似乎从来没考虑过这些。我想，必要的知识是需要花钱买的；不过尽管他们为此损失了几千英镑——正如《名利场》中的沃特小姐习惯性地要谈起她父亲的财务往来——也完全不能使欧洲的证券交易所有所震动，而这些钱都是这些主人的个人资产。尽管他们资源上的漏洞没有水井深，没有教堂大门宽，但足以让他们陷入困境。总之，这就够他们承受了。

过了霉运连连的四月后，日记上似乎没有进一步关于财务的记录。棘手的困难好像已经克服了。此外，牧场的开发工作继续推进，不过现在所做的工作都是很久以前就开工的，这些活即便是在一位心怀犹疑的银行家眼中也是不能再推迟的。他们播撒了200包黑麦草和鸡脚草的优良种子；在早期幸福时光里，锯木坑里锯下来的木材的运输也继续进行着，羊毛棚也建起来了。然而从1878年4月起，牧场的主人们头上始终悬着一把达摩克利斯之剑，他们忧心忡忡地盯着那致命的、意味着希望与恐惧的晴雨表——羊毛市场。比如，我发现了这样的记录："没有好消息——没有迹象表明羊毛市场能够重振。"尽管如此，基尔南的日记仍然记录完备且认真。日记中有很多关于羊场第一个花园的细节，还有种植桉树、柳树和松树的描写。我想，在重压之下仍能去装点自己的牧场——就像在为一位即将被人抢走的新娘梳妆打扮一般——没有比这些事实更能说明他们对牧场的热爱。这些桉树、柳树和红花木莲就种在伸入湖泊的岬地上，四十年来都在装点着羊场。每次在托普恩嘎岬地看到这些树木，都会想起种树之人当时的糟糕境况，想到他们怎样从劳动的喜悦中陷入对未来无望的忧虑之中，而这种忧虑消耗了他们双臂一半的气力。日月飞逝，转眼间又到了剪羊毛的时间了，可是羊毛的价格仍无起色。我想，他们已经意识到了事情已无转机；总之，我发现1880年2月记录着"查尔斯·斯图亚特离开了牧场"，1880年10月，"第一批新羊毛棚已经建好了"。但是，和种树一样，逼近的灾难一定会将羊毛棚落成的喜悦击得粉碎。希望几乎消失了，而没了希望，没有人可将最好的状态投入工作当中，双手劳动不再是那本应如此的纯粹喜悦。1881年5月27日，日记中记载："基尔南和托马斯一整天都在与新西兰银行以及贷款和商业中介公司就羊场的业务进行谈判；做好了安排，在剪羊毛之前解决所有问题。"唉！"就羊场的业务进行谈判"，或者在任何时间洽谈任何业务，这些都是没人愿意接手的任务，但是，将一份未实现的爱让渡给一家无情的银行或一家不近人情的借贷公司，那该有多么恼怒呀！失落如刀剜心，反思如潮涌，自己和这些都太恶心了，这一切还有什么意义！我可以想象到这些可怜的人慑于眼前那些让他们厌恶的人的淫威，机械地签了字，而他们的心则悠闲地漫步于图提拉绿色土地上、山脉间和湖泊旁。

结局来得很快，5月28日"基尔南去了墨尔本"。8月，他回到新西兰，牧场当时欠债达8600英镑，他于当月将一半的股份以160英镑的价格卖给了麦肯齐（C.A. M'Kenzie）。接下来一直到9月1日日记出现了空档期。在这一天日记里出现了新的笔迹——当然是麦肯齐的笔迹——"结清账目后离开纳皮尔前往图提拉，把图提拉欠了三个月的账单给了马修·米勒（Matthew Miller）。"现在图提拉由两人经营，即斯图亚特和麦肯齐，再加上威廉·斯图亚特，前者的弟弟，他来煮饭。我想威廉从来就不是一个很聪明的人。在麦肯齐的牧场日记中我发现，9月10日："威利在努力做好面包。"三天后，作者又借着日记发泄情绪："威利还在努力做好面包"，在这个记录后面甚至还可以看到泪痕，"威利浪费了上好的面粉和发酵粉"。一个人若在日记中倾诉痛苦，必然事出有因。如今的境况使人绝望；在麦肯齐的日记当中，他时不时会提到账单到期的日期越来越短了。

1882 年 7 月份之前，牧场已经欠贷款和商业中介公司共计 9000 英镑的债务，麦肯齐以 10 先令的价格将其股份转让给了托马斯。我相信现在威利接手了一半的股权，自己也投进了一些钱。不论如何，在最终出售所剩下的几十英镑里兄弟俩平分了。1882 年斯图亚特兄弟将牧场卖给了 W. 康宁汉·史密斯（W. Cuningham Smith），售价 9750 英镑——刚好可以还贷款和商业中介公司的债。这桩交易是代表赫伯特·格思里–史密斯（H. Guthrie-Smith）和亚瑟·麦克迪尔·康宁汉（Arthur M 'Tier Cuningham）做出的，那时他们都未成年。

图提拉——一座新西兰羊场的故事

17-1：铁线莲

第十八章　史密斯和康宁汉的沉浮

　　1882年9月4日，图提拉的新主人接手了羊场。他们心情激动，期待着过上狩猎、骑马、驯兽和丛林探秘那样的生活。至少，其中一人还清晰地记着那个黄金时代里的点点滴滴。他记得凌晨醒来，便迫不及待地跑出去迎接日光。那是霍克斯湾春天里的一个美妙清晨，可以说，世界上再也找不到像纳皮尔的九月那样的天气。天空万里无云，些许清脆的秋霜混入带着咸味的沙滩里。在小镇后面，宏伟的儒阿西纳山（Ruahine）和卡威卡山（Kaweka）拔地而起，山上覆盖着积雪，而在小镇前，广袤的太平洋起伏澎湃。

　　拥有这片牧场真是太神奇了！看到那些马匹我们多欢欣呀！它们和世界上的其他马儿不同，它们是我们的，我们是它们的主人。羊场欣欣向荣，一片真诚，要不了多久我们便可轻松地驰骋想象，增加财富，苏格兰的无尽的河流、沼泽和森林也会于此重现。

　　骑马穿过这个风景如画的小镇——马蹄嗒嗒回响在这安静的街道上——该镇一半的居民还沉浸在梦乡。我们经过阿胡里里港（Port Ahuriri），穿过新建的木桥，此桥连接着该省南北两部。我们沿着西部沙嘴上的沙滩道路前行，那里仅仅住着几个渔夫，有些人所住的屋子是用饼干金属盒和煤油金属桶造的，而不是铁皮。我们走过了佩塔纳酒店，那时还是可敬的威廉·韦勒斯在经营。我们涉水渡过艾斯克河（Esk River），然后骑马穿过佩塔纳毛利人的凯恩嘎，充满兴趣地观赏着图提拉主人们用芦苇盖起来的棚屋。啊! 亚拿尼亚、阿扎尼亚和米赛尔! 那天早晨我们的幸福流溢全世界。我们甚至也喜欢我们的地主——毕竟，他们直到最近才改信基督教；他们从未读过亨利·乔治（Henry George，十九世纪末期知名社会活动家和经济学家）；他们并不知还有什么更好。我们驱马沿着韦拉纳吉平地（Whiranaki Flats）的沙土草皮上行走，越过了海滩山（Beach Hill），到达了县界峰（County Boundary Peak）。这时我们处在怀罗阿县境内，该县其中一条分界为莫哈卡马道，而图提拉就在该马道以内；现在离我们的牧场又近了一步。我们继续前行，抵达了坦哥伊欧悬崖（Tangoio Bluff），转90度弯进入内陆，便会经过坦哥伊欧牧场的庄园和羊毛棚。坦哥伊欧和图提拉两地相邻。

我们沿着那条之字形小径（即那条沿海驮马老路）往内陆走了几英里，不过该道路与海岸线平行，这有违我们的常识，只好认为陡峭的道路并不难走。我们到了第一道围栏，第一次看到图提拉羊场的邮箱。在普通人看来，这只不过是固定柱上钉上了一个煤油箱。对于我们而言则意味着更多；这个箱子在外人看来简单，无甚突出，却是图提拉羊毛、羊群和数十种其他相关利益的信息交流中转站。因此，我们看到它时，满怀着敬意。

我们径直转向内陆，上了山头又下了山坡，沿着羊场驮马队依稀可见的路径前行。往前走3英里，我们到了多尔贝尔边界大门，在那里可远远望到我们的朝圣之所迪莱克特博勒群山（Delectable

Mountains）——图提拉的山脉。随后，我们向下可看见怀科欧河流水滚滚撞击在河中磐石上。我们牵着马越过了"急流"，此处河水几乎垂直流下，而在下游若碰上雨天，四腿僵直、迈不动步子的驮马队常常会滑倒。我们弯弯曲曲地走下了多尔贝尔坡面上陡峭的小径，惊动了那里的野牛群，声声牛鸣激发起我们对未来狩猎的憧憬。带着苏格兰人在阿博茨福德（Abbotsford）横渡特威德河（Tweed）的喜悦，我们渡过了怀科欧那没人歌颂的浅滩。我们踏上了图提拉的土地，第一次看到自己的羊群。这些是美利奴母羊——它们瘦得皮包骨头，羊毛所剩无几——它们迫切地想逃走，只不过为河流所阻。总处在最糟状态的羊便是如此。我们太蠢了，即便看到了仍觉得它们没有那么可怜，它们消瘦形体上并不是每一块骨头都能看到。

我们从河床爬上"保留地"——很久之前就重命名为"跑马场平地"——然后静静地骑马穿过带着羊羔的母羊群。我们依依不舍，不愿离去。如果说在怀科欧河滩头看到的瘦弱羊群激发了我们心中拥有这一切的自豪感，那么这些羊羔就会使我们心生狂喜——这些羊羔显然

18-1：蓝鸭——怀科欧河

不是从其他地方买来的，那么，我们刚买来的羊群的数量还在不断增加——这仿佛是仁慈的上天赠予史密斯和康宁汉的免费礼物。

我们骑马沿着平地的陆架前行，突然间，眼前出现了一片湖泊。其中一位新主人的心情正如马密恩的随从们第一次看到爱丁堡一般。倘若这匹草料喂养的小马技艺超群，上面的骑士出于对美好未来的憧憬，便会像尤斯塔斯那般来一个"半腾空转弯"。眼前的这片湖泊，其岬地和湖湾绿树成荫，风景宜人。在其陡坡沿线，当地的小树林零散分布着，在这个季节里，那四翅槐树绽放着深黄色的花朵，光彩夺目。垂柳丝般柔软的叶子，此时最是嫩绿喜人。桃树园里，一片殷红。西南微风吹起，惹动了亚麻叶片，闪闪发光，恰如玻璃一般；湖泊西侧，地面黛影重重，而东部山头则在阳光下熠熠生辉。千万次我凝视这片美丽的湖泊，但只有这一次最美。

地球上有一些土地似乎能够激发起其主人的一种特殊感情，就好像土壤的各元素与地面上的人之间有一种神秘的联系。毛利人这一族群，崇尚自然之美，对图提拉当然也充满感情。我知道这是真的——我曾不下数十次听到图提拉的地主赞美这片土地，本书第一页所引用的毛利语歌词就表达了这种热爱。先驱们的日记见证了他们不得不放弃牧场所产生的痛苦；若这本书还有价值的话，那便是作者对这片居住了很久的土地所具有的深切感情。

我们从"跑马场平地"下来后便抵达了八十年代的原始农庄。当时它位于怀科皮罗湖南端的皮罗纽伊平地上。这里的建筑物是挡风板搭建的小屋，长15英尺，宽12英尺，屋内有一隔板将小屋分成两半，隔板最高还未直抵屋顶。小屋一端建有泥质壁炉和铁质烟囱。野营烤箱、大铁锅和棍棒堆在地上，有的挂在空荡荡的灶台上方的横木上。屋顶垂下一根铁丝，铁丝上挂着一个架子，架子里装着面粉、糖包、小葡萄干以及其他在那个清苦年代所必需的物品，老鼠是够不着的。屋外是一小披屋，披屋下藏着一桶腌制的野猪肉。烟熏的壁炉架上放着多瓶淀粉。我们宅邸是诺亚式的建筑风格——一扇门，两边各一窗户。我记得当我们到达时，大门是开着的。门里有几只寻食的鸡，见到我们后，有几只窜到了乱糟糟的灶台上，扬起了一阵尘土；另外几只要飞向窗户——那里的窗户玻璃被打破好几块，塞着牛皮纸和破布权当修理。原始农庄的其他建筑物还有：一艘船，长9英尺，宽6英尺；一座杂物仓库，在牧场最穷困之际，只剩下一些绳索和驮马鞍。门前是一堆木头，在移民早期，人人家门都堆着木头。啊，细小的木屑，有的又白又

18-2：八十年代的农庄

　　　　　　　　　　图提拉——一座新西兰羊场的故事

新鲜，有的长了霉，有的时间久了，变成灰棕色；还有那总也磨不利的斧头，那可以舒舒服服坐下的大木头。而现在人人都讲整洁，这个新奇的想法把什么都弄没了。

这个小屋，我们又住了将近一年，然后拆成几块，放在湖里，运到现在农庄的所在地。那里的小屋成为了我们的厨房。我们之后盖了一个更新更大的厨房，便又搬了家，而小屋则成为了剪羊毛工住所的一部分。小屋就在现在的羊毛棚对面，屋况极佳，再用四十年不成问题。

和我们一同前来的斯图亚特开始准备美味的烙饼，搓揉着面粉和酵母制作着明天的面包，并从桶里捞出腌猪肉作为晚上的点心之时，我们迫不及待地去查看羊毛棚和羊圈，然后走向奥图特皮瑞奥（Otutepiriao）——现在农庄所在的小山谷。

1882年9月，亚麻和蕨草长势太盛，湖边几乎不可通行。在平地上，到处是亚麻和蕨草形成的巨大草丛，高大的麦卢卡树林应是克莱格先前花园的所在地，否则其地面则会被野猪全部拱坏。当即我们就决定把未来的农庄建在此地。我还记得，那时我们都同意若是管理不善，则要毁了这片美丽的土地，那将是一件多么恶心的事，多么有失体面，多么让人痛恨呀！那天，我们非常非常高兴，也非常非常愚蠢。

在图提拉的第二天，我们兴奋不减。我们骑马去看"后乡"（Back Country）。站在头像山山顶，我们望到了无边无际的蕨地荒原。现在我还记得，当时看着那片荒原，我们就像婴儿从摇篮车里看世界一般新奇，从未想到这个世界还隐藏着恶意。

如今是1920年，回首40年前，我对图提拉、普特瑞诺和毛嘎哈路路的移民们的坚忍不拔赞叹不已。我扪心自问，是什么吸引人们去经营这些牧场呢？图提拉是怎样的土地我已经描述过。普特瑞诺既没有石灰岩也没有泥灰。毛嘎哈路路离海岸线有30英里，剪下来的羊毛要让阉牛打包运走。这些牧场都是租的，都是土著人的土地，而他们的土地权无一例外都有问题。这里的土地草木难生，气候太湿，交通太差，土壤贫瘠，很难改善。在这里花力气也得不到回报。看起来任何头脑清醒的人是不会相信在这片土地上可以挣钱或博点儿名声。

事实是，它们的主人头脑不清醒，未曾多想。这些人大部分从小就是死党，把体力劳动当成享受，宁愿多干活也不愿思考一分钟。如今我仍不明白，那时我们从小处说是所谓的不列颠的好青年、帝国的建设者，诸如此类，还是十足的大笨蛋。为了自由，为了冒险，为了有机会接触羊群和土地，也许也是遵从内心向前推进的直觉渴望，我们向内陆掘进。关于我们的工作能挣多少钱，只是偶尔想一想，也从来不精打细算。我们没有像样的账簿。羊场日记里的记录用的是意大利式或者说复式记账法，都是多米尼·桑普森（Dominie Sampson）和露西·伯特伦（Lucy Bertram）那些人所教的东西。一天的辛苦工作后，写下的数字就更加潦草了——这里的工作当然是体力劳动。浪费一个雨天来记账，我们从未有过这种想法。这种偷懒让人深恶痛绝，唯一成立的借口——对，我们称之为偷懒——便是生病。在那个热火朝天的日子里，没有人生过病，所以就没有人去记账。结果是，从来没人准确了解羊场的财务状况。他们这种无能并非新西兰人用20便士现金去购买价值30便士货物的习惯退化而成的。

现在我们享受着无比幸福的户外生活，相信所有的事情都会好起来。我们劈木头，扎篱笆，赶拢羊群，杀猪宰牛——干这些活并不是为了能挣点钱或对羊场有什么好处，而是为了满足那无法餍足的干活欲望；可以这么说，我们活着就是为了小腿得到舒展。饕餮大餐，蒙头大睡，这是我们最享受的事，也是让劳作的人心满意足的止痛剂——这便是托尔斯泰在《安娜·卡列尼娜》某些章节里描述的，长久体力劳作后的放松而带来的愉悦。

痛快地干了一天的工作后会有美味的晚餐——"痛快"是指一天干到晚；"工作"指体力劳动，包括骑马、打包、赶拢、猎猪、扎篱笆和砍柴。我们自己煮饭，吃的是粥、野营烤箱烤的面包——世界上没有比这个更好吃的面包——羊肉、土豆和生面团，还喝点水。无忧无虑，那真是一种幸福的生活。

自从史密斯和康宁汉在足球场上结识后——那时史密斯在捉虫子，而康宁汉则带着狗（我记得他经常让狗去抓耗子），这些都是校方所不允许的——两个年轻人就决定过简单的生活。他们所设想的简单生活就是去掉那些讨厌的东西，在过去是拉丁语、希腊语、欧几里得和代数等课程，而在未来就是任何与数字或生意有关的东西。在"非理性大学"里，他们就是"假设"老师所教的那类尤其让人讨厌的学生。本书作者的生活是，白天里辛苦工作，而到了晚上——他会坦白吗？——则去写诗，这是一种致命的生活习惯，受到了伙伴们的强烈反对。他们说，如果一定让他有个恶习的话，就去酗酒吧；喝醉的牧羊人日子照样过得好，但去干写诗勾当的人日子从来过不好。醉鬼也能改过自新，但写诗却是积习难改；他们将作者看成丢了灵魂的人，早晚要掉到坑里。

我热爱诗歌，而我的同伴[1]则酷爱足球——他是一名出色的前锋。这些优势都无助于一个内地羊场的经营发展。

一开始我们就犯了错。首先，我们八月底买进牧场，不可能在这时赶拢羊群，因为靠近了生羊羔的时节。因此，我们并没有把羊群从牧场各地赶到羊圈里数清楚，而是"照单全收"，即我们同意羊群的数量就是上一次剪羊毛的数量和新羊羔数的总和。剪了9000只羊，1500只羊羔剪了尾巴；总数应是10500只。从南岛——坎特伯雷——的视角来看，10%的死亡率几乎是不可想象的。当时我们认为在过去的12个月里，损失十分之一的羊是非常安全的估计。基于这样的计算，我们才花钱买下羊场。事实上，我们只剪了7000多只羊。因此，损失接近3000只而不是1000只，损失率接近25%而不是10%。

也许读者会奇怪，斯图亚特和基尔南如何在那么短的时间里能养9000只羊。这9000只羊的情况如下：3000只羯羊在"后乡"，到了晚秋就靠着蕨叶过活，而这蕨叶是烧荒后长起来的；冬季则以毒空木叶为食，那毒空木形成了巨大的灌木丛，与蕨草混在一起，覆盖了牧场广大的中西部地区。这些地方完全没有牧草，完整的一公顷都没有，因为羊群所驻扎之地，每年都被无数的野猪拱了一遍又一遍；另外500只羊则在邻近羊场（阿拉帕瓦纽伊、坦哥伊欧和凯瓦卡）的筛选中寻回。剩下的5500只羊在北岛短暂的冬天里存活下来，这是因为美利奴羊体形

---

1 我的同伴，和达尔达尼央（D'Artagnan）一样，痛恨诗歌就像他痛恨拉丁语一般。"致我的银行家"，他模仿戈德史密斯（Goldensmith）的诗句，开头是"我快乐和悲伤的甜蜜源泉，既知我一贫如洗却又转身不顾"，他觉得这样的句子"还不差"。

小，吃得不多；也因为那里的草地还是片处女地，牧草长势极盛，几年后则盛况不再；不过主要是因为那片土地过度放牧，母羊和成羊都饱受折磨。按照现在的观点，那片刚长草的地方只能承载 3000 只羊而不是 5500 只。

羊场事业的第一批殉道者做了与布勒特·哈特（Bret Harte）书中的主人公图奥勒米的布里格斯（Briggs of Tuolumne）相似的事，"因种白松而破产"。除了羊群的损失之外，如果说还有什么给斯图亚特三兄弟、基尔南和麦肯齐以重击的话，那便是对新西兰白松的投资以及相关工作。

史密斯和康宁汉选择了另外一条毁灭之路。他们得知那时图提拉剪了 9000 只羊的羊毛，便觉得若情况正常的话，他们得到的应该是同样数目的羊。他们错了。

为了解释这点，我们要回到斯图亚特和基尔南所做的工作，这些都记录在羊场的日记里。他们点火烧了乡下荒原；播撒了大量草籽，牧草由此大规模扩展开来。那时牧场处在最佳状态：漫步于广阔大地的绵羊，获得了更大的草场；刚烧过的地面上寄生虫消失了；孔洞、地下河、沼泽都暴露出来了。这一切他们都做到了，但是，这些变化的大部分只是临时的——斯图亚特和基尔南割下的肉是他们所啃不完的。一种退潮的进程——下文会做详细解释——开始出现在开发最充分的图提拉东部。羊群还是不够多，啃不完春季里拔地而起的蕨草。结果是，在山坡低处，偏远的角落，山嘴朝南朝东的阴冷潮湿处，各地土壤贫瘠之处，蕨草开始还隐藏着，然后露出真面目，接着立稳了脚跟，最后再一次占据整片大地；事实上，在斯图亚特与基尔南占有图提拉的后期，大规模的草场退化已经开始；到了最后，即便他们所待时日不久，冬季牧草的总量也已经减少了。

当史密斯和康宁汉买下牧场时，羊群只能挤在山坡的上部、顶部以及阳面，以前草地上的平衡已经打破了，蕨草再次大行其道。斯图亚特和基尔南甚至都没有预见到这个进程，更何况图提拉的新主人们。他们所知道的只是有一次剪了某一数量的绵羊的羊毛：他们决定再买一批新羊以保证这个数量。他们买了3000只母羊，母羊生了1000只羊羔，它们多从野猪口中救下，总数达到11500只——挑出了500只出售给了乔治·梅里特。因此，史密斯和康宁汉在他们的第一个冬天里有11000只羊，而在下一次剪羊毛时只剪了7400只羊。

羊场的贷款来自于国家贷款和中介公司，前两年的损失并未动摇他们的信心。他们建议我们卖羊。这是个好建议——问题是买家难找，这个地方的傻子数量有限[1]。我们又买了一大批母羊，干燥的季节帮了忙，我们剪了9200只羊，将死亡率减少到百分之十多一点。这仅仅是下轮灾难前的暂缓期，第二年我们遭受了巨大的损失。羊毛的收成少得可怜，因为挨饿的羊群长不出好毛。我们从不知"喂食是饲养的一半"这样的格言，我们宁愿相信羊场一直以来都在使用劣等且毛质很差的公羊配种。我们便从南岛进口公羊——高价的佛蒙特绵羊。它们死了一批又一批。此羊两齿，无法忍受牧草质量的变化；这种羊我们每年要损失四分之三。秋季里，它们配种的质量也不好；冬季里，它们接踵死去。[2]

1　突然要出售的原因是，有人说我们的体质不适应这里的气候——我们是指羊群和羊场代理人。

2　年轻的双齿羊，尽管体格健壮，但在迁移到更为湿润的牧场的变化中尤其容易遭殃。二十年后，又有人把一批双齿公羊作为试验买到图提拉。尽管羊群所在的草场比之前的肥沃多了，仍有一半死亡。毫无疑问，其他湿润地区的牧场主若从干燥地区买羊，也会是类似的结果。

即便我们获得了一点知识——一知半解很危险——我们照样受罪。我们在拉塞尔上尉的——今后的威廉爵士——图纳纽伊牧场做了三个月学徒，我们学到了不加区分地焚烧蕨草是不明智的。这个教训本身很合理，我们便不加区分地运用在图提拉。因此，我们便没有焚烧蕨草，因为我们以为之后行动的效果最佳。从决定不烧蕨草到乡下一片莽荒可以"放火烧荒"之间，出现了另一个问题，尽管其本身无法避免，但是由于管理不善变得更为严重。八十年代早期，"肺蠕虫"在霍克斯湾暴发，传播到各处，它的每条传播路径上都浸淫着新生病毒的邪恶，以致树木枯黄，草类衰颓，牲畜遭殃。

图提拉气候湿润，该疾病不可能不对年轻的羊群产生严重影响。在霍克斯湾优质的牧场上，损失巨大。牧羊人在到处给羊羔喂食松脂和油脂，或者在尝试用燃烧硫黄烟熏的治疗方法。图提拉的羊群，因受阻于上文已解释的退化进程，在山顶和林中空地上出现了超载，我们损失了四分之三的刚断奶的羊羔，那都是在羊场出生，因此也是羊群中最有价值的部分。

那段时间另一个麻烦是腐蹄病。随着英国进口牧草的增加，美利奴羊却站不起来了。该品种的羊不适应该省的土壤和气候。图提拉有牧草的泥灰地很少，却是腐蹄病流行区。和肺蠕虫一样，该病毒在肮脏的绵羊营区、拥挤的草地和湿润的草上找到了寄生的巢穴。买下图提拉的几年里，我们的母羊一年之中有百分之二十五是跛的。我们不得不没完没了地修剪跛足绵羊的蹄子，花好大的劲才能将它们赶过含砷的槽形地带。

到处都是绵羊的尸体或掉队的绵羊；老绵羊死了，年轻的绵羊也不想活。羊羔质量因为糟糕的公羊、年老的母羊而受影响，同时还受到一点野猪的影响。

所有这些不利因素都有解药———一种只有通过经验才能获得的解药。我和康宁汉缺少这种经验知识，便对施加我们身上的灾祸惊恐不已。我们最开始的努力，比如从南岛购买年轻的公羊，已经失败了。前文已指出，1881年有9000只羊在羊毛棚里剪了羊毛。我们不知道，也不可能知道草场面积在缩小。我们不了解放火烧荒和清洁草料的重要性。如果羊场之前能够养9000只羊——我们是这么想的——应该还能再养这么多。当然是能够做到的，但必须下苦功。因此，每年我们都购进新羊替代在这场战斗中倒下的老羊。

无须解释，以上述方法牧羊不可能持久。羊场的总收入只有区区价值几百英镑的羊毛。很大一部分绵羊出现在剪羊毛的面板上时，它们的肚子，有时甚至是身体两侧都没有羊毛——"空肚子"——剪羊毛的人在羊圈里发现时会高兴地喊起来。它们的羊毛在穿过蕨草丛和灌木林时扯落，或者因发热和饥饿而脱落。尤其是羯羊，它们几乎都以毒空木和灌木为食，它们的羊毛通常只有几英寸长，沙土深深地缠在浓密的羊毛里而使之变黑。在炎热潮湿的秋季，看见赶来筛选的绵羊背上长出了绿意分明的野草，这并不是一件稀罕事；它们的羊毛潮湿，加之羊的自然体温，这便使得种子得以生根发芽，就像小孩子在幼儿园里在湿润的法兰绒里种芥末和水芹一样。每次想起我们在八十年代的羊群，我都会感到脸红。

从过剩的羊群上所得到的收益也少得可怜。现在的年轻人，一只羊卖1英镑25到30先令还要抱怨，那就更不可能看得上八十年代的绵羊价格了。有时一只羊6便士，有时9便士，这便是图提拉在前四次剔除老母羊和成羊时的价格。乔治·梅里特买了，他买来是给养在克莱夫的猪做食物的。此外，我还记得做过那次交易后，他便对我们的老羊没兴趣了。我们多多少少要从他人性中善的一面入手，向他表明买下我们的羊是他的道德义务。他曾是图提拉的主人，不过却撑过去了——在灾祸的怒火降临前他就脱手了。我们曾让他很扫兴，他也不是一个爽快的买家，就这次年度的出售，我们彼此通了不少书信。我们说这次筛选下来的都是上好的羊，一只要卖 1 先令，梅里特却声称他的猪几乎消化不了上一批羊肉，每只羊他最多只能出 6 便士。我们把羊送到了佩塔内，然后它们就成了“梅里特的羊”——拥有这样的羊的耻辱从图提拉永远消失了。不过，讨价还价还在进行；羊的钱他还没付。我们会大方地给他三到四个月的期限，然后如绅士一般，写一封友好的信给他，提醒他若方便，请即付款项，是为谢云云。我们的邮箱是一个开口的箱子，钉在了坦哥伊欧牧场中心的一根篱笆桩木上，骑马半天才能到，我们也只是隔一段时间去看看。因此，他便抓住一切拖延的机会。开始梅里特说如果我们能等猪长肥了再付款，他将感激不尽；然后说等猪卖了再说；然后推到他收到猪款之后。最后，我们确实缺了那 1200—1400 个六便士铜板就难活下去了，便要给他送一封“律师函”，暗示道：倘若下一封回信我们没收到支票，梅里特将要承受最严重的法律制裁——或者其他意思一样的话。即使是这样，我记得有一次尽管我们收到支票了，但支票上却没有签字。毫无疑问，银行家对梅里特也催得紧，这些拖延不过他所要的手段，就这样，同样的喜剧又在下一年的剪羊毛的季节上演。尽管如此，我们对梅里特仍是报以极大的敬意——我们尊敬他就像贫穷的希伯来人尊敬罗斯柴尔德（Rothschild，著名的金融家族）一般。他沾染了污秽还能全身而退；他拥有过图提拉，却能逃过毁灭的灾难，实在了不起。他是一个能做成事的人，从石头块里还能挤出血来。梅里特还有一点值得尊重：在我们千般祈祷、万般恳求下，他是唯一一名还愿意来看我们所剔除的绵羊的买家。若他不买去喂猪的话，我们只能自己宰杀，自个剥皮。我记得我们曾经烹羊取羊脂，每只羊也只能提取出 7 便士的羊脂。然而梅里特是我们的另外一个选择；一只羊他从来不付超过 9 便士的钱，尽管如此，这仍比我们用其他手段处理来得多。

尽管只有大概 1300 英镑的收入，史密斯和康宁汉的合作关系依然维持着。因为主人们从不在自己身上花钱，也不需要付工资，而且羊毛价格一直很高。

当然，剪羊毛时绵羊数量不足，羊毛质量也差，还有每年筛选时那更让人绝望的过剩绵羊，这些确实会让我们停下来想一想，但我记得我们从来没有在任何情况下好好谈一谈这些事情，或者意识到我们移向了一个危险的地方。要不是先前牧场主人在日记里麻木地记下了我所引用的那些事情，并且现在还能看到，我也许会说我和我的同伴真是愚蠢至极；我也许还会说，一个牧场不可能有这么多的傻子的——用牧羊人的话说就是，每 4000 英亩就有一个傻子！对于我们自己的处境，我们一点也不比过去的斯图亚特兄弟和基尔南看得更清楚。

迄今仍存在的分类账簿是最初想法的模板。我记得买下牧场的几周后我们就开始记账了。顺便提一句，康宁汉一激动鼻孔就会喘粗气，他是记账人，不过我在一旁随时准备帮忙，确保在这件大事上，所有的记录都合理准确。我记得我那同伴喘着的气息——就像吹哨一般——

那时我们在争论牧场的购买价 9750 英镑应该记在借方还是贷方。好像记在哪一方都有道理。真见鬼！——我们付钱买了这块地，怎么可能就变成了债务了；早知道还不如不去养羊，如今还要把 9750 英镑记在借方栏下。我们还不如去牛津上大学算了。对，该死，我们买下此地还未付全款——我们只分期付了 6000 英镑，当然，除非我们讨价还价，一口气拿了 3750 英镑的折扣。那么，为什么不妥协一下，把 6000 英镑记在贷方，把 3750 英镑记在借方？这看起来也不对，所以 9750 英镑开始记入借方，然后又记入贷方，每一次都从头开始，撕掉一页账簿，因为我们知道这些记录不清晰，看起来也很糟糕。最后我们还是记入借方——我想部分是因为在我们骑马去牧场之前，拉塞尔上尉借给我们 5 英镑，而这笔钱也必须记录在案。由于我们借了那 5 英镑，那这笔钱无疑要记入借方，再加上 9750 英镑与微不足道的 5 英镑相比实在差距甚大，我们便把两笔记录列入同一方。此外我们就不再记账了。这些是羊场账本上唯一的几笔记录——除外就是史密斯所屠宰野猪的数量和性别、送往纳皮尔的沾泥的亚麻布单子以及康宁汉给身在印度的父亲写信的日期。

国家贷款和中介公司. 9750.00

拉塞尔（Russell）船长 5.00

我们不擅长这些微不足道的小事——它们就是一些无害的数字，这就算一页了。

借贷的问题还没解决，雨也许就开始停了——当然，除了暴雨天气，我们是不会去记账的——我们立即去干体力活儿好让心情欢畅起来，这样就不要去伤脑筋，肌肉可在深沉的睡眠中、在饕餮大餐中得以放松，创造一个天堂。在我们简单生活的概念中并没有记账的位置，不过，借用沃尔西（Wolsey）的挽辞，倘若我们像爱自己的双腿那样去爱我们的银行家，他也许便不会让我们如此痛苦地消亡。

牧场的财务状况每况愈下，部分原因是进行了一笔不明智的采购；部分原因是对当地情况不了解，缺乏经验，且这些情况即便是聪明人也无从下手；还有部分原因是对商业及其手段一无所知。正如之前的日记里所揭示那般，我们的结局也来得突然，出乎意料。羊毛市场发生了危机——这是世界上最不稳定的市场。羊毛价格急剧下降加速了我们的败落——不过这一败落再也无法拖延了。康宁汉向羊场支付了600英镑就脱身离开图提拉。史密斯则花了5先令接手了被遗弃的另一半产权。他总算熬下来了，这正是对"人之殉道"带有悲伤意味的诠释，它解释着这样一个理论：人类大家族中的每一个体，若要站在比前人高一点的文明高度上，则必须通过前辈们的牺牲才能实现——我们的文明，如同珊瑚岛，一代又一代人以自身的血肉为之建造，继而殒身。不论这个理论是否站得住脚，本书作者，经历了那些真实的历程，踩在了在奋斗中倒下的尸首之上，头部仅仅高于水面——他们是牛顿、图古德、查尔斯·斯图亚特、托马斯·斯图亚特、威廉·斯图亚特、基尔南、麦肯齐和康宁汉[1]。他们花光了所有的积蓄，面临破产，然而在财务危机击垮

---

1 据我所知，这些探险者后来过得都很好；在世界的所有国家中，新西兰确实是一块人跌倒之后最容易爬起来的地方。在霍克斯湾，不论怎样，我都想不到哪位早期知名的移民不曾一度身临绝境。

他们之前，他们为牧场所做的每一点就像是为珊瑚岛做一点沉积，为羊场的未来做一点贡献——一根木头、一批母羊、一批牛群、一批公羊、一袋草籽、一次疏通沼泽地、一次搭建篱笆以及一次购买——他们积少成多，积土成山——"一队从威廉·韦勒斯买来的牛群，含8只阉牛、牛车及全套装备，总共付了135英镑，条件是有能力时再付钱。"

被遗弃的一半产权以5先令的价格硬塞给了作者，他便成了图提拉——一个让人脑壳变软的地方——的唯一的主人。

18-3：驮马队横穿溪流

第十九章　铲灭蕨草

　　整个牧场中植被较为稀疏的土地是如何经人畜的践踏而变成有用之地？尝试描绘这样的连续进程，就像在一张尺寸过大的帆布上作画。即便仅仅是一片草场的历史也会不可避免地细节繁杂，让人疑惑而不得其解。一块草场就足够说明情况了：这片草场名为"洛基楼梯"（Rocky Staircase），拥有着中部图提拉各地的典型土壤。该草场将展现出欧洲蕨、麦卢卡树和扁芒草之间的竞争，揭示出外来牧草的溃败，以

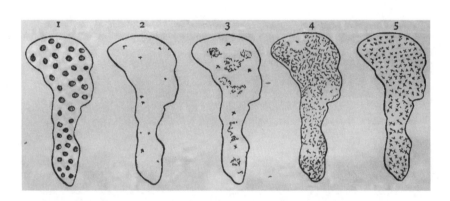

19-1：洛基楼梯草场的连续成长过程

1.蕨草和毒空木（黑色部分）；2.蕨草和当地牧草（×）；3.蕨草、当地牧草和麦卢卡树；4.蕨草、麦卢卡树和当地牧草（×）；5.蕨草和当地牧草。

及本地品种的最终胜利。

也许本章还有一个关注点。在阅读中，读者并不需要太多的想象力就可以注意到，在我们这个植物的小世界里所发生的进程与智人中的个体在阶级之间正在发生的非常相像。事实上，洛基楼梯草场和旧世界一样都经历着惨烈的末日大决战，旧有的统治秩序都被推翻了。美好生活的大门已经向所有人敞开，资本主义和地主所有制的自私统治——这里就是蕨草主义和"图图主义"（图图即新西兰毒空木——译者注）——已经被打破。革命爆发了，尽管欧洲蕨和新西兰毒空木对其极为厌恶，但是，我可以想象到，对于那些卑微的社区成员而言，这是一件特别值得高兴的事，因为它们迄今都在窒息的贫民窟和荒地——即沼泽边沿、荒芜的山顶和峭壁上——忍饥挨饿，第一次能够尽情地呼吸新鲜空气。读者将在本章看到，洛基楼梯草场"使民主免于覆灭"。

书中多次提及蕨草的铲除、绵羊牧草量的起伏以及放牧面积的缩张，如今要进行详细讲解。欧洲蕨是英国蕨草的一种形态或亚种。在古代，欧洲蕨的根对于毛利人而言具有某些食用价值；之后，牲畜还吃些其环状蕨叶。通常所出现的是英国蕨草的亲缘种类，它在春季里长出单一均衡的蕨叶。英国蕨草迅速枯萎消失，而新西兰这种凤尾蕨的蕨叶则不同，可以延续好几年。

简而言之，在坚硬地面上消灭蕨草的科学方法如下：选取一块蕨地，烧完之后长出来的蕨草大致可供即将到来的羊群去消灭。秋季里放火将蕨地烧了，烧完之后立即在地面上播撒草籽和三叶草籽。蕨草茎秆毁后的一到两周，蕨草幼叶开始出现。这时要将羊群赶入这块牧场里，每英亩所需的绵羊数与土地的肥力有关，同样重要的是，与天气条件也有关。干旱意味着蕨草停止生长，浓霜则意味着蕨草暂时性的毁灭，天气温暖且多雨便是对其根茎的刺激。所使用的羊群也需小心看护。"悬在"角落的绵羊，或者靠在将它们与所生养的牧场相隔离的篱笆上的绵羊，都要驱赶到其他地方去。牧草量和吃牧草的羊群数量必须平衡。羊群数量不够多，蕨叶就会伸展开来而不能食用；草场若超载，绵羊则会日渐消瘦。若一切都进展得顺利，所播下的牧草长势良好，占据了每一寸可能会长出讨厌野草的土地；若土地足够肥沃，可支撑数量众多的羊群，使其能践踏或不经意间连带啃下不想要的野草，那么在第二年末，蕨草铲除的工作便永久地完成了——牧草已经取代了蕨草。在第一流的土地上，羊群无需受伤便可达成目的，所完成的变化也是永久性的。

然而，图提拉的土壤，除了几百英亩之外，并不是第一流的；除了几千英亩之外，甚至连第二流都算不上。牧场巨大的槽形地带——占了羊场大部分地区——都是第三流的土壤。

只有在上文所述的图提拉数英亩第一流的土地上才完成了对蕨草的铲除——这里对人畜影响最小；在第二流几百英亩的土地上也实现了，不过效果没那么好，照看羊群花费了大量的人力，对羊群伤害也大。在牧场两万英亩的一万八千英亩中，为了在上面种上牧草，可以毫不夸张地说，我们又是践踏，又是推挤，又是拖扯，甚至痛下杀手。由于羊场总是命运不济，羊价低廉，只能采用这种程序。这里的降水是霍克斯湾南部的两倍，我们与之为战的蕨草会被激发而疯狂生长。气候条件阻碍羊场发展的另一种方式是，剪羊毛的周期大大延长了。把羊群从正处于消灭蕨草阶段的牧场赶回来不久后，天气经常会突变。这些绵羊，一旦赶拢来了就不能赶回去：一方面，天气可能很快放晴，羊毛变干就可以剪了；另一方面，绵羊经狗追人赶，变得麻木易怒；它们不会好好跟着跑，再把它们全部赶拢来就不可能了。据我所知，这样赶离草场圈起来的羊群，有时长达二至三星期，与此同时，蕨叶每天都在生长着。

槽形地带的土壤已经描述过了。这里软如海绵，多孔，相对贫瘠，能满足蕨草生长需求却不适合牧草生长。种下的外来牧草，从未长成一处草丛。在种子痛苦"发芽"所长成的孤零零的植物之间，有足够空间供令人厌烦的杂草生长。事实上，我们会看到，随着羊场开始取得对蕨草的优势后，蕨草所空出的地方被一种更为糟糕的植物所占据。图提拉所种的草十之八九都不是——也不可能是——依据畜牧科学的方法所得到的艺术品。这些都是以人畜为代价，用蛮力获得的。

1882 年到 1917 年间，这片草场的故事将可自然地分为七个明显的时期，每个时期都以烧荒为始，每个阶段都有着最大和最小承畜量，同时也展现出了牧草量的起伏以及可供放牧面积的扩大与缩小。

1882 年春，我第一次来到这片草场，那是一片烧焦的荒原，到处是杂乱无章的茎秆——那便是长了一层又一层的蕨草，它们那最新、最绿的茎秆如绳子一般，蒸得半熟，最不容易燃烧。在潮湿之地——南面和东面的山坡——生长着茂密的毒空木灌木林，它们烧得焦黑，硬邦邦而又光秃秃的。到场几周后，我在此地赶拢，这里荒凉得方圆几英里不见一片绿叶。我记得那时自己很震惊，以前从未见过如此景象。至于麦卢卡树，除了山顶上为火所焚的十平方码的压实地面外，其他地方则没有。野猪在位于主山脉上一路德（1 路德 =1/4 英亩——译者注）

大小的绵羊营地上翻了一遍又一遍，寻觅蛴螬和草根。在巨大的砾岩山峰之下（草场以此得名），较小的一些峭壁下方，是一块块飘带状的开阔土地，野猪也在那里翻找觅食。在这些翻出的草皮地带中存活着以下这些本地和外地植物，比如小稃草属植物（*Microlaena stipoides*）、扁芒草属植物（*Danthonia semiannularis*）、黑麦草（*Lolium perenne*）、白三叶草（*Trifolium repens*）、钝叶车轴草（*Trifolium dubium*）、猫儿草（*Hypochaeris radicata*）、老鹳草属植物（*Geranium sessiliflorum*）和天竺葵属植物（*Pelargonium australe*）等。峭壁的边缘上挂着稀疏的早熟禾属植物（*Poa anceps*）以及野青茅属（*Deyeuxia quadriseta*）草丛，后者似乎到了今日也不敢涉足开阔地带。岩石上各处也长着蓝草（*Agropyrum scabrum*）。1882年10月份的洛基楼梯草场，除了野猪拱过的残迹和这些岩石表面之外，到处是一片焦黑。除了这些被连根拔起的草地周围外，没有任何种子发芽的迹象。尽管如此，草场当时也未到达食物供应和扩张的顶点。草场里当然没有牧草，不过再次从烧焦的树桩上发芽的毒空木灌木丛不再是障碍，至少草场上的羊群可以在这里的每一寸土地上自由行走。随着时间流逝，收缩阶段开始了；十一月份之前，无数的棕色环形蕨叶出现了；蕨草长得又高又壮，它们的羽叶四处扩张，地面再一次为新生的蕨草所覆盖，年复一年，日益旺盛。在这片人所嫌恶的荒原上，300只左右美利奴羯羊勉强生活着，它们的羊毛沾染着来自蕨草和灌木丛的尘土而发黑；加之经常与灌木和蕨草接触，羊毛便从腹部和侧身扯落。

1889年秋，第二个时期开始。在此之前，根据铲灭蕨草的总体规划，从上次烧荒中小心保留下来的蕨草可再进行焚烧了。此草场第二次成为了布满焦黑植物茎秆的荒原。不过，地面上首次出现某些外来植物的子叶。这些植物已经在图提拉东部的草地立足，并且开始向内陆发展。一些植物如刺蓟（*Cnicus lanceolatus*）和猫儿草，它们借助风力向外扩展，繁衍生息；其他的如鼠耳鸡草（*Cerastium glomeratum*）、蝇子草（*Silene gallica*）以及其他本地植物"侯塔怀"（*Acæna australis*）则运用不同的策略，将种子粘在绵羊的四肢和羊毛上。然而，与后期萌芽相比，早期秧苗仍很少见，大风从南部、东部以及海洋而来，经过草地，滋润了有翅种子的羽状冠毛后，这种情况就更明显了。尽管如此，它们的出现意义并不大，因为人们将对这里的自然条件进行大规模的干预。事实上，人们早就决定了这块地需要消灭蕨草、播撒草籽和继续放牧。因此，不再是像之前毫无章法地赶进几十只绵羊，而是要往草场里放养数千只羊。同时也要撒下数百袋草籽。这么做的第一个结果便是将整个地区的所有毒空木灌木丛都消灭了。蕨草经践踏和啃食，也受到了极大的限制，尤其是在山顶和山坡的上部，这些地方是绵羊所喜欢的，特别是对胆怯的美利奴绵羊而言。

正如读者从早先得知的结果中所预测的——然而作者与其伙伴当时并不知晓——在洛基楼梯草场植草的努力比较失败。在草场最糟糕的区域，种子根本没发芽；在稍好的地方，虚弱的牧草就长了一两年，随着时间的推移，各处牧草的长势每况愈下。我们还发现，在草场的一大片区域里，绵羊宁愿挨饿也不愿去啃蕨叶。而在其他区域，只有在特别困难的情况下，它们才会去啃食蕨草的嫩芽。

结果是草场最糟糕的部分很快就退化为蕨草丛；草场的另一大部

分上，蕨草的生长速度也不慢；只有最陡峭的——也是最好的——部分仍能在较长时间里拥抱阳光和空气。不论我们怎么努力，也阻挡不了蕨草新一轮的扩张，该进程与种植牧草和三叶草的逐步失败相同步。在洛基楼梯草场历史的第二期结束之际，草场看上去几乎已被其最初的植被所覆盖，除了建立的某些绵羊营地——那是最深最繁茂的绿洲[1]。尽管如此，某种巨大而又隐秘的变化发生了。山顶经受羊群沉重的踩踏，阳光可直接照到地面——有些地方只需要一到两年，而另外一些地方则需三到四年。前文已列举的植物种子，尽管很少，通过风吹或借助牲畜，在它们最终窒息之前得以成熟并自我播种开来。峭壁之下，条带状的本地草地也开始出现小规模的永久性扩张。在坚硬的山顶和狭隘的山脊以及丘陵地带，扁芒草和小秤草长成了一丛丛的草丛。野猪在分布着洞穴的山坡上打洞、乱拱，在那里，这些本地草类的代表零星地出现了。此外，如今牧场从头到尾有数不清的羊道相连，而在羊道旁，上述草类在沿线同样立下了脚跟，尽管还十分稀疏。

毒空木的灌木丛已被消灭，不过到处还可以看到孤立的麦卢卡树——那是即将到来的入侵的先锋。在与人畜长期的对峙中，蕨草遭受了损失，它那旺盛的生命力也消散了。几年来，数千只羊在地面上踩踏是对蕨草的初步冲击；从羊场的角度看，对蕨草所采取的行动并不是

1　这些绵羊营地的土壤经成年累月的积累，变得肥沃了。四十年来，数千只绵羊夜复一夜聚在狭窄的区域里，一直让我和哈利·杨充满压力，作为主人和管理者的我们经常要想方设法去给羊群提供更多的牧草。绵羊粪便中的氨浪费在早已肥沃的泥土之中，我们眼见着周围贫瘠的土地急需肥料，就更心烦了。要不是羊群保守的习性，周围的土地本可以是另一番景象，想到这里一句话就不由自主地涌到了唇边："我说，哈利呀，要是绵羊不在一个地方撒尿该有多好呀？"我经常听到他那带着赞同的感叹："对呀，先生，那样的话，图提拉就是一个天堂了。"

一个完全失败。尽管并未达到预期，但是草场的承畜量确实显著提高了——即便是这些绵羊才过了两三个冬天。在洛基楼梯草场扩张最广之时，有 1900 只羊过冬，然而随着蕨草的增多而减少到 300 只。

洛基楼梯草场第三个历史时期开始于 1896 年。当年秋，再次焚烧了牧场，可以发现前面所提到的羊道沿线取得了可喜的进步。地面上不再全然是一片荒芜和焦黑；在绵羊营地那粪便极多且牧草旺盛的邻近地带，在本地狭小草地两侧的山坡上，以及蜿蜒的羊道旁，出现了成千上万的新鲜嫩绿的子叶。尤其是蓟草、三叶草秧苗、猫儿草、鼠耳鸡草、"侯塔怀草"和麦卢卡树更是兴盛地生长繁衍开来。而且，不仅植物品种增加了，每种植物的个体数量也变多了。蕨草之外其他植物的兴盛部分是因为蕨草长势不再旺盛，烧荒火势变小。落在地面上的种子并未完全为灼热和火焰所摧毁。此外，更多的有翅种子从图提拉东部更广阔的耕地上吹来。最后，野猪也被消灭了；营地不再是被乱拱乱翻的荒原。

除了子叶增加外，为数不少的植物也在灰烬中存活下来。它们主要是草类，比如 *Microlaena stipoides* 和 *Danthonia semiannularis*，这些品种似乎是为了适应图提拉这样的土地而生，它们在蕨草覆盖使之窒息和放火烧荒使之焦黑的轮番考验中存活下来。它们似乎在角落、峰顶、山顶、山脊顶部等地面扎下了根，那里的土质或者原本就较硬，或者经长期践踏而变得坚实。先前这里的植物不过三三两两地长着，如今都长成了草丛。

到了第三时期，本地和外地的植物开始发动对古老的压迫者和暴君——蕨草——的起义。在这些起义者中，麦卢卡树站在了最前线。

19-2：一种小型杜鹃花

图提拉——一座新西兰羊场的故事

当该植物三到四岁时，其种子外壳就变成熟了；种子产量很大，并能够自由发芽，即便在最贫瘠的土地也能汲取营养。在焚灭蕨草的大火中，它们通常只是烧了点皮毛而没被摧毁。其种子外壳如某些桉树种子一般，只在火烧之后才打开，倘若这不对，那么至少可注意到那时它们能够最自由地对外扩散。该植物生长迅速提供了进一步的优势——并不是无足轻重的优势——种子可被风吹到远处，或者在6到8英尺高处抖落下来。总而言之，麦卢卡树是一种特别适合在牧场的槽形地带生存的植物。它开始了对牧场的殖民，从原来的生长地走出来，出现在野猪拱过的地带，并沿着羊道生长，特别是占据了已没有蕨草踪迹的开阔的山脊和山峰地区。其他侵略性较低的植物也出现了。在第三时期里，一种根系发达的小型杜鹃科植物（*Leucopogon frazeri*）开始在适合的地点繁衍。一种当地的胡萝卜（*Daucus brachiatus*）、一种娇小的鸡草（*Stellaria media*）和一种生长缓慢的紫苑（*Vittadinia australis*）从它们在峭壁上的流放地踏步而下。茅膏菜（*Drosera binata*）、小兰花（*Microtis porrifolia*）撤离了当初不得已而待着的山脊贫瘠地带。其他的品种如当地的百里香（*Pimelea lævigata*）和外地的苦薄荷（*Marrubium vulgare*）在营地周围找到了落脚点。金雀花（*Carmichælia odorata*）勇敢地选择了某些特殊的地点。鼠尾草（*Sporobolus indica*）能在不肥沃的地面上生长。兔脚三叶草（*Trifolium arvense*）到处都是。一种千里光属植物（*Senecio canadensis*）也暂时在洛基楼梯草场大规模出现。

没必要重复描述放牧和铲灭蕨草的过程。以下这么说就足够了：再一次执行了过去的操作流程，再一次播下成包的黑麦草和鸡脚草的种子，牧场最糟糕的部分再次为蕨草所沦陷，直到最后不得不在该草场上停止放牧。其他草场还需要羊群，因为根据羊场的策略安排，一块草场不行了，就要启用另一块。两三年后，让牧场再一次长满蕨草，适合放火焚烧，这倒成为了一种优势。第三个时期到了草场扩张顶峰时，最大承畜量大概是1800只羊。除了营地周围不起眼的小片区域，英国牧草和白三叶草已经消失了。在冬季里，羊群若非全部也主要依靠啃食钝叶车轴草过冬，这种植物从那时起成为了羊场浮石地带的主要牧草。最小承畜量降回了正常的两三百只左右。

洛基楼梯草场历史的第四个时期以蕨草失去了古老霸权为主要标志。该植物在长期的战争中越变越弱；尽管它仍然出现在大地上，但已经不再繁盛，连成一片。因此，1902年的"烧荒"并不是完全意义上"干净"的大火。先前的大火会将楼梯草场从头烧个遍，而这场火并未延及山脊顶、山顶以及某些山坡上部。植被的密度还不足以将大火延续，大火因缺少了燃料而中途熄灭。就在这些地方，麦卢卡树站落下了脚。在第四个时期，它们出现在这些地方，高达5到7英尺，郁郁葱葱，绿意盎然，大火也烧不到。它们微小的种子在阵阵清风中脱落而远去，或由着牲畜的脚力带向远方，或在湿润的时节里，附着在卵石上，从羊道上的无数水流中冲刷而下。此外，除了大火未及之地和绿油油的绵羊营地，草场的其他地方则和之前一样，一片乱象，焦黑的茎秆中混杂着孤立的或三三两两烧焦的麦卢卡树。

不过，在第四个时期里，草场那焦黑的乱象仅仅保留几周。可以说，在一次大火后，秧苗三三两两地长起来了，而经过第二次大火，出现的秧苗数以百计，第三次大火后，数以万计，如今到了第四次大火，则数以亿计。它们与先前一样，不过如今数量更多，或自我繁殖，或从牧场的其他地区吹来，或由牲畜携带而来。因此，大量的猫儿草、钝叶车轴草和鼠耳鸡草的幼苗以各种方式出现在这片刚烧过的地面上。通常会出现的蓟草复活了，不过数量有所减少；某些小道上小杜鹃（*Leucopogon frazeri*）长得更加繁密了，即前文所提到的杜鹃花；侯塔怀草（*Acæma australis*）也获得了一份原属于蕨草的领地。新的植物出现了，比如一种灌木状安匝木（*Pomaderris phylicaefolia*）以及几种其他的杜鹃花科植物（*Cyathodes acerosa* 和 *Leucopogon fasciculatus*），它们小心翼翼地占有了某些永久性区域。鼠尾草尽管繁衍得慢，却占据了浓密的草坪，并将其他植物一一驱逐。最后出现的是集群三叶草（*Trifolium glomeratum*）和窒息三叶草（*T. suffocatum*）。从那以后，哪里条件优越，本地和外来植物或者共同与奄奄一息的蕨草争夺，或者它们之间互相争夺。

和以前一样，洛基楼梯草场开始是超载放牧，然后垂死的蕨草再次受到羊群的严惩。也和之前一样，我们播撒了若干包的英国草籽，只不过在第四个时期，我们只在牧场最陡峭，即最好的区域播种。即便在这些地方，长势也很糟糕，英国的牧草，比如黑麦草和鸡脚草，不可能再在这类型的土地上播种了——存在于土壤中的生长要素可能已经耗尽了。

第四时期极端明显的特征是麦卢卡树的繁殖，它的兴起解释了累进递增律，即新植株是如何从数棵增长到数百万棵的。该植物的广泛分布开始让我们相当不安。在山坡上部，蕨草已经在羊群的啃食和踩踏中消亡了，而麦卢卡树则在这第四时期中年复一年地繁衍开来。山坡中部，蕨草草丛变得稀疏，茎秆也不高，而零星的或以灌木丛形式出现的麦卢卡树彼此已相距不远。即便是山坡与平地交界之处，单棵麦卢卡树也出现了。似乎是独自在坚硬且裸露的山顶上生长的扁芒草和小稃草也被驱逐了，这些草差不多都消失了。倘若它们还没被摧毁，那么处在阴影之下的它们也非常虚弱，只有那纤弱细长的叶片还表明它们的生命还未完全终结。

　　麦卢卡树有可能占据整个牧场，这种威胁使得我们修正了对待蕨草的政策。我们第一次小心看管着羊群不要对蕨草过分摧残。我们古老的敌人如今已经被征服，成为了我们向新兴势力——麦卢卡树——宣战的同盟军。因此，我们对这片土地的羊群数量进行了控制，对洛基楼梯草场上的蕨草的生长不再进行限制。蕨草快速生长，加快了该地再次烧荒日期的到来，而那时麦卢卡树也会再次遭到摧毁。羊群数量变少后带来了另一种变化：另一些野草入侵并更自由地繁衍成为了可能。这点更重要，因为其中一种叫钝叶车轴草的植物后来成为了最重要的牧草。该植物在此地生长填补了播种而又没长起来的黑麦草、鸡脚草和白三叶草所留下的空缺。在此期间，长得慢的草，不论是本地的还是外地的，主要是被蕨草丛所掩盖而不是为其所消灭。在山脊顶部，蕨草几乎消失了，而在陡峭山坡的上部，尤其是温暖的西部和北部，则远远地后退到山坡下面。所有的这些地方，萎缩憔悴的蕨叶几乎看不到，到了草场第四时期末期，密集地分布着麦卢卡灌木丛，有些还颇为浓密。即便是那些蕨草仍旧保持着原始生命力的地方，零散分布的麦卢卡树的长势也高过蕨叶。蕨草的时代——数百年的统治——真的要过去了，而属于麦卢卡树的时代到来了。外来草类，除了营地之外，全部消失了；本地草类，得不到阳光和空气，垂死挣扎着；而另一方面，大规模分布的钝叶车轴草挽回了它们的损失。此期草场扩张巅峰时的最大承畜量为1700只羊左右，最小承畜量为200只左右。

洛基楼梯草场历史的第五个时期包括1907年到1913年。如前所述，我们的牧场经前三个时期的大火被夷为平地；到了第四次举火时，只有山顶的小部分地区不受影响。如今第五场大火后，洛基楼梯草场如约瑟夫的外套一般，颜色交杂，条纹斑驳，到处是补丁。过去蕨草盛行之地，焦黑如故；而到处是烧焦的麦卢卡树的其他地方，远远望去呈现出一种灰黑干枯的色调。覆盖着相同植被的山顶、山峰和山脊顶部仍然保持着绿意。1907年的秋天又冷又湿，而在蕨草中混入了正在成长的麦卢卡树更是抑制了大火的蔓延。蕨草丛不再那么茂盛，早期那种熊熊烈火再也看不到了。

草场烧焦的区域，条件也发生了变化。数百万秧苗在焦黑的土地上萌发；通常会出现的草类再次萌芽，如猫儿草、鼠耳鸡草、侯塔怀草、千里光和澳洲天竺葵。"苏格兰人草"通常也会再长出来，每次势头都有所减弱，这种植物，且不论其名有何暗示，在这片贫瘠的土地上，它并未兴旺起来，并最终停止了生长。已提到的三种杜鹃花科植物扩大了分布范围，尤其是 *Leucopogon frazeri*。*Pomaderris phylicæfolia* 在合适的小块地区立足生根。除了秧苗的整体数量有着显著增长，火后余生的植物的数量也明显上升了。在许多地方，最后一批蕨草还没茂盛到可将猫儿草、侯塔怀草、小杜鹃花以及其他植物覆盖使之窒息而死。而在麦卢卡树中间，发生了奇迹，扁芒草和小穗草还活着，烧得焦黄的植物仍有几片带有绿意的叶子。尽管这些植物就在灭亡边缘，最后还是活下来了。它们的植株稀少且枯黄，要想找到还需花一番工夫。不过后面我们会看到，这些极为珍贵的品种——在这个时期极为宝贵——并不满足于自己的被动状态。

由于麦卢卡树的生长，羊群便不能前往草场的山顶，它们就在山坡上部走出了新路，条条小路都上下互相平行。在这些小路上，当地的草类小心翼翼，屏着呼吸且不为人所注意地安顿下来了。

然而，与麦卢卡树相比，其他植物和秧苗的增长根本不算什么。山顶上到处是麦卢卡树茂密盘旋的灌木丛，数以亿万计的幼苗出现了。大火并没有烧到这些灌木，只是将其蒸烫，使其枯萎而已，其果实的壳因此打开，射出无数细小的棕色种子。在干燥的地面上，混杂在烧焦的枝条和茎秆里，再混之以和麦卢卡种子差不多大的尘土，西北风和旋风吹起，该种子便被卷走了。在雨季里，种子借着绵羊的脚力被带往各处。暴雨降临时，这些小小的种子紧紧地依附在从砾岩山坡滚下来的卵石上，沿着坚硬的小道冲刷下来。麦卢卡树不再和先前那样这里一棵、那里一株地出现；在烧过的每英亩地面上，它们有的数十株长在一块，有的数百株长在一起，还有的成千株同时出现。在草场的某些地方，它们就像散落在干草堆旁的种子一般迅速长了出来。如今的蕨草羸弱不堪，承受着它曾经施加在其他植物身上的苦难；在这精力旺盛的新来者面前，它受尽挤压和遏制，连获得阳光和空气的权利也被剥夺了。在洛基楼梯草场第五历史时期的最后几年，麦卢卡树完全战胜了蕨草。到了春天，从几英里之外望去，草场有数百英亩的区域，好似撒下并覆盖了一层雪花，那是麦卢卡树雪色的花朵。麦卢卡树在 1912 年的成功正如毒空木和蕨草在 1882 年所获得的成功一般。就在这段时间里，草场的植被从蕨草变成了麦卢卡树——欧洲蕨在扫帚叶澳洲茶树（*Leptospermum scoparium*）面前屈服了。在第五时期里，我们没做任何铲灭蕨草的工作。事实上，蕨草从过去的敌人变成了如今的朋友和同盟。若无蕨叶，要想再举火烧荒就办不到了。那时我们的草场将变成一片巨大的麦卢卡树灌木丛，而承畜量则完全为零。

在这第五时期，羊群的最大最小承畜量没有太大变化。之前当地植物长成牧草的地方，如今郁郁葱葱的麦卢卡树成为了那里的主宰。不过，尽管失去了这部分牧草，钝叶车轴草却长势喜人，大大弥补了这里的损失；事实上，第五时期里的羊群主要是依靠这种极为珍贵的一年生植物活下来的。

在草场的第六时期，外来因素首次起到作用。那便是，二十五年过去了，作者总算获得了对自身产业的合法所有权。之前因为没有收益而不能够开展的工作，但又与牧场的改善不无联系，如今至少值得冒险一试。我们用斧头将牧场山头的麦卢卡树砍掉了，某些山坡上、峡谷里的数百英亩的麦卢卡树也被砍了。还有一项创新首次确定下来了，即修改牧场的烧荒日期。第六时期之前，烧荒一般放在秋季和二月末（气候条件允许的话）。遵从这种习惯有两个原因：当其他区域在"轮替"时，还能在秋季提供食物，同时能够打断蕨草在到来的春季里过于旺盛的生长。然而，如今麦卢卡树遍布整个牧场，已经到了危险的境地，进行一次彻底的烧荒尤为重要。在春末，比如蕨草和灌木，从未如此干燥，那时使得草地一片潮湿的蕨草新叶和麦卢卡树的新枝还未出现，而骄阳再次灼烧大地。于是，我们决定将草场烧荒的时间定在春季。

大火过后，就像八十年代早期那般，洛基楼梯草场不见一点绿色，部分是因为我们在异常干燥的春季里选了一个最为干旱的日子放火，部分是因为几百英亩倒下的灌木产生了额外的热量。不过，仍有这样的区别，那时的草场是漆黑一片，而如今草场的颜色则由大火过后的麦卢卡树来决定。尽管春季的大火火势更盛，但草场大部分地区只是被烧焦了些，蒸熟了，而不是被焚毁。麦卢卡树的粗糙小叶落下了，其树皮挂在灰黑磨损的枝干上。在过去的六年里，该植物成长得极为迅速，草场的整体发灰而不是1882年的焦黑。

　　若说图提拉整体上受益于其气候条件则不符合实情；相反地，气候条件往往是狰狞恶劣的。1912年的夏天却是一个例外。若天气湿润一些，甚至是降几场好雨，麦卢卡树必定会重新占领大部分地区；相反地，这个夏季却是一连串的大风辅之以多达半英寸的暴雨。这些大雨时不时地降临在这炙烤的大地上，使其暂时成为了温床。这些种子就好像在温室中一般纷纷发芽。而狂风则从炎热的西北方向刮来，灼烧着这些娇嫩的子叶。在那个夏季，野草、牧草、麦卢卡树以及钝叶车轴草的种子面临着同样的命运。每次我和哈利·杨骑马穿过草场时，都要手脚并用地去搜寻那显眼且被吓坏的麦卢卡树苗，结果一株也找不到。在那个夏季，它们都在温热的大雨和干燥的大风的轮番袭击中毁灭了。否则，我们可以确定，数以亿万计的子叶将会在牧场的每一寸土地上萌发，它们会像潮湿的种子袋里长出来的牧草一般，布满群山边缘的潮湿之地以及蜿蜒盘旋的小溪两岸。

　　蕨草不再是我们的同盟，再一次成为讨厌的杂草。同时，小稃草和扁芒草首次登上了空出来的舞台。在前几个时期的描述当中，我已

　　　　　　　　　　　　图提拉——一座新西兰羊场的故事

经小心地进行了说明，尽管这些顽强的草类被逼到一块很小的生存空间里，尽管在草场的牧草当中它们无足轻重，但是它们并没有完全被消灭。

在草场的发展进程中，它们经过了一个又一个时期的残酷剥削而存活下来；如今，受到自由呼吸的感召，它们奇迹般地恢复了原貌。在斧头清理出来的山脊和山嘴，是一片片浓密的当地草类。死而不倒的麦卢卡树灌木丛所在的地方，硬邦邦的一片，牲畜都无法穿过，小秆草和扁芒草借助着侧面枯枝的保护，迅速生根并繁衍开来。小路边和野猪所拱的区域附近看似奄奄一息的老根株，好像得到了魔力，又长出了新枝。这种魔法便是阳光和空气；事实上，在第五个时期末，出现了比我们所了解的更多的当地草类；植株发育不良，生长矮小，萎缩，受到抑制，乃至只能在每座山头看到几片瘦弱的叶子，这样的历史已经过去了。在洛基楼梯草场取得胜利后的第一年里，我可以肯定，不会有牧草长出来。那些使得麦卢卡树子叶萎缩的条件同样也扼杀了其他植物萌发的可能，而当地草类的突然出现则完全是由于过去的植株因重获阳光和空气再次焕发了生机。

第六个时期的第一年过去后，这些顽强的当地植物继续快速地繁衍着。两个品种的种茎以不同寻常的速度生长着，即便在大量放牧的草场里仍能长到成熟。它们的种子从山顶和山脊面经风力吹向远方，在夏季的雷雨季节里，种子或者冲到了充满砂石的暂时性溪流里，或者黏在由羊群所转移的湿润卵石上。此外，两种植物都具有一种奇特的习性，当茎秆被啃尽时，可生长出完全伏倒在地面的草秆。起初困在山顶如包头巾大小的草地，如今像斗篷一般，每年都往山坡下延伸。

大火过后的第二个冬季，草场可以承载 2500 只羊。直到第三年，麦卢卡树的种子才附着在羊毛和羊腿上，再一次出现。不过，到了这时，所有的危险都永久地过去了。草地的形成只需要时间，每两三年烧一次荒，烧荒时低矮的蕨草和麦卢卡树都会被灼烧消灭。洛基楼梯草场终于变成了草地。

　　在这个草场的历史中，有几点值得注意。第一点是某些外来植物的失败和另一些外来植物的成功。黑麦草、鸡脚草和白三叶草——早期买不到其他种子——在地面上播种了三次：第一次暂时成功了；第二次草场收益减少；第三次未取得令人满意的结果。因此，尽管播种了三次，三十五年过后，只在大量施肥的营地附近形成了英国牧草的草地。另一方面，出现了一些不速之客，诸如钝叶车轴草、少量的集群三叶草以及石苜蓿（*Trifolium arvense*）——在有关畜牧植物的书本中将其忽略或认为毫无价值——它们都是洛基楼梯草场的自耕农。所有这些植物在这类土地上都拥有某种未来。总而言之，尽管目前外来植物都失败了，但当地植物成功了。除了深耕并施肥的地带，牧场槽形地带的一大部分还是当地植物的天下。每次席卷中部图提拉的植物都来源于本地。因此，在我的时代里，蕨草占据了洛基楼梯草场 25 年，麦卢卡树 12 年，扁芒草 2 年。图提拉的植物都在争夺图提拉的土地；蕨草和新西兰毒空木这两个品种曾经占据了羊场；其他的如 *Danthonia semiannularis*、*D. pilosa* 和 *Microlaena stipoides* 现在正统治着牧场。

　　在实现牧场效用的进程中值得注意的第二点是新的品种从山上向山下传播。麦卢卡树、扁芒草、小稃草、小杜鹃花、钝叶车轴草、集群三叶草、窒息三叶草和兔脚三叶草，它们都是首先出现在山顶和山脊的。在最短时间里，那里的蕨草被啃尽消灭，那里的地面第一次得到了阳光的眷顾。

这些不速之客能在牧场里安顿下来还有一个重要因素，即牧场地面变结实了。过去图提拉某些地方并没有植物出现，那里的地面多孔，如海绵一般，若马匹失足陷入其中则会直至腰身。除了零星长着一些发育不好的蓝草，这些地方没有其他植物。尽管如此，这里一片荒芜并不是因为土地贫瘠，而是地面太软。之后，随着马队的沉重踩踏和碾压机的压实，这些地方并不比普通的土地差，整体还更好一些。因此，也许在所有的改变中，牲畜通过践踏使地面变得结实对于除了蕨草以外的其他植物而言至关重要。也许土壤的物理性质发生了变化，不过这只能从植物的生长状态识别出来，在这里仅以草类的外表为标志；可以肯定的是，在八十年代当地草类的出现是古老的栅栏寨和毛利人的庄稼地抹之不去的标志；在那里，土地被踩实了，扁芒草和小秤草也能在结实的地面上生根。也许这个大规模的土地硬化进程正是这些植物日后能在洛基楼梯草场乃至羊场的整个槽形地带获得成功的原因。

总结：最初我们的草场只是一片蕨草丛，其中混杂着大片毒空木灌木丛；在羊群对它们进行第一轮消灭后，毒空木完全被铲除了；接着，麦卢卡树还不知名，只在一小片地里出现；之后，当蕨草的生命力受到了压制后，当地的草类开始零星出现，与此同时，麦卢卡树制服了蕨草，遍布整个草场。不过，当地草类只是被征服了，并未完全消失；当地草类首次重申了自己的权利，如今占领了整个草场。

尽管人们付出了很多努力，但是在选择和拒绝之中，洛基楼梯草场最终找到了最适合自身要求的牧草，以自己的方式植上了草皮 [1]。

1　不过读者可不要读完这章之后就以为当前的植被会在洛基楼梯草场延续到最后。尽管 *Danthonia semiannularis* 和 *Microlaena stipoides* 是本地植物并且适应牧场槽形地带的土壤，但与纯粹巧合而扔在新西兰海岸的一种外来物种相比却没有优势。根据已故的主教威廉斯的说法，智利草或者说鼠尾草（*Sporobolus indicus*），"在 1840 年，随着一艘叫作'苏腊八亚'（Surabayo）的船到来后，第一次出现在岛屿湾。这艘船航行于瓦尔帕莱索（Valparaiso）与悉尼之间，载着马匹及其草料，在岛屿湾抛了锚，再也走不了了，便在那里把一船的货物都出售了。"该植物从岛屿湾向南传播到了奥克兰。当时哈利·杨在那里度假，注意到这种在沙质土地上仍然生机勃勃的植物。他收集了一把种子，回来后撒在楼梯草场里。随后我们意识到这种草的价值及其对当地环境的极大适应性，便购买了成千磅的种子，大范围播种开来。该植物尽管发芽的情况不好，占据牧场的速度也慢，但是在贫瘠充满阳光的土地上却具有无可比拟的价值。不论怎么说，在山坡北侧和西侧，鼠尾草将会驱逐所有的其他草类，甚至是所有的植物，除了大火过后而临时长起来的钝叶车轴草、集群三叶草以及窒息三叶草之外；即便是这些三叶草，要与这样生命力极强的流浪植物长在一起也是很困难的。不过，在南部和东部山坡，*Danthonia semiannularis*、*D. pilosa* 和 *Microlaena stipoides* 将会继续生活下去，尽管它们也是喜阳植物。在更冷更潮湿的地带，除了杂草外，有些没有什么价值的植物，还有些值得一哨的牧草，那便是一些三叶草科的植物，比如甜春草（*Anthroxanthum odoratum*）、小糠草（*Agrostis alba*）、冬牧草（*Holcus lanatus*）、鸡冠狗尾草（*Cynosurus cristatus*）、草地早熟禾（*Poa pratensis*）以及其他一些价值更低的草。

第二十章　羊场的测绘师

若图提拉的先驱们拥有着殉道士的精神，那么图提拉的羊群所展示的牺牲精神则不止两倍于此，它们为了后来者的幸福前后赴死。

事实上，羊场的绵羊是在进行自我拯救。它们让光秃秃的风蚀地面重新铺上绿草，使之前危险的浅滩硬化，使沼泽变干，还搭建路桥，营造休息场地，将深坑和陷阱暴露出来。它们在重新塑造牧场以适应其独特需求。在这些工作中，其他牲畜也参与了。不过，主要是绵羊承担着日常的重负和烈日的高温，它们的努力使得其种群可在牧场上轻松漫步，安全穿行。

然而，在羊场留下印记的第一批新来者是猪。不过猪是糟糕的测量员；它们没有任何坡度意识，漠不关心地爬上最险要的山坡，上坡时像人一样呈之字形爬升，下山则如泥石流一般往下冲。猪能帮我们的最多也许是发现了六七条能穿过又窄又险的峡谷的小道。因此，在绵羊到来之前，亦即建立绵羊营地并种上牧草和三叶草之前，没有什么东西可以将猪从低地吸引上来。它们在那里生活、觅食，在山坡边又挖又拱，寻找着主食——蕨草根。它们在灌木丛下面打洞，地道每隔一段会因遇到打滚坑——猪的澡堂——而中断；这些坑道经常会变成楔形，洞口非常狭窄，洞壁因经动物身体两侧的刮擦而变得光滑。为了将野猪从羊场里清理走，我曾手脚并用在这些让人厌恶的猪道里爬行数英里。总而言之，猪道对于牧场的开发毫无用处。

在绘制羊场的地图中，牛群也一样提供不了帮助。它们适合生活在平坦广阔的河岸上，而在图提拉这样的乡野，溪流只在狭隘的山谷中流淌，不适合牛群的生活。此外，跟着牛道走通常会带来麻烦，因为牛蹄的构造使其能够在绵羊和骑马的牧羊人都不敢涉足的地方行走。

马若恢复了野性，则不会留下足迹。马群在驮马队中所做的工作下文将会谈及。

对图提拉进行测量的还是羊群。早期，它们在山顶和山坡顶部活动。随后，随着蕨草、毒空木和柳叶赫柏的毁灭，它们就有可能在山坡中部走出路来；最后，它们能够在山坡底部绕行。

跟随着羊群的步伐，牧羊人的路径的海拔也降低了。七十年代末期，人们利用的是山顶的道路。八十年代末，使用起了山坡高处的羊

20-1：1.八十年代的羊径；2.九十年代；3.如今

　　　　　　　　图提拉——一座新西兰羊场的故事

道。九十年代末，人们所走的是山坡低处的羊道。牧羊人的每条巡视路径都是羊道的进一步拓宽和压实。如今，四十年过去了，这样的羊径已是成百上千。从每个营地出发，羊径就像从城市里辐散出来的马路。事实上，它们确实是城市里延伸出来的马路，因为营地之于羊群正如城市之于人类，同时也是它们的避难所和休息地。

每个羊场都有两种羊道——一种是早上离开傍晚回归的道路，路面刮得很美观；另一种则陡峭得多，因羊群受惊急于爬上山顶而形成。即便一条路线是一个绵羊营地中心的大动脉，如今仍有可能受到随意设置的障碍诸如篱笆墙的影响。受阻于此，它们不得不爬山，它们宁愿在舒缓的坡上蜿蜒前行到营地，用牧羊人的话就是把这些缓坡与营地串起来。

牧场的大部分地区还保留着这些平整的狭窄小道，但是状况最好的那些小道却在可恶的功利主义的影响下，在土地划分中遭到毁坏。

20-2：单一的羊群流线

还有一种路是由被驱赶的羊群建造的。任何有生命或无生命的物体——畜群、水或流沙——持续沿着一个方向移动，都会形成拥有大体一致特征的渠道。和水一样，活生生的羊群会因地形而塑造和调整队形。如河水的羊群流向蕨草和灌木林时，羊群会因碰到大的障碍物而转向——转而越过较小的障碍物；在这里，道路是通过啃食植物而形成的，而不是带走砂石。从高处和远处望去，行进中的巨大畜群无疑将会分化为无数的低浅、急速而又不规则的溪流；到了隘口，会拥挤着喷涌而出。在开阔之地，便顶着硕大迟钝的脑袋缓慢前行；过斜坡时则如瀑布般一泻而下；而跨过陡峭的岩石时则一滴滴慢慢往下落。

20-3：双流线的羊群路径

　　往近观察，羊群溪流所形成的渠道将会显示出流水作用所产生的典型冲刷痕迹。你会看到那种将河道分离的水中小洲。有时在小路上羊群总是被从一个方向赶出来，又从另一个方向赶回，这些由蕨草构成的江中水洲便永久地保持着三角形。在羊群的主路上，羊群形成的水流就像冲向羊毛棚又折回来的海浪，三角洲则变成了矛尖形或两头变尖的卵形，就像是城市大道上抬高的"避难所"。

　　对于那些不了解羊道神奇蜕变的人而言，羊道的最后阶段也许

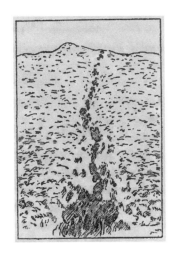

20-4：被赶进茂密蕨草的羊群　　　　　　20-5：单一的篱笆线

会使他们大惑不解。在蕨草丛里的羊道有时候居然发展为一条孤立
蜿蜒的灌木带，有时候又是一片两旁围着高大篱笆的草地，没有什么
比这更不可能了。尽管如此，这还是发生了——单独的一条或两条蛇
形灌木带顺着羊道的弯曲形态塑造着自己，就像寄生虫要长成其宿
主的形态。

　　读者已经了解到图提拉每块草场从毒空木和蕨草转变为牧草所经
历的各个阶段。读者也能记得在早期蕨草和灌木几乎遍布各地，又高
又密，几乎挡住了所有要到达地面上的阳光；九十年代，放牧活动开始
对它们的生长产生压制作用；同样地，读者还记得这里时不时地会放一
场大火将其夷为平地。记住这些事实，我们将能够追溯开放的道路是
如何在其一边或双边形成高大篱笆的。和羊场其他较小的现象一样，
各种特殊条件的混合对其形成至关重要。对于前者的发展，所需的特

殊要求是一条松软的陡峭山坡、平直的坡度以及丰富的降雨。单边篱笆的形成属于早期，那时羊群数量不多，植被——尤其是牧场槽形地带的植物——受数量不多的羊群的干扰很少，大火过后，蕨草和毒空木也能马上布满各地。那时，将羊群从牧场的一处赶到另一处往往会受到灌木丛的阻隔，羊群要靠全体的力量开出一条路，就像钻进一块硬邦邦的物体。羊群行进时并未分散开——倒下的蕨草那锋利的矛尖被踩平了，仿佛用机器压过一般；多次践踏后该植被就被摧毁了；随后，楔形道路的中间因往来交通而凹陷了。在暴雨和雷雨的作用下，凹陷处变成了一条又宽又光的沟槽；而在此沟槽的两边，麦卢卡树种子落地发芽了。这便是第一个阶段。

现在我们要假设，由于各种原因，该路被抛弃了。也许是发现了一条更方便的路径，也许是当时要用羊群开发牧场的其他地区。不论是什么原因，该路不再使用了；麦卢卡树在沟槽旁——那是附近唯一一块开放着的土地——发芽，不受限制地长高变大。

第二个要考虑的因素是火。周遭环境里哪怕只是一点点的不同都将会影响着火焰是否能蔓延过茂盛的植被；一朵白云上降下的一些雨露，少有人畜走动的小径沿线长出来的绿色植物，如酢浆草、三叶草和猫儿草，也会将此地打湿，熄灭火焰。大火在羊道两边都受到阻碍，很可能就在那附近熄灭；不论怎样，这些小径的区段没被大火烧到——这些区段是连续着的，有时从几英里之外望去，通过其高大麦卢卡树便可识别一条古老的羊道，该道准确地标明了多年前将羊群赶进茂密的蕨草丛里所形成的楔形路径。形成单边篱笆的一个极为重要的例子，便是过去从图提拉溪的玛西瓦（Maheawha）渡口延伸——通过锄头和犁铧来实现——到头像山山顶的那条路。

双边篱笆形成于后一时期，其形成与羊群数量的增多相同步。在九十年代以前，羊场所剪的绵羊和羊羔的数量增加了两倍。此外，每年春季的几个月里，会借用 1 万只、1.2 万只和 1.5 万只羊用于消灭蕨草。在剪羊毛的季节里，大群饥肠辘辘的羊群在羊毛棚里赶进赶出，都经过了羊道。在羊道中部——羊群的潮流和河道里的水流一样，往往在水流中间最为汹涌——植被便被磨耗、碾轧和消灭了。在羊道两翼存在着磨损，虽然没那么明显，但是仍可辨别，足以限制植物生长。结果是至

20-6：双篱笆羊道

今因缺少阳光而无法发芽的种子，和因缺少空气而无法呼吸的植物占据了每条羊道的边缘，多汁的绿色植物如白三叶草、钝叶车轴草、猫儿草和酢浆草占领了这些土地。

时常还会大范围地放火烧荒，但已没有过去那横扫一切的气势。蕨草已变得发育不全，各处都越来越少，不足供大火一烧。因此这早已减弱的火势靠近羊道两翼时便进一步减小。就像基甸羊毛的圣迹一般，周围地区的大火并没有烧到羊道上——羊道两旁的地面已是焦黑一片之时，羊道上仍绿意盎然。

麦卢卡树是如何扩散开来的已经作了描述；九十年代，它们出现在阳光照射下的每一小块土地上，并在羊道路面上密集地萌发起来。不过，羊道中部羊群最密集，麦卢卡树的秧苗便被踩倒在地而毁灭。而长在羊道两侧或两翼的植株却活下来并长成了高大的灌木林。

蜿蜒盘旋的羊道，两边尽是顺势形成的篱笆，最终成为了羊群进进出出的大道。然而，就此以为这些篱笆能够连续不断地跨过一两个山头，亦非实情。尽管烧荒的频率和火势都有所减小，但是大火有时确实烧到了篱笆墙一侧，有时甚至穿过了小径，摧毁了两边的高大植被。尽管如此，图提拉的主要羊道一度还是能够沿着由麦卢卡树构成的篱笆和巨大的单一灌木林走上几英里的，其中有一条被称为"哈利·杨的修面刷"，是从那些火势更大且到处横穿篱笆墙的大火中幸存下来的。

现代高速公路将牧场一分为二，其沿线具有上述类似的条件，由此长出了矮树林篱笆，不过更多是人为因素，多少有些乏味。高速公路宽达 22 码，两旁都围起来了，羊群便无法将路面拓展。因此，在路拱两侧，蕨草完全消失了，麦卢卡树取而代之。要不是当地道路保养工人

20-7：哈利·杨的修面刷——其中一条羊存下来目标明古老羊道路径的矮树篱笆

要求使用矮树林进行维护，纳皮尔—怀罗阿高速公路的图提拉段将行进在两排牢固的麦卢卡树篱笆之间。

在茂盛的古老植被中进行开辟是单边和双边篱笆羊道最初阶段的主要内容，那时绵羊的活动范围还受到周围蕨草和灌木的限制。在东部图提拉的某些山嘴顶部下面，同样受困于蕨草丛的羊群在那里聚集，那里没有麦卢卡树，地上长满了牧草，就在那里出现了另外一种羊道，路面深深地陷入土壤当中。四十年里，路面的每一弯弯绕绕都在雨水的作用下加深了。它们可起到疏解交通的作用，并可无限期服役，不过作为当前的交通路线则太窄太深，但是每年洪水过后便会焕然一新。

牧羊人的骑马道几乎都是从羊道演变来的；只有极少数是有意修建的——大部分都是我一个人在星期天下着雨的下午开辟的，我是一点都闲不住。正如读者所知道的，牧场早期，羊道必须绕着山顶而行。随后，羊群在进出路口开始将较陡峭的凸起之处踏平；随着蕨草往山下撤退，坡度变缓成为了可能。然而，这一改善的进展并不像看起来的那样快。即便是极为干燥之时，绵羊也不喜欢涉足于松软的地面；它们根深蒂固的一个本能便是要踩在坚实的路面上。因此，即便是植被改变了很久，蕨草也衰落了，羊群仍宁愿爬到由它们踏实的更陡峭的高地，也不要前往地面不结实的缓坡；前者依然是一条阻力较小的路线。几年过去了，第一条因觅食需要而走出来的模糊痕迹才变成一条固定的小路。那时，牧羊人会跟着羊群，开始试着使用看上去成熟的道路。开始，道路虽然更短，也更为平整，却经常是一个陷阱；基于羊群先前规避这些路径的类似理由，我们最开始也经常因此放弃一些路；某些路虽然可以承受羊群的重量，马匹过来则仍要深陷入泥土中。最后，在干燥的

20-8：陷下山坡的羊道

天气里，路上还是可以骑马的——不论怎么说，还是能够挣扎着骑过去的。下雨天里，马还会陷到膝盖处；许多绵羊便会匆忙回到更硬更陡峭的路上，要等到那里可全天候通行时才会匆匆下山。

　　由羊径塑造成的马道一旦踩实了，其转弯处就不容易改变——一旦是一处弯则永远是一处弯，这是总原则。不过，随着使用该道的牲畜的步伐发生变化，其弯曲程度也会变化。我遇到了两个这样的例子：一条是圆锥山（Conical Hill）和卡恰渡口（Caccia Crossing）之间的小路，另一条是与如今的马路大致平行的小路。年复一年，我看到了弯曲的路段变直了，拐弯消失了，纳皮尔和怀罗阿之间的干线道路的裁弯取直正是基于相同的原因和方式进行的。这些变动表明人类所取得的成就很大程度上其实是下意识的行动。

沿着前面所举的两条小路走上两三英里都碰不到自然形成的斜坡和障碍；牧羊人在这里可以驱马小跑，无需缓辔慢行。若骑马沿着极为曲折的小径缓步而行，通常会绕过转弯处的凸角；而慢跑起来，则会践踏在这些凸角上；跑得快一些，凸角就会被践踏而消失。我相信，若是驱马狂奔，则会只取直线，哪怕道路已经很直了。在弯道消失的过程中，马匹那无意识的举动后来成为了霍克斯湾郡委会深思熟虑且有意制定的指令。如今路修好了，车辆的出现使人们能够进行更为快速的旅行，急弯自然在纳皮尔—怀罗阿道路中改直了。人类依靠着自然的暗

20-9：马匹步行、慢跑和快跑所形成的路径

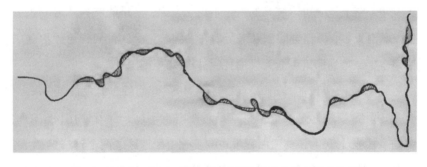

20-10：纳皮尔—怀罗阿道路：霍克斯湾郡委会裁弯取直示意图

　　　　　　　　　　　图提拉——一座新西兰羊场的故事

示，在更大范围内推进着马匹无意识中所开创的事业。

　　我们已经看到了在图提拉早期地图未标识的空白地区里，野猪、牛群、羊群和骑马的牧羊人所做的工作。驮马队对图提拉地面的影响是显而易见的。在运货马路开通之前，驮马队对于羊场的运作也起到很大作用。那时，所有的材料都靠马背运输，羊毛要送往沿海，物资要运回内地，围栏材料和草籽要运向牧场最偏远的角落。驮马道通常是在牧羊人的骑马道上发展起来的，而羊径是骑马道的前一个阶段，且是前两者的共同基础。然而，有时因羊场的工作紧急，只能在处女地上临时任意选一条路，一个18匹到20匹的马群便进入这片从未涉足的区域，跟着领队人的大致方向前行，不过具体选什么路径则由驮马自己决定。

　　最开始并没有一条明确定义的道路；数量众多的临时路径形成了，每一条小径仿佛有了生命，互相竞争着成为新的交通线。它们最初都比

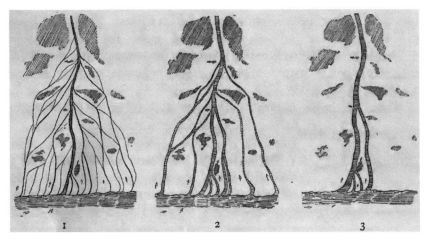

20-11：争着成为交通线的驮马小道
1.使用的第一天；2.月末；3.年末

较模糊，不好辨认，凹凸不平的路面仅仅有些马蹄的痕迹。小路之间彼此相距只有一马身宽，因此，离开小径后，驮马队的马就会彼此拥挤堵塞在路上。此后，区域的特征决定着道路的永久属性——人畜会平等地光顾位于开放平坦地面上的平行小径，而在长着高大蕨草和纷杂的毒空木灌木林的区域里，那里的小径则倾向于汇成一条；驮马不愿意在纷乱的丛林里浪费体力，漫无目的地穿梭，此时便会充满感激地跟着领队人。在干燥松软的地面上，它们会迅速选择地面硬化最快的路线。另一方面，在沼泽附近，一条又一条的小径被放弃了，因为几十条小路从左右两边汇聚于此，踩得多了便成了一个烂泥塘。

图提拉原始驮马路线的弯弯绕绕的来由如今已经没有多少人知道了，有些只有我这个还活着的羊场老领队才了解。我还记得那些主要障碍，村与村之间的英式道路因之而曲折蜿蜒，而很久以前一些有经验的农场工人却视为小麻烦。不过，这些障碍若不是有意记录下来，便不会有人去谈论它们。在图提拉，一开始我们就饶有兴趣地观察这些小径；它们的来龙去脉便用笔墨记录下来了。在这个尖锐的凸角所在的地方，一度有三大片毒空木灌木丛，它们向外伸出枝条，给驮马队的货物造成了麻烦。我记得有一位赶马的伙计因为耽搁了时辰而愤怒砍向灌木丛。这处弯道是小径绕开一丛麦卢卡树而形成的，还记得它长得又高又绿。就在这个明显的弯道里曾经躺着一具马尸，这匹可怜的马是土著人在某次狩猎行动中丢下的。我闻过那牲畜的恶臭，也记得马队在此处是如何日复一日迎风畏怯地跑开。这个角落曾经躺着一根巨大的白松木，后来锯成了木桩。造成弯道的缘由消失了，恼人的毒空木的木桩及其根茎也腐化了，而30年前我们驮马队的货物经常要撞在上面。大火烧过麦卢

20-12：最初的驮马小道（1）

20-12：最初的驮马小道（2）   20-12：最初的驮马小道（3）

卡树丛，其烧焦的枝干倒在地上；死马的恶臭远去了，它的尸骨则因野猪而四处散落；那根大松木正固定着一道篱笆，或者支撑着一扇大门，而那些弯道却留下来了。

驮马道上程度小一些的弯道只能大体解释。它们的形成源于一系列临时且不重要的障碍物——小洞浅坑、妨碍道路的枯死灌木、植物伸出的枝条、刨面木料剩下的散放圆木、松软的地面以及蓟草丛。如前面所说的主要障碍物一样，它们都消失并为人所遗忘。风霜磨平了山丘，雨水带来的土壤填平了坑洞，死亡的灌木丛腐烂了，上面长的霉也会随风而逝，牲畜啃食了植物伸出的枝条，刨面木材被烧了，路面也会由软变硬，秋雨一至，百蓟亦折。这些所有的第一因，如死马的恶臭或点燃灌木及蓟草丛而升起的烟火，朝生而暮逝，不再存于这个世界。

驮马队造成的另一种马道也值得记录。马群沿着一道黏土山坡，前后相随形成单一队列，顺着水平方向前进，这就形成了一个沟渠-堤岸或田埂-犁沟的进程。每一匹马都迈着同等步伐，都把脚落在头马所踩过的地方或其附近：结果是马蹄大小的狭小沼泽孔穴之间相隔一马步之遥，与不受踩踏因而坚硬的土埂交替出现，不过在行进期间马群撒下咖啡色的尿液，就变得光滑了。套上马蹄的马要是在这里摔了，那是最惨的。倘若马匹前后各有一足陷入这些油腻的坑洞里，便会动弹不得，翻滚着摔下山来，就再也恢复不过来。

除了通过羊径和马道开辟牧场外，图提拉放牧行为所产生的现象，尽管重要性不大，但作者却饶有兴趣——毕竟这是他的书。其中一点是

20-13：黏土山坡上的驮马队

许多山顶的变迁，这种变化如今容易想象，但在未来可能就会让自然哲学家困惑不解。图提拉的土壤读者是熟悉的，最上一层腐殖质，其下是浮石砂砾，浮石砂砾则位于压实的红砂砾之上。牧场的植被也已经描述过多次——蕨草在阴冷的南部和东部生长繁茂，而在温暖之地则没那么茂盛，北部和西部山坡显得更为干瘪，而在山顶上则分布稀疏，长得矮小。

美利奴羊是最早买来的，它们易受惊吓，即便是最小的惊动也要

爬到高处寻求庇护。它们在山顶上漫步，啃尽并践踏地表上瘦弱的蕨草，尖利的羊蹄踩破了布满灰尘的腐殖质和浮石砂砾，使得夏季干燥的西北风得以侵入山脊，吹走腐殖质和砂砾，露出由完全压实、有些油腻且平整的红砂砾组成的裸露表面。在八十年代，大风以这种方式将许多著名的山顶刮得光秃秃的，尤其是洛基楼梯山、自然草场山、头像山、跑马场山、"桌子山"（Table Mountain）山顶、第二山脉和"焦毯"山等山的山顶上，到处可见该风蚀作用。每一座这样的山顶上，起初只是一层浅浅的疏松土壤，零星长着蕨草；到了第二阶段，则变成了一片光秃秃的红土地；到了第三个阶段，则覆盖了一层深绿色的繁密草皮。虽然绵羊造成了伤疤，但它们也尝试医治。夜里，它们在可到达的最高处过夜，留下的粪便慢慢使这里肥沃起来。羊群数量随着牧场的发展而增加，都躺在这些裸露的风蚀之地。它们的粪便经风吹雨打，来到了这些"伤痕"的边缘。攀缘草类植物（尤其是 *Poa pratensis*）、一些三叶草科植物、某些杂草（如 *Cotula asiatica*、*Geranium sessiliforum*、*Oxalis corniculata*）以及其他植物，爬满了裸露的地面，就像树皮包住有磔痕的树干。红砂砾沉积层压得严密平整，其稍微油腻的特性使之无法直接吸收绵羊粪便，因此只能从其边缘渗入；草皮一寸一寸地爬上

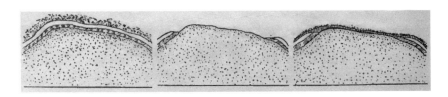

20-14：1. 长着蕨草的山顶；2. 大风刮得裸露的山顶；3. 覆盖着草地的山顶

风蚀山顶，直到草地将其完全覆盖，裸露的红砂地转变为生机勃勃的绿色。从植根于砂砾和腐殖质的原生植被到绝对的裸露——从一片荒漠到长满外来牧草的草地——这种变化只能发生在牧场早期，那时绵羊还不多。这便是前面所说经验的另一个例子，即本书所记录的小现象只有诸多特殊因素综合作用才能出现，而且有些因素所起作用的时间很短。比如，在山顶上，大量放牧会使此地迅速肥沃起来，三叶草和其他各种草类的种子掉进动物粪便里会很快发芽，几周内就会长成草皮，它会抵御住羊群的踩踏和夏季狂风的侵扰。因此，未来对自然现象有兴趣的人——"我死后的第二个我"——就会知道尽管所有的山顶上都有着相似的茂盛植被，但并不是剥离了浮石砂砾和腐殖质地面的风蚀地。

图提拉地面另一地形变化是绵羊高架桥的形成，同样是由多种因素促成的。前文已讲到牧场的古老高原系统、不同区域的不同高度以及泥石流和暴雨的侵蚀作用。随着时间的流逝，石灰板岩滑落的区段成为了连接高地之间的山脊。此外，图提拉全境到处是被称为链接山嘴、

20-15：绵羊高架桥

呈东西走向的狭隘连接线。羊群在波澜起伏的山脊上从草地上进进出出，形成了一条上山下坡的清晰小径。绵羊高架桥就建在这些弧形小径的底部，其高度每年都在增加，好像这些小小的建造者对未来有着谋划，意在节省体力。羊足便是它们的工具，羊蹄尖利可作凿和锥；雨水、阳光和大风将淤泥和尘土从两边的高处带下来，为其提供了建筑材料，因此小径中部经常被挖空又很快填上了。尽管进度很慢，但这小小的路堤一直在变高；暴雨天里，松软的淤泥或泥水从两边挤出流下来；旱季里，羊群则将尘土踩踏到左右两边。不论天气如何，晴朗或下雨，干燥或湿润，通过尘土或泥水对路堤进行表面处置的进程一直没停止。路堤两边的斜坡从未出现滑坡或凹陷——坡面上浓密的 *Poa pratensis* 草根将坡面紧紧地护住了。在所有的地面微小变化中，观察这些高架桥是最有意思的。我曾看着有些高架桥一英寸一英寸地升高，四十年后高达到 1—1.5 码。高架桥完成后，成了一座优美的动物建筑物，它的路堤因肥沃尘土的淤积而长出绿草，羊群则将其啃成整整齐齐的草坪。

不过，也许在所有因放牧而造成的地面改变中，最让人好奇的是

20-16：睡架

睡架的形成，这是绵羊为了方便，自己建造的架子。每天，羊群从牧场的每个营地出发分散觅食——每天傍晚返回过夜。它们本能地想在山顶上过夜；不过，和其他动物一样，绵羊也需与自己的理想妥协；它们为了节省体力，便不能为了宿营而爬得太高，然后又从太高的山上下坡觅食。因此，它们的原始本能——只能在高处获得安全感——便因习惯而改变。不论如何，在实际中，羊群不总在山顶过夜。在广阔的地区里，它们找不到自然的营地，有的山顶太远或者顶峰太险，营地就只能设在山坡上。睡架就在山坡上出现了，就像某些非洲部落妇女的唇饰，或者像枯木上长出来的真菌。与建造高架桥一样，建造睡架需要极大的耐心——完成一个完美的睡架往往要数十年。每一个睡架的形成都是几代绵羊共同努力的成果——将一种自然习惯重复数千遍。羊在睡觉之前，会像狗一样在地上翻身两到三次，然后才把腿蜷在身下休息。在一条平坦的斜坡上，我们可以想象，羊靠着蹄子和膝盖来防止自己滑下去。它们的重量压在草皮上，身体以极小的角度向下倾斜，并以同样忽略不计的角度向上倾斜。长期以来，这两种相反的压力（向下和向上）是唯一起作用的因素。不过，随后山坡上出现的凸起成为了睡架的最初阶段。雨季里，这些突出部开始拦截从草叶上渗透下来的几乎忽略不计的水中淤泥。到了旱季，绵羊在夜里安顿之时，又翻身又磨蹭，少量的尘土就有可能被推到睡架边沿。到了更高阶段时——绵羊并不会起身解手——羊粪并不是顺着山坡滚下去，而是聚在如今迅速形成的架状物边沿。夏季里，羊粪与绵羊在晚上打滚所产生的尘土以及之前已有的尘土混在一起。再加上一些雨露，便被绵羊踩成堆肥，滋养着草根。最后，睡架达到了最佳状态，与山坡垂直，就像胶在墙上的燕子窝。这些睡架的最高完成形态有着在其最后阶段变得有些凹陷的趋势，而其边沿主要由一团草地早熟禾草根所支承着。到了那时，这些睡架一定是排水良好的山坡上最干燥最舒服的睡床。在这片浮石区域中，土壤多砂易碎，易受侵蚀，而从这些睡架里可以看到某种穴居趋势，睡架背部有些凹陷，或者至少与山坡垂直，并且不长杂草。事实上，在坚硬的地面上，睡架倾向于向外凸出，而在易碎的土壤中则向内凹。

由于羊群而产生的地表变化还有泥土泡。由于渗透系统受堵，地表发生膨胀。这通常出现在羊道更高一侧，那里的上层地表因往来交通而变硬，暴雨时雨水的自由流动却受到了阻碍。羊道高侧下的地下河

20-17：泥土泡

因地表排水不畅而灌满了水；地下河水直抵地面，却无法冲破——地面经牲畜的践踏，再混之以淤泥和粪便，如此搓揉而变成硬邦邦的一块——地面拱起了某种松软的肿瘤状物，若用尖棍一戳，便会喷出不少泥水。这些小现象停留时间不长，很快就会消失。尽管泥土泡很深，但是最大的直径也不会超过几英尺，高度不过几英寸；大雨过后，牧羊人常能遇到惊喜，不过无意间碰触到泥土泡，他们丝毫不会感到惊讶。

其他有趣但无关紧要的地表变化是泥土堤坝，由过境的洪水在湖泊边沿所建造。狂风肆虐，湖水高出正常水位数英尺，形成层层巨浪，与从山谷里冲出的洪水相撞。在这两股大水相抗衡的区域，一段狭窄平静或者说至少无水浪的水域产生了。在此沉寂线之下，泥土和淤泥迅速地大量沉积。随着暴雨的停息、湖面水位的迅速下降，浸在水中的成堆泥土才露出来，并且长了草，逐渐硬化，能够存在数年，这长长的拱状堤坝成为了对某场大暴雨的纪念。

由羊群直接或间接造成的地表变化，没有哪一样不具有重要意义；而且，这些变化合起来在极大程度上能够改变图提拉的地表。尽管相

20-18：洪水期间

　　　　　　　　　图提拉——一座新西兰羊场的故事

20-19：洪水过后

对于读者而言，作者对这些变化更感兴趣，但至少能够让读者认识到
这些变化都是日积月累的结果。

第二十一章　放牧和冲刷

　　1882 年的图提拉与其在 1920 年时的区别就是年轻人和老年人的差别：前者面庞光滑，后者则布满皱纹。羊场早期，地面上几乎没路可走；如今却阡陌纵横。在欧洲人带来他们的家畜之前，羊场除了毛利人的小道外，就是一片难以行走的荒野：这里无路可走——用《圣经》的话说就是"空虚"；如今地面上却有着一张道路网，如哈密瓜皮上的纹路一般。

　　上一章中已经讲到了由于放牧而造成的细小地表变化；在这一章里，我们将简要解释某些较大的变化。一句简单的话将会让读者明白发生了什么：乡野由海绵土变成了石板地。在这场宏大的变迁中，绵羊因下意识地要照顾自己的特殊要求而改变着牧场，成为了牧场主要的塑造者。此外，这些行动并不是区域性的；殖民地各处的羊群都在嘴啃脚踏，改变着大地，敲碎了从内地到海洋的旧世界。为了认识到这种整体效应的影响程度，读者不妨将图提拉的面积与新西兰的作一对比，将图提拉的羊群数量与整个自治领的作一对比。这样读者就能部分想象出引进羊群后所带来的变化。不过，这里不讲新西兰，而是讲图提拉的故事；除了跟随着一条发源于腹地的河流走向海洋——不如此我就无

　　　　　　　　　图提拉——一座新西兰羊场的故事

法解释最后的冲刷所造成的结果——我将只讨论从牧场中得来的事实。"铲灭蕨草"一章已详细地说明了羊群消灭牧场古老植被的过程。读者应记得在第一年大量放牧时，曾经长在南部和东部山坡上的大片毒空木灌木林是如何被消灭的，蕨草是如何开始失去了生命活力，接着植株萎缩，最后在大部分地区消失的。随着这些高大的植物以及其他后继者的灭亡，大地重见日光，暴露在风雨之中。夏季里，其裸露的地面经焚烧化成干燥的尘土，而冬季则忍受着瓢泼大雨的侵袭。

东部泥灰群山的滑坡与图提拉中部和西部的皮下侵蚀也已经做了描述。这些进程并未停止，将来也会持续进行；不过，由于羊群的踩踏增加了一种新的磨耗。羊场中部的地面曾经像海绵一般吸附水分，如今上面却有千万条羊径，每条小路都是一条开放的浅浅的排水沟。此外，这些小径非常坚实，并与粉碎的羊粪搅在一块，即便有最大的洪水漫过，也能持续排走洪水。我曾见到小路被冲洗得非常干净，不见一点尘土，那发白松弛又纤维纵横的草根露了出来，洁白如棉线。在这些小沟渠里，冲刷出大量的砂砾、泥土和碎石。除了在中部图提拉最平坦的地方，每条溪流的河床上都砌上了鹅卵石和沙子，或经羊蹄踩碎而入，或由风吹雨打而入。过去，溪流的浅滩上仅能站一人一马，如今即便载货的马队路过也不在话下。主要的溪流里也增加了大量的物质。溪流自身的起伏涨落也更加明显了：有洪水时，水位涨得更高，到了旱季，水位也变得更低。从整片乡野而来的永久性渗漏已经没有了，取而代之的是剧烈而短期的地表冲刷。即便在当地，放牧所造成的结果还未被完全识别。桥梁和涵洞的损毁，洪水一波接着一波，不是由于对汇水面积的错估或者对降水量缺少相关信息，而是乡野可供硬化的土地不足，也无法为数量众多且能驱散地表水的开放羊道提供足够空间[1]。

往下走到低处，畜牧和冲刷的效应同样很明显：怀科欧河河口可作为一个例子。六十年代，在这条小河下游，我的邻居——已故的阿拉帕瓦纽伊的约翰·麦金农——将其羊毛从羊毛棚里运到停在海岸边的蒸汽船——1.5 英里的距离。这是通过一种载重量可达数吨的平底船往下游运送的。那时，怀科欧河平静舒缓地流淌在两岸之间，岸上绿意葱茏，植被都长在溶解的腐叶和高度粉碎的泥灰淤泥之上。除了在开放的河道，过去的洪水即便水位再高，其奔腾四溢的水流也会因茎秆和枝叶对淤泥的截留而平静下来，河岸因此变高，并进一步刺激水道两岸茂密灌木丛的生长。河流下游和人工河一样，弯道少，水位深，缓缓地流过由两岸茂密的植被——几乎是热带植被——所组成的护墙之间。这一切因畜牧和河水冲刷而被深刻地改变了。羊群破坏了旧河岸上的植被：堆积了数世纪的淤泥，失去了成片草根所施加的抓护力，暴露在汹涌河水之下，便在现代更为巨大的洪水中被大量地带往海洋。随着河岸边植物根系网被剥离，水浪不再受到限制，怀科欧河每经历一次洪水便会

---

1 用哲学的方式解释：乡下移民很快就以自己所生活环境里的任何危险来炫耀自己。他们蔑视困难，因为他们在内心里相信自己是唯一能够承受此困难的人。霍克斯湾有一名地主，一条河流过他的庄园。他本不需要自找麻烦。有时洪水会冲走一座桥，当时的牧草管理员或商会官员时不时会在此遭殃。就在他家门前，他思虑深沉，经过某种奇特且常人不可理解的心理过程，他开始为自己大胆冒险的方式而感到骄傲和兴奋。在危险的浅滩上或者说在可能泛滥成灾的河流上架一座桥，不可能有人还对这样的事生出诽谤。怀科欧河上的第一座桥梁建成后，有两个了解图提拉及其气候条件的人进行了一番查看。"它能用多久呢？"一个人问。"用到第一场大洪水前。"另一个人回答。然而，他并没完全说对。洪水只是把两岸的土方冲走，桥梁本身成了一座孤岛，并不受影响。不过人们领会了河流的暗示，在该桥上增加了一跨；然而在 1917 年整个结构轰然坍塌。可怜的怀科欧河！

21-1：过去的怀科欧河河口

改道；在一片低浅、多石的宽广河床上流淌着十几条涓涓细流，实属浪费。如今从羊毛棚到海边的 1.5 英里中再也找不到一个地方能用小船或驳船运输羊毛超过 50 码以上。

绵羊活动的累积效应在河口的淤泥沉积地最为明显。那里面临着双重的退化——积极的和消极的：首先，沉积下了更粗大的砂砾——这些物质先前会被上游的河岸植被所拦截，如今植被已被大火和羊群所毁；其次，在洪水期间失去了最好的植被模式。洪水到来后，茂密的植被再也不可能相对平静地立在没膝或没颈的河水里。它们都被浪费了——直接卷到海里。不仅从河水中无法获得淤泥收入，而且还要额外

21-2：现在的怀科欧河河口

动用留存资本，即数世纪以来所沉积的淤泥。冲刷所带来的危害还不止于此；宽阔河口上的侧风引起巨浪拍击，进一步侵蚀着河岸。

且不论大的淤泥沉积地的命运，小峡谷却是面临着古老河岸的崩溃、无价值的砂砾卵石堆积河道内的风险。

现在我们必须考虑畜牧和河水冲刷中一个并不是无足轻重，却很不明显的方面，即地表的持续硬化及其对草类的影响。地表不再受任何自然护根进程的影响，土质变得更不易破碎，羊群的践踏已经影响到了草地的质量。毫无疑问，最好的育肥草正在消失或已经消失了。黑麦草和三叶草所需的养分几年之后就会在贫瘠的浮石质地面（牧场槽形地带大部分区域由这种地质构成）上耗尽，尽管这是对的，但在东部图提拉最好的泥灰质区域却不是这种情况。这里并没有波弗蒂湾和霍克斯湾南部大部分地区那么多的肥沃土壤。在那些地区，黑麦草和三叶草逐渐被取代不可能是土地的退化，而是地表的变化导致某些本地植物从牺牲外来竞争者中受益。

在含铁的土地里，尽管养分充足，但是发芽却不容易；至少在旱季里，无法获得足够的水分。我曾在上文中谈到古代毛利人早期所耕作过的地方，这些地方有着诸如小秆草和扁芒草这样的草作为标记。它们在人类踩硬了的地方生长，如今长在羊群所踩踏的地方——面积超过全省的十分之九。草地的整体退化开始了，这就需要调整该地所饲养的家畜。我并不是说这是霍克斯湾全境将林肯羊换成生命力更顽强的罗姆尼羊的唯一原因；不过，毫无疑问，我相信这是一个主要原因。像黑麦草、白三叶草甚至鸡脚草这样的牧草消失了，或长势差一些而保留下来，而低级的外来植物和相对没什么价值的本地植物取代了它们的位置；因此，为了适应改变的环境，牧场主就蓄养一种生命力更顽强的羊种。

现在很容易将因果关系概括如下：山峦变得如石头一般；一位移民从邮箱里取出信件来到阳台读信，信里要求提高利率，因为桥梁毁坏了，移民不由得咆哮起来。羊群将一片乡野踩得严实，而这里距离欧洲的大城市有12000英里；垫子踩起来更加柔软了——罗姆尼羊那更细密的羊毛取代了较为粗糙的林肯羊羊毛。

第二十二章　当地鸟类的未来

　　在这一章，读者会读到一些英国鸟类的例子，它们曾经或正在徒劳地与不利的环境作斗争。古老英格兰所发生的同样也发生在新西兰和图提拉，在这场宏大的变迁中，斧头、火把、铲子以及驯化牲畜的进入，每个因素都起着作用。已经发生或即将发生在新西兰野生生物身上的，事实上是重演了不列颠动物群和鸟类群身上所经历的事。熊、狼和海狸都已消失，曾经大海雀与鸨的栖息地如今也不见其踪迹。橄榄树和无花果树取代荆棘和蓟草的过程中，没给不受欢迎的或者不能够养活自己的动物留下生存空间。

　　倘若图提拉也像霍克斯湾南部的普通牧场那样，大片土地能够平整成连接成片的草地，那么这里的鸟类大概还有六七种能够存活下来。然而情况并非如此，图提拉土地上延续下来的鸟类也许比新西兰其他牧场的还要多。尽管如此，在不久的将来，每种鸟类的个体数量一定会减少。不了解牧场过去情况的人，便无法理解八十年代树林里鸟类生活的热闹景象。那时全省各地还没开始清理灌木林，北岛受到战争的影响还未进行比较密集的移民。在森林里，树林下，还有水中，鸟类数量众多。那时，毛利人在图提拉射猎，几个小时就有可能射下50对鸽子。我曾听人描述，他记得小时候在诺斯伍德（Norsewood），在那片"七十英里灌木林"里，鸽子特别多，纷纷栖息在树上，它们的重量足以压断小树枝。在图提拉，树林里除了大型鸟类外，还有数以千计的刺鹩、莺和扇尾鸟。河流和湖泊里到处是鸟类：那时鸬鹚族的鸟类还未受到无情的迫害。图提拉湖上还生活着八百到九百只的帕潘戈鸟和野鸭（*Fuligula Novæ Zealandiæ*）。

我们不会花太长时间在图提拉的动物群上，在八十年代，这里主要以一种蝙蝠为代表。那时，某些枯松的空心树干里就有它们的几处栖身所；随后，人们将这样的枯木砍了作薪柴烧后，蝙蝠就几乎不见了。我记得最后一次看到它们时是在黄昏时分，它们在哈利·杨那建于九十年代早期的小屋周围飞来飞去[1]。

现在来谈鸟类群，我要尝试简要描述一下它们的未来。很多鸟类并不会消失，不过，这么美好的预言只有在被山峦和沼泽分割极为碎裂的乡下才能够实现。大自然将牧场塑造成如此，即便是最勤勉的人也不可能完全改变它。庆幸的是，农业活动并不能削山峰或填沟壑。羊场的地表倘若一直这样破碎险峻，那么生活在这里的 30 种鸟类中会有 26 到 28 种将继续繁衍后代。由于经常提到的原因，那些消失的种类也不会继续繁衍；这些鸟类与其已适应了环境的竞争对手相比并不缺乏生命力，也不会被引进的鸟类所驱逐或被引进的害鸟所消灭。很多人谈到了新西兰鸟类无法抵御新来者竞争的原因：它们自身有缺陷的形态注定了

1　我还在以下时间和地点碰到了这些蝙蝠：1908 年于怀卡瑞莫纳（Waikaremoana）、1912 年于莫图（Motu）的森林、1912 年于新西兰南部的某些岛屿以及 1919 年于小巴里尔岛（Little Barrier）。

22-1：北岛几维鸟的鸟巢和蛋

图提拉——一座新西兰羊场的故事

要消失的命运。果真是这种情况的话，那么它们的其他特性可以弥补这种结构性的缺陷[1]。

另外一种解释当地鸟类消失的原因是：它们与外来鸟类无法在食物供应上竞争。鸟类在图提拉森林保留地里的生活并不支持这一理论。当地鸟类既不会在享用自己应得的食物时受到阻碍，也不会因为新来者的出现而受到恫吓。在这些保留地里，我发现麻雀、八哥、鹩哥、黄鹂、花鸡、金翅雀、黑鹂、画眉鸟、扇尾鸽、刺鹩、莺、杂色山雀、翠鸟、蜜雀和鸽子都能友好地生活在一起。除了鸽子之外，当地的鸟类可能下了同样数量的鸟蛋，每年都会孵出小鸟，哺育的幼鸟数量和八十年代没什么区别，而在那时，几乎没有外来鸟类，也没哪种外来鸟类数量众多。对于外来和本地的鸟类而言，食物都是充足的。我想，也许由于人类偏好悖论和对立，才会有上述解释。毛利人对其命运的简单描述对他们自身而言尚且有值得怀疑之处，若用在当地的原生草类上自然是有问题的，而今却流传下来成为了既定事实。下面的这种想法极大满足了白人的自尊心，即"由于新西兰白人的老鼠毁灭了当地的老鼠，新西兰白人的草摧毁了当地的草，因此欧洲人将会消灭毛利人"。

当地鸟类数量减少的真实原因很简单：没了食物鸟类活不了，没了树丛鸟类就无法繁殖；林鸟失去了树林就无法存活，丛林和水栖鸟类失去了丛林和沼泽也无法生存，它们不能吃三叶草，也不能在草地上下

1　我曾见到憔悴的扇尾鸽若无其事地在倾盆大雨中搜寻虫子，而在这场大雨中，家雀、鹌鹑、野鸡以及其他外来鸟类大量地死亡。事实是引进的鸟类无法适应这种长达 30 到 70 小时、由狂暴的有时又冰冷的大风所带来的热带瓢泼大雨。在暴雨中，若那些鸟类的先祖不曾适应三天之内连续降水达 7 英寸、14 英寸甚至 21 英寸的大雨的，那么它们则会大批量地死亡。

蛋。图提拉曾经有几百英亩的地方生活着丛林鸟类；如今在这些地方一只鸟也没有，因为这里没留下一棵树。这就是当地鸟类数量骤减的简单解释。在图提拉的沿海地区都种上了草，相对而言，能活下来的鸟类很少。而在群山深处，那里的森林保存完好，当地的鸟类的数量远胜外来鸟类。这就是不久前的情况。而在未来，牧场的每一英亩都种上了草，移民的羊群和牛群征服了所剩下的灌木和蕨草丛，那时当地的鸟类群将面临更为严峻和彻底的考验。正如在其他大型动物身上所发生的，温和的树懒将会被一种体形更小，但行动更为迅速，也更为贪婪和凶猛的野兽所取代——树懒所擅自占领之地将会为农民所占有。在自耕农阶层的统治下，每一寸土地都会得到利用；土地零散分布，这里一块，那里一块，没人争抢，没人耕作，也没人种草，这种情况将不复存在。每一个农庄将成为猫狗的栖息地，老鼠的活动中心。山上的野树丛消失了，尽管单棵或者以树丛出现的四翅槐树、倒挂金钟和三指老鹳木在大火中经受住了考验，但随着时间的流逝将会消失不见。由于绵羊的啃食和扁芒草的增加——一种易燃草——它们的树苗便无法取代老株。

若说当地的野生动物用棍棒来惩戒古老的植被，那么自耕农用的则是蝎尾鞭。在图提拉的土地经历了农业和畜牧全面彻底且最具激情的发展之后，古老图提拉的点滴痕迹只能在牧场的深谷、沼泽和群山之间寻觅。尽管如此，正如我前面所说的，在我的时代里，原有的各种鸟类几乎仍生活在羊场两万英亩的土地上，不过可惜的是，数量大为减少。它们将离开地面，沉到山涧里，生活在峡谷中，涧溪拯救了它们。

前一章已经阐明了动物踩踏、沼泽排水和水草的毁灭所产生的影响。总而言之，就是栖息地的丧失，热带丛林和灌木林为阳光直射的大地所取代。我所管理下的土地已经被剪了羊毛；不久后，还要剥一层皮；不过在未来这片土地上的移民必须保护野生动物，尽管这样做有违其意愿。对于大规模生产绵羊、羊毛、羊肉和牛肉的牧场主而言，每年损失一千到两千只羊还能比较平静地接受。这是因为在租用的土地上进行开发得不偿失，因此这样的损失便无法避免。不过，自耕农对土地终身保有。他们要付出很大的代价才能买下来，就像圣母玛利亚的甘松油膏一般价值不菲。在一个小羊群里超过 2%—2.5% 的损失就很严重了——一个必须纠正的罪恶。最可靠的办法便是搭建围栏。小牧场主要想生存发展，就必须防止羊群进入山峰和沼泽。因此，图提拉境内的每条山谷和泥泞小溪的两边将会保留一块条带状的灌木丛。在群山边缘，麦卢卡树、蕨草、某些种类的杜鹃花以及旱地植物将会兴盛起来；在泥泞的溪流边上，亚麻、黑人头草、水烛以及茂密的莎草也将长出来。若没了山谷或沼泽，这样狭隘的条带状灌木丛就没什么用处；而作为自然栖息地，则显得弥足珍贵。此外，由于栅栏材料的材质——固定木桩、木桩和木板条，这些被挡在外面的灌木丛将不受大火的侵扰。

此外，要想在图提拉中部这类土地上发展农业则需给土壤施肥。这里的土壤贫瘠，不过反馈性好，为了获得收益，就必须在其中添加泥灰、肥料和石灰。在这些肥料中，有一部分将渗透到篱笆外围。狭窄荒地中的植物受到了刺激，就会像围栏内的植物一样茂盛生长。芦苇和水草将蹿得更高，长势更盛，麦卢卡树和杜鹃花也会更加生机盎然。刺激植物生长从长远来看也鼓励了动物的繁衍，更多的昆虫孵化了，蜗牛、蛴螬和毛毛虫也增多了[1]。对于羊场的鸟类而言，这种无意中的帮助与在农庄周围建立防护林带、栽种果林和灌木林相比，尽管不怎么明显，但却重要得多；因为农庄周围的植被太开放了，大多成为猫、狗和老鼠的活动场地。

从种群维护的关键因素（诸如食物供给和生育场地）的角度出发，我们可以对鸟类群的未来进行思考，它们的浮浮沉沉和无能为力也许可为其他地方的读者提供对比借鉴。

在我的时代里栖息在牧场中的鸟类可以分成四类：确实是因新的条件而被吸引来的鸟类；多少已经适应了环境变化的鸟类；要不是牧场破碎的自然环境，否则就会死于环境变化的鸟类；最后，环境变化对其具有致命影响的鸟类。

受羊场条件变化而吸引来的三种鸟类是栗胸鸻（*Charadrius bicinctus*）、澳洲长脚鹬（*Himantopus leucocephalus*）和天堂鸭（*Casarca variegata*）。

在一个多风的春季里，三四对栗胸鸻受到吸引而定居下来，那时瀑布草场（Waterfall paddock）的数百英亩已耕土地上还未长草，下面的沙丘持续向西北方移动着。从那以后，栗胸鸻每到春天通常都会出现，有时在耕地上搭窝，有时则在低矮的草丛里建巢。因此，耕地和多风的春天这一偶然组合长久地改变了该鸟的习性——这种变化将其从原来栖息地将灭亡的危险中拯救出来，因为在未来，霍克斯湾拥挤的

1　这和海边的情况很像，海草因海鸟粪的刺激而大量生长，周围区域吸引着鱼类前往，因此，在该区域以鱼类为食的其他海洋生物也最为丰富。

22-2：栗胸鸻的巢和蛋

沿海地带将变得更加不安全；不过，在干燥的浮石地面上，显然有足够的所需食物；跟着犁耙而来的栗胸鸻也许将在过去不见其踪迹之地成为一种常见鸟类。

澳洲长脚鹬的出现要归功于羊场的另一项"开发"，即九十年代贯通大沼泽的庞大的排水系统。图提拉湖北岸从那时起就开始堆积淤泥，一小块泥泞的滩涂、一条沙堤和一块浅滩水域出现了。这些变化，即便是在其范围最小的时候，就已经吸引成对的澳洲长脚鹬到来，它们产了蛋，孵出了幼鸟。

天堂鸭在1917年的大洪水后第一次和我们生活在一块，那时大量的淤泥沉积在了卡西卡纽伊平地：那年有五十至六十只天堂鸭留下来过冬，有几对孵出了小鸭。从那以后，它们就在那里生息繁衍。一旦有机会扩展生存空间，它们都会抓住机会：鸻鸟越过头顶找到了裸露的土地；澳洲长脚鹬——沙地；天堂鸭——新的觅食区。

十二三种鸟类基本上成功适应了环境变化。至少，在过去四十年的变迁中，它们并未失去一切。尽管造成的伤害经常（但也非总是）比获得的收益大，但下文要说的鸟类还是活下来了。我也相信即便是在会带来更为严峻考验的集约化土地开发，它们也能存活下来。

在牧场所有的鸟类当中，当地云雀（*Anthus Novæ Zealandiæ*）成为了环境变化最大的赢家。它什么也没失去，却赢得了很多。随着开放土地的变多，其数量也随之增加。它们不再局限于蕨草荒漠当中的诸多绿洲，比如塌方处、风蚀地、暴晒的山峰底部、开放河床的砂石区域、猪拱区、裸露的岩石以及过去毛利人零星的耕地。该鸟不是森林或沼泽的常客，因此那些几乎消灭了一些鸟类的行动反而扩大了它们的领地。蚱蜢、盲蛛以及毛虫可以活动的土地比过去扩大了一千倍。犁和铁锹对这些友好的鸟类而言简直是天赐之物，它们挖出了大量的绿甲虫那白色柔软的幼虫。此外，该云雀偏爱被腐肉吸引来的外来丽蝇。尽管它是一种荒野之鸟，有时也会来到花园里，像英国知更鸟一般观察着工人，并还能接受人类朋友手中的一点食物。

紫水鸡（*Porphyrio melanotus*）喜群居，有很强的繁衍能力和广泛的适应能力，在干燥的地面上过得比在湿地上好，在草地和三叶草地上过得也比在水烛和莎草丛中好。八十年代，这种美丽的鸟主要生活在以下地区：湿度过高的沼泽地，那里的亚麻泡在水里而发黄发枯；摇晃的泥煤沼泽地；小溪流汇入湖泊时留下残渣的区域；高大亚麻丛边界与湖泊之间的小溪流的狭窄边缘；水烛丛的浅滩地带。随着羊场每一步的发展——蕨草的毁灭、森林的砍伐、沼泽的排干以及可步行地面的增多——紫水鸡就日益获得优势。如今，成百只紫水鸡在已排干的原沼泽地上奔走，还有数百只在山间觅食，在寻找蚱蟥的过程中它们在枯草堆中钻进钻出；很多鸟类都讨厌自己去挖出蚱蟥，紫水鸡却视之如福利。柔嫩的燕麦比牧草美味多了，用它还能将自己乱糟糟的鸟窝隐藏起来；该鸟还在这片正在成熟的谷物田地间编织窝巢以栖身。即便已经变成了茅草，它们也不愿意放弃这种新的食物。这些节俭的鸟儿会精心地将燕麦秆一根根抽出，吃完一根稻草上的谷粒后才开始吃下一根的。此外，面对觅食区的进一步缩小，紫水鸡也能够镇静面对而处于有利地位。该鸟盛行多偶制，十到十二只在一起生活亦不少见，这么做也许是一种优势[1]。

该种鸟的社会本能早已得到高度发展：遇到威胁时，它们会聚拢在一起共同防御；即便自身不是亲生父母，也会照顾和保护被遗弃的幼鸟。事实上，紫水鸡在可观测的范围内都是聚群而居，不过尽管上文说了那么多，尽管该鸟在我的时代里具有极强适应性并得到大发展，我仍然为它们的未来担忧。它们喜欢空地和阳光，目标太大了；峡谷、山峰以及难以靠近的河床对它们而言都没什么用处，因为如今可被原谅的小过错在将来可能就是犯罪。在大牧场里，紫水鸡能造成的破坏是很小的。不过具体情势会改变这些情况；假如我本人仅仅占有几英亩的土地，面对紫水鸡折辱燕麦、偷窃麦秆、啄食绿色玉米和大量啃食三叶草和牧草等行为，我将会感到恼怒。人类生来如此，即便紫水鸡很聪明，有很高的道德标准，人们也不能容忍这样小的恶作剧。不过，在图提拉未来的主人当中，很难相信不会有一两人将几只美丽的雌性水鸟

1　我曾见到一个鸟巢里有十七颗蛋，也许是四到五只母紫水鸡下的。

置于半驯化的状态中来实施保护。

　　随着移民的到来，阳光直接照到了地面以及生活在开阔地面的生物的增多，鹞鹰（*Circus gouldi*）还有少部分猎鹰也获得了生存优势。在过去，鹞鹰的食物一定很少而且不确定，包括蜥蜴、昆虫、刚会飞的幼鸟以及鸟蛋。那时牧场的小动物不仅数量更少，而且对于一种飞得较

22-3：鹞鹰幼鸟

慢又笨拙的鸟类而言，茂密的林木肯定也很难对付。

　　最近，不仅鸟肉的供应增加了（这些鸟中有百分之一经常因各种自然原因而落单），而且开阔土地的拓展也给鹞鹰提供了之前从未见过的昆虫和爬行动物——干牛粪下面的蟋蟀以及水坑边上的青蛙。最后，牧场的畜牧活动也为鹞鹰提供了大量的羊肉。在一个极为安全的场地

　　　　　　　　图提拉——一座新西兰羊场的故事

里，羊群管理良好，喂养充分，并进行认真的拣选，在这种情况下，正常的死亡率在百分之二到百分之二点五之间。这种损失无法避免，就像人类无法避免因疾病而死亡一样。不过在图提拉，将损失降到百分之五以下往往很难达到；这是羊场向山地和沼泽支付的过路费，其费用是每天死去三到五只羊。有些尸体找到了，至少还能剥下羊皮；有的则完全陷入摇晃的沼泽当中，埋在了坑洞里，跌入了地下河或从山上跌下而粉身碎骨。剩下的，比如说一半，就成了鹞鹰的额外食物；因此，它们每天可得到差不多 100 英磅的羊肉；保守点说，一天 50 英磅；将其再减半，一天也有 25 英磅。而且，这些绵羊中很多都很肥，因此有时候鹞鹰吞食了太多羊肉而飞不起身，被牧羊犬扑杀在地，也不值得大惊

22-4：小猎鹰

小怪。未来鸮鹰将会把繁衍巢穴搭建在燕麦和三叶草地、水烛沼泽地以及低矮的麦卢卡树地带当中。

　　随着地面云雀的增多，以及野鸡、鹌鹑、画眉鸟、黑鹂、鹩哥、八哥和云雀的引进与散布，勇敢的小猎鹰（*Hieracidea Novæ Zealandiæ*）虽损失了当地猎物，却得到多得多的补偿。尤其是雀鹰，在牧场的中部和高地数量大为增加。除了地面鸟类以及定居于此且很容易逃入长势极盛的蕨草丛中的鸟类之外，这些地区以前没有什么鸟。关于繁殖区

22-5：翠鸟

22-6：雄性蟆口鸱

域，猎鹰可在整个干燥峭壁系统里选择。

在土地开发中，翠鸟（*Halcyon vagans*）也胜出了，或至少没失败。它的视野拓展了，也许能捕虫的地面的增加已经大大弥补了部分蝉与蜻蜓的损失（这两种昆虫如今成为了鹩哥的猎物，也许还是其他归化鸟类的食物）。不论怎么说，翠鸟的蛋和八十年代时一样大，翠鸟的数量也和那时一样多。它们偏爱在古老腐烂的木头上筑巢，尽管这些木头在大火和森林萎缩中毁灭了，但是相当多的翠鸟在怀科欧河沿岸开放的沙

22-7：在巢穴中的雌性蟆口鸱

地上找到了连接成片的合适栖息地。

蟆口鸱（*Athene Novæ Zealandiæ*）适应了文明社会的要求，已变成了一种半驯化的鸟类，农庄周围长期住着一两对蟆口鸱。尤其是在冬季，随着麻雀和老鼠的涌入，该鸟被吸引而来。仅从实用主义的角度来看，蟆口鸱对于移民而言是一个有用的盟友；人们进一步了解后，就会有目地进行保护和鼓励。尽管它们过去的巢穴——树洞——已经被毁了，但是和翠鸟一样，它们适应了新环境；在图提拉，这种小型猫头鹰如今主要在干燥黑暗的峭壁裂缝中安窝。蟆口鸱的栖息在万古不变的山上，并且有着大量增加的食物供给，它们的未来是安全的。

灰莺（*Gerygone flaviventris*）、刺鹩（*Acanthisitta chloris*）和扇尾鸽（*Rhipidura flabellifera*）这三种鸟尽管在灌木林的清除过程中数量大为减少，但却总能在峡谷和山峰中存活下来。此外，刺鹩和扇尾鸽已经在农庄附近生息繁衍了，刺鹩享用着无花果、灯笼果、枸杞以及其他外来美味，扇尾鸽也常常在追逐家蝇的过程中闯入打开的窗户，带去友好的问候。灰莺与前两者都不一样，尽管驯化程度低一些，但是它

22-8：灰莺

们大大缓解了未喷洒农药的新西兰果园里泛滥成灾的枯萎病、毛毛虫和其他昆虫。

关于红喉金鹃（*Chrysococcyx lucidus*）的情况，我并没有多少一手资料；我也从未发现过一个鸟巢里有这类粗心候鸟的蛋或幼鸟。这种杜鹃鸟也在某种程度上适应了变化的环境。不过，有人告诉我，有很多

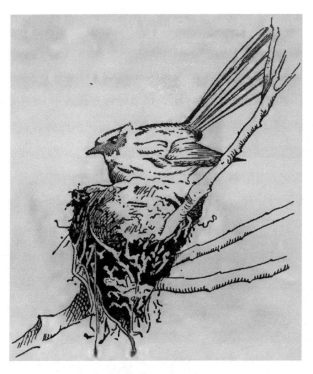

22-9：扇尾鸽

证据和事例表明其幼鸟生长在引进鸟类的巢里。在崖壁上长着树木的山涧中以及防止羊群涉险的围栏外的条带区域里，这种鸟总能够找到足够的食物和栖息地。

在水禽中，灰鸭（*Ana superciliosa*）并不适应图提拉的环境，数量也从来不多；两万英亩是块不小的地方，湖泊表面总能吸引它们飞来，不过只有少数几对会留下来繁衍，主要是在开阔的怀科欧河的河岸地带。

野鸭（*Fuligula Novæ Zealandiæ*）的未来则不容易预测。在种群

22-10：小灰鸭

维护的两个关键因素当中——食物供给和繁衍地——第一个因素不论怎么说都能够保证，因为野鸭的觅食区在湖底。不论其他地面遭受怎样的破坏，湖底都会存在的，而且会一直不受干扰；可是，当它们能够持续得到充足的食物时，当母鸭能够持续生下为数不少的鸭蛋时，野鸭还面临着另一个威胁——繁衍地的散失。普通的灌木丛不能满足这种挑剔鸭子的要求——它们的窝必须藏在多年积累下的腐烂亚麻叶下面。更有甚者，它们从不在位于水边之外的地方养育后代。这种特性对野鸭产生了不利影响，而且这种影响会越来越严重，因为亚麻纤维在干燥季节里很容易燃烧，而牛群也在快速消灭着亚麻植株。一个品种如何仅仅因为缺少某种用于繁衍后代的特殊场地而导致数量下降，作为一个可资讨论的案例，确实很有趣；倘若它们果真消失了，那么其消失的原因便源于它们对繁衍场地的挑剔。

鹏鹏（*Podiceps rufipctus*）是另一种未来无忧的鸟类，它们的鸟巢

22-11：待在树顶上鸟窝里的蜜雀

几乎找不到，它们的食物供应也很有保障，和野鸭一样，也在湖底。

　　另外还有些鸟类，要不是羊场有着为数众多的峡谷，就一定会消失；在这些峡谷里，牧场化的进程停止了，羊群不能在其岸边行走，牛群也到不了那狭隘的河床上。人类也不会涉足这几十英里长的峡谷底部；不论上面山川平原如何变化，对这里都毫无影响，而要想到达这里就只能借助绳索。有时我会一个人进入其中的几个峡谷，蹚过浅滩，爬上洪水淤积成的障碍，在山崖的灌木丛中双手交替摸索前进，在冰冷清澈却没阳光照射的水塘里游泳前行，但总是在走了几百码之后发现自己被挡在了表面光滑、不可进入的崖壁和瀑布之前。在这些峡谷的河床上，零星分布着些可供落脚的斜坡，堆积着洪水带来的富含碎片状泥灰的淤泥，还有虫蛀状的砂岩，以及从长着蕨草的岩壁上落下的腐叶。在这些裂谷里，几维鸟（*Apteryx mantelli*）和毛利鸡（*Ocydromus earli*）随着溪流的沉降而向下迁徙。很久之前，它们是生活在地面的鸟类；如今，它们生活在最深的河谷，就像一个海岛品种一般，几乎与其平原和山上的同类区分开了。不管怎样，上述的鸟类在这与世隔绝之地，数量非常丰富。在这里它们永远也不会受到干扰。即便新西兰其他

22-12：用手喂养的蜜雀雏鸟

的所有土地都被中国人变成了白菜园，这两种有趣的地面鸟类在图提拉也是安全的。

也有些小溪河床不随时间而改变，而且有着大量的水上昆虫和苍蝇，那里是蓝鸭（*Hymenolœmus malacorhynchus*）永久生息繁衍的地方。在我进入的每一条河谷里，都能看出它们数量众多的痕迹；想要钻进那里是不可能的，不过河谷还未深到听不到声响，于是便能听到从下面传来的蓝鸭欢乐的叫唤。

22-13：被驯化的小蜜雀

还有一位隐士是杂色山雀（*Petræca toitoi*），它们也将生活在长着灌木丛的峡谷边缘。

鸽子和蜜雀也肯定会变成稀有品种。在牧场的其他地方，食物供应和繁衍场地都会被一网打尽。不过在峡谷里，各有几对鸟还会生活在其中。隆冬时节，桉树开花，蜜雀会一如既往地前往农庄和防护林。在其他时候，四翅槐树、山亚麻将会提供花蜜，野生倒挂金钟、澳洲茄（*Solanum aviculare*）以及其他当地植物也会提供种子和浆果。鸽子也会活下来，但是数量只剩下了几对。我相信，这种生命力顽强的鸟能够消化几乎任何绿色植物。我知道它们能够吞食松木那未成熟的雄花；

22-14：褐鸭

我也观察到它们会啄食干枯的蕨草叶，会一片片地撕扯金链花的叶子。它们也会自由地享用白三叶草叶；我知道，在森林砍伐完刚种上草的林地上，它们以油菜和芜菁的茎叶为食，长得格外肥胖。在未来，当地的幸存者在一年中的一部分时间里可在图提拉的地面上觅得一部分食物。它们会吃掉移民们的一些白三叶草、油菜、大头菜或许还有燕麦，每年会造成几先令的损失。在峭壁上垂直生长的灌木里，它们用枝条杂乱地搭建着窝巢，尽管从上从下都无所遮掩，但至少可以躲避来自老鼠、黄鼠狼和潜行的猫的侵扰。峡谷中的鸽子也不受人类干扰，因为猎人

22-15：新西兰大尾莺（雄鸟和雌鸟）

图提拉——一座新西兰羊场的故事

必须缒绳而下方可从谷底射击；而从峡谷上面射杀则是没有意义的，因为没办法取回猎物。

　　少数黑鸬鹚（*Phalacrocorax Novæ hollandiæ*）也将在某些很高的山上存活下来。褐鸭（*Anas chlorotis*）、新西兰大尾莺（*Sphenæacus punctatus*）、菲律宾秧鸡（*Rallus philippensis*）、沼泽秧鸡（*Ortygometra affinis*）和水秧鸡（*Ortygometra tabuensis*）将在排不干的沼泽地和泥泞的小溪中获得重生。褐鸭并不喜欢有阳光照耀的河岸、

22–16：菲律宾秧鸡的窝

深谷以及宽阔的湖面。它们生活在水流缓慢的小溪上，小溪连接着孤立隐蔽的水潭，水下长着水草，当它们慵懒地行进中，时不时地会碰到一个芦苇荡，穿过一片泥泞的浅滩。白日里，它们藏在草丛深处，只有在晚上才冒险出来，出来之后却显示出让人惊异的驯服，且无所畏惧。近些年来，这种鸟数量变少了；因为溪岸为牛群所践踏，水草也被吃光了。不过，自耕农到来后，便将对牲畜威胁最大的沼泽地围起来。若有更多的草丛和更好的食物，那么褐鸭的数量再次增长并非不可能。对于那些喜欢观察褐鸭的人，至少还能在黄昏看到它们，欣赏它们在人类面前完全不在意的神态。

在人类的移民活动中，另外一种将会胜出或者至少不会失败的鸟类是新西兰大尾莺。它们体形很小，行踪隐秘，每年繁殖两次，筑巢时

22-17：卡卡鹦鹉幼鸟

选址灵活，并能够用本地和外来的虫子来喂养幼鸟。

　　菲律宾秧鸡、沼泽秧鸡和水秧鸡都将能够存活下来。浮石地带的施肥活动和精耕细作，导致昆虫数量大增，这些秧鸡也和大尾莺一样从中受益。在农庄附近，猫也一定会增多——驯化的、半驯化的和野生的——但奇怪的是，这并不一定是个致命的事件。相反地，在霍克斯湾的某些靠近居民小屋的沼泽里，我目前所发现的是秧鸡巢里有着更多不受破坏的蛋。尽管猫会伤害秧鸡，但更多的是老鼠的克星；相对而言，猫在事实上对秧鸡起到保护作用。这些鸟类在图提拉都不多见，其隐蔽的习性更使它们看起来比实际情况还少。图提拉在我那时的所有当地鸟类当中，还有两种需要考虑——啄羊鹦鹉（*Nestor meridionalis*）和马尾鹦鹉（*Platycercus Novæ Zealandiæ*）。森林大规模消失后，这两种鸟都无法在当地生存。

　　根据以上所述条件，这便是图提拉鸟类群的未来。在我的简要论述中，并不包含情感和美感，甚至也没有对实用性进行聪明的辨析。不过，可以预测的是，在未来拥有足够的空暇将成为每个人与生俱来的权利。倘若如此，对自然的研究将向理性的满足和健康的幸福迈出一步，而且是巨大的一步。我并不是说进行体系化和分类的能力——我指的是在学生的内心中激荡起对友谊、幽默和同情的敏感度。

　　目前为止，保护鸟类所能做的最好工作也是消极的。不过至少，世界各地的人类已经满足于不进行完全的毁灭。现在所需的是积极的工作：消灭害虫和寄生虫，研究和增加食物的特殊供给，认真做好繁衍地的保护工作。

　　最糟的情况是，上述的鸟类将会在图提拉变得稀有；不过，只要克服一点小麻烦，多一点警觉，多花一些时间和金钱，每种鸟的数量就会大大增加。

22-18：紫水鸡幼鸟

第二十三章　史密斯和斯图亚特的合伙关系

　　现在回到智人的自然历史以及图提拉最早的智人种类为了适应这里的环境而做出的工作。读者应会记得第十八章末尾的情况，我们已经让羊场陷入了最绝望的境地，羊场的生命血液因羊毛价格的下跌而干涸了。羊场的账户已透支，我们没有任何手段可支付利息，更遑论租金和工作开支了。其中一名合伙人罚没了600英镑偿还羊场的欠债，已经从国家贷款和中介公司的债务中解脱出来。另一位合伙人则以5先令接手另一半被遗弃的产权；至此，人类的殉难已经完成；牛顿、图古德、查尔斯·斯图亚特、托马斯·斯图亚特、威廉·斯图亚特、基尔南、麦肯齐、康宁汉，他们在我面前排成了一行令人伤感的队列，就像《查理三世》当中死去的国王们的魂灵。他们或者失去了青春，或者损失了金钱。

　　作者在图提拉劳作八年的艰难成果便是这本书。可以这么说，在债务的海洋里，作者踮着脚站在堆积起来的前辈们的尸首上，艰难地保持着平衡好让嘴巴能呼吸点空气。由于作者又傻又年轻，加之那时的生活已和以前大不相同——三十年里眼见着羊毛的价格三次见底又三次回升——他对未来充满了最悲观的预感，不仅是对自己，对图提拉，

23-1："脸部表情最为狰狞"

而且还对新西兰；他的想法日渐成熟：自治领死定了。不过他的伙伴们
比他聪明；他们多次喝得醉醺醺的——当然与阅读亨利·乔治的愚蠢
行为以及写诗的罪过相比，那只是小过错——证明了情况不可能更糟

图提拉——一座新西兰羊场的故事

糕，作者一直将这种判断归功于他们。此外，国家贷款和中介公司无论如何也不想再放走一位牧场主。作者尽管面临着种种不幸，但已与牧场连在一起，便决定坚持下去。该公司尽一家贷款公司所能表现得很得体；他们并没有"粉粹"作者的邪恶想法，他们一定也不想让图提拉这样的羊场成为他们的名下财产。他们同意降低一点利率；更为宝贵的是，羊场得到了时间宽限。国家贷款和中介公司不仅主动放弃了所有利息，而且当纳皮尔的当地公司尝试对作者的活期账户收 13% 的利息时，还代表作者进行干预[1]。

有好几年，牧场命悬一线。和新西兰的许多其他牧场一样，图提拉获得了拯救——所用方法不过节衣缩食，静待事态发展。利息、租金和剪羊毛等费用无法减少，但是物资采购可以降到最低；控制欲望，一分钱也不乱花；多年以后，我和同伴一年的个人开销合起来少于 60 英镑。我们几乎不去纳皮尔——那里不安全；总之，我们觉得在那座"毁灭之城"里露面太多不安全；眼不见心不烦——碰到你的银行家就是让他想起你糟糕的账户，而在那个羊毛价格见底的日子里，我们银行家的脸部表情最为狰狞。

忠诚的斯图亚特还留在图提拉，他像失去情人的恋人一般，不舍得远离曾给自己带来幸福的地方。具体细节现在记不清了，但可以肯定

---

1 多年后，在战争期间，作者在某家医院受到了这样的询问："你知道新西兰吗？""是的，"我满心欢喜地说，"那是世上最好的去处！""你是否知道一座叫纳皮尔的城？""当然，"我非常热情，"那是世界上最美丽的地方！""那你一定记得我的兄弟，他过去掌管着——？"……他兄弟就是那个要收我 13% 利息的人！！！读者是否认为我不够镇静，不够大方，不够宽容？当我坦白结识新交的热情顿时消退时，读者是否要责怪我胸怀不够宽广？说实话，说到他的那位兄弟我就是高兴不起来。

的是他作为我们的牧羊人，居然同意一部分工资可欠着，"有能力时再付"。总之我和他一起开发了那片土地。然而，不论是积极的还是消极的事，我们几乎都无能为力，因为羊场的命运取决于数千英里之外的世界市场。有好几年，我们靠着消极观望、羊毛价格的小幅上升以及干旱季节（旱季里，绵羊死亡率下降，羊羔增加），维持羊场的运行。不过这段时间的观望和等待对于我们的内心成长而言并非一无所获。我们花了大量的时间反思过去所犯的错误，斯图亚特后悔自己在树种和草籽上投资过大，我自己则懊悔当年对二齿公羊的过度迷恋。然后，由于现金和信贷额再次短缺，我们不得不停止每年从牧场外购进羊群的计划，结果死亡率迅速下降了。我们第一次充分认识到在羊场出生的绵羊的价值，它们已经适应了湿润气候和贫瘠土壤；我们甚至开始设想也许可以改变羊场目前的窘境。我内心里那种一味蒙头干活的想法开始隐约露出一点理性的光芒。那年冬天的夜里，我们充分考虑了过去的错误，讨论了未来的工作和开发计划——当然，假设我们能够再次获得财务资源。

与此同时，我们又陷入资金短缺的泥潭里。我们不可能像奥利弗那样去要更多的资金。至于羊毛市场，我并没有信心，不过我们早已绝望的事情还是发生了。1886 年 6 月，当国家贷款和中介公司还在犹豫什么才是对我们双方都好的政策时，羊毛价格上升到了 2 便士。这次价格上涨挽救了作者；前一笔抵押羊毛的贷款用专业的话来说是一笔"安全"贷款，根据对羊毛价格的合理预期，也许当时估计的是上涨 1 便士。而在出售日那天，我们的羊毛在伦敦拍出了也许是这个动荡市场中最高的价格之一。总之，我们获得的价格与上一年的相比上升了接近 4 便士而不是 2 便士；当销售完成后，图提拉账户出现了 500 英镑的盈余。一直在游移不定的斯图亚特现在决定冒险，倾其所有，从上一次失败中走出来，接手图提拉的一半产权。他所掌握的资金和著名的巴灵在埃及迅速发展的土地上所投资的一百万一样果实丰硕。有资金在手，我们又一次行动起来。新的改进项目的开发方式与以前鲁莽任意的形式大为不同。每一分钱——我有着一个最为出色和节俭的合伙人——都要精打细算；我们对第一个成功方案不满意；我们详细考虑了许多个成功计划，从中选出了最佳方案。

接下来的二十年，我和斯图亚特在一起工作，每个人都经历了风雨的考验。我相信在我们长期的合作中没犯什么大错。

牧场由来已久的难题——同时进行土地改造和羊群的合理喂养——早已作了论述。该问题到了那时还是无法解决，并延续了二十年。同样地，要将贫土改造成沃土也是不可能的；不过，我们也尽了人事。

我们利用了这个缺陷，使之产生了几乎等同于霍克斯湾南部著名羊场所产生的经济收益。牧场槽形地带的永久价值在于适合饲养年轻的绵羊。在那多孔的土地上，钝叶三叶草生长繁茂，对于育成羊而言是世上最好的食物；这里虽然无法带来羊毛的高产量，但是可以通过扩大羊群总数来弥补。图提拉东部的石灰岩山脉可使我们饲养足够的母羊。羊场剩下的区域则全部分配给育成羊，而母羊只会与育成羊交配。

关于绵羊的饲养，前文已将问题提出：对于喂养羊群，我们永远无法做到合理和完美；只要母羊能够生下和养育健康的羊羔，则羊群的数量比个体的身体条件更重要；只要育成羊能活着走入剪羊毛的场地，我们就不介意工作桌上剪下多少破烂不堪的羊毛；对于牧场而言，羊毛的价值比不上羊毛棚里所经过的每只羊的身体。二十五年来，我们每一天都面临着这样的选择：一方面是更好地照看小范围的羊群，而蕨草消灭的效率就变低了，从而不利于对牧场的改造；另一方面，因蕨草铲除对牧场的将来有益而行动过激，则会对当前的羊群造成伤害。我们已学会在土地开发和羊群发展中寻找平衡点。在实践中，这是有可能的，即羊羔出生率高，死亡率低，羊群数量显著增长，这些是可以与单只羊的羊毛重量极轻——轻得都让我们的银行家心生好奇——相结合[1]。

事实上，我们努力平衡了在冬季里不明智地节省草料和让尽可能多的羊群过冬之间的妥协，以至于每年冬天有几周，也许是十个年头，我们都没吃过小羊肉。

我们在凯瓦卡猎捕野猪和野牛为食，有时也能在河流陡崖处捕到肥美的野绵羊和两年未剪羊毛的野羊；我们直接将其射倒，就地剥皮，然后打包带回农庄。在那个艰苦的日子里，羊场和上次大战最后一个冬天的柏林一样，滴油难见。

就这样，我和斯图亚特的脑袋里多了一些经验、当地知识和谨慎，重新开始了。尽管直到后来我们才正式建立合作伙伴关系，但从那时起我们就已投入新的资金用于图提拉的发展。

尽管之前我们失败了，但是我们再次充满热情地投入世上最有吸引力的消遣当中——开垦荒地。现在我们所有的一小笔钱对毫无情感的公司不值一晒，他们除了名字外对图提拉一无所知，他们会吞下这笔

---

1 我记得大概在 1888 年或 1889 年，国家贷款和中介公司曾问我们，已经发货的羊毛口袋的数量是否是全部的羊毛。一只羊羊毛的平均重量，包括毛撮，差不多才到 5 磅，而那一年我们羊群的数量增加了 1000 多只，并且剪了将近 95% 的羊羔的羊尾，这些羊羔后来都长得很好。

珍贵的牧场开发资金，甚至在开始都懒得展现出点风度。我们决定不受干预地使用这笔资金，因为我们已经考虑得很清楚了。第一要做的是搭建围栏；迫于牧场的条件我们必须常年保持着过度放牧的状态，因此要让放牧场变小，这是很重要的。在小牧场里，虚弱的育成羊和母羊游荡在角落，可以将其挑出集中转移到供身体恢复的营地里；通过划分牧场，我们至少可以更为均衡地分配牧草。围栏会相应地沿着怀科欧河河岸到牛顿山脉顶部再到桌子山背后密不透风的灌木和蕨草丛一线搭建起来。与新建围栏垂直并通向湖泊及其他地方而搭建的新围栏，将牧场进一步分为九个放牧场而不是两个。当然，桩木犹如天使的造访，又少且远——板条的使用同样也降到最低；尽管如此，这样薄弱的栅栏仍旧拦住了绵羊，毕竟是用那些材料搭建的围栏。

迄今羊场只在羊毛棚前有一组羊圈。在此以前，到了剪羊尾的时节，我们会从两大放牧场里将羊羔从陡坡上赶下去，来到湖边平地。羊羔和蜜蜂一样，最讨厌下山；它们在队伍后边分开，也不管自己是否会弄丢羊妈妈，突然转向后方，成百上千地在放牧场上逃逸开来。尽管美利奴羊极尽母亲的责任，仍有不少的羊羔找不到妈妈而走丢。因此，既然我们不能推着穆罕默德到山边，我们就换了另一种方式，在山顶上搭建了几组新的羊圈。羊圈是以木桩和铁丝严格修建的，没有用横板，因为斯图亚特用起木材时就像我谈起一岁公羊那样感到羞愧；只要不进行没必要的劈柴和锯木，我们弥足珍贵的节俭所创造的财富就不会被挥霍。

回过头看，我可以肯定，对于初期工作，我们没有比这更好的方法。我们能够迅速提高羊群数量，即便做不了更好，至少做得更为均衡。此外，每年冬季，我们还能够多照顾好几百只羊，若是以前它们全都过不了冬。

同时，时间并未静止；原始的租期已经过了一半。然而，在那时，东部海岸的土著从未让租期完全结束。租期到了一半就要订立新的租约，这对于土地主人、擅占土地者还有银行家而言都是有利的。因此在实践中，公平的租期年限为：多者二十一年，少者十年左右。新的租赁合同拟定了，在这种情况下往后的租金往往要翻一倍——土著人将直接受益；欧洲人可占用土地的年限也翻倍，是二十一年而不是十年——租户和银行家将直接受益。不过，合同条款与最初的协议类似。

我们最熟悉的土著主人签署了合同，我真诚地相信那是对我们传达的善意。大部分的地主一再涂涂改改，或者好似用抽了筋的手签字，或用学生潦草的字迹签名。不过，还有一部分拒绝签字。他们不反对我们占用牧场，只是相信采用观望的策略是处理东海岸地区土地交易的合适策略。到了这时，简单机械地获取签名变得困难了——随着土地所有权的进一步划分，我们的土地主人增多，并居住在殖民地的各个省份里。

土地主人大概有好几百人。尽管这些都是可以预料到的事，但一个真实的例子将表明即便是在最简单的生活当中——排除了任何不愉悦的田园牧歌的生活——担忧也会产生，麻烦亦会入侵。这又是一个古老的故事；读者应该记得早期日记中的一个可怕的记录，"4月1日和3月31日之间，死亡率为百分之三十。"对的，人群中的死亡也是我们担心的事。

比如，拉哈·波胡图（Raiha Pohutu）去世了，他是赫如-欧-图瑞片区最初的 36 名主人之一；当然，我们对他的去世感到遗憾，但是更大的痛苦是他有 11 名继承者，其中三人每人继承原始土地份额的六分之一，另外三人每人继承十二分之一，还有三人每人继承十八分之一，最后两人每人继承二十四分之一。我们还没从这次哀悼中走出来，我们又得向另一位地主致哀——卡莱提安纳（Karaitiana）——他是这十八分之一土地的继承者之一。当然我们再次感到很遗憾，但最痛苦的是死者有 14 名继承者。他们使我们内心很沉重，因为其中 3 名所获得的租金要是剩余 11 名的 5 倍。在金钱上，再小心也不为过；在当地的土著法庭上，拉纳皮亚·童嘎科尔（Ranapia Taungakore）成为了其中六名地主的受托人，同时德·胡基·童嘎科尔（Te Huki Taingakore）照看着三名未成年地主的利益，他们受到了眷顾，获得最大的份额土地；还有其他弄不清楚的麻烦则是由于许多土著人的名字使用习惯造成的，他们写在法律文书的名字并非是日常所使用的，因此即便法律人士的鼻子如猎犬般灵敏也难以嗅出其踪迹。若不是我们对这数百地主有感情，否则至少会对他们的死亡而感到厌恶。"可怜的老某某去世了。"我们当中的一人会充满感情地说道。"好吧，又要和十几名继承人打交道了。"负责与这些人打交道的另一个人会接口说道。斯图亚特负责土著人的工作，当然，我也会和他一起开展工作，就像我会在康宁汉身边确保他用一种成熟正确的商业方式记录羊场账簿一样。

尽管如此，我们的新租约延长了我们的租期；银行家们也许会面露怀疑，斜眼瞧着这些不完美的文件，律师们也许看了会摇起他们那庄严的脑袋。但是这还是一份法律术语所说的"有效力的租用合同"，即在承租人受到讹诈时——讹诈总是有发生的可能——该合同是其反击的一个机会。只要有个毛利人稍微动点歪心思，再加上某些不道德的白人的一点支持，每个不遵守合同的土著都可以在牧场上自己放牧，占有他们所享有的土地份额——这本身是一个无法解决的问题，因为土地份额从未以个人名义出现——他们中的每个人都可以把羊放在羊场里，并有权在任何时候赶往任何地点。羊场也许会呼吁这些人把他们的地盘围起来；他们很可能像巴力神的祭司们那样呼唤了伪神，得不到呼应。在当地法庭的拖延、土著人的拖拉习性以及底层白人的流氓行径当中，也许就不可能在土著人的土地上牧羊了——不过，这未损害社区的利益。事实上，这些灾难性的问题都没发生。我并不是说在那种情况下，这种试图欺诈的行径在这么长时间以来从未发生过，但我可以确定，即便发生了，一只手也能数得清。奈伊-塔塔拉部落无论是在战事还是在商业上都是一群正直的人。

地主和租户的体系十分古老、荒谬且不成熟，因为耕者应拥有其土；不过图提拉确实存在这样的情况，地主和租户之间的条款是，前者无需付出代价便让土地得到了开发，而后者一旦签订了合同，就在一段时间里成为了土地的主人。比如说，很难想象一位英国地主——比方说，威斯敏斯特（Westminster）公爵向图庭上城区的佃农恳求预先支付一部分租金——会在下面的困境中写信给他的租户：

亲爱的先生：

写这封信是想让您知道……告诉我，我的租金钱数上算错了，他第一次给我钱是在……结婚了，那是 1899 年，那年……从那个时候拿到的钱。您看看本子里的记录，现在还有多少钱，我应该还有一些钱，大概有 3 英镑 10 先令。如果 1899 年那年我从你那拿到的是 15 英镑 15 先令 4 便士的话，那今年是多少钱呢？您把今年的钱拿出来，再加上那笔钱，您会发现有问题的。如果我没生病的话，我会自己来的。亲爱的先生，我为什么写信给您要一些钱是因为我听说您给所有的毛利地主都付钱了，请行行好也付些钱给我，我病得很严重。我病得不轻，我试着要去图提拉拿一些钱的，可是没办法骑马。我太虚弱了，有毛利人和我说，您不会给我钱，我告诉他们，我过去总是向您要钱，您也总会给的。请不要忘记给我寄点钱，即使您只寄了 3—10 英镑，那也很好了，因为我现在没钱买东西吃。请不要忘记给我寄钱，我特别需要钱。如果您要寄钱的话，请寄给里里亚·沃特恩。我感觉很难受，所有毛利人都拿到一些钱了，只有我没拿到。请不要忘记了。亲爱的先生，对我这可怜的东西发发慈悲吧。请不要忘记把钱给送信的人。

此致！

当然，我们对"这可怜的东西发了慈悲"。这里是另外一个让人心酸的请求：

致加斯瑞（Garthrie）先生。

亲爱的先生：请把我的钱给乔。我的信已经交给沃特恩了。请别忘记把钱给乔。沃特恩告诉我他直到回来时也没看到您。请不要忘记给一点钱，如果您能给两年的租金，我想要 7 英镑。请别忘记我现在处境特别困难。我没有钱，身体也不好。请别忘记了。您忠实的朋友。

还有具有商务类型的信件：

> 亲爱的先生：值此佳缘，给您写信，愿您健康如意。本人不揣冒昧，敢问先生可否付我今年的租金款项，等等。

"今年"其实是指下一年，因为合同一签订，我们就会预付一年的租金。或者还有：

> 亲爱的先生：值此佳缘，给您写信，愿您健康如意。敢问先生是否介意支付给 10 英镑，等等。

有其主必有其仆——我们的地主常年总是没钱；租期还没到我们就已支付了租金，他们也总指望羊场能够预支以填补他们空空如也的口袋，数额从几百英镑到几先令不等；结婚、生子和家里死了人都是要求支付现金的绝佳理由。这些贷款和预付款都很不规范，没有治安官和注册翻译官在场，也没有公章，但是毛利人背信弃义的情况非常少。若有人必须要应付一两百个地主的话，那就跪下向上天祷告，让这些地主都是毛利人吧。

我经常在想，我们在羊场所做的工作是否都合法，因为原始的合同上所签字的很多人对图提拉并没有土地所有权，而我却要去相信当地土著；没有合适的监督，许多签名都是伪造的，若这个词用得太重的话，可以说是代他人签署的；此外，合同是否明确说明允许牛顿及其继任者破坏牧场的古老植被，并用三叶草和牧草替代，是否可以排干沼泽呢？法律抗议的文书会像远方的响雷一般，有可能在任何时间在我们的头上炸开，时时带来干扰。直到今天我还记得一封抗议书，使我和康宁汉都陷入惊恐当中——我们对悬在头上的达摩克利斯之剑并非无动于衷。我记得这封书信是由英王的一位部长应了某位颟顸老朽的托利党人写的，禁止我们破坏蕨草，否则就要面临最严重的惩罚。还有一次，另一位保守的异教徒禁止我们建立排水系统，因为那会影响到湖泊里鳗鱼的利益。

为了寻求安慰和建议，我们将这些信件都交给了律师——他如福音传道士一般指导着我们；他擦干了我们的眼泪，我们则如遭遇海难的水手抓住了一块木板一般紧紧依靠着他；他站在了羊场和永恒之间。

羊毛价格上涨，签订了新租约，这些都是积极的好处；而被动的恩惠则是停止购买母羊和年轻的种羊。在史密斯和康宁汉合伙期间，公羊是从南岛的种羊群里引进的——天知道为什么要这么做。这些双齿公羊，价格在五到六几尼（英国旧金币，1几尼相当于1镑1先令——译者注）；如今我们购买老公羊，价格只有原来的五分之一。这就省了一大笔钱，而且老公羊体格稳定，交配质量更好，毕竟它们在生活成长的地方经历了死亡淘汰的考验。至少，这些当地公羊得到很好的喂养，并曾在著名的霍克斯湾羊群当中使用，只是因为年纪大了才被剔除出来。我们相信，既然它们在霍克斯湾南部被视为优等种羊，那么用在图提拉也不会太糟；我们还相信，我们在购买一批公羊时——第四个配种年份——它们正好是身体条件好、羊腿也成熟健康的时候，是第一流的种羊。身体虚弱的羊逐渐死去，比例在百分之二到百分之六之间，都是齐口羊。我一直这么认为，通过这一步骤，图提拉羊群所生的羊羔在本省里是最为健康的。在实践中，将年轻公羊换成老公羊，羊羔的出生率从百分之五六十提高到超过百分之九十。

我们下一步工作便是拯救羊羔。读者应记得在 1882 年左右，即史密斯和康宁汉买下羊场后不久，"肺蠕虫"在东部沿海地区暴发了；霍克斯湾各地的羊群辗转死去；在图提拉，连续几年里，四分之三断奶的羊羔也死了。那时我们已经学到了一些畜牧知识。为了应对"肮脏"的乡野，我们果断采取了具有英雄色彩的措施，即在刚烧过蕨草的地面上对羊羔进行断奶，让它们去啃食刚冒出的蕨草嫩芽；当然，在这样的地面上没有疾病残留。以上便是好的一面，不过蕨叶并不能给羊羔带来足够的营养。我们的断奶羊羔虽然身体极为健康，可却无法忍受冬季的严寒和来年春天草木的刮擦。于是那时刚建立的围栏体现出了价值。各小放牧场会"腾空"，即在断奶前的五到六周将畜群清空，以保证羊羔赶入时，白色三叶草和钝叶三叶草已经成熟，遍布全场。对于羊群的"尾巴"我们费尽心力，确保它们得到特殊的照料。结果是令人满意的：在几千只羊羔中，只有五六十只没来剪羊毛。而且，俗话说，一事成功百事顺，更不要说是在先前失败基础上的成功了，这个结果更是激励着我们未来的工作。我们废寝忘食地工作，母羊生产了更大比例的羊羔，断奶羊羔也能熬过冬季了。

不过，羊场仍然只出售羊毛；过剩的绵羊仍然招人烦。有一两次我们自己屠宰，自己剥皮，还有一次我们将其蒸煮以获取羊脂，梅里特也再次来收购去喂养那长时间受折磨的猪。我们尽可能将多余的绵羊处理了，四五年来一只羊也只能卖 1 先令左右。

然而，一种变化将要到来。在 1888 年的配种季节里，我们让 6000

只母羊与林肯公羊交配。五个月之后，羊羔的出生率达到百分之九十五；在这些羊羔中，我们能够饲养并剪羊毛的数量超过 5000 只。因此，在 1889 年，我们大概有 2500 只混种两齿羯羊供出售。会有人买吗? 当时羊场名声不好，我们真的无法确定。然而，有一天，羊场的大喜日子到来了，邮局的帆布袋里在阳台上倒出了当月往来信件，其中一封信给出了一只两齿羯羊 4 先令的报价——那可是银光闪闪的 4 先令呀! 当我回信时，我的同伴站在我的身旁，一脸庄严的喜悦。上帝呀! 我们太高兴了!

首次卖出年轻成熟的羊群标志着牧场的历史进入了新阶段——牧场已经转危为安：牧场不再需要购买和进口绵羊，图提拉可以出售和出口绵羊了。

我们现在剪了 10000 只羊的羊毛。这个数字是在 1882 年的基础上增长起来的，那时仅仅有 7000 只——其中 3000 只完全靠着毒空木而活——忍饥挨饿的羊能来到羊毛棚，这还多亏了干旱季节和烧荒所带来的草场的扩大、栅栏的修建以及在湖岸边缘地面的垦荒。

这些沼泽或者平地——直到今日它们才符合过去的名号——在基尔南和斯图亚特时期就已经进行了排水。在排水活动之前，这些地方长着发育不良且浸在水里的亚麻以及干枯瘦弱的水烛；随着土地变干变硬，过多的水分散失，这些当地植物便以极强的生命力喷薄而出，因此，前人所做的工作并不能立即见效。不过，人们如今能够感受到排水活动的效用了。

在一个极为干燥的夏日，斯图亚特成功焚烧了最大的一片沼泽——卡西卡纽伊沼泽。巨大的火焰吞噬了所有的干燥之物；只有两三种最近同批出现的植物的叶片落在地上，或者从植株顶部下垂，发黄无力，被烤得发蔫。这片丛林里满地是垂死的枝叶，随后长出了巨大而多汁的苦苣菜，羊群为其所吸引而前来，将地上的枯枝败叶都踩碎了。第一场大火后的夏季里，又燃起了第二把火，该火席卷了零星分布着亚麻的大片土地，那些刚冒出枝芽的植株顶冠都焚毁了。而在植物分布较为稀疏之地，大火并不能顾及，人们便用铁锹和扁斧清理枯死的植株顶冠，堆在一起，放火焚尽。然后，翻地除草，加之时节正合适，这里的土壤便如处女地经第一次开垦一般而焕发生机。这里没有芜菁叶蜂，除了苦苣菜外没有其他杂草；我小心翼翼地亲手种下的芜菁种子，都均衡地发出了芽。我们过去常常骑马去寻觅最早的子叶。一天的劳作之后，看看那些生长中的植物，我们便会感到无比轻松——第三片叶子长出来了，深绿的林薮蹿起来了，早期的根须变得越来越密，油桃的花朵盛开了，李树长出了小球果，叶子长得繁密，还有阿伯丁花那巨大的紫色花冠——植物的每一个变化都带来全新的喜悦。弄乱这片葱郁的绿色是一种亵渎，不过人们可采撷一两枝为己所用，而心下想起这里便是一场节日盛宴。除了关注褐土及其相关问题的读者之外，对于我们的第一次农业活动的成功，我非常满意。我们的作物在我所知道的任何地方任何时期里都是最健康、收获最丰盛的。下一年，庄稼长势也不错，不过第三年则显得平庸，到了第四年就不见作物的踪迹；以阔叶野草为主的杂草占据了整片土壤。

直到此时，所有的开发活动都是在羊场的东部角落进行的。那里搭建了围栏，播种了草籽。而另一方面，羊场的其他地方并没有进行开发——那时称之为"后乡"，多达 1.5 万到 1.6 万英亩的地方。那里和一百年前没什么两样。

我们新的开发步骤就是一点点来利用这片荒原。进入一片典型蕨草地那干巴巴的故事前文已经提及，但是关于这个进程的个人观察误差、人类因素、希望和担忧、起起伏伏、幻灭和胜利等都未曾讲述。

　　尽管那些年我们所做的工作并未实现预期目标，但是却有着很多的成就，仍具有让人欣喜的期待。这一进程从开始到结束都具有吸引人的趣味：那是对该地区细节的有趣探索，可以发现悬崖和山谷要相距多远则无需木桩和铁丝；对地面木材的有趣探寻，那时木材为数不少——这些木材在干燥的浮石地面上一定是风干了数个世纪；为当地的篱笆匠插上旗帜标明确切线路也很有趣；运送木桩也让人欣喜，这些木桩每捆堆放 100 根，大部分都用斧头劈开、定形，不过有些大木头并未被大火焚毁，还需要锯子进行破裂。然后要打包运往既定的路线。木材是种让人厌烦的货物，没有两个木桩重量相同，也不能互相融合；马匹在山上和谷地颠簸行进往往让货物变松，每天都会发生不可预见

23-2：装好的木桩

的事故——尽管如此，夜里走回来，我们还思考着要再搭建半英里围栏的事。

　　有一年冬天，我们就这样忙碌着——一天时间准备好四十或五十堆木材，平均分好并用绳子绑牢；接着，清晨时分，在马队当中奔走忙

碌，安上马鞍，迅速吃了饭，带着马队进入牧场的中心，装上木材，然后驱赶着马匹，吊钩上的背带环叮当作响，皮革马具时而拉紧，时而沉吟，时而尖叫。每天我们都能干成一些事，最后，几英里的地面上放置着搭建未来围栏的材料。那时看着围栏那一根又一根的立桩，一英里接连着一英里，跨过山谷和山坡，如罗马大道一样平直，该有多高兴呀！测试着那深埋夯实的木桩，观察着这整齐的网状结构、修剪齐平的树节疤以及六条均衡平行且紧绷得如小提琴琴弦的铁丝，这该有多兴奋呀！搭建一条篱笆所获得的上帝荣耀可比得上在教堂立下一根木桩。

我们所整治的第一片区域包含大概 1600 英亩还算不错的砾岩地面。第一步是烧荒——这并不总是一件易事，因为无法确保图提拉总是干旱天气。我们总担心雨天会突然到来，担心着蕨草还没晒干而无法烧尽。随着秋天的到来，我们惶恐不安地望着天空，因为成功的烧荒不仅要求蕨草是干燥的，而且还需要一个炎热干旱的天气——万里无云的晴天。在某个三月的早上，我们第一次将斯图亚特的草场焚烧了，一切进展顺利。烈日从湛蓝的天空上无情地照射下来，细如丝缕的云朵——大风到来的迹象——高高地悬在毛嘎哈路路山脉那头。十一点之前——我们必须立即赶到现场——我们在此等候，一边查看着地面，一边观察着天上，感受空气的流动，小心地处理着将使地面变为焦炭的干柴，然后我们会获得一片英国草地，使羊群健康地生息繁衍，并给我们挚爱的羊场带来一连串的利益。我们在蕨草丛中等待，勉强控制住了自己，"使自己平静下来迎接长久期盼的结果"，想象着每一小时、每半小时甚至每一分钟的等待都使得层层叠叠的蕨草变得越来越干燥。

在焚烧这片处女地的最后一个小时左右，我哪里不知道自己心中有多少担忧呀! 倘若所期盼的清风停止了? 倘若羊毛般的白云居然降下了雨水? ——就像是在银行家的会客厅里心中升起的不祥之兆。倘若——我知道这发生过——天空阴沉沉一片,实际上又未把火浇灭? 倘若悲剧性地选择了推延—— 也许是一周、一个月或一个季度? 或者说,倘若大火过后的焦土因零星的几片绿地"毁了容"? 或火势为不可燃烧之物所阻碍? 或长势稀疏的蕨草地并未焚毁? 或每条小溪和羊径阻断了火势? 若再次点火,是否会垂头丧气,担心着是否需要等下一个更好的时机?

不过,在那个三月天里,我们像以利亚一样观测着天空,一朵像人手大小的云都没有。尽管一切都很顺利,点到此处也已足够,不过有些读者也许希望听听那一天的具体细节——不管怎样,作者也希望重温过去的欢乐。将近中午,那根关键的火柴点燃了,烟火盘旋上升,变蓝变淡,透明的火焰开始很稳定,很快就绵延开来,就像一条盘在低处的巨蛇抬起了身子。然后,大火引发的气流迅速招来了等待中的大风;在那炙热平静的大火中突然迸发出如暴雨般新生的火焰;焰火滚滚扑向一带状区域,由此向边缘扩展,一切成为了灰烬,火借风势怒吼地到处延伸,仿佛要将一切消灭。几分钟后,混杂着浓烟和烈焰的火线,带着持续的咆哮向前移动,席卷了山坡。

没有什么景象比风与火所上演的戏剧更吸引人们的眼球。山里的风就像河里的水,在力的作用下一刻都无法保持平静,总是不停息地膨胀收缩,盈亏聚散。当大风吹得正猛时,疾速冲锋的大火一时间也会受到限制,先前受到束缚的火焰将会像庄稼一般伸出开叉的舌状焰火,或者好像在燃烧最为充分之时从地上被拉起来似的;片刻之前浓烟还被挤压在密得窒息的蕨草丛里，很快就化成蒸汽般的轻烟从翼状的蕨叶中升腾起来。更猛烈的大风刮向山坡，加快了燃烧进程，到处冒出叉状火焰的那片火海，灼烧着山坡上部的焦枯植被，远远地赶到了前头；大火向前滚动着——根据风力的改变，火焰有时显得灰白，有时变得鲜艳，还有时则明亮耀眼。就像一位恋爱中的人将情人抱在怀里一样，火焰把庄严的巨朱蕉抱住，脱掉了它乱蓬蓬的棕色披风，并用火焰之吻吞噬了它们高大的树干；大火焚烧了亚麻丛，其声响就像是噼啪作响的枪响；毒空木丛中嘶溜嘶溜、噼噼啪啪地响着；灌木深处升起浓浓的黑烟。在山顶上，咆哮的大火在大风全力推动下，爬上了山坡，越过了山顶；而在低处盘旋着的浓烟旋风，因飞舞的炭屑而一片焦黑，炭屑又因无数的星火和少数飘在空中的蕨草燃烧而点燃，发出亮光。下风向的大火也同样壮观，大火缓慢从山上退下来，先是悠闲地吞噬了最干燥的物质，然后刚长出的、更绿的且仍站着的蕨草茎秆被烤干了，接着这些蕨草便像非利士人（Plishtim）的主神大衮（Dagon）一般弯下腰来，倒在地上，永久地成为了火焰的燃料。添加了蕨草的火逆风而烧，或烧往山下。在夜里，因不断有绿色的蕨叶落入，呈现出一种独有的闪烁形态，因此黑暗和火光交替出现着。

在无风的山谷里，可看到火的另一种状态：那里的火焰缓缓地燃烧着，因受到谷上大风的诱惑而伸展、下降、屈膝和摇摆；因为无风，火焰不紧不慢地踏着迷乱的舞步，一会儿转向这头，一会儿跨向那边，伴着天上竖琴无声的旋律轻快地移动着。那个三月的下午，正如洛德的河水，大火横穿了斯图亚特的放牧场，如野兽般咆哮，如洪水般喷涌，长啸哀嚎，隆隆作响，如闪电般急行，压倒一切，势不可当，浓烟滚滚，吞噬的不仅是这片放牧场，还有洛基山附近的几百英亩土地——那时属于磨内基安基（Moneagiangi）牧场——所有的布莱克·斯塔格（Black Stag）以及几乎全部的"毒空木丛林"。

到了晚上，大风未到之地覆盖着一层薄薄的灰色面纱——那是焦枯的蕨叶所形成的轻盈灰烬，仍保持着原来的形状。空气中弥漫着一股强烈的盐味，仿佛是从海上吹来的；与此同时，在最干燥的平地上，正在焖燃的白松枝干上升起了条条细小的蓝色焰火。乡野的轮廓都变模糊了；橙红色的太阳，低垂在昏暗的天际，像一个燃烧着的血球；一层像城市里迷雾的浓烟覆盖着大地。啊！骑马回家，汗水干成了盐渍，全身沾染了灰烬而变黑，手臂上的毛发无一不烧焦，但是我们却满心欢喜，犹如胜利凯旋。啊！潜入凉爽的湖水里，在明澈的水里慢慢游过卡鲁维塔西岬角（Karuwaitahi）和塔拉塔浅滩。可惜呐！再也不可能像这样闯入牧场了，过去的那种生活一去不复返。能在旱季里干燥的一天烧荒，就是骑行一千英里也值得。

就这样，放牧场烧了荒，搭起了围栏，下一步便是铲除蕨草和播种草籽。就像公立学校拉丁语入门课本上的那个人，"羊群很多，却没有多少钱"，我们只能将草籽搭配着购买，这样更便宜。我们在阿胡利里港的商店里去搜寻绒毛草（*Holcus lanatus*）、双头鸡脚草（*Dactylis glomerata*）、次等的黑麦草（*Lolium perenne*）、鹅草（*Bromus mollis*）和鼠尾羊茅（*Festuca myuros*）等草的种子。我记得精选的绒毛草籽每磅一便士，我们购买了价值一百英镑的草籽。搜罗的其他种子残渣包括草地早熟禾的种子、一定数量的白色三叶草籽和一把左右的冠状狗尾草籽（*Cynosurus cristatus*）——该植物和毛地黄（*Digitalis purpurea*)、野豌豆(*Vicia sativa*)是第一次出现在图提拉。我们买了几百袋的鹅草籽，其成本只比其包装袋高一些；另外还买了大量的钝叶三叶草籽，每磅大概一法寻。

我明白，鹅草、鼠尾羊茅和绒毛草在任何规模的英国草场中都不受欢迎。尽管如此，在八十年代，它们对于羊场而言却很有用；因为羊群所啃食的任何其他牧草相对于蕨草而言都是一种进步。关于钝叶三叶草，毫不夸张地说，它们不止一次拯救了羊场。直到今天，我仍然相信，倘若图提拉必须去掉一种牧草，图提拉最不能承受的便是失去这种所谓的小野草。约克郡绒毛草、鹅草以及鼠尾羊茅很久以来就不能带来任何效益。不过在八十年代，这些草发芽快，生长迅速，能在贫瘠的土地上生息繁衍，加之它们的产籽质量高，都使得它们具有相对较高的价值。茂盛和繁茂这样的字眼从不用来形容诸如中部图提拉这样的砾岩和砂岩地面上的植物；不过，上述的每种植物都对图提拉的发展做出了贡献。这些植物起初都是因为偶然因素而抵达牧场的。我注意到它们生长得很好，便领会了自然所给予的暗示。

这些混在各种残渣——即从十几家商店里筛下来的粉尘——里的草籽，以成熟的种子作催化，一堆堆地垒在羊毛棚的地面上。我们将好与坏的种子混杂，装包堆起来，在工作中，粉尘如托菲特浓烟一般升起。接着打包扛出，分开放在放牧场上；这些袋子两相靠着，我们可以想象，里面的草籽会在思考着即将到来的服务机会，以及它们的责任，即在此前从未有种子发芽的地方萌芽。我们雇人播种草籽，选好了营地，很快就有十到十二名土著在地面上播种了，而在一周之前这里还是蕨草和灌木丛生之地。

我们对诸如黑麦草和鹅草这样的速生植物所最先长出的绿色针片叶充满了浓厚的兴趣。紧随其后的是白色三叶草和钝叶三叶草的扁平子叶。最早的萌芽可在驮马道沿线上看到，因为草籽因意外而从袋子的裂口掉落下来，此外还可在湿润之地以及露出地面的肥沃泥灰地上观察到。

读者是知道的，英国牧草在牧场中部最终还是消亡了。不过，在那时，羊场的主人们并不知道那样的悲剧性的未来。他们心情愉悦，充满着幻想，心中所看到的是一片广阔的如绿丝绒般的草地。他们这么相信也是有缘由的，那时土壤里还有一点肥力，第一次播种后草籽萌发盛况空前，以后再也没出现过。

回到我们的放牧场：每一次骑行都能发现新的变化——开始，山坡上到处是数不尽的三叶草那绿色扁平的针片状子叶，接着长出了第二片叶子，然后长高了，可以作为羊群的草料，然后在柔和的阳光下山坡上呈现一片浅绿，最后一片葱郁的绿色遍布整个放牧场。对于开垦土地并无热心的人而言，开创荒野所带来的快乐也许看上去就像一种癫狂。对于我们而言则并非如此；我们的放牧场就是一项持久的娱乐，比任何一部小说的情节发展都吸引人。套用哈姆莱特的话，即土地便是关键。那时我二十五岁，如今我已经年逾五十，有些兴趣随着时间流逝而丧失，但是对一件事从未感到厌烦——对土地的开发。

这座草场的第一年的历史没有必要阐述了，因为前文已对一块典型牧区的扩张和收缩进行了论述。以下这句话就足够了：在一年之内，在从前没有一只绵羊的地方养起了1500只绵羊。我承认，我们的工作并非是十全十美的，但是我要再次提请读者注意我们当时所面临的租赁和资金问题。我们做到了量入为出，使用便宜的铁丝，购买廉价的种子；尽管如此，经过三十年的深思熟虑，我相信，不仅是斯图亚特放牧场上的工作，而且牧场槽形地带剩余地区的工作，大体上都是正确的。

洛基楼梯草场是进行除草植草的第二片区域，然后是头像草场、毒空木丛林草场、教育草场、庞培草场和沙山草场。多年来，我们实现了每年大概1200—1400只羊的增速。过剩绵羊的价格也从4—6先令提高到8—10先令。

九十年代早期，我们在图提拉中部逐区砍伐了大部分的小灌木丛，在灌木林倒下的废墟上我们种植并收获了大量的油菜和芜菁，随后则有大片繁盛的黑麦草、鸡脚草和三叶草。羊群的数量年复一年地增长着，直到九十年代中期，羊场的年龄从十多岁变成了几十岁，羊群的数量最终达到了顶峰，那年剪了21300只羊，羊羔超过9000只。那一年，图提拉拥有略多于30000只的绵羊和羊羔。

从那以后就开始衰落了。我们开始发现要保持该数量非常困难；各处的土壤也失去了最初的肥力，白三叶草开始大规模消失，黑麦草和鸡脚草远不如以前有生命力。随着羊群数量显著的减少，东部地区小灌木林的砍伐工作暂时推延了。不过，尽管羊群数量总体确实下降，我们却有聊以自慰之处，即羊群比之前长得更健康，喂养得更好，所产羊毛质量也更高。

在羊群和草地数量增长的过程中，时间并未静止；尽管我们为毛利地主大大提高了羊场的价值，但是牧场给我们带来的收益——除了羊群数量增加之外——却逐年减少。

现在我们第二次与土著地主协商续签合同事宜。从商业角度看，第三个租赁合同比前一个合同更加让人不满意。我们所签订的租赁合同，其租赁面积不能超过原来牧场的一半，这是因为一些适用于其他地方的绝佳理由，而在我看来，将这些理由运用到这片国家无法分配出去的土地上是值得怀疑的。租金再次增加了一倍，不过附文指出，倘若在旧租约结束时（还有九年时间）也租下了西部片区，那么该租约租金可减半。对于羊场一方而言，该条文具有某种程度的保证，因为牧场的西部片区本身不值所支付的租金。若有人租用那片土地的话，他们经营状况一定不如我们。总之，新租约并不能鼓励土地开发，除非那些开发活动能带来即时的收益。

和之前一样，又有好几位土著地主选择不签合同。不过回过头看，我感到很奇怪，居然有那么多人签了合同，因为他们都明白，为了不失去牧场，我们几乎会同意他们所提出的任何条件。我们为了获得继续占有牧场的权利，就会同意他们任何程度的敲诈。他们没有这么做；不过，他们索要预付款也许会更勤一些；当然我们并未让他们处于一种凄惨、自觉有罪以至于心碎的境地——我们的银行家经常会这么做，我们也习惯了；为了达成目的，年老的请愿人会设想着羊场什么时候会再次续约，说道："我想有一天你们会再续约，我会签字的。"好吧，如果穷困之人毫不顾念其他困窘之人，那么这将是一个什么样的世道？羊场始终都背负着一身债务，便对地主们产生了一种兄弟般的情感，随着正常的租金支付为债主们所攫取，这种情感就变得更为深厚——偿付债务将资金消耗了；这个地区一半的地主都知道图提拉的租金什么时候到期——当牧场出现了牲畜的尸首以及前来就食的秃鹰之时。

不过，预付款只支付给老人以及因某种紧急事故而急需用钱的人。

有数年时间，墓碑风靡一时：有一位虔诚的土著人为其祖先立下纪念碑；该风俗一经传播，人人纷纷效仿，我便到镇上和每个要这么效仿的人进行友好的交谈，并熟练地分析破旧的石柱、哀鸽、十字架和方尖塔所能传达的悲痛，该潮流才有所止息。过了几年，墓碑潮流"消退"了，人们开始要求羊场预付款项用于修建欧式房屋——这些房屋常常没人住，尤其是对老人而言，占有房屋的自豪感消退后，他们便回到烟雾缭绕的温暖的水烛茅屋。第三种风尚是结婚礼服：部落里的姑娘们需要盛装参加祭祀。那时，我和斯图亚特最怕在纳皮尔的服装店窗口看到穿着新娘礼服的模特，担心我们的某些地主会被吸引住。我们痛恨游行牧师的到来，上帝原谅我们吧，最担心他们撺掇贵贱有别的未婚情人，为他们主持婚礼，羊场就不得不为无止境的纯白婚纱而预支费用。

除了上述麻烦之外——这些都是由于土地主人数量太多的原因——他们对我们已经不能再好了。毛利人是一个优秀的种族，我和他们生活了四十年了，对他们我除了好话之外别无可说。不过我们的体系是有问题的——交易的一方做了所有的工作，而另一方却可以收回土地，不需为土地的改进支付任何代价。即便是从地主的角度看，仅能出租二十一年——考虑到实际情况，这样也太短了——便是个错误。投入到土地的改善性工作或者被收回，或者只吝啬地留下一点点。

关于这一个时期没有其他可说的。九十年代后期，羊场摆脱了债务，从乔治·比先生那里购入了邻近的普陀里诺牧场——12000只绵羊；随后赫鲁-欧-图瑞片区也被收购了。1903年的夏天，羊场第二次摆脱了债务，作者买下了其合伙人在三块产业上的股权以及32000只绵羊。

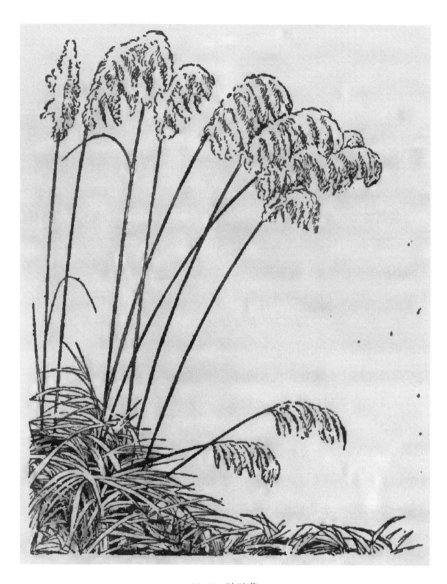

23-3：趾趾草

第二十四章　图提拉已归化的外来植物群

　　说到英国在全球温带地区所进行的殖民活动，我们总以为那仅仅是为了其子民的利益，其实他们所驯化的动植物的利益也得到了照顾。人们忽略了几十种更小的生物，它们和人类一样极度地渴望繁衍和占有土地。本章将对这些生物进行描述。

　　它们悄无声息地跟在我们的水手、探险家、士兵和拓荒者的身后。谚语中永不落下的太阳也照耀着鸡草、千里光、蒲公英和婆婆纳，这些花草生长在每个英国花园里及其小径上。

　　上文已描述过牧场的古老植被。人们使用火和羊群等手段消灭了原始植被，一大片处女地——用一句新西兰政治术语来说就是——向选择敞开了大门。随着无所不能的蕨草专制统治的衰落，一大批古老而又急切的竞争者涌入这片土地。在羊群的协助和默许下，不仅当地植物占据一席之地——我们可以想象几百年来，它们迫切地等待着扩展的机会，对其贪婪的对手充满了嫉妒——而且来自数千英里之外的外来物种也立稳了脚跟——来自欧洲、亚洲、澳大利亚和美洲，总之，来自全球各地。

　　所有的这些植物都要以某种方式与羊群打交道，因为图提拉和新西兰的其他放牧区一样，没有旧世界的林荫小道，没有路堤和篱笆，也不会有羊群误入严格保护的狩猎区。

由于缺少这些自然屏障，抵达殖民地的不少杂草也许从未跨越沿海城镇的边界；在交通要道上，每年它们很可能都会被经过这里前往海边冷冻厂的大量羊群所啃食。尽管有些草类会因此灭绝，或者生长受到了限制，但是在羊群前往乡下的进程中，羊群对其他草类的偏好则对挣扎中的生命有所助益。总而言之，每种草都必须与羊群打好交道。比如，牧草和三叶草就与羊群就它们的生存权讨价还价；它们为羊群提供食物的同时，利用羊群的身体作为传播载体。其他植物为了避免灭亡，各显神通，或通过大量产籽，或使味道变得恶心，或逃到山石峭壁间，或默默忍受其无休止的啃食。只有一种植物——黑莓（*Rubus fruticosus*）——是羊群的主宰，它们通过黑色的浆果引诱羊群进入死亡陷阱，拖曳着强有力的纤匐枝使其缠入其中，最后以其尸首为食。

胡克（Hooker）的《新西兰植物手册》（*Handbook of the New Zealand Flora*）出版于 1867 年，列出了 130 种在殖民地归化的外来植物。奇斯曼（Cheeseman）的《新西兰植物指南》（*Manual of the New Zealand Flora*）于四十多年之后出版，列举了 500 多种在殖民地完全立足的植物。如今，仅在图提拉，该数字的一半都可在这里找到。

能够称之为归化的外来植物是指在萌芽和成长早期的困境中存活下来，并能"靠自己"到达牧场的植物。除了人为带来的并进行大规模播种的牧草之外，还包括尽管最初是人们有意引进的，但到来之后有能力进行广泛传播，并能在多年不利条件的常态之下，经受住羊群的践踏和啃食、蛞蝓和蜗牛的蚕食、其他植物的竞争以及人类经常性充满敌意的行动等考验，还能够存活下来的植物。

根据顺序和种类的科学步骤将无法显示出这次植物入侵的真正意义。因此要根据到达日期、到达的方式方法对植物进行分组。在很多情况下，到达日期是确定的，整体上也接近正确，但是却不可能确定到来的方式方法。比如，我所列举某些品种可能是以一种方式到达图提拉的，也可能以另外一种方式到来，还可能同时经过了两种或更多的路径到来。只有那些穷尽一生记录外来植物到来的人才能够鉴别种子可通过多种渠道进行运送，并认识到明确确定它们的旅行途径是不可能的。作者也不敢作肯定的申明，他观察了很久，见了太多，更不可能下武断的结论。因此，书中对所提到的每种植物给出了或多或少的细节，读者可自己得出结论。不时出现的新品种都被认真地记录下来了。1882年9月4日的下午，我发现了蒲公英盛开在"二十英亩放牧场"的草地上，一片金光闪闪，从那时起，我观察了几乎每个案例中植物的崛起、衰落和灭亡的全过程。我可以很有自信地说，我没有忽略一种植物。首先，图提拉的各种变化也许得到了比绝大多数羊场更为清晰的观察。三十六年来，我自己就像雅典的圣保罗的门徒，一直在寻寻觅觅，期待找到一些新的东西。哈利·杨是一名绝佳的助手，这里的牧羊人也了解我的奇思怪想——希望不要用更糟的字眼——也多多少少会警惕着新的动向。两万英亩，听起来确实好大，更何况要在上面保持警惕注意新动向呢。读者应记得，早期的羊场五分之四的土地还长满了蕨草，那里其他植物都无法生长。读者也应记得，在蕨草铲除的那一章里，放牧场的外缘角落和肥力不足的区域很快就被蕨草重新占领。因此，所列举的那些植物事实上只在很小区域里生长。此外，在这当中，百分之九十的外来植物都出现在农庄周围、花园、果园、园中小径和道路上。最后，在图提拉观察到的几乎所有植物都呈指数增长，很多品种都无法忽略。数株植物可能容易忽略，但发展到第二年就无法忽视了。即便是最粗心的人，外来植物到了数以十万计的阶段，都会不由自主地被吸引住。

在未因寒霜和雨水而枯萎的丛林中射杀过兔子的人都明白，一个人的身高若增加一腕尺（古代长度单位，1腕尺约45厘米长——译者注）会有什么好处；我有着这样的优势——高度的优势。很多时候我都是在马背上度过的；坐在马鞍上，就有可能在八九英尺的高度上观察大地，而不是六英尺。还有，牧羊人大部分的工作是在清晨最早的几个小时里进行的。这时，也许植物和牧草之间彼此区分得尤为清晰；黎明时分，露水将最细微的区别强化了，分辨起来很容易，到了中午便难了。

图提拉的植物并非一天就可以记录完成，它们分布在各地，需要年复一年地记录着。我们总有些极为稀有的机会能够观察某片土地上的外来植物，我们并非路过的陌生人，看到了某种外来之物暂时性的蔓延滋生，然后就带着这种错误的想法离开了，而是每年都会来查看[1]。就这样，我们观察到了拓荒植物的出现，它们增长着，接着大规模地繁衍，仿佛要席卷整个区域，于是被看成一种麻烦、一种威胁甚至是真正的危险，然后人们开始限制它们的数量，这些植物缓慢减少，其数量迅速降到正常水平，随后这些品种变得稀少，人们不再诅咒其为敌人，反而视其如老友，以恢复它在过去的重要作用。

---

[1] 我不由得想到伟大的植物学家胡克也许受到了误导，听到了某些外来植物暂时生息繁衍的汇报就担心道："引进的物种确实会取代甚至可能消灭一部分当地的植物群。"

图提拉的历史就在杂草之中。牧场每个阶段的开发进步都伴随着适应这些特殊条件的外来植物的到来。羊场各主要历史时期都产生了一种特别的植物群。

　　在六十年代，那时毛利人仍然占据着牧场，牧场上主要的植物品种包括一两种牧草，比如燕麦草（*Lolium perenne*），几种有意种下的食用水果和食物——灯笼果（*Physalis peruviana*）、桃子和马铃薯，——几种野菜，比如薄荷（*Nepeta cataria*）和百里香（*Thymus vulgaris*）。

　　到了七十年代，畜牧业开始。这个阶段以下列植物为标志：附着在人身体上而来的，比如黑莓；附着在羊群腹部而来的，比如三叶草科植物；附着在羊毛上而来的，比如澳大利亚刺果（*Acæna ovina*）。

　　在八十年代期间，搭建了房屋和羊毛棚，永久性的农庄也建起来了。这周围仿佛施了魔法一般，突然出现了很多植物，就像是人类的寄生虫——车前草（*Plantago major*）、荠菜（*Capsella bursa-pastoris*）、一年生早熟禾、鸡草、千里光以及其他植物。

　　随后开始了大规模种草。按计划播撒了珍贵的牧草种子之后，随之而来的是为数不少的杂草和低等草，还有像毛地黄（*Digitalis purpurea*）、野豌豆（*Vicia sativa*）、平铺车轴草、发草（*Aira caryophyllea*）以及很多其他植物"偷渡者"。

　　当我们有足够的闲暇来照料花园时，很多植物接踵来到图提拉，似乎是习惯性地陪伴在它们可爱的亲属身边——白色野芝麻（*Lamium album*）、普通延胡索（*Fumaria officinalis*）、茅草（*Agropyrum repens*）、海绿（*Anayallis arvensisi*）以及很多其他植物。

　　开垦湖边肥沃沼泽之时，不少植物随着开荒的进行而到来——野芥子（*Brassica sinapistrum*）、芹叶太阳花（*Erodium cicutarium*）以及其他植物。

　　1908 年我们续签了一份满意的租约——这件事还未论述过——农业活动开始在长期为人忽略的牧场槽形地带进行。为了找到可在其干旱的土地上繁衍的植物，我们在试验田上种植的并不是那些迄今为止已购买的草类和牧草。试验田种下的草来自于干燥的低地、沙漠和高地草原，同时，它们也带来了自身的伙伴，那是图提拉从未有过的杂草。于是，我们有意地种下了地榆、蓍草、冠状狗尾草、各种羊茅植物和多种莲属植物，由此偷渡而来的有菊头桔梗（*Jasione montana*）、白玉草（*Silene inflata*）以及其他旱田杂草。

24-1：菊头桔梗

不仅如此，即便是少女对金丝雀的偏爱这样微不足道的因素都给羊场带来了三种外来植物。

1901 年，纳皮尔—怀罗阿道路正式开工。正如在其他案例中所引证的，人类的劳动便是植物的机会。大量的外来植物比如马鞭草（*Verbena officinalis*）、小白菊（*Anthemis cotula*）、草莓三叶草（*Trifolium fragiferum*）及其他植物自己走到了羊场，也就是说，用自己的腿走来的。

我真的相信，假如在图提拉建立一个动物园或者举行一场音乐会，相关的植物也会跟着到来。有些植物喜欢混入牢笼的尘土里、各种粪堆中、花生米中以及马群里，它们会跟随动物园的步伐而来。而大礼帽、小提琴、地面树脂、老旧肠线、长发和破烂的钢琴丝当中毫无疑问会产生出独特的植物群。

人类活动和某种植物之间的联系并不局限于当地。外来植物不仅跟在人的身后，更奇怪的是它们对人类步伐的快慢也有反应。自从图提拉道路上有了机动车后，杂草便从更远的地方以更快的速度到达羊场；过去种子附着在轻便马车上的淤泥中，每日只行二十或三十英里，如今借助着机动车，速度是原来的两到三倍。在八十年代和九十年代，这些旅行的草类还未到达羊场的很久之前，它们的每一种我都很熟悉；记录它们向牧场逐步移动的过程是我一直以来的兴趣；早在这些陌生植物实现其目标之前，我便在图提拉以北数英里，或以南数英里对它们有所了解。近年来，新的植物超出了我认知范围，尽管——因为我的认知范围随着时代进步而扩大——我的认知范围也扩大了三到四倍。有时候植物真的好像仅仅是受到思想的吸引就出现了，然而这一神奇的过程对于认真的读者而言只能进行平淡无奇的解释。比如说，西洋蓍草一磅重的种子就有几百万颗，将会在某些地区大规模播种开来；这个因果关系的第二步就是到纳皮尔商店里挑选草籽。在其中一家店里，店员偶然间刮擦了一下顾客的外套；在另一家店里，店员登上了楼梯时，顾客头顶上的木板震落下了一些灰尘；顾客的手或袖子接触了细小种子；顾客用手帕擦手，黏在上面的种子从一个口袋转移到另一个口袋；种子藏在了顾客的指甲之中，然后又落入他的鞋子上；离开时，顾客已经带走了以几十种不同方式附着上的种子。到了羊场，种子弹落在地板和席子上，并和干燥的尘土被扫起倒掉；黏在潮湿鞋子的种子被带到了室外；它们又附着在长筒靴和马具上。不久之前还是银光闪闪的种子，如今仿佛出现了奇迹，发芽变绿起来。倘若罗密欧真的很喜欢做这样的事的话——莎士比亚可无一言暗示不是这种情况——我相信，在与朱丽叶见完面后，她的睡袍和头发一定沾上了种子[1]。

最后，我不得不对接下来的几章里关于图提拉外来植物的分类所引起的批评有所准备；不论怎样，我自己对这样的分组也不满意。经常

---

1 种子的生活史和玩笑有种奇妙的相似性——两者每天都在地球表面以成百万之数分布着，两者都需要有同情的土壤供其萌芽、生长和繁衍。一个这样的笑话，比如，"让一只鸽子爬到树上去骚扰乌鸦窝简直比让温和派进天堂还难"，只能在一个特定国家的特殊时期里了解那时的宗教迫害的人们才能体味到其中的幽默意味。若在波利尼西亚讲这个笑话，则会像在斯特灵郡种植椰子树一般失去生命力。潘趣的幽默——新手在狩猎宴会上对看守说："所有的助猎者都出去了吗？""是的，先生。""你确定吗？""我确定，先生。""人头你点过了吗？""我点过了，先生。""那么我一定是射中了一只狍子。"——这个笑话从森林、沼泽和密林传到了苏格兰大地，就像我在图提拉所发现的，一种新植物的传播也要与那里的环境相适应。在猎手、看守和助猎者的心中，他们找到了共通之处；不过若是在基督复活安息日教友会议上所谈起的玩笑，便无法流传下来，因为那样的笑话没有了生存的土壤。

有这样的情况，一个物种的特性如此均衡，以至于可同时归入几个不同的类别中。举一个例子：我将垂柳不停地从一个组归到另一个组，到最后这可怜的植物自己肯定都要糊涂了。在它们最终立足于传教士生活区当中时，我们一度认为它们是从花园里出走的，还一度认为它们是步行植物。在将外来植物根据到来方式进行分组之前，我提议按以下方式进行列举：

A. 1882 年之前占据牧场的品种。

B. 在 1882—1892 年之间到达图提拉的植物。

C. 在 1892—1902 年之间到达图提拉的植物。

D. 在 1902—1920 年之间出现在图提拉的植物。

A

1882 年之前归化的图提拉植物名单

桃子（Prunus persica）	有齿苜蓿（Medicago denticulata）
矮樱桃（Prunus cerasus）	褐斑苜蓿（Medicago maculata）
苹果（Pyrus malus var.）	黄香草木犀（Melilotus arvensis）
黑莓（Rubus fruticosus）	白三叶草（Trifolium repens）
草莓（Fragaria elatior）	钝叶车轴草（Trifolium dubium）
葡萄（Vitex vinifera）	红三叶草（Trifolium pratense）
灯笼果（Physalis peruviana）	绒毛草（Holcus lanatus）
水田芥（Nasturtium officinale）	银鳞茅（Briza minor）
荆豆（Ulex europeus）	鼠尾羊茅（Festuca myuros）
金雀花（Cytisus scoparius）	羊茅（Festuca bromoides）
垂柳（Salix babylonica）	羊茅草（Festuca ovina）
天蓝苜蓿（Medicago lupulina）	紫羊茅（Festuca rubra）

　　　　　　　　　　　　　　图提拉——一座新西兰羊场的故事

毛雀麦（Bromus mollis）

总状雀麦（Bromus racemosus）

草地早熟禾（Poa pratensis）

鸡脚菜（Dactylis glomerata）

黑麦草（Lolium perenne）

薄荷（Mentha viridis）

猫薄荷（Nepeta cataria）

百里香（Thymus vulgaris）

欧夏至草（Marrubium vulgare）

马铃薯（Solanum tuberosum）

烟草（Nicotiana tabaccum）

蝇子草（Silene gallica）

西洋蓍草（Achillæa millifolia）

毛蕊花（Verbascum thapsus）

澳大利亚刺果（Acæna ovina）

刺蓟（Cnicus lanciolatus）

斗篷草（Hypochæris radicata）

钝叶酸模（Rumex obtusifolia）

小酸模（Rumex acetosella）

蒲公英（Traxicum officinale）

黄花草（Anthroxanthum odoratum）

B

1882—1892 年之间归化的图提拉植物名单

（以其到来的大致顺序排列）

覆盆子（Rubus idœus）

辣根（Cochlearis armoracia）

欧洲防风草（Peucedanum sativum）

燕麦（Avena sativa）

野燕麦（Avena fatua）

油菜（Brassica rapa）

球序卷耳（Cerastium glomeratum）

野豌豆（Vicia sativa）

洋狗尾草（Cynosurus cristatus）

毛地黄（Digitalis purpurea）

奥地利松（Pinus austriaca）

柱毛独行菜（Lepidium ruderale）

繁缕（Stellaria media）

欧洲千里光（Senecio vulgaris）

婆婆纳（Veronica agrestis）

百里香叶婆婆纳（Veronica scrpyllifolia）

直立婆婆纳（Veronica arvensis）

一年生早熟禾（Poa annua）

矢车菊（Erythræa centaurium）

车前草（Plantago major）

车前草（Plantago coronopus）

长叶车前草（Plantago lanciolata）

红花木莲（Pinus insignis）

蓝桉树（Eucalyptus globulus）

百慕大草（Cynodon dactylon）

玫瑰果（Rosa rubiginosa）

雏菊（Bellis perennis）

荠菜（Capsella Bursa-pastoris）

春蓼（Polygonum persicaria）

亚麻（Linum marginale）

水飞蓟（Silybum marianum）

夏枯草（Prunella vulgaris）

枸杞（Lycium horridum）

加拿大飞蓬（Erigeron canadensis）

发草（Aira caryophyllea）

C

1892—1902 年之间外来归化植物名单

（以其到来的大致顺序排列）

藜（Chenopodium album）

小花毛茛（Ranunculus parviflorus）

小麦（Triticum sativum）

牛舌草（Picris echioides）

马鞭草（Verbena officinalis）

锦葵（Malva verticillata）

小花锦葵（Malva parviflora）

石苜蓿（Trifolium arvense）

杂种车轴草（Trifolium hybridum）

大竹草（Spergula arvensis）

艾菊（Tanacetum vulgare）

琉璃苣（Borago officinalis）

长春花（Vinca major）

欧洲接骨木（Sambucus nigra）

加利福尼亚蓟（Cnicus arvensis）

牛眼雏菊（Chrysanthemum leucanthemum）

意大利黑麦草（Lolium italicum）

雀麦草（Bromus unioloides）

梯牧草（Phleum pratense）

白剪秋罗（Lychnis vespertina）

加利福尼亚臭草（Gillia squarrosa）

田野方茎茜（Sherardia arvensis）

芹叶牻牛儿苗（Erodium cicutarium）

亚麻（Linum usitatissimum）

金丝桃（Hypericum humifusum）

四叶多荚草（Polycarpon tetraphyllum）

百里香叶蚤缀（Arenaria serpylliola）

禾叶繁缕（Stellaria graminea）

小大戟（Euphorbia peplus）

海绿（Anagallis arvensis）

图提拉——一座新西兰羊场的故事

大看麦娘（Alopecurus pratensis）　　　　毛连菜（Picris hieracioides）

牛尾草（Festuca elatior）　　　　　　　水勿忘草（Myosotis palustris）

线叶大蒜芥（Sisymbrium officinale）　　　夜来香（Enothera odorata）

蛇麻草（Trifolium procumbens）

D

1902—1920 年之间到达图提拉的植物名单

（以其到来的大致顺序排列）

节草（Polygonum aviculare）　　　　　　墙生藜（Chenopodium murale）

臭荠（Senebiera didyma）　　　　　　　白花曼陀罗（Datura stramonium）

漆姑草（Sagina apetala）　　　　　　　锦葵（Modiola multifida）

苋菜（Amaranthus（sp.））　　　　　　　匍匐冰草（Agropyrum repens）

荞麦蔓（Polygonum convolvulus）　　　　卷柏（Selaginella kraussiana）

野芝麻（Lamium album）　　　　　　　芹菜叶毛茛（Ranunculus scaleratus）

田野水苏（Stachys arvensis）　　　　　琴叶酸模（Rumex pulchra）

延胡索（Fumaria officinalia）　　　　　猪殃殃（Gallium parisiense）

稗草（Panicum crus-galli）　　　　　　小列当（Orobanche minor）

欧亚薄荷（Mentha pulegium）　　　　　须芒草（Poly pogon fugax）

狗舌草（Senecio Jacobæa）　　　　　　白玉草（Silene inflata）

绿狗尾（Setaria viridis）　　　　　　　麦仙翁（Lychnis githago）

加那利藨草（Phalaris canariensis）　　　矮锦葵（Malva rotundifolia）

长芒棒头草（Polypogon monspeliensis）　菊头桔梗（Jasione montana）

狗茴香（Anthemis cotula）　　　　　　林地早熟禾（Poa nemoralis）

海索草叶千屈菜（Lythrum hyssopifolium）牛蒡（Arctium lappa）

波斯三叶草（Trifolium resupinatum）　　忧郁蓟（Carduus heterophyllus）

草莓三叶草（Trifolium fragiferum）　　　麝香飞廉（Carduus nutans）

群集三叶草（Trifolium glomeratum）

窒息三叶草（Trifolium suffocatum）

草场毛茛（Ranunculus acris）

漆姑草（Sagina procumbens）

鼠大麦（Hordeum murinum）

茴香（Fœniculum vulgare）

粘疗齿草（Bartsia viscosa）

罗勒百里香（Calamintha acinos）

小糠草（Agrostis alba）

雀稗（Paspalum dilatatum）

百里香菟丝子（Cuscuta epithymum）

白叶千里光（Senecio cineraria）

小檗（Berberis vulgaris）

向日葵（Helianthus（var.））

菊苣（Chichorium intybus）

砂芸薹（Diplotaxis muralis）

猪殃殃（Gallium aparine）

圣约翰草（Hypericum perforatum）

亚麻叶金丝桃（Hypericum linarifolium）

折叶早熟禾（Poa distans）

艾蒿（Artemisia vulgaris）

忍冬（Lonicera japonica）

第二十五章　偷渡植物

　　和船里的偷渡客一样，很多草类登陆新发现的土地，充分利用了属于自己的有利机会。这些植物的种子成功地隐藏在草籽、燕麦籽和芜菁籽之间，或潜身于谷物当中，或躲在麻袋的角落里，或挤入缝隙里。偷渡植物还会混入装花籽或菜籽的小包当中。也许正是以这些形式，一大批外来植物偷渡进入了图提拉。由于有大片的第二和第三等级的乡野地面需要播撒草籽，加之牧场早期财务状况很差，我们便购买了大量的廉价种子；成百袋"次等"的约克郡绒毛草种子和仓库残渣经多次播撒，广泛地播种在了浮石地面上。[1]

　　1882 年到 1888 年，由于财务原因，图提拉的开发事业上没什么进展。不过，1888 年左右，种草这一类的开发活动——早已完全停止——再次重启。年复一年，牧草广泛分布在数千英亩的土地上。因此，凡是大一点的草场经常会长出新的外来植物。

1　八十年代，有一次隔壁的牧场需要购买残余的草籽——除了阿拉帕瓦纽伊牧场之外，纳皮尔以北东海岸的所有牧场都在八十年代陷入了窘境——却什么也没买到。"因为，"要买草籽的那个牧场的仓管员说，"一个叫格思里－史密斯的家伙在一个月之前全部买走了；他买的足够用上七年呢。"

被称为"斯图亚特草场"的区域是最早成功进行围栏搭建、种草并铲灭蕨草的地方。这里出现了四种偷渡植物——发草、洋狗尾草、毛地黄和野豌豆。这四种植物是跟着一位朋友所供应的货物到来的，那时他做着花卉、蔬菜和庄稼的种子生意。其中两种草藏身在所购买的麻袋当中。野豌豆的圆豆粒毫无疑问是开裂后掉在种子店的地板上被扫起来的。毛地黄的细小种子无疑也是以这种方式装入麻袋的。总之，在有计划地播种洋狗尾草之前的十到十五年里，总能在斯图亚特放牧场看到这种草；野豌豆和毛地黄直到今天仍在"黑色雄鹿之地"（Black

25-1：罗勒百里香

　　　　　　　　　　　图提拉——一座新西兰羊场的故事

25-2：白剪秋罗

Stag Country）繁衍着，此地那时是斯图亚特草场的一部分。[1]

在"第二山脉草场"播种草籽后，出现了罗勒百里香（*Calamintha acinos*）、蛇麻草（*Trifolium procumbens*）和草地羊茅（*Festuca elatior*）。第一种植物一直在其最初出现的地方生长繁衍着，尽管它并未

1　我们从弗雷德·富尔顿先生那里除了买了些残余的种子外，也买了100英镑的精选绒毛草籽。我一直记得这件事，因为他那时还为了这事拜访了我们。他一定是听说我们要破产了，实际情况也是这样的，然后骑着马来查看我们是否能够支付。我常常这么想，当他收到了现金，他和我们一样都松了一口气。那时财务情况很糟糕，我们也不能保证我们签发的任何数额的支票是否能够兑现。

移动，却能够在蕨草和随后大火的相继剿杀中存活下来，这些已在草场的扩张与收缩中描述过了。蛇麻草在图提拉过得并不如意，它在最初出现的地方挣扎了两三年就消失了，尽管时不时还会再次到来，但都无法长久立足。草地羊茅或者说大羊茅，霍克斯湾地区都是这么称呼的，长久以来在牧场以单一的一种植物为代表，生长在"窒息"小溪的渡口附近。这种草具有典型形态，且是来自德国的一个亚种，后来我们曾有计划地播种过，但没有成功。该植物在全省的沉积地上肆虐成灾，却不适应中部图提拉的土壤。

在卡西卡纽伊沼泽所开垦的四十英里土地上迎来了四种外来物种。随着作物的种下，出现了野燕麦、单一的白剪秋罗（*Lychnis vespertina*）和大量的天竺兰（*Erodium sicutarium*）。随后，为了收获黑麦草籽，我们关闭了草场，出现了数株狐尾草（*Alopecurus pratensis*）。在那以后，我们有计划地去播种这种珍贵的牧草，结果完全失败了。1902年，在实验农场的试验田里再次播种失败。

卡西卡纽伊山放牧场种草后出现了牛眼雏菊（*Chrysanthemum leucanthemum*），牛对这种植物敬而远之，它们完全成了羊群的美食，因此分布得不广。

田蓟（*Cnicus arvensis*），在新西兰又称为加利福尼亚蓟或加拿大蓟，我是在普特里诺牧场第一次发现的。它们或者是跟着粗糙的燕麦而来的，或者是藏在喂养耕牛群的燕麦糠里而到的。它们是在农庄附近开辟了一小块田地之后才出现的。

根据新西兰的法律，土地上甚至路边出现了田蓟，其主人必须负责消灭。不过，随着坎特伯雷移民区早期处置另一种蓟草的失败，人们对于田蓟的整治工作也就没那么热情。霍克斯湾的一些地主遭到了起诉，人们便应付性地割了些蓟草，敷衍了事——当然已经满足了当地恶性杂草视察员的要求。

事实上，乡下的移民完全知道什么能做，什么不能做。在这件事上，他们明白，尚未放牧和出租的政府土地和土著人土地上，蓟草的扩张是无法阻挡的。他们还明白，尽管对耕地的巡查很严格，但在其他地方却纵容了蓟草的生长。事实是，杂草一旦开始蔓延，国王的臣仆们是无法扑灭的。所有的行动都太晚了。人们并未注意零星出现的新植物；当其数以百计时，几个观察力强的移民会对其发生兴趣；当其数以千计时，人们说这是新来的植物；只有该植物经过了数以十万计的阶段，并传播分布到新西兰各省的每个角落，人们才会立法进行处理。因此，在霍克斯湾的移民被强制要求铲除加利福尼亚蓟时，我注意到在另外一个地区，大量的燕麦和燕麦糠已打包好运往殖民地各处，而这些燕麦和燕麦糠都来自于三块面积为10—15英亩的田地，每块田地里都长满了茂盛的田蓟。划小田地，深耕土地，不要立法，这才是解决恶性杂草问题的良药。

用马车运来的草籽播撒在了遥远的毛嘎哈路路林地的砍伐区，粘疗齿草（*Bartsia viscosa*）混在草籽当中到来了。如果该种子和草籽是一起打包进来的，那么在坦哥伊欧和图提拉羊毛棚之间应该能最早发现这种植物，但该植物那盛开的草丛我是在"圆丘"附近才发现的。这很容易解释。在上一年秋季，离该山不远，有一布袋一定是划破了；在我发现该植物之地和普陀里诺与图提拉的界门之间，漏出了不少的种子。过了界门后，该植物就没了踪迹。毫无疑问，就在那里，赶马人发现了裂缝，很快塞住了。由此向前三英里一直到森林砍伐地之间，没了该草的踪迹；到了这片砍伐地，我发现这种新到植物被随机地播种下，长势旺盛，与这里合法的主人——有计划地引进的植物，比如黑麦草、三叶草和鸡脚草——共同分享了这片土地。

25-3：粘疗齿草

1910 年，当我们要着手整治牧场中部时，在我的旱地牧草试验田上出现了四种偷渡植物——麦仙翁（*Lychnis githago*）、菊头桔梗、白玉草和绵毛蓟。除了上述所说的植物之外，还有几种杂草也悄悄地出现在试验农田的牧草当中；不过，它们到达牧场的时间更早，且是以其他方式进入的，在此不表。

不可否认的是，市场上出售了太多不干净的种子，因此杂草蔓延

25-4：麦仙翁   25-5：白玉草

就无法避免。即便付出了更大的努力最多也只是延缓它们到来的时间，任何立法都无法阻止野草从一个地点转移到另一个地点。它们不仅混迹于种子之中，同时也会附着在麻袋上。通过这种方式到来的有小麦（*Triticum sativum*）、大麦（*Hordeum vulgare*）、芜菁（*Brassica napus*）、油菜（*Brassica rapa*）、白色鹅足草（*Chenopodium album*）、夜来香、小花毛茛（*Ranunculus parviflorus*）和林地早熟禾，还有欧洲防风草（*Peucedanum*）——不过该草早已出现并在前文提到了。

在离农庄较远之地开展承包工作期间——翻地、搭围栏、播种草籽和排水——一般都会建立营地；这些营地周围，垃圾乱七八糟地堆

25-6：白色鹅足草

积起来，很快就到处是撕裂的袋子和又旧又破的麻袋，而这里面很多都藏着偷渡植物的种子。小麦、斗篷大麦、芜菁和绒毛草总能流浪到这些地方。图提拉从未播种过小麦和斗篷大麦，或将其作为马饲料——它们是挤在麻袋的角落里，或塞在麻袋那粗糙的缝隙里到来的。我在种子播种者的营地里多次发现了燕麦，它们不可能是通过机器或者附在马匹身上而到来的。若上述品种能如此到达牧场，其他植物，尤其是作物，就有可能在极短时间内借助火车、四轮大马车和货运马车传到殖民地各地。

我想，一个麻袋平均可使用五年，每个袋子在其使用寿命期间起到多种作用。一个麻袋从南岛最南端的布拉夫港开始，用到北岛最北端，也许就不能用了；与此同时，它往往将枯萎病和恶性杂草从殖民地的一端传播到另一端。麻袋开始其职业生涯时满脑子是崇高的理想，比如坚决只装提马鲁小麦、霍克斯湾黑麦草籽和阿卡罗阿鸡脚草籽，不过在之后的职业生涯中不再有年轻时傲慢的自我标榜，以至于最后装起了普通的谷物、黑麦草籽和鸡脚草籽。不过，麻袋还完整，还能使用，便去装残料和燕麦糠。然后，有的袋子会装着短期的苹果，有的袋子装着洋葱，越过了库克海峡，经过了一片农业区，每一次旅行都溅了更多的雨水和泥浆。接着，袋子装了马铃薯——又一个堕落的阶段——送往奥克兰。到了这时，麻袋已经破烂不堪，声名狼藉，携带了杂草草籽也视而不见，然后有可能落入了北方的一户落魄的移民家里，这里甚至无路可通行；在那里，麻袋毫无尊严可言，或盖着蜂窝，或遮着漏水鸡窝，或成了肮脏靴子下的垫子。最后，这可怜的麻袋被拉去灌酒，然后醉醺醺地挂在一块土著人的居民区上。在那里，麻袋完全堕落了，也许还能做成马鞍安在毛利人磨伤了的马背上，或者完全丢在一边，成为潜身很久的野草的孵化地——野草的罪恶行径终于大白于天下。偷渡植物在藏身地被抓现行，这并非常事；不过，在毛利排水工的一个营地周围，散布着许多破麻袋，我在那里发现了白鹅足草（*Chenopodium album*），这种漂亮植物的巨大根系嵌入其中一个腐烂的布袋当中[1]。

夜来香在纳皮尔和佩特内之间，以及佩特内和海岸群山之间是一

---

1 来自布朗克斯公园纽约植物园的 H.A. 格里森博士告诉我，曾在史前欧洲人的居住区发现白鹅足草的种子。显然，这种植物与人类一直是寄生关系，因为它们只在耕过的土地上生长——这确实是对一种植物的古老生活史有趣的一瞥。

种比较常见的植物；不过我相信，这种巴塔哥尼亚植物若没了协助是无法向内陆旅行到达图提拉的。它们在一个垦荒营地周围出现，零星地长在了承包人的帐篷周围，而承包人最后的承包场地是在一个沿海牧场。离开了温暖的海岸，这些黄色夜来香便不能维持其族群的繁衍，一两年后便消失了。

在炎热的天气下的湖边草地，土著剪羊毛工通常更喜欢待在帆布帐篷下面而不是所提供的永久性住所。就在某个临时营地清空的地面上，第一次出现了小花毛茛。我知道在坦哥伊欧寨子（我们的剪羊毛工就来自那里），这种小花毛茛特别多，但从不在路上生长；该草一夜之间在帐篷营地附近大量出现，毫无疑问，它们是跟着旧麻袋一起到来的，毛利人经常用其来制作马鞍、睡席和其他用具等。

林地早熟禾也是跟着麻袋首次到达牧场的；至少，我在劈柴人所遗弃在一个营地周围的破旧麻袋里发现了它们在其中茂盛地生长。

还有没提到的偷渡植物则是躲在价值几便士、装着花籽和菜籽的小袋里而到来的，鹅草便是这样潜藏在一小包菠菜种子里而到达图提拉的。墙生二行芥（*Diplotaxis muralis*）则隐匿在紫罗兰中间，黄珍珠菜（*Lysamachia nemorum*）与马鞭草相伴偷渡进入羊场。一种蝇子草属植物则混在木犀草种子中出现在哈利·杨的花园里，不过我所看到的只是枯萎的植株，因此无法具体判定是哪个品种。

近些年来，随着耕作和施肥的推进，白三叶草再次兴盛起来，养蜂业也再次在羊场开展起来。1913 年，我收到一个来自法国鲁昂的包裹，发现在人造蜡里嵌着一颗肥硕的向日葵种子。我将此偷渡植物的种子种下，并做好预防蛞蝓和蜗牛的特别措施，最后它长成了一株高十英尺、花冠硕大的美丽植物。尽管向日葵若无人协助便无法生息繁衍，也许也不算归化外来植物的一员，但是却是一个很好的例子，展现了种子是如何以奇特的方式从一片大陆传播到另一片大陆。向日葵的到来支持了前文的说法，即羊场到了新的发展阶段就会出现相应的新植物群。

第二十六章　花园逃犯

以上标题主要包括树木、灌木和绿篱植物，能从花园里逃出的植物数量比较少。我相信，倘若人类、大火和驯化动物被赶出了这片土地，其中一些植物能够长时间存活下来；少数一些也许会在新西兰重构的植物群里永久地找自己的位置。

图提拉的金柳（*Salix alba*）树丛以及其他优良树种是在我的请求之下，由托马斯·斯图亚特从米尼（Meanee）当作赶马的棍子带回来的。遗憾的是，由于这些树生长太快，我们不得不摧毁插在第一个花园角落里那最初的树枝，不过那时它的枝条已经遍布牧场各地。尽管金柳生长极为自由，但却见不到它们的秧苗：它们的繁衍靠的是木桩、枝干以及滑坡和洪水偶尔所携带的小枝条。

白杨（*Populus alba*）也是一种不通过种子进行繁衍的树种，不过仍属于花园逃犯的一员。该树 1885 年种下，近些年因为其根部出条过多而让人厌烦。

斯图亚特和基尔南于八十年代在托普恩嘎半岛种下了五六十棵松树（*Pinus insignis* 和 *Pinus austriaca*）。这两个品种在其所种下的周围向东南方向发展，西北风刮起时，它们那轻盈扁平的成熟松果便从高处吹落。在最初种植园的避风带上，两个品种的树苗都长起来了。而其中一种（*Pinus insignis*）则成功地从最初的生长地向东西南北四个方向传到远处。

这些品种的松树单独出现的地区非常贫瘠，就连羊群都很少光临；不过，我想羊群是它们的传播媒介，只有这样才能解释它们的种子在远方发芽的情况。若不是树种在羊毛里安了身，然后被带到远处去，否则就很难解释在远离最初生长地几英里外为什么会发现这些松树。*Pinus insignis*，在新西兰人们一般称作"因斯尼斯树"，这种树每年都会长大两圈，一次在春季，一次在秋季；因此，四十年前种下的树如今的直径超过了5英尺也就不值得奇怪了。

斯图亚特和基尔南还种下了二十棵桉树（*Eucalyptus globulus*）；尽管能够自我繁殖，但与松树比起来，这种蓝桉树只能算是一种定居植物。只有在大火烧过的地面，且离母树不远的地方，它们才会发芽生长。

刺槐（*Robinia pseud-acacia*）和银荆（*Acacia dealbata*）不仅通过根部出条，还通过种子来繁衍后代。我在离农庄几百码的优越区域发现了这两种树的幼苗。尽管我从未见鸟类啄食这些树的种子，但这些种子经常出现在醋栗和黑莓的秧苗丛中，显然是鸟儿从所栖息的树枝上折落的。

接骨木（*Sambucus nigra*）最初也是在我的建议下作为骑马棍而在图提拉种植的。尽管最初那根赶马棍所长成的小灌木已经被毁灭了，但是该树还是通过种子迁徙到数英里之外。

一株金雀花在普陀里诺的一块古老空地上生长了超过二十年。近些年来因为翻土开垦，该植物才广泛地繁衍开来。

荆豆（*Ulex europœus*）也在我来之前就出现了。在图提拉总有六七处长着荆豆的小块土地。奥拉卡伊湖附近早年有一段篱笆，将土著庄稼地部分围了起来，荆豆也许就是那时从篱笆上靠着马和猪传播过来的。在我的时代里，新的灌木丛再也没出现，不过由于采纳意见时欠考虑，放火焚烧，反而使得原本灌木丛变得更大了。

非洲枸杞（*Lucium horridum*）和小檗（*Berberis vulgaris*）都被当成了绿篱植物；每一种不仅在宅园附近分布开来，而且还通过秧苗传播到几百码之外，不过这样的秧苗都会毁了。

1914年，在鹩哥最喜爱的栖息地下方，忍冬（*Lonicera japonica*）的种子发芽了。这种刚来的植物在常年生长的樱桃树丛的枯叶堆和隐蔽处找到了合适的生长地。战后我返回时，发现小小的樱桃丛已被挤压得透不过气来，农庄周围由大果柏和小檗构成的篱笆也遭到践踏；种植园各处是忍冬，长着麦卢卡树的溪谷——当地鸟类的保护区——亦不能幸免。

1878—1879年，草莓（*Fragaria elatior*）第一次在托普恩嘎半岛的临时性花园里种下，近三十年过去了，仍旧活着。它们长在草皮上——每年除几个星期外，羊群一直在这里的草皮啃着。由于草莓长在灌木附近，阻止了羊群前去觅食，草莓因此就没那么受欢迎，否则二十五年以来，这种极具价值的花园植物就必须忍受着普通牧草所承受的苦楚。后来，草莓移植到另一个花园里，长在一个不为人注意的角落，它的根焕发了生机，似乎决定通过种子和纤匍枝在羊场里立稳脚跟；不过尽管草莓恢复了生命力，味道却消失了。尽管它们再一次享受着阳光的恩惠，结出的果实却没了味道，也就是说，无需耗费工夫去采摘草莓了。[1]

若考虑到动物王国中一些驯化了很久的种类仍不能或几乎不能在没有人类的帮助下而繁衍后代，比如骆驼，那么我们这些驯化的植物所体现的持续生命力则尤为让人赞叹。人们可能觉得，经过多个世纪的施肥、栽培和照料，植物的忍耐力很可能会有所丧失，或为了适应人造环境而有所改变。不过，经过数个世纪的照料后，草莓、醋栗、欧洲防风草、艾菊、辣根、胡萝卜和西红柿仍保持着其野生祖先那原始的活力。

前文已对花园草莓的生命活性和坚毅品质做了评价；西红柿（*Solanum tuberosum*）的持久耐性同样让人赞叹，这种植物，经过人类数百年的精心照料，竟能在尚未开垦的土地上，经受住野草的压制、羊群的践踏、樱桃蔓生枝条的竞争以及林木的遮蔽等考验，在图提拉足足忍受超过五十年，对此我常啧啧称奇。1906 年，我从被遗弃了五十年的土著庄稼地里收获了马铃薯，不过它的个头已退化到豆子般大小。小心翼翼地将这些豆子大小的马铃薯从草皮的纷扰中解脱出来，并把未损坏的根须重新种下，同一年里便能收获与李子一般大小的马铃薯。第二年，我收获了很多的马铃薯，其表皮和果肉都是蓝色的。这种土豆尽管个头不大，但很大程度上拥有该植物特有的口味；就其口味而言，如今种在打理得更为美观的田地和园圃里的土豆都比不上。

1　需要补充的是，关于英国和新西兰小型水果哪个口味好这个问题，我认为图提拉花园里所种的另一种草莓的味道极为美妙。同时，我也认为，我们羊场里的覆盆子、醋栗和茶藨子的风味与英格兰的别无二致。

胡萝卜（*Daucus carota*）长得比较稀疏，不过在农庄周围的某些三叶草草场里长得很繁盛。欧洲防风草（*Peucedanum sativum*）和山葵（*Cochlearia armoracia*）最初出现在 1884 年的花园里，并继续繁衍着，尽管那里野草蔓生，牲畜常来啃食，人们也不时前来翻地。欧洲防风草还在牲畜贩子所遗弃的一个营地周围贫瘠的土地上存活下来，也许它们的种子是跟着麻袋到达此地的。

　　尽管这个区域到处仍可见葡萄（*Vitis vinifera*），但是它并不能真正算是一种花园逃出植物。不过，距离乔治·比将赫鲁-欧-图瑞亚地区的 Z 形路下方的花园遗弃之时已过了半个世纪，葡萄是唯一存活下来的植物，我便将其列入该名单中。另有一些生长在怀科欧河东部浅滩和海岸线之间的河岸上。我相信，在霍克斯湾的葡萄从未通过种子来繁衍，不过偶然会有干葡萄落在干燥的土壤里，然后在那自由地发芽生长。

　　即便到了现在，艾菊（*Tanacetum vulgare*）再也不是羊场园圃里的野草，如今只在图提拉的一个地方生长。由于这种植物的到来展现了一个新品种是如何结合了各种有利时机而到达一个新地点的，同时也因为这种植物的旅行方式几乎是肯定的，因此便值得另起一段进行说明。

　　我在图提拉—阿拉帕瓦纽伊边境围栏的角柱下方发现了这种植物。一般而言，边境地带的维护，铁丝的替换，破旧腐烂木桩的更换，通常是由相邻牧场的主人共同承担、轮流进行的。在阿拉帕瓦纽伊边境进行维护后的一两年，我首次发现了艾菊。和另外一种外来物种疗齿草（*Bartsia viscosa*）一样，艾菊的故事也很容易拼凑起来。首先，我知道在阿拉帕瓦纽伊牧场园圃的菜地当中有一块专门种着艾菊的地方。了解了该事实就不难想象，得到维修边界围栏的指令后，人们便扛着铲子，铲子上沾有泥土，泥土中包裹着细小的种子。现在就可以理解了，所有这样的情况都可能发生——得到和先前一样的指令，铲子和之前一样从花园里带走，同样地，铲子上也带着泥土和种子。不过，幸运的是，在将工具绑在马鞍之时，在穿越灌木丛发生摩擦之时，在初期的维修准备工作之时，泥土并未在篱笆所穿过的灌木林沿线脱落，这里没有阳光，种子只会死去；和之前一样，种子不会在繁密的草丛中窒息，不会因暴露在外而腐烂，不会在草木根茎下为畜群所啃食，不会因掩埋过深而死去，不会为蛞蝓所食，不会被暴雨冲走，不会被踩碎，不会因病害而长霉，更不会因干旱而烧焦。倘若出现了这些情况，甚至其他几十种此类情况，艾菊在图提拉的出现则会推迟好几年；那么，沾在铲子上的种子只会一次又一次地从阿拉帕瓦纽伊带来，徒然消失。在前一种情况下，耕地虽然状况良好，却因埋得太深而无法发芽；尽管时节适宜，不过由于天气反常而遭受了损害。一系列的有利条件最终产生了，从而导致了一个新的外来物种的归化。在到达图提拉的种子当中，能够生根发芽也许不到万分之一。我们的艾菊花丛本身就是一个例子，说明了某些品种所具有的特性正是促使其生根发芽的条件。尽管每年艾菊都向天空释放成千上万的有翼种子，但是没有一颗发了芽。最初的花丛只通过根系进行繁殖。

就像被征服种族的遗民会在群山中藏身，受打压的植物也会在乱石间存活着。灯笼果在某些石灰岩峭壁的裂缝中小心翼翼地露出头来。我在图提拉找到的唯一一种烟草（*Nicotiana tabaccum*）要追溯到1883年，同样是羊群够不着的地方，位于"跑马场草场"其中一个巨大的石灰岩方形地带之上。这两种植物无疑都是很早就从土著人的庄稼地中逃出来的。

　　本章所述的物种，几乎没有能传播到几英里之外的，同时其中有几种仅仅能通过根出条而繁衍，或通过洪水和泥石流将其枝条带向远方而存活下来。六年前，我们还可以说芦笋、接骨木、小檗、醋栗、悬钩子、红酸栗和金银花只是从花园和果园里出走了二十多码。现在情况变了。年复一年，外来的鸟类对于播撒外来植物的种子起到更为积极的作用，尤其是乌鸫、画眉和鹡哥，它们越来越依赖着花园和果园；年复一年，它们将种子带向更远的地方。

26-1：艾菊

　　　　　　　　图提拉——一座新西兰羊场的故事

第二十七章　来自教堂的植物

　　图提拉另外一批外来植物具有的使命，是任何其他地方的植物都无权与闻的。它们是开路的使者，是上帝降临的引路先锋。当我在内陆深处久已遗弃的毛利寨子中发现百里香或薄荷草丛时，从遥远之地带来的乳香和没药似乎总能想起土著人说起传教园圃里所生长的这些植物的故事、来自海外的白人的故事，以及他们那带着和平和善意、让人感到新奇的传教士的故事。无疑，传教园圃当中的每一种外来植物都是教堂的孩子，人们在处理、品尝或闻嗅这些植物的时候，不免要谈起它们的捐赠者，他们艰苦朴素的生活，以及他们的信仰。

　　早期，白人还未来到图提拉所在的这个区域。那时人口太少了，那里还是一片荒野；关于基督教的报告和流言毫无疑问首先是通过植物的媒介传到乡下的。在《圣经》翻译成毛利语之前，《圣经》文本篇章的丰富信息是以核果、支根和种子的形式在这异教国的土地上传播开来的。正如在安提俄克一样，一种新信仰的追随者是以其创立者的名字所命名，因此在讨论传教植物时，基督教的箴言便第一次在图提拉的原野中传布开来。

　　我们会看到，在这一组植物中，有些几乎是直接从传教站点到达牧场的，另一些则从相同的地方出发，迂回曲折绕了一大圈才抵达羊场。

在本书这一章节论述基督教传入新西兰的故事，即便只是作概述，也是不可能的。马斯登早已到访新西兰，但要等到十九世纪早期才在岛屿湾的派希亚建立一所永久性的英国国教宣传站。那时毛利部落之间到处盛行着自相残杀式的冲突。那时毫不夸张地说，在北岛的广阔土地上，派希亚是和平与文明的唯一绿洲，是纷乱的土著世界中唯一行善之所。此传教中心的影响力日益扩散，争斗的惨烈程度开始降低了，最终结束了部落之间的战争[1]。

从这时一直到毛利各部落差不多整体联合起来对抗白人殖民者对土地的侵占之间，来自传教园圃里的植物便广泛传播开来。比如，仍然可在毛嘎哈路路山上遗弃的寨子里发现野菜，该植物一定很早就到达那里了，因为这些堡垒早在七十年代莫哈卡大屠杀之前就被遗弃了，也早在奥玛拉纽伊（Omaranui）之战之前，图提拉开始畜牧也是此后很久的事。它们作为过去历史的碎片，即基督教引进的原始遗产，仍然留存着。

不过，尽管这组植物大多直接来源于传教场地，但我并不是说在基督教到来之前，它们都还没来到新西兰。比如，可以肯定的是，桃子（*Prunus persica*）是在早期从新南威尔士进口过来的；桃核的大

1　旧时代毛利人对战争的狂热和轻率，若不是有多方面的证据，真是让人无法想象。达尔文的《贝格尔号航行日记》中有一个典型例子就足以说明："一位传教士发现了一位酋长及其部落正在为战争作准备，他们的毛瑟枪擦拭干净锃亮，弹药准备就绪。传教士耐心地分析战争并不能带来什么，同时导致战争的也只是微不足道的小事。该酋长的决心动摇了，好像也在怀疑发动战争的必要性，不过最后他想到了有一桶火药快过期了，不能再放着不用。这点一提出，战争就必须进行下去——允许浪费这么多的火药，简直是不可想象的，就是这一点决定了是否发动战争。"

小形状刚好适合运输，若个头太大人们便会随手丢弃，不过其体形够小便于运输；早期，人们习惯于带些桃核作为礼物前往内陆地区。我们可将这种可能性放在一边，即尽管桃子，也许还有烟草（*Nicotiana tabaccum*）最初都是从澳大利亚引入新西兰的，并在沿海猎海豹和鲸鱼产业区域的小径上分布着，不过两者都未传播到内陆深处或远离这些产业中心。

那时在新西兰欧洲人不多，都是水手和海滩拾荒者，他们并不喜欢在花园里修修剪剪，自得其乐，也不会鼓励土著人走向和平和富足。此外，"穆如"（毛利语 *muru*）这个机构并不能帮助任何种族培养远见，或帮助人们积累财富。因此，尽管有少数种子在短距离上被带离贸易中心走向内陆，但是桃子和烟草植物能出现在贸易中心之外的后方，比如东海岸的内陆地区，还要归功于传教宣传站。

除了马铃薯之外，前者也许是最早到达羊场的外来植物。桃林以及前面所说的两种草类，都是各处土著村落、土著庄稼地甚至外围毛利人最小茅屋所在地的标志。

在八十年代，图提拉的桃树看上去大概是四十或五十岁的样子，不过在一段时间后，它们的树干变粗不再明显，确定其树龄也更困难了。最开始，桃树长得很快——三四年的树苗便可结果——不过如今牧场上少数仍存活下来的桃树，在我待在图提拉的时间里，其树干并没有变粗。沿着图提拉、普特瑞诺和毛嘎哈路路零星分布的桃林，桃树的数量不一，最多不过几十棵。它们有着两种明显不同的品种，更常见的一种也许与其野生祖先相似，它的果实呈椭圆形而不是圆形，比果园里的品种略小，有些苦但不失美味，其核易去，其皮多毛，果实成熟之时变黄而非发红；另外一种各方面都与市场上出售的桃子相似，只是我从未见过生长在野外的黄色果肉的桃子。

到了月夜，在这些古老的果园里，硕果累累的枝条下，可看到野猪的踪迹；炎热的天气里，羊群卧在树荫下，掉落的桃子啪的一响，便是让羊群起身进食的信号；马群也喜食桃子，能够干净利落地摆弄着桃子，并将桃核挤出来。

1883—1884 年，图提拉的果园和外围的果树都得了枯梢病和卷叶病，十年以后，只有少数桃树存活下来，就像莎剧《泰尔亲王配力克里斯》中的陌生骑士的徽章，仅仅"头上一点绿"而已。

樱桃（*Prunus cerasus*）并不像桃子那样在土著人的土地上盛行，也很有可能是从传教园圃里流传出来的。相对而言，这种植物来得较晚。克莱格在六十年代种下了从北哈夫洛克（Havelock North）带来的根茎，很快长成了果园，在忍冬将蔓延之前，它们在靠近如今的农庄附近长势茂盛，这里便成为了人们挖取根条带往牧场其他地方进行种植的来源地。图提拉的樱桃与桃树和杏树不一样，桃和杏的种子即便只是部分覆盖了些土壤或腐草也会迅速生根发芽，而樱桃的种子则从来不发芽。我们的樱桃核散落到各地，有的撒在农庄周围，有的在人们的房屋附近，有的在毛利人的营地里，有的从阳台扔到了翻过的土地上，有的倾倒在垃圾堆里，有的扔在了果园里，有的为了野餐、骑行和划船活动装在筐里，有的自己从树上掉下来，不过从没有一颗樱桃核发过芽。樱桃通过种子发芽来繁衍，这样的绝佳机会并不是只有人类才能提供。在毛嘎哈路路乔治·比那古老的农庄附近，种植园的果实五十年来主要是当地的鸽子来采集，不过，樱桃的幼苗既没有在开放的灌木丛中出现，也没在其边缘生长。[1]

1882 年，佩拉平地（Pera's Flat）一块被遗弃的空地上长出了一种多瘤难看的苹果树种。该品种携带着美洲枯萎病，这种枯萎病席卷了全省上下，威胁着金合欢树（*Acacia dealbata*）的生存。

不论这些外来植物与传教园圃之间有多大程度上的关系，传教士和各种野菜植物之间的联系却是非常亲密的。

猫薄荷（*Nepeta cataria*）、荷兰薄荷（*Mentha viridis*）、百里香和苦薄荷都来自于教会。毫无疑问，它们都是混在核果的果核、苹果和梨的籽、谷物颗粒、草籽和树种之中首次到达新西兰的；引进这些植物都有着预定的目标，即在大地上种植、收获并持续下去，因为英国海外传道会最初的政策都很实际；最早派遣来的普通教徒都是"拥有一技之长"的人。这就是为什么副主教亨利·威廉姆斯将所做工作的持续影响很大程度上归因于该体系。

若联想到一个世纪以前储藏室在贵妇人的生活中所起到的巨大作用，那么特别将野菜从英国带来就会显得更为自然。

如今在新西兰我们视为杂草的各种植物当时却因其药用价值而广为人知。茴香（*Fœniculum vulgare*）的种子性温而味甜，可为婴儿的祛风剂。薄荷（*Mentha pulegium*）油在烹饪和药物中具有崇高的声誉。

----

1 以上所述是 1914 年之前的情况。从那以后，经常可看到樱桃的幼苗生长在农庄附近长着麦卢卡树的溪谷里。我认为羊场首次发芽的这些树苗是鸟儿从所谓的日本双花不育樱桃品种那里带来的，该品种的果实很小；或者是从哈利·杨果园中几个高大樱桃品种那里带来的，数年来鸟儿一直在偷食这些樱桃树的果实。

27-1：猫薄荷

从其他薄荷里提取的油可用作改善消化的健胃药和刺激品。百里香是极佳的佐味品。苦薄荷的精华液是治疗咳嗽和哮喘的良药。

那个年代，无人行医，只能依靠着园圃中的植物作为药草。只有那个时代的人才能完全领会这些古老草药的价值。因此野菜的传播很快，因为它们的价值很高。[1]

---

1 毫无疑问，引进的其他药用植物有几十种，不过只有少数能够生存下来。我从威廉姆斯的家庭成员那里听说，查尔斯·达尔文在派希亚时，很早就起来在传教园圃里散步，采集鼠尾草作为早餐。他对这个国家颇为冷淡，但对招待自己的主人及其花园则充满感激之情。"我向传道士们道别，感谢他们的热情招待，并对他们绅士般正直真实的品格充满崇高的敬意。我想再也找不到像他们这样的一群人来从事他们所完成的伟大事业。"然后是他额外的评价，读了让人伤心："我相信离开新西兰大家都很高兴，这不是一个能让人高兴的地方。"

关于猫薄荷，有一丛在毛嘎哈路路的一块土著人的空地上生长了好几年，另有一丛则在毛嘎哈路路山脉里的一块毛利人庄稼地里。它的种子从不在周围的草地上发芽，因此该植物也未散布开来。我相信这两丛薄荷是在人类的干预下才到达目前的地点，毫无疑问早期带进来的是它们的根茎。

荷兰薄荷在溪流的沿岸生长旺盛，经常覆盖着成片的沼泽。引进内陆后，洪水冲走了它的根茎，野禽的羽毛和脚上带走了它的种子，它便迅速占领石灰华的沉积地，长势尤为兴盛。

百里香是另一种只有通过有意携带才能到达图提拉的植物，半个世纪过去了，该植物成功地保持着修整结实的外形。若没有野猪的乱拱破坏，最初在毛嘎哈路路和其他地方的成排的百里香，即便到了最近，应该还是长期遗弃的土著村子里古老园圃的明显标志。百里香的种子和

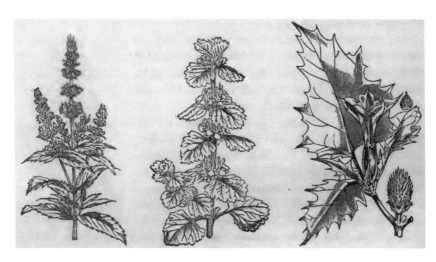

27-2：荷兰薄荷　　　　　　27-3：苦薄荷　　　　　　27-4：曼陀罗

艾菊的一样，从不在草地上发芽；动物也不吃。若遇上了这些植物，其所在地过去一定是个居民点。

苦薄荷在牧场的很多地方都长势很好，在砾岩外露的绵羊营地更是繁盛。在某些情况下，这种植物有着催情功效。有两次我注意到有些公羊触弄、闻嗅这些叶子之后，就产生了强烈的交配欲望，仿佛刚接近了一只母羊。每次我都觉得这是偶然事件，不过公羊经历之后，便会一直咀嚼该植物，其效果明显且延长了。

曼陀罗（*Datura stramonium*），或霍克斯湾现在还用的名称——"神父草"，是在两种情况下出现在图提拉的。早期，作为一种可能治疗肺病的植物，米尼传教宣传站的雷尼尔神父将其在霍克斯湾的各个土著人寨子里进行散布。这又是一个例子，证明了十八世纪早期人们重视具有药用价值的植物。

豆瓣菜（*Nasturtium officinale*）早期引进后便普遍传播开来。由于这种植物不是嬉闹的捕海豹人在新西兰海域航行时愿意增加记忆负担而记录的植物，因此这种植物很可能来源于传教活动。[1]

黑麦草（*Lolium perenne*）的到来方式表明了早期皈依者很欣赏传

---

1 新西兰没有蛇，不过早期关于豆瓣菜的故事似乎同样吸引人。我希望，也相信给英国的朋友写信谈到植物的那些人都不是传教士；尽管如此，认为新西兰有着巨大的豆瓣菜的传统看法仍然停留在旧世界人们的心中。我回到家时，不止一次有人同情我们，他们以为新西兰的河流被这种植物堵塞了——内河航运因为该植物的生长而停滞。有一次，我在一次伤寒后苏醒过来，一个医生在照顾我，他的祖先曾经参与传教事业，正如我所能预见并感到担忧的，他向我表示同情，因为这种植物以及它的引进给殖民地所带来的不幸。刚开始我努力陈述事实；不过最后——他一直坚持，口气非常肯定，而我身体虚弱——我就随着他去相信这种植物的茎秆比英国橡树还大，倘若恐鸟还活着的话，它们无疑会在豆瓣菜丛中安家。事实上，在雅芳河，或者其他地方，小片水域确实覆盖了浓密的水草根须，若在此处划着小舟航行，也许在短距离内会在某种程度上受到阻碍。

教植物，这又是一个例子——也证明了长距离携带种子是通过新近皈依者和学生进行的。该植物种子的采集、携带和被忽略典型地体现了毛利人聪明和粗心相混合的性格。瑞泼刺（Ripora）是我朋友佩拉的母亲，当时是岛屿湾传教宣传站的女学生。在1834—1835年，她第一次将黑麦草带到坦哥伊欧。该植物或许是在派希亚从其中一块刚播种的传教田地上采集来的，或者是从早已散布在土著人土地上的群落中拯救出来的。在路上行进时，该种子安全地潜身其中；在向南驾舟的长途航行中，种子得到防护，海水无法浸到；到达之后，种子被遗忘在坦哥伊欧的棚屋里，后来老鼠将袋子咬坏，曾一度受到珍视的种子才在遗忘中被扔了出来。种子落在了肥沃的土壤上，就像鲁滨逊·克鲁索在进入山洞之前扔在地上的大麦和水稻一般发芽了。该植物最终抵达图提拉的确切方式只能推测，不过很有可能是在马肚子里带进来的。人们骑着马从一个地方去另一个地方，将种子留在了小径旁、羊场里。想起来就觉得很神奇，作为全省最有价值的牧草，竟然在牧场开始的很久之前，在有计划地播种草籽的多年以前就到达图提拉了。[1]

现在到了最为知名，且分布最为广泛的传教植物——柳树（*Salix babylonica*）。早期，柳叶对于新西兰的土著人而言，一定就相当于诺亚方舟上的人所看到的橄榄叶——一种希望的标识，表明了血腥、争斗

1　波弗蒂湾黑麦草因其高质量的发芽而闻名于澳大拉西亚全境，它同样是直接来源于传教活动。J.N. 威廉姆斯先生告诉我，当时有几头母牛从岛屿湾运往随后建成的位于怀科欧河上的传教宣传总部，不久后该草首次被发现了。这些草在那里的出现，或许是藏身于动物身上，或者是混在干草中——海运途中的饲料——到来的。威廉姆斯的兄弟，即已故的怀阿普主教，也曾告诉我，这种植物是如何迅速、彻底地将当地的 *Microlæna stipoides* 消灭，并占据波弗蒂湾平地全境的。

27-5：圣赫勒拿岛的拿破仑墓

将新西兰各地变得美丽的垂柳正是来自此地

　　　　　　　　图提拉——一座新西兰羊场的故事

和劫掠的莽荒洪水已经从地球表面上消退了。这些垂柳从圣赫勒拿岛的拿破仑墓被带到岛屿湾的派希亚那最初的英国教会海外宣传站，然后再移植到随后建立的传教宣传站中，并由此传播到各地。关于这种树——自治领柳树的祖先，曾一度担任该岛总督的亨利·高尔韦爵士曾向我提供以下信息。他写道："今天我从圣赫勒拿岛收到一封关于拿破仑柳树的回信，不过在回信中并未就柳树的最初进口地做出说明。因此，我可以肯定，岛上没有任何人能够提供关于这点的信息。有人写信告诉我说，这种柳树和其他树种，都是东印度公司引进岛里的；还有，坟谷（那时叫作智慧谷或天竺兰谷）就是种植那些柳树的其中一块区域。上述柳树在拿破仑到达圣赫勒拿岛之前就栽种了，他的坟墓就建在离柳树不远的地方。另函附上该坟茔的图片，图片原稿画于 1840 年掘墓之后。第一批柳树多年之前就消失了，如今的柳树则是前者的多代后的子孙。"

就像西谷椰子之于印第安人一般，柳树对于新西兰移民而言具有多种用处：旱季可裁下柳枝供牲畜食用，种植柳树可排干沼泽，使泉水干涸；单棵柳树可种在需要的地方作为屏障而无需花费和料理，搭建围栏就没有必要了。一人手腕粗的枝条，长度高过牛身，插在适合的土壤里，几年之内就会长成树荫浓密的大树。它是春天的使者，那绿意盎然的枝条向挣扎中的移民带来温暖回归的承诺，然后草长莺飞，羊羔布满绿野。这种精致优雅的植物一年之中落叶不过六七周——至少在北部是如此——几乎可以说是四季常青了。事实上，垂柳的生长十分迅速，生命力也异常旺盛，若不是它们抱着独身的准则，那么殖民地的水道将会受到严重的影响。如上所述，新西兰柳树来源于圣赫勒拿岛拿破仑墓上的柳树丛。两位英国女士从那里带了一些切条到达岛屿湾的传教宣传站——马尔科姆夫人，海军上将马尔科姆的妻子，以及埃布尔夫人[1]。这两位女士是乘着一艘帆船到达新西兰的。在十八世纪早期，帆船一般会在圣赫勒拿岛作短暂停留，到了新西兰之后，两位女士向亨利赠送了一盒带根须的柳枝，后来又送给了副主教亨利·威廉姆斯。他的女儿，戴维斯夫人——如今是一位可敬的老人，已年届99岁，关于拿破仑的逸事及其他信息我都是从她那听说的——还清楚地记得其父亲拜访刚到港船只的情形，以及他对柳树切条的热情[2]。柳树就是从岛屿湾向南传播的。

柳树到达霍克斯湾的米尼传教宣传站后，科伦索带着一根柳枝种在了坦哥伊欧，到了1885年，该柳树的直径超过了7英尺。然后人们从坦哥伊欧带着柳枝来到图提拉，种在了德·瑞瓦寨子里。那株树已死，不过其枝条却已遍布羊场。七十年代，斯图亚特兄弟和基尔南开始种植柳树，那便是牧场变美的开始。不过，到了八十年代，柳树还很少，有一排长在怀科皮罗湖西部边缘，还有一排长在托普恩嘎半岛的南部；羊毛棚半岛上有三棵柳树，建着农庄的平地上也有三棵柳树；如今环湖四周有了上百株柳树，沉积平地边沿也有数百株，它们大部分是我、哈

---

1 埃布尔夫人乘船时带着一个小女儿。拿破仑很喜欢这个小孩；在圣赫勒拿岛，他经常与小女孩做游戏，甚至是嬉笑玩闹——倘若这个轻佻的词能够用来描述这位"应运而生的人"的举动的话。有一次，小姑娘在游戏的过程中拿到了他的剑，和一般的小孩一样，高兴地大喊起来，她一人就做成了欧洲好几个国家联合起来才做到的事。拿破仑从未忘记这句话，或者再也不愿和小孩玩了。

2 英国也许也有同样来源的柳树。史密斯少将——此书便是要献给他的——从海外服役回来后回忆道，他的兄弟军官因偷偷采摘了圣赫勒拿岛上的柳枝而不得不做出赔偿；不过，毫无疑问，看守的哨兵不可能抓到所有偷采柳枝的人。

利·杨、杰克·杨、乔治·沃特利以及托马斯·斯图亚特种下的。

多花蔷薇（*Rosa rubiginosa*），人们一直称之为"传教士"，是通过马广泛传播开来的。尽管我能够指明它们分布的位置，但是这么做容易使读者厌倦。因此，这么说就足够了：在八十年代，从佩塔内（也许就是该植物在当地的起点）到图提拉之间，每隔一段距离就能看到多花蔷薇丛。多年之后，这些拓荒植物早已被根除了，羊场再次遭到入侵，图提拉—赫鲁-欧-图瑞亚道路上到处是这种植物。于是，便将从羊场里收获的草籽播撒在那个遥远的没有临时草场的区域。饥饿的马匹便在毛利人长满野蔷薇的古老田地上觅食，咀嚼着红透的但价值不高的野蔷薇果实。马群返回时不负重，人们赶得也急，马的粪便就排在了"野马乡（Wild Horse Country）""诺比斯""教育""第二山脉""圆丘""头像"以及"自然"等草场。因此，多花蔷薇起初是从南方到达牧场的，不过后来则来自西北方。它的分布并未像荆棘一般给人畜带来危险。马肚子也会更快变空；因为在旅程中，没有一位骑马人会允许他的坐骑去啃食野蔷薇果，因此路边的野蔷薇丛便不能和黑莓一样，作为马匹补充能量的补给库。正如它的当地名称——"传教士"——所隐含的意思，多花蔷薇也是英国教会的孩子。

第二十八章　罪的负担

　　另外一组新来植物可以说是被扔在图提拉的——也即将其带来，然后突然扔掉，就像班扬寓言中的基督徒那般如释重负。于是，众多朝圣者将诸多"罪的负担"丢在了羊场，这些朝圣者有的是活生生的动物，有的是较大型植物，有的则不是生物，没有感觉，没有生命，不过却能移动。大者将小者驮在背上，当今埃及农民正是用这种方式来解释每年同时出现的鹳鸟和鹌鹑。

　　这组外来植物我们当场就发现了，其来源和结局都很明确，因此优先进行描述。而对于其他植物，它们的到来方式作者并无疑惑，不过若是讲述它们出现的无数种可能的细节，则会大大降低故事的可读性；此外，这些植物到达牧场的方式也很多。1882 年，黄花草（*Anthroxanthum odoratum*）生长在克莱格茅屋周围的樱桃园的附近，人们很可能带着它的根条或者含有根条的土壤而来到牧场。克莱格就是从北哈夫洛克一片多年生长的黄花草丛里摘取的根条，这个小镇离松软的河床地带不远，那里过去长了几十英亩繁密的黄花草。不过，在我到达牧场的二十年后，羊场里就不见黄花草了。

　　1883 年，我们建好了第一座茅屋，随后便种上了某种洋蔷薇，婆婆纳（*Veronica agrestis*）就是沾在这种蔷薇的根上带来的。直到今日，想起那第一块打理得不好的小小园地居然盛开着蓝色花朵，我就满心欢喜。这种植物从来不乱跑，它适合于种在园子里，不适合在原野上，三十多年来只在最初出现地的几十码内出现。

在纳皮尔我就注意到了锦葵（*Modiola multifida*）是一种极难除掉的杂草，它的种子混在哈利·杨所带来的一把卷心菜当中；总之，这种植物出现在卷心菜所种下的地方。

水池草（*Potamogeton polygonifolius*）附在浸在湖水里的荷花根茎上，从普利里（Pouriri）一起引进来。它们开始没活下来，不过一年后便兴盛起来，就像陆生植物第一次接触新鲜的土壤一样充满生命力。

来自纳皮尔的一家幼儿园的七里香带来了白色短柄野芝麻（*Lamium album*）。经过羊场园圃在形状、大小以及位置的其中一种变迁后，野芝麻成功地拓展到了玫瑰花的领地。随后，它又借助我因一战而外出的机遇，进一步扩大了自己的地盘。尽管或者说正是由于它们在秋天进行了彻底的分权，它们才能通过每条残根的持续出条而存活下来。

纯白百合（*Lilium candidum*）过去曾长到 7 尺高，后来得了病就衰微了，这种植物曾带来了荞麦蔓（*Polygonum convolvulus*）。

威廉·拉塞尔爵士从法莱克斯梅的花园里移植来的竹子带来了延胡索。

卷柏（*Selaginella* sp.）的归化尽管看上去很让人怀疑，但是在一盆尼润属植物的球根植入花园的土壤后，短短一年就扩散开来了。

从一位来自黑斯廷斯的园丁那里得到了成捆的火炬花，茅草

（*Agropyrum repens*）随之而引入。

已故的 J.N. 威廉姆斯从他的弗里姆利花园里挖出心叶大百合（*Lilium giganteum*）的球根赠送给我，马齿苋（*Portulaca oleracea*）就附在上面而引进来。几乎可以肯定，小大戟（*Euphorbia peplus*）和田野水苏（*Stachys arvensis*）是黏在植物根茎的泥土上而引进的。总之，从英国进口一定数量的草本植物之后，它们就出现了。

我相信苋菜（*Amarantus* sp.）和更小的猪水芹（*Senebiera didyma*）是跟着一个货柜的水果树而到达图提拉的。

另一方面，若没有植物到来，我则会感到很惊奇。比如，从奥克兰（杂草的来源地，迄今却从未带来杂草）引进了几十种玫瑰，就没带来一种杂草。

在我的时代里，图提拉最早的草皮被挖，全部种上了马铃薯，却从未见到以下植物：千里光、鸡草、海绿、荠菜和百里香叶婆婆纳。1882年，它们都未出现在图提拉的土地上。不过，随着我们搬到了农庄，园圃也永久建立了，醋栗、茶藨子、草莓、覆盆子、核果植物、苹果和梨等植物都栽下了，上述的外来植物便——到来了。事实上，有些植物专门长在花园、园径和园地边缘。它们细小的种子通过几十种方式进入所雇用工人的口袋里、衣服中和鞋子内。工人给地里施肥时它们也沾了光，播种卷心菜时也把它们种下了，挖芹菜沟时种子便掉了下去，给芦笋耙地时它们也没落下。它们紧紧地抓住了工人的工具、豆桩、地垫和园地放线器上。工人在盆栽棚里将它们与沙子、腐叶以及碎草混在一起。它们有着 100 种方式散播出去。即便是最好的公司再怎么小心谨慎，也不可能只寄出所订购的植物，各种杂质都免费添加了进去。在收到凯尔韦的飞燕草后，我发现了萨默塞特郡（Somersetshire）的虫子；即便是巴尔父子公司（Barr & Sons）所寄的马里波萨郁金香里也有杂草。

名单中的其他植物则是通过其他旅行方式到来的，不过，也像那些已提到的植物一样，突然间就被丢了。比如，一位少女的个人品味——这是前文已提到的现象的另一个例子，即羊场生活里的每段插曲，尽管无关紧要，瞬息而逝，却记录在野草之中——就是狗尾草（*Setaria viridis*）、*Panicum crusgalli* 和加那利蔍草（*Phalaris canariensis*）出现的原因。这三种植物在少女的金丝雀到来后的一两年内就出现，而在此之前则从未得见。加那利蔍草还扩大了分布范围，我在湖对面的耕地上就看到了。据我所知，狗尾草、*Panicum crusgalli* 则没有越出果园和园圃的界限。

大爪草（*Spergula arvensis*）是被机器丢在图提拉的。最初从塔拉代尔（Taradale）运来了一台二手搂草机，临时停放在刚耕过的土地上，大爪草就在机器下面直接长出来了。大爪草一定是黏在机器上面的黏土里而到来的，不过该草丛已经被毁灭了。尽管如此，该植物已经在其他适宜的土壤中生长开来。也许在它的第二次尝试中，已经变成了一种偷渡植物。

其他将重担卸在羊场的朝圣者是动物。几百头牛在沃特利草场（Whatley's Paddock）过了一夜，银叶菊（*Senecio cineraria*）就大量出现了。同样地，旅行的牛群在另一个叫"二十英里"的草场过夜之后，麝香飞廉（*Carduus nutans*）也出现了。以这种方式到来的植物还有一个例子：由于赶羊人比较粗心，有几只就在自然草场"丢了"，它们自己找回了主营地，一同到来的还有麝香飞廉。顺便说一句，驴只吃蓟草的看法是错误的，马、牛和羊一样都喜食其紫色花冠。

萹蓄（*Polygonum aviculare*）最初是在马厩前发现的；我曾在其他地方看到马在尽情啃食这种植物，因此，该植物有可能是马带来并丢下的。

从伯纳德·钱伯斯（Bernard Chambers）先生那借来的羊群的肚子里带来了钝叶车轴草。总之，这种植物之前在牧场里并未见到，而在德·玛塔（羊群就是从那里来的）长得很旺盛。

窒息三叶草也是以这种方式到达图提拉的，这种植物在某些营地生长旺盛，而之前那里则没有这种植物。

奶蓟草（*Silybum marianum*）是一种漂亮的植物，从阿拉帕瓦纽伊传来。据已故的约翰·麦金农所言，该植物是七十年代早期出现在阿拉帕瓦纽伊的。我相信，奶蓟草是野猪带到图提拉的；总之，奶蓟草被丢下的地方，并不是牛羊群的觅食区，在该地种草也是几年后的事情。此外，这种植物长成的叶子多刺，牲畜都不愿接近。不过到了冬季，硕大的叶片落下来后，野猪在拱土觅食时就有可能将其种子从一个地方带向另一个地方。该植物在当地有着辉煌的历史。它在图提拉所生长的地方，我们曾建了多个羊圈。这些羊圈不仅在每年进行筛选和剪羊尾时会多次用到，而且它们还建在山脊高处的平地上，牧羊人每周至少经过一次。

最后，在这附近有一眼泉水，到了中午加热一下铁罐很方便——牧羊人通常将铁罐挂在马鞍上。事实上，在那座山上，年复一年，往来交通没停过。最初的四五十株奶蓟草已被铲掉了——我自己将其根茎

28-1：奶蓟草

以下部位都砍断了；毫无疑问，没有一株植物能幸免，因为，除了我因顾念自己的利益会特别小心外，该杂草已在一块肥沃的绵羊营地上安顿下来。在那里，羊群会将牧草一啃而尽，那里的土壤也很肥沃，到了夏天，任何幸免的植物都会长到5—6英尺高，极为显目。尽管如此，二十五年来，在一块长60英尺、宽30英尺的区域，幼苗层出不穷地冒出来——有些季节会少一些，有些季节会多一些。显然，就像某种飞蛾的卵块一样，这些种子具有在不同时间间隔里萌芽的特性，确保能赶上有利于发芽的时期[1]。

雏菊（*Bellis perennis*）很值得一提，不仅在于它的到来方式，而

---

1 该植物在一战期间到来，那时羊场里没有人；那时这些植物不仅在原来的地点上结籽发芽，而且还分布到其他地方；我注意到金翅雀如今就好像以其种子为食。

且还在于它在传播速率上的异常表现。和绝大多数外来植物不同的是，它繁衍得很慢，即便在后来已经非常适宜的土壤上。在当地，雏菊除了在最初立足点——家园草场——之外，几乎无人知晓。当雏菊在省里还很罕见之时——我记得在南霍克斯湾美丽的网球草地上并没有这种草——而坦哥伊欧最初的羊毛棚和筛选场地附近却大量生长着。雏菊是通过以下方式到达图提拉的：在八十年代，我们用马车将羊场的物资运到坦哥伊欧的羊毛棚储存，等驮马队来运。那时驮马队关在一个羊圈里，一匹一匹带出来装货。容易平衡安放的货物（比如面粉和食糖）先处理，零散的东西和小包裹等则留给"最后"一匹马，这匹马一般不焦躁，面对人喊鞭抽也像牛一样不以为意。这些零散的东西经常是放在麻袋里，直接挂在驮马鞍的铁钩上，因此，只要用马肚带适当地平衡并系牢，马儿不论怎么奔走跑跳，走上几英里糟糕的道路，货物也会很安全。有一次，这"最后"一匹马所驮的货物放得并不平衡。为了保证两边均衡，我记得曾从草场的草地上迅速铲了两三把草皮，然后当成沙囊扔进较轻的那个麻袋里。到了图提拉之后，麻袋里的东西，不论是包裹还是泥土，都倒在了我们新修好的小屋前门的对面，就在那里雏菊第一次在图提拉出现了。尽管雏菊因此站稳了脚跟，但它的繁衍速度非常非常慢。雏菊好像是所有外来植物中唯一一种找不到传播方式的植物，或者说，最终能够繁荣发展的植物只是该品种更能适应新环境的变种。整整十五年过去了，房子周围的几英亩地才被雏菊覆盖，不过，那种繁花似锦的景象真是迷人；我从未在任何地方见到绽放得如此繁盛的花朵：在春季的余晖中，草场白茫茫一片，仿佛盖了一层雪。

在我到来之前，刺果（*Acæna ovina*）在羊毛棚附近的多个草场长势良好。尽管羊群会啃食它的叶子及其柔嫩的种茎，当其变得坚硬时，羊群便不再啃了。因此，这种植物很可能是附在早期进口的美利奴羊羊毛上才这么早来到羊场的。

还有两种植物的到来很可能是它们依靠着与另外两种植物的亲密关系。一种是百里香菟丝子（*Cuscuta epithymum*），其中一小株我是在佩拉斯沼泽的薄荷丛中第一次见的。我相信，随后该植物在农庄周围的多个草场中第二次出现是一种独立现象，在那里的红三叶草草丛中长出了数丛较大的百里香菟丝子。另外一种寄生植物是列当（*Orobanche minor*），它的一小植株第一次出现在家园草场的草皮上，似乎和猫儿草的根缠在一起。几年后，该植物也在红三叶草草丛中兴盛起来。

28-2：列当

第二十九章　大火和洪水过后的野草

在八十年代之前，将牧场上的原生植物一把火烧尽，其影响微乎其微；地面只是暂时清空了，不久就会恢复到原来的状态。不过，随着羊场牛羊群的增加，硬化的地面和蕨草都变少了；总之，随着阳光钻入了地表，一种又一种的野草暂时性地占领了被大火烧焦的土地。在东部图提拉较肥沃土地上，出现了黄香草木犀（*Melilotus arvensis*）、天蓝苜蓿（*Medicago lupulina*）、金花菜（*Medicago denticulata*）和苦苣菜（*Sonchus oleraceous*）等植物；在贫瘠和肥沃的土地上，都出现了翼蓟和银鳞茅（*Briza minor*）；干旱夏季的大火所烧过的草地上，出现了毛雀麦（*Bromus mollis*）；在浮石地面，出现了欧洲猫儿菊、蝇子草、球序卷耳和钝叶车轴草，之后又出现了加拿大飞蓬（*Erigeron Canadensis*）。

现按上述顺序逐一论述这些外来植物。黄香草木犀从未越出图提拉湖沿岸的淤泥沉积地。这种植物只在焚烧亚麻丛的大火或小火后才生长出来，然后在焦黑裸露但肥沃的土地上长得高大、茂盛，充满生命力，不过只能持续一年。金花菜和天蓝苜蓿以及其他的火后野草，只在肥沃的山坡和平地上生息繁衍；它们从未在牧场槽形区域的浮石地面萌芽，尽管装着残渣的麻袋里有很多它们的种子，并得到了广泛的播撒。这些豌豆花属植物没有一种大范围地分布开来：我从未见到浓密的黄香草木犀草丛分布超过三十英亩，而其他植物在园圃之外也从未超过几平方码；它们主要出现在大火焚后的地面。

苦苣菜是另一种最常见的火后植物，暂时分布在刚焚烧的数百英亩的林地上。我见到过该植物的幼苗，虽然又矮又小，但长得特别繁密，由于嫩叶有着特别的色调，地面看上去是蓝绿色的而非纯绿。地面上堆着厚厚的腐叶和灰白的灰烬，无数的幼苗由此生发。第一阵雨过后，子叶立即就出现了，显然，草籽早已被播撒在林地之中；山风将分散在悬崖峭壁上的零星植株的草籽吹走了，然后埋在浅浅的腐叶和尘土下，只待太阳的召唤。大火将亚麻沼泽焚毁后，苦苣菜依然生机勃勃。

八十年代，刺蓟仅在牧场靠海的肥沃区域出现。和上述一年生植物不同的是，刺蓟的生长则由土壤的性质决定。在肥沃的泥灰地面上，秋季焚火后，刺蓟的幼苗便生发起来，在冬季里结成大颗粒的刺球，并在下一年夏季再次盛开。而另一方面，在中部图提拉的浮石地带，该植物则是二年生的，其果实直到第二年才成熟。

另一种只有大火将地面夷为平地才会出现的植物是银鳞茅。我在图提拉各地都发现了这种漂亮的植物，不过每一处数量都不多。早期，我在极为偏僻的角落发现了这种植物，有时候我也纳闷它到底是不是本地植物。此外，在大火焚烧前还是一片浓密的蕨草丛之地我多次发现了它们，那里从未播撒外来草籽，人类也从未涉足此地。不论怎样，我们可以猜测大多数物种是如何从一个地方转移到另一个地方的，以及它们的传播中介是否具有生命，不过该草的传播和扩散却是一个谜。

八十年代早期，出现了两次旱季，在这期间，大火席卷了东部图提拉炎热的西部和北部区域；在那焦黑的地面上，雀麦草的秧苗再次大量地生长出来，其他杂草则暂时湮没在山坡上波浪般的干草中。在东海岸，人们说雀麦草"虚有其表"（Poor Pretences）：这种植物是如何得到这样有趣的名称也许值得作一下说明。霍克斯湾的各牧场，不论经营得好坏，都会将黑麦草、鸡脚草和白三叶草混合地播种，几乎成了一种宗教义务，与它们比起来，雀麦草只能是"虚有其表"了。以上是指该名的意义；至于"虚有其表"（Poor Pretences）的发音，我想只能是"Poa pratensis"的一个变体；该植物的拉丁学名若发成英语的话则和它很接近。读者应记得这种草——多以鹅草之名行世——曾在牧场的槽形地带大规模播种。最近，它和其他曾一度兴盛的外来植物一样，已经湮没无闻。

　　这七种植物都是大火过后长出来的，不过没有哪种植物像蝇子草那样分布上百英亩，或者像球序卷耳、欧洲猫儿菊、钝叶车轴草以及日后的加拿大飞蓬等植物那般延伸数千英亩。花朵细小的蝇子草能够在土质疏松的土地上扎根并且广泛地分布开来，这源于两种特殊的因素：其一，该植物茎秆所具有的黏性；其二，图提拉的绵羊所具有的特性——它们是羊毛长到了蹄子上的美利奴羊，而非腿上不长毛的其他品种。蝇子草的部分枝叶粘在了绵羊的小腿上，因此就被带向它们所去的地方；1886 年，在"花山"（Flower Hill）附近，一块超过两百英亩的土地上，覆盖了一层浓密的蝇子草。随后在另一个地方，这种植物长得同样茂盛。在浮石区域因羊群走动而形成的小径上，蝇子草还是一种常见的植物，不过在其他地方则几乎不见了。

另外一种在刚烧过的土地上蓬勃生长的植物是鼠耳鸡草。这是一种高大健康的植物，尽管从未在任何地方长成一块草坪，但是这种外来植物在鼎盛期分布面积超过数百英亩达到数千英亩。大火焚烧"楼梯草场"和"第二山脉草场"之后，在某种光线之下，草场上呈现出一种奇异的灰绿色调。这是由于蓟花冠毛从其他区域吹来并停留在鼠耳鸡草黏稠的枝条上而造成的。如今这种植物也几乎看不到了。

　　1885 年的一个旱季，大火烧遍了头像山，将牧场上仅有的麦卢卡灌木丛林摧毁了——这片林子大概有二十到三十英亩。就在这片区域，尤其是在这片枯林的边缘，难以计数的猫儿草发出芽来；它的种子是从

29-1：花朵细小的蝇子草

29-2：鼠耳鸡草

邻近的草地上吹过来的，为麦卢卡树的树冠所阻，落到了地上，就像其他地方的苦苣菜为林子里的树干所阻拦一样。当该植物达到最盛之时，我站在湖泊对面的山顶向下望去，那里美妙的颜色随着不同的时期而变化着，从橙棕（那是花蕾末梢的色调）变为让人炫目的黄色（那是花朵完全盛开时的颜色）；随着花朵开始蔓延开来，我会暂时离开，再来欣赏时就能更完整地欣赏其中的变化。在一个干旱炎热的早晨，还不到九点，呈现在眼前的是几十英亩的金黄花海；只有对周围环境充满感激的外来植物才可能在第一次生长的土地形成这样一片明亮浓重的色彩。

早期，人们认为钝叶车轴草能够完美地适应中部图提拉的浮石土

29-3：猫耳草

29-4：钝叶车轴草

壤，尽管如此，它占据整片地区的速度则相对较慢。它的成功并非走了捷径，其细小的种子既不像蓟草、苦苣菜、猫儿草和加拿大千里光等植物的种子那样能吹到远处，也不像鼠耳鸡草和蝇子草那样能附着在绵羊的腿上；它只能藏在绵羊的胃里。钝叶车轴草在中部和西部传播得较慢，因为在羊场早期，这些区域放牧比较少，或者根本就没放牧；尽管如此，随着时间的流逝，这种植物扩散开来，直到大火过后，成了羊场最重要的牧草。钝叶车轴草和图提拉大部分的外来植物不一样，它在同一块地方一次又一次地出现，也长得越来越浓密。对于这种微不足道的小草我充满感激：若不是有这种草，我就不可能持续保有羊场；该草使羊毛产量更高，它所拯救的年轻育成羊比任何一种牧草都多。如今，有更多的浮石土地得到了阳光和空气，根据气候条件，该植物发芽得或早或晚，多或是少，决定着来年羊毛的收获情况。

在九十年代，大火过后，中部图提拉一个又一个的草场暂时为加拿大千里光所占领。钝叶车轴草和其他所提到的外来植物一样，几乎全部消失了。

然而，大火过后进行扩散的植物并非仅仅是外来植物。读者应会记得麦卢卡树就是作为一种火后植物在图提拉立稳了脚跟的；几种地面果树、普通捕蝇草（*Drosera rotundifolia*）和澳洲天竺葵（*Pelargonium australe*）都是在大火之后冒出来并散布开的，尤其是在燃烧了麦卢卡树丛的大火之后。

近些年来，大火烧过肥沃湿润的沼泽地后，蓼草（*Polygonum serrulatum*）大量出现了。这种植物是跟随着麻纺厂而来，并通过人类的靴子、麻袋和机器的携带而进入。

图提拉只有一种植物因洪水而迅速传播。九十年代末期，"吉利安草"（*Gillia squarrosa*）在头像山顶的绵羊营地里生长繁盛。第二年，包含该山在内的草场进行了蕨草清理，大量的羊群被赶来在上面践踏，因而走出了数不清的小路。随后，在羊场不定期发生的一场洪水中，小路变成了水沟，水沟汇成了小溪，众多小溪流进了帕帕基里河，该河的河水因此高出河岸数英尺；泥沙沿着河道两岸流动，几英寸到数英尺厚的沉积物到处都是。到了旱季，泥沙沉积地和耕地一样，长出了大量的气味难闻的植物，称之为加州臭草，该名得自于其自身的恶臭。下一年，臭草不见了，接下来一两年，零星还会长出这种植物，如今它是一种罕见草类，偶然只在地面开裂、土壤受到搅动的地方出现。

　　　　　　　　　图提拉——一座新西兰羊场的故事

第三十章　步行植物

　　约有四十种植物是徒步来到了目的地的——当然，并不是通过植物根部的延展从起点走到终点，而是经过无数次短途运送，一次次站稳脚跟，从而一步步走向内陆，一点点逼近图提拉。我并不是说这些步行植物心高气傲，时常会拒绝在路人铲子上搭一程，拒绝藏在温暖的肚子里，拒绝抓住一把马鬃或一块骨胶，拒绝附在一辆轻便马车的轮子上，拒绝接受友好的蹄子或毛茸茸的小腿的热情拥抱，拒绝陡坡上溢出的地下流水的协助。尽管如此，它们基本上是徒步来到图提拉的。我曾数十次遇到或经过正在前往羊场的这些植物；我看着它们一点点靠近圣地；我相信，我从未忽略任何通过道路走向图提拉的杂草。我天生有着记录周围环境细小变化的倾向，慢慢就形成了一种对一切分外留心的习惯。每次骑马走出牧场，我都心生期待，希望能够发现一种新的外来步行植物；近四十年来，这些路边野草的命运已经成为了我毕生的兴趣所在。

　　这组植物的前进方式各不相同。每种植物都是以最符合其偏好和特性的方式前行。有些植物敏捷自信，蹦蹦跳跳地往前冲；有些植物则有些犹豫，动作缓慢，一步一步探着路前进；还有些植物，我记得在

1882 年，还落在后面，唯唯诺诺的，即便到了现在也未到达羊场。比如，饲用甜菜显然是第一种情况，其种子从阿胡利里港的仓库里传播出来，然后在前往佩塔内的半路中繁茂地生长起来。该植物就不再往前进。也许人们想不到一种如此热爱沿海盐分的植物居然会愿意忍受这种内陆旅行的艰辛——不过，为什么在坦哥伊欧崖壁前就止步不前呢？香雪球（*Alyssum maritimum*）过去曾将纳皮尔南部数百码长的沙滩道路熏成一片香气，为什么它从未冒险北进，只裹足于阿胡利里港的街道边缘呢？将这种植物种在内陆的花园里，它们长得很茂盛，其种子萌发得也很充分；在修建纳皮尔—怀罗阿—吉斯伯恩道路时，大量的弃土成为了植物的栖身之所，不过在厚厚的粉碎泥土当中，因为某些原因，十字花科的植物却未出现。

在八十年代，花园轮峰菊是另一种在莎士比亚山西麓和阿胡利里港之间的垦荒地中长得颇为茂盛的植物，不过，尽管内陆花园里的轮峰菊长势颇好，路边的条件一度也极为诱人，却没有一株轮峰菊奔向前去。九十年代早期，黑斯廷斯和罗伊山之间鹅卵石路为紫星蓟（*Centaurea calcitrapa*）所盘踞长达四五年，不过没有向图提拉移动的迹象。红缬草于 1882 年在纳皮尔的路堑上稳稳地扎下了根，但凡它有一点进取心，就可能在图提拉快乐地生活了。实际上，在整段石灰岩峭壁上，其裂缝每隔一段距离就有新芽露出，不过从未稍微挪一下窝。我经常在想，人们只是想当然地以为某些被动的外来植物所能提供的食物少于积极进取的外来植物。

关于羊场的自然地理，前文已解释过，纳皮尔南部的霍克斯湾地区的土地比紧靠该省北部和西部的广大浮石地区更为肥沃。在人们认

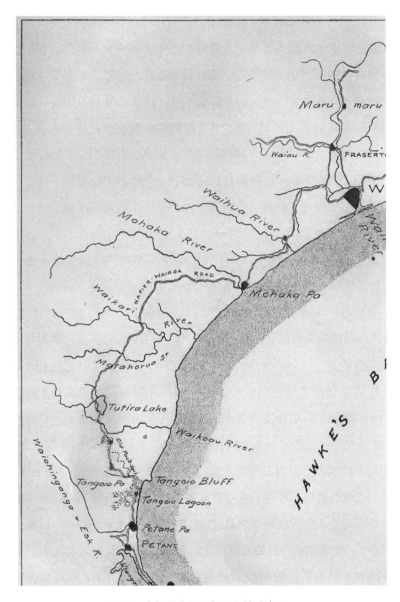

30-1：步行野草的召集地和繁殖中心

为这片荒地适合牧羊之前，南部早已进行排水、播种和翻地等工作。另一方面，纳皮尔北部也曾是一片荒原：拓荒者还未涉足其间，那里也没有人类存在的不可磨灭的标记，即自我扎根生长的外来植被群。那里养不了牲畜；羊群向北行进，就会消失不见，就像故事书中旅行者进入吃人巨妖的巢穴后就消失了一般；南方过剩的羊群便被赶来遗弃在"东海岸"的牧场上。那时南北方的差距明显，如今仍有区别，不过程度变小了；因此，大部分步行植物都是从南部到达图提拉的。此外，几乎所有的步行植物来得都比较晚，它们当中大部分曾走过的马车道，也是近些年修好的。

简要描述步行植物在八十年代之前及其期间到达图提拉所走的路径，基本能够展现出这些拓荒者所克服的那些难以逾越的困难。

我们可把本省的纳皮尔港当作野草的主要出发地。离开街道之后，一片几百码宽的河口湾立即横在眼前。羊群可以搭船渡过，不过马匹则要绑在船后游过去。因此，在旅行开始之时，任何落在马蹄或骨胶间的黏土里的草籽都要被一扫而尽。同样地，在漏水的小船里和下船过程中，绵羊的脚和腿也会浸满咸水。然后到了几英里长的荒芜的鹅卵石小道；接下来，还要渡过一条大河，有时是游过去的，有时则涉深水而过，在任何一种情况下，绵羊的腿和脚以及腹部的羊毛都要洗得干干净净。然后，道路沿着海岸线前行几英里，所经过的卵石沙地时而坚硬，时而松软。事实上，在抵达坦哥伊欧之前，各种牲畜的蹄子和腿都被彻底清洗干净了；就达到这一目的而言，也许那些又长又干燥且荒芜的疏松卵石沙地和水具有一样的效果。即便是在最好的季节里，驱赶牲畜也是一个拖拖沓沓的过程，更何况是这样不利的条件下，就变得更慢了，停留得也更频繁；马群、牛群和羊群就有更多的时间清空肚子里的东西。同时，在这样的行进中，几乎没有机会啃食新的野草。到达坦哥伊欧之后，这种可能性就完全消失了，从那往前都是被啃得干干净净的山顶。

事实上，野草找不到一条更糟糕的步行道路。道路就好像和某些大型动物一样，通过洗浴和尘浴去除身上的寄生虫。

在这样的条件下，早期步行植物较为少见就不奇怪了。在整条路中只有一小段长着一些草；从纳皮尔到佩塔内，有着一条狭窄的黏土带覆盖在疏松的鹅卵石路上。从佩塔内出发，仍旧顺着沿海路径，马车可通过自然的平地和沙地直达坦哥伊欧；不过大雨过后，环礁湖湖水会向沙滩漫去，车辆交通便会暂时中止。有一条之字形马道从坦哥伊欧出发，蜿蜒在山上，长达两英里，大概与海岸线平行。到了第一道围栏，该路便退化成一条小路，只有图提拉的驮马队才能依稀能辨认。

不过，大概在九十年代早期，政府决定修建一条连接纳皮尔和吉斯伯恩的马车路。人们在多个路段同时克服了各种凶险的自然屏障，沼泽排干了，山谷与河谷中实施了爆破，所产生的土方石块也取出了。短时间内，该路线向骑马人和驮马队开通了。随着六英尺的挖方段完成后，外来植物开始大规模地涌入内地。挖方段建成马车道后，外来植物到来的速度就更快了。交通量大幅上升，施工队伍的营地沿路到处都是，驮马队也大为增加，每周一次的邮件马车也得到了政府的资助。最后，原来的海岸畜群交通路线转移了；野草的入侵得到了涌入羊场的牛羊群的协助，进程加速了。一条涌动着生命的溪流从南北方流向整个牧场。

接下来要说的是步行植物的主要召集地、康复营、庇护城和繁殖中心。首先，所有这些植物都是通过一个或另一个港口到达自治领的。当然，图提拉大部分的引进植物是在纳皮尔上岸的，过去称之为"新德岛"——人们记得，那是一块几百英亩的孤立区域，南北部有着铺着鹅卵石的岬地与大陆连接。早在我到来之前，纳皮尔到处都是花园和果园，同时还有大片的沙滩、碎石堆场、铁路及公路沿线的荒地以及耕地上的荒野。每个这样的地方都长着各自的野生外来植物。

那时新德岛距离图提拉 28 英里，是野草走向图提拉之前最主要的发芽和繁衍地。野草的另外一处聚集地在佩塔内城周围，尤其是 22 英里之外拥有同样名称的一个土著村子附近。科伦索曾描述过古代毛利人的庄稼地是精耕细作的典范，而现代的土著村子却是极为荒凉、杂乱和肮脏。每块这样的居民点都有着多余的土地，他们只是漫不经心地耕种着其中的一半；空出来的角落，尚未播种的田间地头，泥土路面上，都成了生命力旺盛且雄心勃勃的野草们理想的发芽地。

向图提拉继续前进，我们达到了海岸山，该山靠海的较大部分被称为德·乌库（Te Uku），较小的部分则为浦克-摩基摩基（Puke-Mokimoki）。这是一块低矮的悬崖或者说海岬，它与邻近的牧场相隔离，因此可作为畜群赶路时的安全营地。我第一次知道此地时，这里也许依然保存着原始的植被——禾本科的小秆草以及零星分布的蕨草。不过，随着放牧收益的提高，畜群更为频繁地路经此地，这些原始植物很快就消失了；海岸山成为了大批畜群赶路途中的休息地，它们或停留几个小时，或留下过夜。在以后的日子里，由于东海岸不断发展，每年都有成百上千只羊在这小小的海岬上宿营，践踏着，并排下粪便。

除了在沿途休息的各种步行植物，我在这块营地上还看到了不同时期有着不同类型的植物长势繁茂：刺蓟、牛舌草、芹叶车前草、巴瑟斯特苍耳；有几年，这里长了一片清一色的黑麦草；如今则是一片毛茸茸的辣椒草；毫无疑问，若这里堆积了过多的粪便，或者一场严重的干旱将这片土地暴露在强烈的阳光下，那么某种新野草就会暂时占领该区域。

过了县界山帕恩-帕欧（Pane-Paoa），便到了坦哥伊欧的第四块野草中心，亦即土著居民另一个荆棘丛生且杂乱的定居点。距离此地 8 英里之处，赶牛羊的人通常会在中午让畜群在那里停下休息，那里还有一片规模较小的野草中心。最后，是第六片草地，在这里赶路的畜群会被一道大门暂时挡住，然后便在地面上来回践踏，尘土飞扬，或将其踏成泥浆。

步行植物同样也从北方各港口到达羊场，比如岛屿湾和吉斯伯恩；路边客栈旁的过夜草场、赶牲口人的营地以及毛利人的村子，和南方一样，成为了步行植物主要的召集地和繁殖中心。

在这些步行植物中，黑莓若不是最早走向内陆的植物，也属于最早那批。它是——一种致命且不可信赖的植物，在日蚀时分种下，又因黑暗的诅咒被挖出——唯一一种将绵羊制服、让绵羊成为受害者的植物。它通常习惯于在开阔地带长成椭圆形的灌木丛。该植物能长成该形状，是以无害的方式（或相对而言无害）来消耗自身的能量的，不过每年该灌木丛的根基都在加强。然而，这些高大的茎秆一旦有一根被烧了，植株就会加快向四周蔓延；巨大的横向枝条长出来了，那是钳住受害者的触角。一只绵羊若是刚刚被这些触角轻轻抓住，一时间又反应迟钝，动作愚蠢，那将是个不可想象的灾难；尽管绵羊只要下决心尽力一拉就能脱身而出，但是绵羊宁愿忍受哪怕只有一股荆条的拴缚。绵羊就这么绑在那，进一步对其纠缠绑缚只是时间问题；羊毛和荆条互相缠绕成了一股绳，直到最后要了绵羊的命，其尸首成为了该胜利者的养料。也许，从黑莓丛中长出更为粗大的枝条和更为强劲的荆条以拴住绵羊，所需要的只是时间而已。

　　对这种不祥的植物我没什么好话可说；即便其产量颇多但毫无风味的果实也不能成为其邪恶的借口，或人们容忍它的理由。黑莓是如何

30-2：移民先驱在纳皮尔—图提拉—毛嘎哈路路驮马路上栽种黑莓

以及何时到达新西兰的我不得而知。我想，它的进口经常错误地归结为传教士这个已被滥用的途径；可以肯定的是，该野草不是从北部进入霍克斯湾的。它在新西兰的源头在佩塔内和坦哥伊欧。在我到来的很久之前，那里就将黑莓当成藩篱植物种植了。

现在我们可以跟随这种恶草进军内陆的脚步。离开佩塔内之后，道路与其中一段种下的黑莓篱笆平行并向前走了一段距离。这是一个体现既得利益者无耻的例子，因为在接下来，人们用除草剂和铲子去消灭黑莓时，这段带着古老罪恶且泛着灰白的藩篱，却被放过了。在艾斯克河床里，由洪水挟带的淤泥所堆成的砂砾小山丘周围，零星地分布着几处黑莓丛。而如今在土著人的庄稼地里，黑莓丛则数以百计，我记得那时一株黑莓都没有；不过，在靠近海岸山的卵石平地上，则有两处黑莓丛。海岸山另外还有两处黑莓丛：在县界山帕恩-帕欧底部长着清一色的黑莓，另有一株巨大的黑莓出现在陡然由海滩转向内地的道路转弯处。在该地与坦哥伊欧农庄之间，又栽下了一段篱笆，每隔一段距离都播种了黑莓秧苗。坦哥伊欧农庄附近以及马道沿线到处分布着黑莓丛，地面升高融入群山之后才看不到。在坦哥伊欧平地和第一围栏的半道之间有一处黑莓丛。第一围栏和凯瓦卡边境大门之间则没有，不过在浮石地面高处有些发育不全的黑莓。站在石灰岩山脊上俯瞰怀科欧河谷，那里是这种恶草在内陆深处的中心，有着六七处繁盛的黑莓丛。另有一处黑莓灌木丛距离渡口不到半英亩，还有一处则在靠近图提拉的浅滩上。而在跑马场平地那些毛利人废弃的庄稼地上，则没有黑莓，这证明了该植物确实是一种长在路边的步行植物，同时也证明了它并非是被当成水果而有意带来的，因此在早期也不可能出现在省里。在土著人前往马

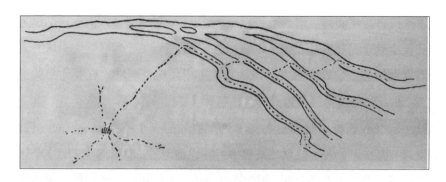

30-3：分布在羊径上的黑莓

西瓦渡口小径的半道上，有一株黑莓，该渡口还有另外一株。将图提拉湖和普陀瑞诺湖分开的峡谷上方分布着图提拉最靠西部的黑莓灌木丛。

在八十年代早期，除了佩塔内和坦哥伊欧等泛滥区外，能见到的黑莓几乎屈指可数。

然而，即便在那个时期，道路、骑马道和驮马道沿线也分布着大量的黑莓丛，划出了人类的交通路线。东海岸的拓荒者们事实上以黑莓标识出他们的朝圣之路，因为这些致命的种子是由他们携带到内陆的。在道路上临时搭建的每座洛亚西那庙宇前的每一次献祭，都是为女神建起一块活生生的丰碑；尽管中等规模的黑莓丛仍然独立存在，但是离母本植株越近则越显得繁密，距离越远（或者可以说，行动更为迟缓）则长得越稀疏。由于黑莓可诱捕绵羊进入圈套，它便成为了新西兰最危险的、或许也是真正具有危险的外来植物。由于山地到处是峡谷和泥石流，因此不可耕作，唯一能铲除黑莓的方法便是使用铁锹和鹤嘴锄；即便如此，还需要一遍又一遍地挖：再小的一点根须也会发芽，甚至是埋在土中的叶子也会在潮湿之地生根。该植物拥有如此智力和能量，却不能用在更好的事业上，实为可惜。我一再将黑莓丛挖出，尤其是在贫瘠土地上的，而它们发出的根须深入地下几英寸，并会蔓延到该地区的羊道——这些羊道因来自邻近营地的粪便而变得肥沃——挖开泥土后，呈现出的地下根须系统正好与蜿蜒曲折的羊径相对应。还需要补充的是，在羊群喜食该水果之后——我曾见到它们的肚子因沾上了浆果而变黑——特别是进口鸟类到来和繁衍（它们将种子带向其他各地）之后，这种荆棘便以一种极为惊人的方式繁衍开来。尽管投资除草剂的前景不错，但是还没有哪一种药水对其有效。对于霍克斯湾北部这数十万英亩的土地的未来，心中不可能毫无担忧。

在八十年代，百慕大草（*Cynodon dactylon*）在阿胡利里港的路边长势极好，在沙滩路沿线的黏土带也时有出现。在坦哥伊欧的旧农庄对面的沙地里有着一块该草的大草地，此地与第一围栏之间另有一块草坪，接下来一路直到图提拉都没有该植物的踪迹。在图提拉，这些草仍然停留在最初到来的小径上，这些小径正好沿着——或者说过去是沿着——湖泊而行，靠近当今绵羊洗浴之处。在驮马道变成骑马道最后变成马车道的变迁中，它们存活下来了。该草在怀科欧的河口沙地，以及河口至阿拉帕瓦纽伊农庄之间都极为繁茂。因此，它们能够通过土著人的小道穿过毛嘎西纳西纳。不过，尽管坦哥伊欧路线的交通量增加了一百倍，人们也应当以无罪推定的原则来看待该线路。

矢车菊（*Erythræa centaurium*）是我在海岸山那个巨大的营地里第一次所看到的几种植物之一。没过多久，它们便到了坦哥伊欧，然后抵达图提拉，它们迈出了很大一步就到达了图提拉，并迅速占领了羊毛棚和农庄之间的道路。从那时起，也许是借助绵羊的脚，它们迅速袭扰

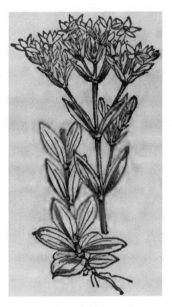

30-4：矢车菊

了图提拉东部的主要羊道。这种草从来就不喜欢浮石地，更喜爱石灰岩区域中的路边土壤。和其他步行植物一样，由于缺乏牲畜的践踏而搅动土壤，它们并不能自由繁衍。

在古老驮马径变为道路之前，只有这三种植物成功实现了跨越。它们数量不多，证明了到达图提拉的路径有着非常严密的保护——河口、盐滩、荒芜的卵石区、尚未架桥的河流、啃食干净的山顶以及又高又冷且贫瘠的浮石质高地。八十年代的高速公路通过上述每个地方来清理草籽，就好像动物清理了身上的寄生虫一般。

随着人们发现了一条从沿海直达内陆的线路，步行植物的新纪元到来了。它们在镐与平锹所翻动的处女地上生长，在土质疏松的干燥河

图提拉——一座新西兰羊场的故事

岸上沐浴阳光，沿着地下水位涉水而过，靠着绵羊营地的养料自肥，成群地向内陆进发。最早利用这些优越条件的一种植物是牛舌草（*Picris echioides*）。该植物来源于海岸山的绵羊营地，它们在那里有两年长势繁盛，好像种下的庄稼一般。随后，它们在毛利人位于坦哥伊欧附近的庄稼地里出现了。它们在那里停住了脚步，就像那些贪图安逸的植物一样不敢直面荒野，或者因为缺乏毅力而失败，不过如今出现了耕地，松脆的山坡也颇为暖和，它们再次受到诱惑便向前行进。它们随着修路工程的进程而行，在进入内陆的两三英里中，长势非常茂盛，之后随着离海岸距离的增加，这些植物却变得少见了。在浮石质高地，它们完全

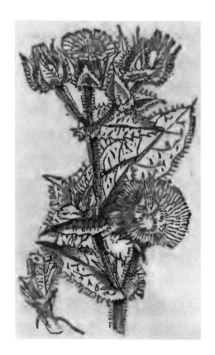

30-5：牛舌草

失去了踪迹，不过在多尔贝尔大斜坡温暖的北部，这些植物出现了，但数量很少。该草第一次在图提拉盛开的地方即靠近路边的一个古老园圃。如今在羊场里，这是一种罕见的草，不过在极为炎热干燥的夏季后最经常出现，尽管数量很少。和许多其他外来植物一样，它们也从发源地——海岸山——消失了。

1882年，兔脚三叶草（*Trifolium arvense*）是我在下霍克斯湾的卵石河床上所发现的最常见的野草之一。同年，在纳皮尔和佩塔内之间，我也发现了一两株该植物。随后，该植物占据了佩塔内和海岸山之间某些低陷的干燥土地；有好几年，它们在那里原地踏步，裹足不前。随后，在北向暴晒且通向阿拉帕瓦纽伊的骑马道上和坦哥伊欧—图提拉公路上我几乎同时发现了这种植物，而在两处零星散布着浮石的较高路面，这种植物长势并不好。一年后，在靠近羊场羊毛棚的一处干燥路堑，这种植物出现了。然后，它们沿着主要的牲畜路径分布开来，最后，因其显著的步行特征，又出现在了羊径当中。如今，兔脚三叶草在牧场的槽形地带到处都是，冬季里，在那些贫瘠区域则具有相当的食用价值。

步行植物柱毛独行菜（*Lepidium ruderale*），我是从纳皮尔大街一路跟到羊场的。它们在八十年代早期就到达坦哥伊欧，并在农庄的筛选场附近休整了多年。只有道路继续延伸，该植物才会向内陆移动，它们经常选择道路的急弯处当成旅途中的临时营地。它们多少是一种孤独的植物，喜爱经踩踏的地面，喜欢在几乎裸露的泥地里暴晒，并享受羊圈里的尘埃和道路边缘的天地。在家园草场里，在牧羊犬经常经过的路径沿线，这种壮硕茬状的植物被大量地用来记录更为可靠的观测结果。它们一定是一种给人带来快乐的植物。

锦葵是一种分布在南欧和中亚的品种。它们在坦哥伊欧的羊圈里被首次发现，然后就不停息地沿着道路前进，不过却一点不着急，从未一个步子迈得很远，到处可见其零星分布的植株。在它们行进途中，从

30-6：柱毛独行菜

来都是分布在高速公路的边缘，有一半长在路边的草丛里，显得干净翠绿，而另一半则遭车轮的碾轧和牲畜的践踏，陷在泥地里。倘若在羊圈周围有着足量的羊粪，它们便满足于拥挤在积满尘土的羊圈那最低的木栏沿线。

还有一种小花锦葵，它与此亲属植物在旅行方式和喜好上极为相似。

八十年代晚期，芹叶车前草出现在穿越阿胡利里港的铁路线附近。一年后，它们便在沙滩路沿线所有合适的地点落脚，又跨过了佩塔内

河，在那干燥平地上长得尤为繁茂。我在英格兰待了一年后，发现这种植物已在海岸山营地形成了一层浓浓的绿茵。同年，图提拉的家园草场上也出现了这种植物浓密的群落，也许它们首次到达牧场时我就错过了。前文已说明，一种外来植物，一旦碰到了适合的土壤和气候，便会呈指数生长。在其只是零星出现时，我忽略了。而在我前往旧大陆的那年里，该植物也许到了成百上千的阶段。等到我回来之时，它们便大量地繁衍开来。如今这种植物和许多其他的新来植物一样，恢复到正常的生长状态，而在旱季草地焦黄枯萎之时便更加显眼。

马鞭草（*Verbena officinalis*）是一种值得注意的外来植物，没有人认为它们是种有害植物，不过它们那蔓延生长的草丛却多少会遭人反感。它们从北面侵入，从那而来的路上植物相对较少，只占四分之一。该草正确的名称一时丢失了，便进行了重命名，后来该名称又丢失了，又再一次进行重命名，这在通俗植物命名系统当中一定是独一无二的；最

30-7：芹叶车前草

后该植物才获得正确的命名。这种来自英格兰南部的外来植物于七十年代晚期出现在弗雷泽镇附近。它们是在奈恩先生的羊场里第一次被发现的；从那里起该草开始传播开来，并以"奈恩草"为人所知；该羊场后来成为了已故的格里芬先生的财产。如今，格里芬先生作为怀罗阿郡政委员会曾经的主席，对该地区每位内陆移民的生意以及他们的内心都有影响。人们都认识他，可他对自己的前任并不认识，也不可能了解；他的办公室对该植物大加宣传；尽管他就在该草发源地附近，但它们早期的名称很快就被遗弃了，而采用了后来的名称。于是，在东海岸上下，人们称之为"格里芬草"。以弗雷泽镇为起点，该草向各个方向辐射开来——向北到达吉斯伯恩，向西抵达怀卡热莫纳，向东至怀罗阿。从怀罗阿起，它们进展缓慢——在它们到达羊场的十五年前我就认识了这种植物——经过了怀胡阿、莫哈卡、怀卡瑞、普陀瑞诺，然后到达图提拉。和其他很多路上植物一样，它们在踩踏过的土地上长势最好，在牲畜将地面彻底搅动之所最为旺盛。在诸如沃塔图图（Whatatutu）和莫哈卡等地的土著村子的庄稼地上，长满了马鞭草；另一方面，有些植物对生长条件极为苛刻，对它们而言，早已建立的绵羊营地过于肥沃，耕地太疏松，泥灰地太坚硬，便都避开了。正因为羊场最好的土地好得过度，而最差的土地又太糟糕，它们便没给图提拉带来麻烦。即便是长在农庄附近的草丛，我们也常常将其挖出焚烧。而在其他地方，该植物也智穷才尽——关于它们的消息便越来越少了。不过有趣的是，随着该草分布范围的扩大，它们在很大程度上摆脱了早期名称中所带有的地方气息：人们逐渐认识到了它们的正确名称——马鞭草。

九十年代早期，我经过名为马茹马茹（Marumaru）的路边小旅社

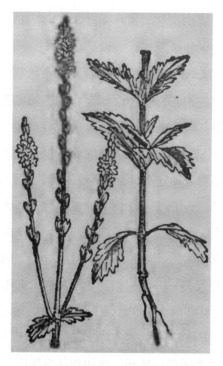

30-8：马鞭草

之时，便被狗舌草（*Senecio Jacobæa*）那粗野艳丽的黄花所吸引，当时有十五到二十株争相开放。我在另一处又碰到了这种植物，离此地不过几十码，经询问，这种植物在其他地方无人知晓，因此可以合理地认定狗舌草是在马茹马茹首次出现的[1]。这种植物开着惹人注目的花朵，想找不到也难，因此，它们每前进一步都被清晰地记录下来了。尽管它们有

1　那时我是怀罗阿郡政委员会中莫哈卡的代表——那是一段愉快的经历。对于路边野草及其习性的认识是无法通过其他方式得到的。

着大量的机会在尚未放牧的地方萌芽，但它们却在任何一地都长得不茂盛，也从未脱离道路沿线向外生长，只是慢慢行进，路过奥坡伊提、弗雷泽镇、怀罗阿、怀胡阿、莫哈卡、怀卡瑞、普陀瑞诺以至于羊场。

狗舌草尽管有着有翼种子，但它们的传播似乎从未得到风的协助。正如我所言，在迁移期间，它们从未离开道路，它们的幼苗也从未在背风处或者母本植株附近茂密地生长。它们的传播媒介是马，农庄附近偶尔会出现狗舌草，它们那几十株幼苗会直接从马粪里长出来，这是不容辩驳的，证明着它们是从马肚里带来的。不过，马其实并不愿意去碰这种黄花或其成熟的花冠；通常情况下，牲畜们都不去理会这种植物。也许是赶车人的马饥不择食直接吞下这些草，也许该草的种子混在了马所啃食的牧草里，正是通过这些方式狗舌草才得以传播开来。

我是在纳皮尔以南好几英里处第一次遇到千屈菜（*Lythrum hyssopifolium*）的。它们是最早几种借助路边地下水位到达牧场的植物。从坦哥伊欧到图提拉的石灰岩山上有着丰富的溪流，它们从未停止流淌；沿着溪流该植物涉水而来。在这些地方，从一点到达另一点，该植物需要几年时间方可办到；若是顺坡而下，其行进的速度明显比爬坡而上来得快。

在前往内陆地区的旅程中，臭甘菊（*Anthemis cotula*）是其中一种最容易发现的外来植物。它们从不单独行动，往往结伴而行。在尘土飞扬、牲畜践踏的地面上，在正在形成的绵羊营地上，它们会停下来呼吸，吸收养分。不过在繁茂整齐的草地上却不见踪迹。比如，这种植物从未出现在极为肥沃的海岸山营地中。和很多这样的旅行植物的情况一样，不同定居点之间总有较大的一段间隔，因为或者它们比看起来的对环境要求更苛刻，或者协助它们前行的媒介拾起了种子，然后紧紧抓住，又突然丢下。我是在黑斯廷斯火车站附近第一次发现臭甘菊的，然后在纳皮尔的耕地、佩塔内附近以及坦哥伊欧寨子周围也发现了；接着，在剩余的道路上一年之内出现了三处臭甘菊草丛，而第四处草丛则出现在牧场里：它们从黑斯廷斯到达图提拉用了四年。臭甘菊在羊毛棚附近成了一定的规模，在接下来的几年里，它们漫不经心地在正在开垦的浮石地面上扩散开来；有一段时间，到处可见此零星分布的植物，不过并未形成一种能够迅速繁衍并完全适应此环境的品种。

草莓三叶草（*Trifolium fragiferum*）也是从南部到达我们这里的——我相信它来自塔拉德尔地区。该草在沿路沙地有两块茂密的草地，一块靠近坦哥伊欧，另一块则离得更近一英里左右。它们绕过了沿路的泥灰和浮石地带，然后出现在它们所喜爱的沙质淤泥地，接着在"二十英亩草场"和靠近农庄的湖岸地带再次出现。多年后，人们特意去种植草莓三叶草，不过它们终究是成不了牧草。

尽管茴香（*Fœniculum vulgare*）很早就引入了赫如-欧-图瑞亚地区，不过作为一种路边草还是值得一提的。在八十年代，或许还要更早，茴香在霍克斯湾南部某些河流的沉积河岸、毛利村子废弃的土地上、铁路路堤沿线及其他类似的地方，长势繁盛。如今，在纳皮尔和佩塔内之间，佩塔内和坦哥伊欧之间，仍零星分布着这种植物。在穿越沙地和卵石地的道路上，它们在其黏土带上艰难求生；该植物也长在海岸驮马径沿线的贫瘠山上，不过长得都不高。早期，离图提拉最近的茴香植株成功地在一段坡度急剧下降了三分之一的山坡下的三十码处扎了根，在那里，羊场的驮马队一到雨天就会滑倒跌跤。多年来，该植物孤零零地长在一大片绿草之中，看着其他步行植物赶向前去追求着自己的崇高目标；直到现在那里仍长着茴香。茴香真正在图提拉立足要到1906 年，尽管早期它们努力要从南部进入图提拉，不过最终是从北方到来的茴香才在图提拉立足的。从吉斯伯恩赶来的马群途经临时过夜的草场，草场上留下了它们的粪便，茴香因此密密麻麻地播种下了。茴香是通过马群大范围扩散开来的，就像羊群一样，如若在长着黑莓丛的路面上放牧，便会去啃食果实，因此在长着茴香的草场上，马群便会啃去茴香的花冠和抱茎叶。

据我所知，尽管小糠草 (*Agrostis alba*) 早在 1885 年就在邻近的阿拉帕瓦纽伊牧场播种了，但却在很长时间内远离高速公路，这极不寻常。二十年后，小糠草才开始在路上行进，不过基本上不是从阿拉帕瓦

30-9：茴香

纽伊牧场过去的；它们在坦哥伊欧寨子的荒地上扎了根，然后迅速向内陆移动。这种植物相对而言缺乏营养，口感也差，之所以能够慢慢散布开来，唯一的解释便是绵羊想换换口味。绵羊啃腻了存量丰富的黑麦草、鸡脚草和三叶草，小糠草的嫩叶便不再无羊光顾，其种子也不再任其成熟，如今都被啃得干干净净。在肥沃的灌木丛土地上，我们只种质量最好的牧草，不过据我所知，有好几次偷渡而来的再生草（*Holcus lanatus*）也被啃光了，这就让我更肯定前面的猜想了。从八十年代早期起，蓍草再一次在图提拉—阿拉帕瓦纽伊围栏附近长起来。尽管它们是一种自由的开花植物，其种子也十分微小，数百万颗不过一磅重，但却从未繁衍开来。我从不知道它们会开花。和小糠草不能扩散的原因一样，蓍草同样也不能散布开来。在有计划播种之前，能够看到的也就是东部边境的五六株。

两种漆姑草（*Sagina apetala* 和 *Sagina procumbens*）彼此很相像，故当前可看作一类植物。和 *Lythrum hyssopifolium* 一样，在它们向内陆进发时，同样利用了道路的潜水面。在小河和泉源边缘，经常可见该植物长成了绿油油的草坪；我记得有一片绿茵上，小小的泉水流出无数闪亮的水珠，仿佛是一串有生命的珍珠；绿茵表面很紧凑，每颗水珠在上面流动时其形态不损丝毫，就像水银在磨光的木板上滚动一般；泉水极为清澈，以至于在大半个干燥的夏季里，草丛的表面都很干燥，没有污泥玷污。这些漆姑草都是从南部到达图提拉的。

我记得在纳皮尔崖壁的北部边缘、纳皮尔和佩塔内之间沙滩路面的黏土碎石地上以及佩塔内和坦哥伊欧之间每隔一段和类似区域上，大麦直到现在都很繁盛。大麦在最后那个地方停下了数年，它们不能在阴冷的黏土地、高山草地以及古老驮马径的高海拔地带生存。不过，随着新道路的出现，它们也冒了出来，并挑选着与漆姑草和其他步行植物截然不同的地方。阳光、尘土和水旱条件完全满足了该野生大麦的需求，它们生长在山谷盆地和太阳暴晒的挖方处；大麦到了牧场后，便满心欢喜地面向北面生长，纷纷拥挤在干旱的羊圈最低的栏杆附近，因为尽管它们几乎可在任何沙漠中生存，但并不意味着它们会鄙视养料。

我是看着胡须草（*Polypogon monspeliensis*）从纳皮尔 5 英里外的塔拉德尔一路走来的。第一次发现该草时，它们在海浪还能打到的看起来很糟糕的地面上长势极旺；数年后，它们又出现在靠近佩塔内的盐碱地边缘，然后隔了一大段时间在位于海岸山底的浅湖周围再次出现，在那里有许多步行植物找到了临时休息地和召集所。另一块停留之处在坦哥伊欧附近的湿润区域。从那往前走，胡须草就成了涉水者，蹚过了驮马径沿线几处及膝深的潮湿水池。它们往往三三两两而行，从未成群结队。它们在牧场的第一个据点便是距离怀科欧桥几百码的泥灰边沟。它们如今在图提拉的主要据点便是宽广、湿润且不深的凯-德拉-塔西（Kai-tera-tahi）沼泽的多个渡口。

另一种胡须草到达图提拉则在几年之后，它们是在佩塔内的盐滩中首次被发现的；与其同科植物一样，在前往内地的旅程中，它也借助了沟渠和边沟。

从坦哥伊欧出发，又在白松林里的浮石质山上的道路上首次发现了反曲三叶草（*Trifolium resupinum*）。有数年，驮马径横着一道篱笆，篱笆的大门紧闭着，一度延缓了牲畜驱赶的进度，后来一位赶牲口的人愤而将其从合页上拆下丢了。这一短暂的滞留，可能导致草地的践踏和

30–10：胡须草

粪便的排出，而这正是这种精致美丽的植物到来的原因。几年后，我在图提拉湖南岸附近发现了一株这种植物；如今，该植物虽然仍然少见，却已经过了农庄，继续向北部进发。

在所有步行植物中，没有一种像除蚤薄荷（*Mentha pulegium*）走得那么远。大概在1894年，我在波弗蒂湾的淤泥平地上第一次看到这种植物；然后它们出现在提诺罗托（Tinoroto），最后到达怀罗阿。从怀罗阿走向莫哈卡，然后沿着怀卡瑞后方通往内陆的道路到达普陀瑞诺，接着抵达图提拉，该植物第一次在横跨图提拉溪的桥梁附近发现。毫无疑问，除蚤薄荷是传教植物，可归为"教堂的孩子们"一类。

我怀疑巴瑟斯特草刺（*Xanthium spinosum*）的当地源头在北方。总之，我看到它们在波弗蒂湾长得比其他地方的都更茂盛。因此，一度布满海岸山的植物被旅行中的牲畜从波弗蒂湾带向南去，它们那带

图提拉——一座新西兰羊场的故事

刺的种子卷在了牛尾和马鬃——我曾见到一匹正在进食的马一触碰到草刺植物，其额毛很快就粘上了种子——以及羊毛上。一两年后，在这巨大的营地上，巴瑟斯特草刺便长得极为茂盛。然而，随着该草移向更湿更冷的内陆，似乎就失去了活力。在坦哥伊欧寨子一两个废弃的园圃

30-11：除蚤薄荷

中，只是零星长着一些。该植物也出现在坦哥伊欧和图提拉之间的道路旁；它们只有两次在图提拉发芽生根，每次都出现在向阳的耕地上。

　　九十年代中期，我在离图提拉八十到九十英里之地第一次遇到牛蒡（*Arctium lappa*）。我想它们是近几年里来自远方的几种植物之一，它们能突然造访应归功于机动车。在这快速的机器上，种子和乘客一样，能够在更短时间内被带往更远的地方。该植物最前头的先锋已经走到了坦哥伊欧和图提拉的半道中。不过，尽管我很想将其列入羊场的外来植物之中，但是牧羊人的职责压过了草类观察者的兴趣。在这孤独的步

行植物离羊场还有一段距离时，我就将其消灭了，不过我的心里隐隐发痛。然而，第二年，牛蒡的幼苗又沿着道路移向离羊场更近的地方。如今是 1920 年，它们离我们的边界已经很近了。我承认该植物仍长在羊场之外，不过敬请读者原谅我将其列入图提拉植物名单之中。

圣约翰草悠闲地向南走来，在莫哈卡和怀卡瑞河上游之间占领了一段又一段黏土路堑。羊场最早出现的圣约翰草在 1913 年被带到了图提拉溪上的桥梁附近。从那以后，该植物又向海岸线迁移了数英里。

1913 年 12 月在图提拉的主干线边缘出现了另一种圣约翰草。一战后我返回牧场，那最初的草丛已经消失了，不过该品种在路边的两个不同地点重新长起来。多年来，该植物在纳皮尔以南的铁路线上生长旺盛。

一战期间，三种新的路边植物到达了图提拉。一种是亚麻，我在纳皮尔和佩塔内的周围早已了解了这种植物。另一种是艾蒿（*Artemisia vulgaris*），开始是在羊场的马厩里发现的，完全是一种陌生的植物。该植物来自南方，好像是跟着某些工具而来的，因为该植物只在最近刚加深和清理的管涵周围出现几株；任何中间阶段的品种或群落都没看到——该植物只在从阻塞的管涵里挖出的泥土中生长。最后，还出现了一种没多大价值的草，称为曲叶早熟禾。我在十五年前于坦哥伊欧的海岸道路上见过此植物。

读者现在可以看到，图提拉在其成长的积累和发展的每个阶段中，都以一两种外来植物的到来作为应对不同变迁的标志。拓荒者的劳作、部落战争的结束、放牧牛羊、播撒草籽、建立居民点以及引进机械，每一种情况下都以相对应的野草作为土地上的烙印；自治领的贸易也许可以从流行的名称进行推断。在这些羊场外来植物中，英格兰提供了 *Par excelence*，"英格兰草"，即黑麦草，还有白三叶草和鸡脚草；苏格兰则有"苏格兰人草"（*Cnicus lanceolatus*）。"辣椒草"（*Sporobolus indicus*）让人想起了与南美洲所进行的大量贸易；而"加州臭草"（*Gillia squarrosa*）则与美国的贸易有关；"印第安草"或百慕大草也许是由于从该属国所转移的军队而带来的；"加拿大蓟"（*Cnicus arvensis*）和"加拿大千里光"（*Erigeron Canadensis*）与加拿大进行商品交易有关。最后，关于与南非以及好望角早期联系的记录则保留在如下植物名称当中，比如"海角草"（*Crepis taraxacifolia*）、"海角醋栗"（*Physalis peruviana*）和"海角大麦"——很可能就是因质地坚硬而得名的古老的苏格兰大麦（*Hordeum* sp.）。

前面数章所概述的巨大变迁若是依据个人偏好而完成的，即只有人类的牲畜所喜爱的牧草存活下来，只有符合人类口味的灌木、鲜花和水果保留下来，只有那些能够激荡人类内心骄傲的树木流传下来，那么图提拉就是伊甸园，园里只生长着食物，到处是让人赏心悦目的景观。这样的理想状态是不可能维持的，每块殖民地的拓荒者一旦将殖民机制运行起来就再也无法控制；所有的立法都无法规范种子的播撒。而且，不论好人和坏人都可以平等地享受阳光雨露，同理，种子不论好坏，舰队、火车和汽车也会将它们带向相同的目的地。

第三十一章　图提拉的外来动物

前面几章已经阐明了在植物界中，价值不高的植物是如何赶超有用的和观赏性的植物。同样地，寄生的外来食肉动物也排挤着计划引进的动物。

首先有必要考察一下在有序政府和归化协会建立之前的四种不请自来的外来动物，这样便有利于后面的论述。

在这四组动物中，有三种在这片土地上生息繁衍了超过一个世纪，还有一种则短一些。它们到来的日期以及它们的旅行线路如今只能推测；能够肯定的事实是它们都在这里出现了，都是鼠科动物。

老鼠几乎一直寄生在人类身边，它们坐着人类的船只旅行，偷食人类的庄稼和库藏食物；和人类一样，遍布了全球各个角落。

新西兰早期历史的四大阶段是：首先，毛利人的到来；其次，航海家温哥华、马拉斯皮纳和库克发现了这个国家；接着，捕海豹人和捕鲸人对其海域的探索；最后，商船贸易的开始。每个阶段都对应着一种哺乳动物的到来。

首先是毛利鼠（*Kiore maori*），它们体形较小，一度是土著人的重要食材。不过，它们性格"温顺""愚蠢"，土著人说，它们主要吃植物根茎、浆果和森林里的水果，这些似乎与其习性不符。科伦索曾去捕捉毛利鼠样本而无功，便宣称它们在三十年代就灭绝了，不过人们经常将"灭绝"这个可怜荣誉加在新西兰物种上，因此有必要小心对待。尽管这种古老的物种颇为罕见，但是它们仍生活在这片土地上；它们既没在新西兰灭绝，我也相信，在图提拉仍可见到其踪迹。尽管我并未亲眼看见，尽管人们一次又一次将其与未长大的黑鼠（*Mus rattus*）——看到它的标本时，它已死去——相混淆，我将给出所有值得注意的事实。

1879 年，哈利·杨在阿拉帕瓦纽伊海崖区域签了合同砍伐灌木丛时，抓到一只他称之为很小的"老鼠"，或者可以说握住，因为抓到时，它并未反抗或尝试逃跑。第一次看到时，它正在吃从卡拉卡树（*Corynocarpus lævigatus*）林上掉下来的黄色椭圆核果。五六个工人将小老鼠当成稀罕物传看着，它却完全不受影响，然后被放走了。多年后，在图提拉中部的圆丘羊圈进行筛选的过程中，杰克·杨（Jack Young，即哈利·杨的兄弟）坐在围栏栏杆上吃午餐，注意到了一只黑色的小"老鼠"，它的背部"像彩虹一般拱起"（他是如此描述的），正在吃着发芽的酸模。他向这只小老鼠扔些食物碎屑，它也不拒绝；和上述情况一样，握住它时也未显示出丝毫反抗之意，然后暂时放在牧羊人所携带的一个又长又小的咖啡罐所做成的"水壶"中。只可惜这个容器打翻了，那只老鼠本来要带来给我看的，结果逃走了。

黑鼠是一种机智活泼的动物，人们相信在它成长的任何阶段不可能会生活在人类频繁活动的筛选场附近，更不要说它会允许自己这么容易被抓到，被抓到后也不慌张。羊群的来来往往，牧羊人的大呼小叫，牧羊犬的吠鸣，这些都会将昏睡中的七八人惊醒；显然，杰克·杨所抓到后来又丢失的那只并非黑鼠。

毛利鼠存在的第三个例子发生在1906年。我有一名剪羊毛工，当时住在紧挨着毛嘎哈路路山背后的荒野乡村，他看到并捕获了一只这种小型啮齿动物。土著人认为——不论他们的观点是否有价值——这就是其中一种早已灭绝的物种。然后它被带到了沿海地区，装在一只蚊虫缠绕的灯泡里，有一段时间被当成一种罕见的动物进行展览。

在这三个抓获毛利鼠的例子当中，人们都强调了它那无畏和温顺的特性——这些词也许与愚蠢同义，早期作家在引用毛利人的回忆时用的就是这个词。毛利人食用这道美食时并未将其开膛，而是就着其肚内所吃下的当地浆果而食[1]。

1730年之前——即在库克船长进入新西兰水域的39年前——古老的英国黑鼠无可争议地占领了不列颠；在上述时期之后，褐鼠或者说汉诺威鼠（*Mus norvegicus*）才出现。不过，这两个物种不可能和平共处，事实也很快证明了，其中一种占主导，并将另一种赶尽杀绝；因此，黑鼠和褐鼠是不可能同处一船而到达新西兰的。"奋进号"和"决心号"等小船空间有限，航程达300多天，这些都让两鼠同处成为不可能；褐鼠会吃掉那较为温顺的同类。事实上，黑鼠若不是跟随库克船长，便不可能达到这块殖民地，因为在捕海豹者在新西兰水域立足之时，褐鼠就已经统治了不列颠，并将对手击溃。因此，这位环球航海者经过了夏洛特女王峡湾，在船湾里倾斜着小船，然后将"决心号"停泊

---

1 多恩上校在图提拉捕获到第四个样本，这增加了图提拉仍拥有这类极为稀少的小动物的可能性。几年前多恩上校在怀卡热摩阿纳与怀卡瑞提之间的森林小径中抓到了这只"老鼠"，他对该老鼠被抓后的描述证实了该物种全然无畏的特征。

31-1：毛利鼠——多恩上校在怀卡热摩阿纳附近所捕获样本的照片

在一条小溪里，"停得如此接近以至于船首贴近了河岸"，从船里跑出来的无疑就是黑鼠。老鼠一到新西兰就开始了罪恶的勾当。库克船长在回访他在森林里所开辟的空地时，作了记录："尽管萝卜和芜菁发芽了，豌豆和豆荚却被老鼠啃光了。"不过，我们还需追述黑鼠到达图提拉的足迹。

该物种到达北岛有多种路径选择。不过，"奋进号"和"决心号"上的老鼠后代们最不可能再次乘船，登上早期土著人往来于库克海峡两岸装运粮食的船里。

尽管褐鼠没有太多可说的，不过现在要谈谈这种老鼠。

从"奋进号"和"决心号"在十八世纪末的航行到十九世纪早期猎海豹和猎鲸工业的崛起，该物种的命运发生了巨大的变化。它们已经将古老的英格兰黑鼠从主要地方驱逐出境，曾经泛滥着黑鼠的码头和船运中心已经为褐鼠所占领。和黑鼠一样，褐鼠也乘船到达了新西兰。除了那些已经发生的，其他的事情则不得而知；也许褐鼠通过不同路径和不同船只到达了不同港口。

正如罗德和亚伯拉罕分开后各自独立，前者去了约旦平原，后者来到迦南之地，来到新西兰的这两种老鼠也分道扬镳，将面前未经放牧的土地分别占领了。褐鼠所选的地方包括沿海地带、居民区、农庄和城市。黑鼠更富有冒险精神，占据了原始森林各处，尤其是湿润的高地林区。不过，它们的分界线也并不明确。

尽管在高地褐鼠很少，但仍有少量分布，同样地，黑鼠受到某些优越条件的吸引，也会在居民区里零星分布；黑鼠有时甚至会在人类的家中繁殖。尽管如此，我们仍可以说，耕地、庄稼和粮仓属于褐鼠，森林、雨林内部、野果、核果、林鸟和鸟蛋则属于黑鼠。在图提拉，农庄和温暖肥沃的海岸山脉是褐鼠的巢穴，黑鼠则占有着牧场的槽形区域、腹地以及欧普阿西、毛嘎哈路路和赫如-欧-图瑞亚等森林。

黑鼠的窝就其外形而言与乱糟糟的英国家雀的巢极为相似；它的窝并未隐藏，位置明显，在悬钩子丛或攀附在某些高大灌木的当地荆棘丛中，在泡林藤（*Rhipogonum scandens*）丛里，在毒空木茂盛的灌木林里，都可能发现。鼠窝的结构粗糙随意，向外延伸着一个拱形结构，却显得整齐温暖，通常都是用同种材料搭建的。在图提拉，动物们最经常用毒空木或当地荆棘的叶子当瓦片，加以重叠弯曲，从而做成一个防雨的屋顶。相对而言，黑鼠对于人类及其财产而言害处更小。在营地里，褐鼠会在一夜之间将一袋面粉扯成碎片，而黑鼠只会偷吃，不会浪费或肆意破坏。也许黑鼠要为波利尼西亚鼠的绝迹负主要责任，因为该鼠本生活在森林当中。有人告诉我，尽管黑鼠在英国绝迹了，但是在新西兰的高地和野外却很常见。

关于褐鼠的习性没有什么值得特别说明的。它在图提拉的生活似乎与其先祖生活在旧世界并无区别：夏季便跑到开阔地里，冬季则会返回到建筑物内。对于生活在低地和沼泽的当地鸟类而言，褐鼠是致命的杀手，就像黑鼠对于栖息在高地森林里的鸟类而言也是可怕的猎手一样。

鼠科动物中的第三个成员是小家鼠（*Mus musculus*），它似乎很晚以后才到来。已逝的副主教塞缪尔·威廉姆斯曾告诉我，他记得到了三十年代新西兰才有小家鼠。大概就在那个时段，它们出现在岛屿湾传教站。那时，到达殖民地的船只所运输的全部或部分货物首次为小家鼠提供了藏身所和繁殖空间。

我想小家鼠到达新西兰与以下货物有关：白人孩子的玩具、打印纸、印刷机、五金、英国女士的服装、传道园圃所需的种子、传教田地所需的谷物、棉麻制品、书籍、铃铛、玻璃和陶器等。总之，只有在乱七八糟、多种多样的货物中，小家鼠才能在漫长的航行中从它那贪婪的同类那里获得安全和生存空间。

尽管在我占有图提拉期间，小家鼠的数量曾两次爆发，但它们不可能是从北部进入的。因为距离太远了，各种障碍也不小。小家鼠并不喜欢冒险，它们的旅程相对较短，也不会持久。一场狂烈的暴风雨会在几小时内摧毁它们的行动，曾有一晚，凄风冷雨下了一夜，积水三四英寸，我便见到几十只死家鼠。事实上，它们和麻雀一样，若无藏身地便经不起恶劣的天气。因此，可以认为，图提拉家鼠的当地源头是纳皮尔港。从那里它们能够支撑起到达图提拉的迁徙。另一方面，家鼠也可能在仓库里被打包装到了马背。它们会被装在草籽袋中，从农庄出发，被带往了牧场的各个区域；我本人就曾经从装着草籽和三叶草籽的袋子里掏出被闷得半死的小家鼠。

总而言之，在我那个时代，图提拉有或曾经有四种老鼠。首先，可能是毛利鼠——我给出了四个从他人那听说的例子。四次捕获之间都有数年的间隔。因此，牧场里悬崖峭壁，能够为这受迫害的小动物提供庇护，它们还存活在牧场里并非不可能。

其次是通常所说的丛林鼠。我曾将几十张该鼠鼠皮给南肯辛顿自然历史博物馆的专家们看。他们告诉我，它们就是黑鼠的皮，即古老的英国黑鼠。

接着是褐鼠，最后是小家鼠。

新西兰现代历史的第一章节是十四世纪的大迁徙，土著人乘独木舟船队到来。根据传统观点，这是毛利鼠到来的标志。

第二章节便是欧洲人的登陆。在自然历史中，便是以黑鼠的出现为标志。

殖民地发展的第三章节便是猎海豹和猎鲸工业的发展。它们的出现带来了褐鼠或者说汉诺威鼠。

第四章节是商船贸易的开始，以家鼠的出现为标志。

本书只是对一个羊场历史的叙述；因此，我们可将这些事件地方化，即可将毛利鼠的到来归结为波利尼西亚船队，将黑鼠归结为皇家海军，将褐鼠归结为捕海豹的人，将家鼠归结为商船。

第三十二章 1882年前的其他外来动物

　　根据惠灵顿归化协会的记录——一份民主精确的文件，给出了负责将赤鹿赶往内陆的人的尊称和首字母缩写——赤鹿是在1862年引进的。应新西兰政府驻伦敦的联络员约翰·莫里森（John Morrison）的建议，阿尔伯特王子向殖民地赠送了六头鹿——三头送给惠灵顿，三头送给坎特伯雷。人们在温莎公园里抓了两头雄鹿和四头雌鹿，并在那关了一段时间，准备着长途海上旅行。"特里同号"运送了属于惠灵顿的一头雄鹿和两头雌鹿，到了6月5日，其中的一雄一雌到达了，另外一头死于长达127天的海上旅程中。与此同时，属于坎特伯雷的三头鹿也出发了，只有一头雌鹿活着到达利特尔顿（Lyttelton）。这头雌鹿又被运往惠灵顿。这些幸存者在兰姆顿码头（Lambton Quay）的马厩里待了几个月，根据协会的报告，人们觉得它们有些多余。花销在赤鹿照看的费用不少，公众和省政府的官员对此多有牢骚。终于，J.R.卡特（J.R. Carter，那时是威拉拉帕的众议员）先生提出将支付把它们运往该地区的费用。该省省长同意了，赤鹿们第二次被放在它们从英国前来所待的笼子里，然后W.R.赫斯特维尔（W.R. Herstwell）先生——他终于有了自己的尊称——将其装车越过瑞木塔卡山脉（Rimutaka Range），运往卡特在塔拉纳吉平原（Taranaki Plains）上的羊场。在那里，它们被移交给詹姆斯·罗宾逊（James Robison）照看。又关了几周后，它们便在1863年初被释放出来；这三头鹿越过了儒阿玛韩嘎山（Ruamahanga），然后在毛嘎拉基山脉（Maungaraki Range）安了家。

有人说四年后，有人说五年后，一头雄性赤鹿到达了图提拉。乔治·比（George Bee）那时在赫如-欧-图瑞亚他父亲的羊场里工作，他相信自己第一次看到时是在1868年；那时麦克马洪（MacMahon）正照看着托马斯·坦克雷德（Thomas Tancred）爵士位于毛嘎哈路路的产业，认为赤鹿是1867年到来的。阿帕拉哈玛、阿纳如·库恩以及其他的土著人并未给出具体时日，不过都提到了同时期的事件，因此我可以将其确定在六十年代末期左右。

雄鹿选择该地无疑是受到一小群野马的吸引，这些野马是从土著人所遗弃的村子里出走的。流浪的鹿与它们结伴，会产生一段奇妙的友谊，这与很久之后另一头雄鹿与"黑头"牧场的种牛群相伴的情形很像[1]，也与佩塔内北部所发现的第一只兔子一样，多年里一直与一群在坦哥伊欧牧场的"野火鸡"相伴。不过，这个地方不适合它生存，在这附近连一英亩的草地都没有，到处都是毒空木灌木丛和乱糟糟的蕨草。

不过，有几年，此鹿成为了移民和牧羊人们争相猜测的对象，土著

1　"黑头"牧场的莱斯利·哈迪先生写道："您所问的雄鹿，过去常在每年四月份来到这里，每年待上四个月。我记得它来了三个年头，最后一年即塔拉维拉火山喷发的那年，即1886年。它总是待在牧牛场的公牛草场里，和一头白色的老公牛做伴。它看上去很温顺，因为我们能够骑马靠近它，有一次它还跟着公牛进入牛圈。毫无疑问，它是来自威拉拉帕的鹿，因为它是一种典型的温莎公园的物种。它过去对我们的公牛很粗鲁，不过公牛们都习惯它了，并不与其争斗，它靠近时就会躺下来。"

人在猎猪或射鸽时常会探讨这个话题。尽管已故的 J.N. 威廉姆斯（J.N. Williams）先生、他的其他朋友以及他在威拉拉帕和霍克斯湾的笔友们了解此流浪雄鹿的行踪，但是对于它的行进路线却不甚了了。我可以肯定它在山顶上走了一大段。通过这条路线，可避开林地和长满树木的峡谷。倘若该雄鹿是顺着沿海路径而行，那里有多块区域和数条小路连接着不同的羊场，那么它早晚会进入牛群或马群当中，然后待在其中一个牧场里而停止行进。它并未停止脚步，我想这表明了该流浪雄鹿一定是经过了大型牲畜所不常走动的地区。因此，可以确定的是，图提拉的第一头赤鹿是通过连接威拉拉帕和霍克斯湾之间的群山到达牧场的。

该旅程若以英里计，全程约有 150 英里，这是相当长的距离；若论其所克服的困难，则堪称奇迹。乱石滚滚，高山积雪，水源匮乏，重重陷阱被逃过大火和牲畜魔爪的草木所伪装，加之诸如毒空木和波叶短喉木（*Brachyglottis rangiora*）等有毒植物的纠缠威胁，使得整个旅程步步惊心。只有那些经历了先前在未放牧地区中大型牲畜所遭受的巨大损失的人，才能充分理解这种长途旅行的风险，以及最终生还的可能性之小。尽管对于该雄鹿的身份、年龄、它所走的具体路线以及所用的时长，我们并不了解，但是却成了大家猜想的有趣话题。比如，人们很难相信北岛鹿群的祖先居然会抛弃雌鹿。这头到图提拉的雄鹿很可能是从温莎公园进口的赤鹿们的第一个雄性后代——新西兰的第一只赤鹿幼崽——它或许为种鹿（即头鹿）所驱逐，或者自愿流浪去寻找属于自己的母鹿群。然而，除了猜测之外，便没有什么理论依据。那些看到这头陌生赤鹿的人，当时都在忙碌着，他们心中积压了好多事，没空去理会赤鹿鹿角的生长，那不过是从威拉拉帕流浪至此的一头雄鹿罢了。此外，在它的旅行中，显然没被人发现；倘若它被伐木工人或牧羊人看到了，那么会被当成一件趣事传到邻近牧场的主人的耳朵里，然后在各种展览会、赛马会、俱乐部以及归化协会会议中——总之，凡人所会聚之地——传播开来。

不过，尽管我们再也不可能详细地了解这次旅程的细节，但有一个与之相关的细节值得记录，即四十年后，数量惊人的兔子到达了图提拉，它们大量出现的地点正是那头雄鹿所生活过的地方：兔子们很可能走了一条和该鹿大致一样的路线，它们沿着同样的通道，走过多年前该鹿所经过的山顶。对于这头流浪鹿，我总是充满兴趣，它那奇妙的旅行，孤独的生活，它对其毫无反应的邻居们——马群——所展现出的让人悲悯的情感，它那远离亲朋的放逐，以及最后它那悲剧的命运——它的鹿角为泡林藤所纠缠，慢慢地饿死了。

直到九十年代图提拉才出现了其他的鹿。那时，羊场里出现了一头雌鹿，不过当时，从霍克斯湾高地释放出来的赤鹿已经在这里生息繁衍了；该鹿在道路良好的开阔乡间不过流浪了五六十英里。从那以后，图提拉又有两次出现了独鹿，不过仅稍作停留。

雄鹿的行程路线仅仅是猜测而已，这无需说明。我们仅仅能够假设它并未——原因早已经给出——沿海岸而行；它也不可能横贯林区，在黑暗浓密的丛林里穿行，那里的涧溪往往垂直奔腾而下，阻去前路。它所走的可能正是伐木工人、牧羊人和测量员所确定的路线，这些人对自身领域的知识都颇为精通。

人们很可能在新西兰多次释放黑天鹅（*Cygnus atratus*）。我听说的最早案例是乔治·格雷（George Grey）爵士在五十年代于卡瓦乌所进行的放生。人们说，黑天鹅是从澳大利亚进口来消灭水田芥的，当时该水草正威胁着新西兰的某些河流。乔治爵士放生黑天鹅应是出于美化环境的考虑。尽管如此，天鹅不可能繁衍得很快，副主教塞缪尔·威廉姆斯曾告诉我它们七十年代才到达霍克斯湾——总之，它们变得很醒目；八十年代早期，如今南纳皮尔（Napier South）的所在地当时还是环礁湖，我记得当时那里的黑天鹅特别多。图提拉几乎没多少天鹅，那里没有适合它们繁衍的栖息地；每年只有几只天鹅待了几天就飞走了。

　　孔雀在七十年代来到毛嘎哈路路。麦克马洪先生在该地区生活了很长一段时间，他开始是该羊场的经理，后来是威乌阿（Waihua）羊场的经理。他和我谈起一只雌孔雀，在前一个羊场里孤独地生活了多年。在我来到图提拉的五年前，还有一只雌孔雀住在离图提拉农庄不远的地方，然后又在自然草场山西部的一块开阔的灌木林里生活了四年。1900 年，牧场出现了第三只雌孔雀，活了三年。这些雌鸟都有自己的领地，它们从未越界，因为孔雀体形太大，目标显眼，容易惹来危险。雄孔雀的羽毛也许就解释了为什么只有雌孔雀能到达图提拉；因为雄孔雀的尾巴过于华丽，一旦迁徙就可能遭到毁灭性的打击。迫害新来者，尤其是显眼的新来者，这是自然借以强调生存空间有限的其中一个次要要素。比如，当地美丽的天堂鸭（*Casarca variegata*）直到 1917 年也只是偶尔光顾一下牧场，因为它们在过去曾受到了三五成群的老鹰（*Circus gouldi*）无休止的迫害。毫不夸张地说，兔子刚到时便被活活地掏出内脏而死去[1]。孔雀从未在牧场里被驯化，偶尔来到图提拉的孔雀是从二十英里之外的孔雀群里走失的。

1　1917 年大洪水后，有一大群天堂鸭在湖泊周围的淤泥沉积地上生活了数个月。在那段时间里，猎鹰对它们也习惯了。它们作为一种外来物种也没引起特别的注意。如今到了 1920 年，留下的几对天堂鸭在这里生息繁衍，并不怎么受到骚扰。

将野鸡引进霍克斯湾应归功于私人企业、霍克斯湾省议会以及当地的归化协会。尽管在八十年代，野鸡数量并不丰富，不过一天里抓三四对雄野鸡也是可能的。如今，它们的数量很少，若不是地震引起它们的鸣叫，我们甚至不知道它们还存在于羊场。野鸡对震动特别敏感，对其反应也相当强烈，哪怕最微弱的地面震动，对人类而言相当平静，它们也能捕捉到；倘若发现牧场各处的野鸡同时叽喳鸣叫，那么可以推断，地面发生了很小的震动。

　　1882 年 9 月，我和同伴一起巡视东部边界时，一对松鸡被吓得飞起来。它们的主人约翰·泰勒是在摩恩基扬基将它们放生的。

　　在我到来之前，图提拉的外来昆虫中最常见的有土蜂（*Pison prumosus*）、黑蟋蟀（*Gryllus servillei*）和蜜蜂。人们认为土蜂是夹在澳大利亚木材的裂缝和节瘤中到达新西兰的，已故的 J.N. 威廉姆斯先生在六十年代末发现了它们。与黑蟋蟀不一样的是，它似乎从未获得一个毛利名称——这个事实本身表明土蜂的归化发生得较晚，那时土著人的心中塞满了各种新鲜事物，他们的智慧也因这些难以消化的外来知识而枯竭，同时他们对森林生活及其知识的兴趣也散失了。

　　在野外，土蜂将巢筑在凹凸不平的石灰岩峭壁表面上；在室内，它那虫蛀的黏土蜂巢则塞进了每个可用的裂缝里、锁孔中，安在挡雨板延伸部分的下方，以及黏在悬挂的衣服的褶子里。阳台上挂着的油布外套是它们特别喜欢的地方——这样衣服，如果长时间不用，震动一下，总会如雨水般落下破碎的泥土碎片和失去活力的蜘蛛。每个蜂巢都有着大小不同的蜂室，蜂室内会产下一颗卵，并在里面存放蜘蛛。这些蜘蛛能够保鲜很长时间，看上去像蛰伏一般而不是死了。一段时间后，卵孵化了，幼虫便以所贮存的蜘蛛为食，变成了白色的蛆虫。随后——除非为寄生虫所杀，这种情况经常发生——成年的土蜂便飞了起来，它全身发黑，身材纤细优雅，完成了生命的轮回。

黑蟋蟀是土著人口中的"丛林漫游者"，它们模糊的颤音旋律告诉我们秋天又到了。人们认为黑蟋蟀或者是通过各海岛所引进的垫子而到来的，或者是借助来自印度的军队的行军床而到达的。在图提拉，它们数量从来不多；对于这种亚热带昆虫而言，这里的雨水太多，土地的孔洞也太多。只有在夏天，淤泥地开裂的地方，这种昆虫才会泛滥起来，不过仅在这些地方，我便知道它们的数量会发展到数百万[1]。

人们在同一日于岛屿湾和新普利茅斯释放了蜜蜂，也许霍克斯湾直接或间接地接受了来自岛屿湾的蜜蜂。这刚到的蜜蜂没有天敌，没有疾病，也没有竞争者。北岛的冬天很短，甚至不存在；一年中每个月都

1　沃卡威提拉（Whakawhitira）是波弗蒂湾的一个农场，我的兄弟哈利是该农场的主人。在九十年代，有一次所有牧草都被啃尽了，几百英亩里不见一片绿叶。每棵黑麦草的植株都被啃得很短，就像男人一夜未刮过胡子的胡茬。那年天气异常干旱，土壤——一种异常坚硬的"帕帕"淤泥质土——裂成无数道深缝，成为了蟋蟀的庇护所，它们在那里大量繁殖。它们本身的数量就已经非常巨大了，从内陆向沿海地区又迁徙来一大批蟋蟀——这个迁徙活动在秋季里更加明显——其数量就更多了。只有快到了冬天，它们才放松对这片受蹂躏的农场的占领；最后，也许是为了寻找温暖，它们纷纷死在海洋里。不过，有两次我在海湾时，看到它们登上了汽船，堆积了厚厚的一层。除了摧毁黑麦地之外，柠檬树的枝干和果树的树皮都被啃干净了，就像白兔将桉木和美国梧桐的树皮啃尽一般。兔子曾将某些地区的巨朱蕉（Cordyline australis）全部消灭了，它们先是啃倒，然后再吃；黑蟋蟀也一样，它们啃倒了我兄弟那九英尺高的玉米，先是咀嚼底部的根茎，然后吃去茎秆、叶子和玉米粒。机器的皮带、孩子的靴子、墙纸以及男人的外套都未能幸免。鸡鸭和火鸡饱食了大量的蟋蟀，趴在地上仿佛春天又一次降临一般。毒药起不到作用：在谷物中加磷，或者浸在士的宁、三氧化二砷当中，对这些可怕的昆虫都毫无作用。从这次破坏当中——草场和庄稼完全摧毁了——我得到了一个启示；目睹了几周之内所造成的毁灭，我们就能够更容易理解早期农学家为什么要求引进鸟类。

能在某些地方看到鲜花盛开的当地灌木丛。当地的条件也特别优越；在图提拉东部，到了春天从远处望去，是一片盛开的三叶草的白色花冠。同时，开着紫色花朵的刺蓟到处都是。在八十年代，每一棵空心的树干里，每块裂了缝的石灰岩中，无处不筑蜂巢；甚至在开阔地也有蜜蜂的巢穴，只不过那里无遮无挡，蜂蜜储量不多，露水和雨水也稀释了所搜集的花蜜，并将其从无从遮盖的蜂室里冲走。

随着白三叶草和蓟草的消失，蜜蜂的极盛期也过去了。峭壁的裂缝里找不到几个蜂巢。只有一块岩石——跑马场草场所在的海床最高层所伸出的一块巨方石——据我所知，四十年一直有蜂群寓居于此。如今，由于翻地和使用人造肥料，白三叶草复兴了，蜜蜂便再次多了起来。

在我占有羊场之前，只有以上几种昆虫、鸟类和哺乳动物到达图提拉；作者特别幸运能够目睹此后动植物更大规模的迁徙活动。

第三十三章　归化中心和迁徙路径

　　归化项目由于加入了诸如娱乐、情感和生意等因素，便在新西兰受到了人们热情洋溢的支持。那是个激情澎湃的时代：那时，人们做梦也没想到可能建立起小块移民区；那时所进行的仍是土地的大块分配，我想获得土地的人们都想在自己的土地上成立家庭、建立狩猎保护区、猎狐——新西兰能够避免引进狐狸真了不起——以及享受那些已在旧世界里消失的愉快乡间生活。那些在英格兰提出抗议的人，拥有着相关知识和经验，能够正确地预见即将到来的危险，但却无人听从。即便有人听的话，也认为他们对澳新两地实际情况不了解，便忽略了所提出的规劝。

　　即便说新西兰的归化项目没有失败，也不可能说它取得了非凡的成功。

　　然而，基于对创立者和支持者的公平起见，我们必须承认这种失败在某种程度上是由于社会结构发生了难以预见的改变。狩猎保护区在民主国家中并不受欢迎，因为每个人都是土地的自由保有者，都天生想要射杀自己的猎物——同样地，为了防止野生动物越界进入邻人领地，便会毫不迟疑地射杀，这也是本能。在围猎之前的日子，若发现成群的松鸡居然靠沼泽地太近，人们便会将其射杀，以防落入他人之手。事实上，他们对于每只鸟都是如此处理的。

小块移民区的另外一个后果——猫狗泛滥——则是将死亡带给了野生动物。不久之后，鹿群昂首阔步的身影很可能就看不到了。迄今所能捕到最好的鹿——温莎公园种类——不会有（也绝不可能有）大的生存空间。至于其他地方，鹿可在高地贫瘠之处生存而不会给国家带来危害。随后兔子到来了，猎兔人紧随其后。这些人对乡下熟悉得就像逛自家的茅屋，对猎杀鹿群兴趣浓厚。我知道，在狩猎季节开始前不久或开始后不久，最好的鹿就消失了。护林员很少，偷猎罚款力度不足的问题日益突出。有些地方确实还没有野兔；不过，值得担心的是，野兔迟早会在那些地区泛滥成灾，然后猎兔人也跟来了，鹿群就可能成为他们的盘中餐，那么它们昂首阔步时高大孤独的身影以及这一切最好的回忆都将消逝。

在引进诸如白鼬、黄鼠狼、臭鼬和雪貂这样的害兽时，人们并无意见分歧。人们只考虑引进新西兰的鸟类所具有的情感和使用价值。

在这个话题上，支持和反对归化项目的各有说辞。确实，有些鸟类已经造成了麻烦，还有些鸟类也可能变成麻烦。尽管如此，我们不能忘记，凡事皆有利弊；比如，若麻雀吃掉了农民的一部分成熟的谷物，但与毛虫、蝗虫和黑蟋蟀成灾时所啃掉的相比便是九牛一毛。只有那些了解早期新西兰农业所遭受的巨大虫灾的人们才能够正确地进行平衡。

引入鳟属鱼种是一个天才般的成就，尽管人们对它们在海中的习

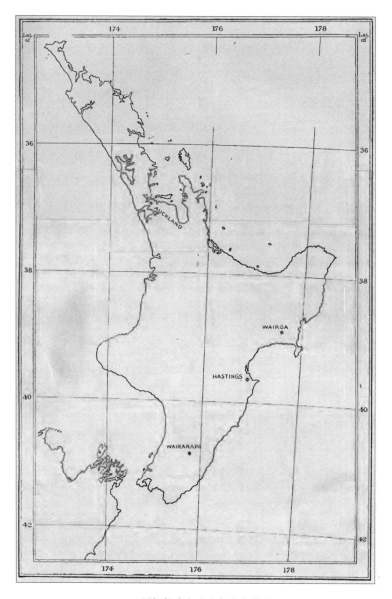

33-1：图提拉南部和北部的归化中心

性知之不多[1]。

在总体上谈论了新西兰归化项目之后，现在进入下一个话题。上页所附地图标识了外来动物到达图提拉的四个中心。它们是南部的威拉拉帕和黑斯廷斯，北部的奥克兰和怀罗阿。

对于观察从南部和北部而来的外来动物而言，图提拉具有绝佳的地理优势。在威拉拉帕和霍克斯湾之间，有一条宽阔肥沃的条带状土地，大致与海岸平行。不过，这块由石灰岩和泥灰构成的土地在羊场南部开始变窄，呈一种舌状或半岛状。事实上，图提拉可看成从威拉拉帕延伸而来的肥沃地带的终端。

迁徙动物紧紧地靠着这片条带状沃土，因为该地带西部受到了贫瘠土壤和荒地的压迫。此外，随着沃土地带变窄，动物们便压缩了队伍间距，所以它们不仅穿过了图提拉，而且其数量也不少。因此，向北迁徙的外来动物也许也必须经过牧场。南下的动物，到了行程的最后一段，便取道怀阿普和波弗蒂湾等肥沃地区，同样也走了沿海路线。基于北上动物聚拢在图提拉南部不远处的相类似的原因，迁徙动物在怀罗阿附近则收缩了。该区域西部延伸着一片广阔贫瘠的干旱之地，没有动

---

1 与在其他地方的收获相比，在霍克斯湾垂钓并不是第一流的体验。洪水时常在该省泛滥，破坏鱼卵，将鳟鱼驱散。不过，从钓鱼者的角度看，这种破坏是可以补救的。有迹象表明鳟鱼是绕着海岸活动的，有小部分还游进河流内。比如，人们在怀科欧河距离海岸五英里的区域所抓到的实际上是海鳟鱼，它们通体银光，肉质红润。这些海鳟和河鳟很不一样，身体条件亦有别。怀科欧河河口以北二三公里的摩恩基扬基小溪也值得注意。该溪里从未有鳟鱼，三四磅重的鳟鱼便从太平洋溯游而上。也许有人会认为，怀科欧河的河鳟被洪水冲到了海里，它们适应了海水，然后洄游产卵。而在摩恩基扬基溪，这是不可能发生的；那里的鳟鱼毫无疑问是初次从海洋进入这片处女水域。霍克斯湾最早放生的鳟鱼来自美国，当时放在了其中一艘往来于两国之间的明轮艇上的大浴池里。

物会适应那里的条件，就像波弗蒂湾的动物都愿意离开一样。所有的南下迁徙动物也会经过图提拉，由于它们队伍集中，路过的数量会相对更多。因此，牧场可以说处于两拨外来动物迁徙潮流的中央——有些南移，有些北迁；它就像是沙漏的腰部，每一颗沙粒都必须从那里流过。

在讲述不同动物在我的时代里成功到达图提拉的故事之前，有必要对这些不速之客入侵牧场的路径做一个整体描述。

动物群的行动也许是盲目自发的，或正好相反。不论怎样，可以确定的是，某些拓宽的道路比另外一些道路更受欢迎。在选择路线时，鸟类、动物和人类一样，遵从着阻力最小化的原则。在新西兰北岛，该路线可概括为阳光所到的路线。

从牧场南北部的归化中心出发，引进动物有三条自然高速路可走。在土壤肥沃、气候温和且水分充足的土地上长着茂密的植被，阳光照射在植被的边缘上，有时则钻入其中。这也是每条路所经的路线，可分为沿海路径、山顶路径和河床路径。

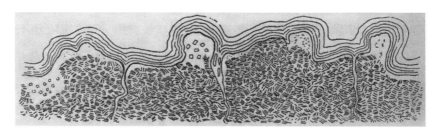

33-2：沿海的阳光路线所指示的土著路径

很多迁徙动物从不同释放中心前往牧场的旅途中——尤其是迁徙鸟类——会在不同时段，不同地区，用到所有这些路径。总体而言，沿海路线是最有用的，很多物种在这里结束了最后一段旅程。首先，这里的气候比其他路径都温和，对于各种进入的物种最具吸引力。在新西兰，海岸线通常也是人类居住区（毛利人或者欧洲人），迁徙动物不仅容易获得食物，而且也能在人类开垦的土地上找到适合的食物。必须要记住的是，在新西兰的大部分外来动物和鸟类到来之前，外来植物就已扎根在拓荒者的土地上了；在那里，它们可食用引进的花园植物、牧草和野草的种子和嫩叶。此外，还要考虑到沿线存在着来自欧洲的昆虫、蛆虫和枯萎病。

另外，可能还有一种诱因让它们取道沿海路线；也许海洋对引进物种有一种出于本能的吸引力，因为它们在旧世界的先祖们一代又一代地向着广阔的沿海平原进发。

这些动物的第二条高速通道是山顶路线。山坡上覆盖了大片密不透风的森林——这些森林直到八十年代还存在。森林从海边一直延伸到山顶，沿海区域的树木长得最为茂盛，而山脚和山坡低处的树木长得较矮，为悬钩子、葡萄藤和泡林藤所纠缠。迁徙动物被迫爬上山顶还有一个理由，即这是唯一一条可以避开河谷的路线，因为河谷切入大山，总是很难靠近，无法逾越。山顶路线相对而言植被较少，地方相对开阔。尽管不存在连续不断的裸露地面，尽管阳光所到的路也时断时续，但至少裸露的山区、杂乱的落石、大风刮去表土的风蚀地以及草甸之间清晰空隙会零散地出现。这些大大小小的地方不论怎么说都有阳光照到，迁徙动物到来了也无枝叶的阻碍，便成为了鼓励它们前行的垫脚石。与潮湿森林里的阴郁和杂乱相比，这里简直就是让人心旷神怡的绿洲。这里有自由和阳光，而没有未知的危险和黑暗。

33-3：经过山顶穿过森林的阳光路线

第三条迁徙路线是河床线路。这条路线对于迁徙动物而言特别有吸引力，在那里，杂乱的山谷、山坡和山顶之间没有任何明显联系，到处都覆盖着纷乱茂盛的绿色植物，鸟儿没有下落之处，没有可躲藏之所，也无枝可依，总之没有一块裸露的土地。对于鸟类而言，这是一条开着报春花的小路，到处是阳光，到处有炎夏里的清泉，这里地面开阔，有着小型冲积平原，还有野草、砂砾和干燥干净的沙子。尽管这条路不像山顶路线或沿海路线那般常用，但是对于几种迁徙动物有着巨大的帮助。有些从北部到达图提拉的物种就是这样穿过森林和蕨地的，若不走这条路就无法通行；它们通过照在地面上的阳光的指引而越过了荒野。此外，南去的河网像一个门闩，而向北流时则像一把开启图提

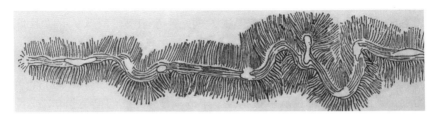

33-4：沿着河床穿过森林的阳光路线

拉的钥匙。南去的河床跨越了迁徙路线，而北走的几条河床在某些条件下可作为到达羊场的捷径。

还有一条迁徙路线，尽管是人造的，但也得到了大量使用。那便是骄傲的人类认为建起来只给自己使用的高速公路。没有比这个更错误的想法了；稍微借用一下谚语：人类修路，聪明的动物使用。

与绵羊、企鹅、几维鸟、海燕或者猪开辟的道路相比，人类的高速公路仅仅只是平整得更好，压得更为均匀。公路对于动物和人类一样，都是最易通行的通道。在旧世界，道路还没修好，迁徙的所有路径就建立起来了；在新西兰，物种引进以及它们的扩散赋予了道路以全新的功能。道路很大部分为迁徙的动物和鸟类所使用，这样的观点拥有大量的证据支持。关于动物与道路之间的联系最明显的异议——因为观察者待在道路上的时间超过了他在道路之外的时间——在图提拉是无效的。在粗犷的牧场里，主要的生活不在路上，而在道路之外；作者在公路上每骑马十英里，在野外就要走一百英里。因此，倘若早期迁徙动物在高速公路附近比在其他地方更常看到，这是因为它们首先走了阻力最小的线路，然后坚持该原则以指导下一步目标。

作为外来动物扩散的一个因素，公路的重要性无法评估，除非人们认识到动物的惰性心态，或换一种更好的表达：明智地保存能量。绵羊在荒野里会和人一样躲避障碍物，这是一个事实；蓟草丛、大片蕨草、木头和柔软地面，都会造成道路分叉；事实上，我在前文说过，一条平直的羊径不会比村与村之间的直达小道更难找。它们不过想省点力气，哪怕是必须跨过从草丛里掉下来的一片蕨叶它们也会躲开，或者避开一根几英寸粗的伏地圆木。这样的例子成千上万，有一个例子是

　　　　　　　　　图提拉——一座新西兰羊场的故事

这样的：在图提拉某些低矮山区，有一条穿过低矮蕨草的小径，宽一英尺，开辟得很粗糙。我们可以理解，羊群们"开辟"草场之时，发现并偏爱这条小径，不过一年后，大火烧遍了整片区域，它们竟然能重新找到那条当时人类完全看不出的路线，这表明它们是多么推崇节省体力的做法。

如果舒舒服服地向前走这样的小事都被当成一种优势的话，那就不难想象，公路所具有的吸引力——路面上没有木头，没有纠缠的草丛，没有小土丘，这多让它们欣喜——一条完全开放的道路可让它们尽情释放心理惰性，那便是低等动物的至乐。从四个释放中心出发，通过四条进入通道——沿海线路、山顶线路、河床线路和人类的高速公路——外来动物完成了对现代图提拉的入侵。

第三十四章　来自南部的入侵

现在论述外来动物的历史，我亲眼见证了它们在牧场立足的进程。首先讨论来自南部——即威拉拉帕和黑斯廷斯——的外来物种。

从前者——最好给这个地区的脖子上系上磨石，然后投到海里去——来了野兔和黄鼠狼。

不过，霍克斯湾归化协会并未放出什么有害物种；相反地，该协会极力反对释放害兽；不过，协会也只能提出抗议，奖赏在其辖境内捉到黄鼠狼、白鼬或臭鼬的人；但是，天呐! 破坏已经产生了——即便再有权势，或拥有曼陀罗花的魔力，或具有大量财富，都无法阻止它们泛滥成灾。

首先是从霍克斯湾释放出来的物种，证据表明金翅雀能够迅速适应新环境。此鸟若不兴盛，才是件怪事；消灭蕨草已经过了试验阶段；绕着黑斯廷斯且远近闻名的肥沃平原排干了水；灌木的采伐尽管刚刚开始，也已经比较成功了。各处的蕨草、亚麻和森林都被英国草类以及在处女地上长得特别繁盛的不请自来的野草所取代。其中两种植物特别受金翅雀的影响——一种是苦苣菜，一种是刺蓟。七八十年代中，后者在霍克斯湾的每个牧场上都长了数百英亩[1]。

根据已故的 J.N. 威廉姆斯先生和其他人的描述，人们每年都在乡下进行新的土地交易，也在那里释放了金翅雀；该鸟能够极大地繁衍开来，这一点都不奇怪。

1883 年的夏日，我第一次在图提拉看到金翅雀。那时正值剪羊毛季节；我负责羊毛分选，需要在五点前到达羊毛棚；就在那个时刻，我发现了羊毛棚附近灌木丛里的金翅雀，他在那里待了六天。我说"他"是因为我总把他当成一只公鸟，尽管这种鸟的羽毛几乎不因性别而有所区别——他羽毛的光泽如此鲜艳，颜色很深，红黄都显得很浓很纯。

天气允许的话，每个羊场都会在每年的同一天开始剪羊毛。仅仅一年后，快到清晨六点时，我再次负责给羊毛分选，又向羊毛棚走去。羊毛棚附近的灌木丛没有砍掉——麦卢卡树和毒空木的树丛还在原来的地方；不过，过去发现一只金翅雀的地方，如今出现了一对。它们并不像之前那只鸟那样待在小灌木林里不走，而是在最初的地点内，比如一百码范围内待上几天。然后直到秋天我才看到它们，那时它们在羊

1　二十世纪早期，在波弗蒂湾的一片林区，我曾亲眼看到一片同样繁盛的刺蓟丛。这些山区有着肥沃的泥灰，数百年的腐叶堆更增加了肥力；最后，地面上还堆了一层厚厚的含有钾盐的木头灰烬。结果便是蓟草大盛；在这数千英亩的蓟草丛中，若没有防护服保护腿部和胸口，没有手套护手，没有柴刀清路，便无法通行。事实上，这个地方被锁死了，牲畜也会迷路——倘若这里曾经养过牲畜的话——除非到了深秋之后。蓟草能长到一个高个子的颈部，它们不是零散分布的，而是长成密不透风的巨大灌木丛。春天里，每颗刺球都将自己举到高大的植物上头；夏季里，朝露干涸后，成熟的刺球便崩裂开，释放出无数的种子；过了一个又一个小时，这场如雪花般的夏季风暴在烧焦发黑的树干间穿行；秋季里，毛茸茸的冠毛，闪光发亮，堆了数尺之深；最后，曾经郁郁葱葱的灌木丛衰颓发黄——一大片茎秆杂乱地互相靠着，或者像大雨过后的玉米那般奄奄一息。在接下来的一年里，蓟草几乎不见了，又过了一年，它们复活了，再过了一年，便正常地生长起来。

毛棚周围，变成了一小群。我们猜想，那一对鸟应该是一公一母，它们一定是孵了一窝或者几窝小鸟，我们所看到的一群鸟一定是父母以及它们的孩子们。不过，我并不能确定，因为那一小群鸟也可能是其他尾随第一批鸟而来的鸟。不管怎么说，由于多种原因，它们如一细小的楔子或矛尖，深深地插入了牧场。然后，金翅雀的数量迅速变多，牧场东部到处是它们的身影。最后，正常的条件恢复了；随着土壤不再适合蓟草生长，该鸟类大量的食物供应开始变少。事实上，随着白色三叶草的消失，图提拉的蜜蜂也减少了，同样地，金翅雀的数量也因蓟草的消失而下降。

1877 年，霍克斯湾归化协会释放了几只鹩哥。到了 1882 年，人们还把它们当成罕见的鸟类；成双成对的鹩哥的习性还是被仔细地记录下了；我还清楚地记得，1884 年在已故的 W. 伯奇先生那靠近黑斯廷斯的家里，我对屋檐下那一对繁育后代的鹩哥充满兴趣。图提拉的金翅雀会让我联想起早期所干的羊毛分选工作，而鹩哥则与羊场生活中的另一件大事联系起来——给羊羔切尾及在其耳上打印记。

在 1884 年前，我和康宁汉建了一座小茅屋，请了一对夫妇照看小屋以及我们——就像人们所说的那样，"让他们变得有用起来"。园子翻过了，果树也种下了；我们从农庄里把半野生的斗鸡带过来了。让它们跑到几百码之外，到茅屋门口把牛奶盘里的面团刮掉，然后又急匆匆地从山下赶回来，这没必要，它们便在离厨房不远的铁丝网内过着规律平淡的生活。十一月的一天——那时剪羊毛比较晚——我们干了一大早的活，九点左右吃早饭，那时康宁汉坐在窗户对面，让我去看一只孤独地蜷伏在鸡舍格网上的小鸟，它好像要与斗鸡交朋友似的。那是一只鹩哥，一个孤独的流浪者，它和走失的动物们一样，尝试着与其他动物交朋友，也不管彼此之间关系多远。第二天早上，它飞走了。

一年后，又到了给羊羔割尾的季节，一只——或者，我相信是那只——鹩哥再次出现。和之前一样，它蜷伏在靠近鸡舍铁丝网的地面上，完全是12个月前康宁汉看到它时所在的地方。它看上去特别渴望与某些动物交朋友，不论它们之间关系有多远。它一脸孤独，紧靠着铁丝网，多希望能够融入其他鸟类之中，哪怕只是斗鸡，然后沐浴在它们的友谊之中，冲去那骇人的孤独感。要知道，那时的农庄还只是在光秃秃的草场上建起来的木头屋子，没有荫蔽处，没有树木，也没有外来鸟类。

1886年鹩哥第三次出现，那年有两对鸟尝试着在房子周围筑巢；它们彻底地调查了在烟囱筑巢的可行性，不止一次飞入下面的房间里；每天早上它们都在屋顶上，观察着屋檐，然后叼着小棍子搭在不合适的地方。有一两次，未建成的巢被排水槽灌坏了；最后，鸟儿们努力了好多周，终于是徒劳无功，离开了。

接下来的两年里，它们没有进一步殖民图提拉的行动。1889年我回家了；回到新西兰时，我发现纳皮尔—图提拉—怀罗阿公路已经开始修建。在已测量的路线上，工人们在不同地方扎下帆布帐篷，每一处都跟随着一群各不相同的鹩哥群。鸟儿们以工人的剩饭剩菜为食，找到什么就吃什么；和犹太人跟随诺曼人前往英格兰的原因一样，鹩哥也跟着工人们前去图提拉。一对鹩哥再次来到了图提拉农庄。然而，它们又一次因没有筑巢地而受阻；它们再-一次探索了唯一看上去合适的地点——烟囱，也和之前一样，在调查过程中飞入了下面的房间里。那时，我们的松树已经长到18—20英尺高；几棵树绑在一起的话便足够牢固，可支撑起一个箱子。于是在松树丛中安上了一个箱子，这个箱子不是我选的那个，形状上很不合适，让待在里面的鸟儿暴露在强烈的阳光下。不过，鹩哥们的筑巢热情很高，若不能在房子上搭窝，那靠近房子也行，因此，它们便充满激情地使用这个糟糕的替代点了。很显然，如果它们不能在人类周围繁衍后代，在其他地方就更不可能了。

然后开启了一段解放进程——鹩哥年复一年更加独立了，它与人类的联结越来越小。开始，它们将巢筑在岩石很多的路堑中以及管涵和桥梁的木结构下，在这些地方，它们能够看到人类的面容，获得支持和安慰，尽管仅是匆匆一瞥。后来，即便这样微弱的联系也断了；鹩哥变成了野鸟，它们远离任何农庄，在灌木保护区挺立的枯树的裂缝里筑巢。最近，快到秋天时，鹩哥则会充分利用道路，靠近农庄，捡些残留的鸡食，以及吊架下和狗窝里的残羹。最近，这些鸟也养成了秃鹰的习性，聚在死于山中的绵羊的尸体旁；它们在尸体周围等待，尸体剥完皮后，便蜂拥而上，享用大餐。

"澳洲喜鹊"（*Grymnorhina leuconota*）是在七十年代于霍克斯湾释放的。1885 年，有一对出现在图提拉；它们是从坦哥伊欧前往内地的，而坦哥伊欧在 1882 年之前就有一小群喜鹊了。不过，这对迁徙的喜鹊死于意外。三年后，人们开始有意地射杀从坦哥伊欧来的喜鹊；因为它们在繁殖季节里对牧羊犬进行了无法忍受的攻击，可怜的牧羊犬因此而不敢跟随主人前进，而牧羊人没有牧羊犬的帮助就没办法赶拢。从那以后，羊场里时不时会发现飞向北方的孤独鸟儿。

早期移民都认同霍克斯湾省议会关于黄鹀（*Emberiza citronella*）的归化项目是一个成功案例。昆虫数量众多，外来牧草以及野草长得到处都是，这些都是该鸟类所喜欢的；和金翅雀一样，它们一被释放就大量繁衍起来。1887年，牧场里出现了几对黄鹂，至少有一对孵了一窝幼鸟。该鸟类的历史很不同寻常，它如今在羊场的数量和早期的任何阶段的都一样多。黄鹂并不像通常所发生的那样，迅速发展到顶点，然后同样迅速地衰落下来。

金翅鸟也是霍克斯湾省议会引进的，据报道，它们很快就获得了成功。然而，1890年之前，我记得图提拉没有这种鸟。然而，那年里我掏了六七个该鸟鸟窝，从中可知，早期我忽略了它们的到来；若这种鸟是第一年到来的，我不可能掏到那么多鸟窝。

澳洲鹌鹑（*Synæcus australis*）是早期有人私自引入的，六十年代，克洛内尔，后来的乔治爵士，以及惠特莫尔，在里星顿（Rissington）释放了它们。不过，三十年来，它们并未到达图提拉。它们分布得那么慢是因为两地之间的区域，其自然条件毫无吸引力，那里尚未整治之前还是一整片巨大的蕨地。此外，大火时常会席卷到这片冷漠的旷野，鹞鹰因此——它们了解大火对自己的意义——获得了烤熟的蜥蜴和小鸟。

还有一种野生鸟类是加州鹌鹑（*Callipepla californica*），由霍克斯湾省议会引进，随后霍克斯湾归化协会再次引进。九十年代中期，加州鹌鹑到达图提拉，尽管开始数量有增长，不过增加有限，不久就停止增长了。事实上，它们作为野鸟到来得太晚了，不可能取得成功。这里早已有数不清的金翅雀、黄鹂、云雀、麻雀以及当地鸟类，有些还在蕨草消灭后扩大的土地上大量繁衍开来，它们之间的互相竞争影响到了昆虫的数量；如今，加州鹌鹑正从牧场里消失。

野兔是从南岛带入图提拉的。1882年它们在黑斯廷斯附近的河床地带数量有些多。不过，从该地区至图提拉才 35 英里，它们却走了 11年。也许受惊的野兔倾向于绕着圈子跑，这阻碍了它们的迁徙速度；不过，这种特性在某种程度上为另一种特性所抵消——野兔会出色地使用道路和路堑。在羊场里，牧羊人在黎明时分骑着马，有时会在未完成道路的狭窄路堑上碰到一只野兔，他们的牧羊犬会追着野兔玩耍，跑了几百码后野兔会从两边逃走。结果是野兔的散布在一定程度上受到运气的影响。

野兔归化的第三种因素是当地鹞鹰对迁徙先头部队无休止地迫害。野兔很蠢，不知道躲藏，有时可见它们被敌人无情地追逐，在牧场上踉跄而跑[1]。

前文已指出我们极度厌恶威拉拉帕首先放出的兔子，然后放出的黄鼠狼。居然允许个人或地方机构用一种犯罪来纠正一个错误，这太让人气愤！霍克斯湾人的情感体现在一份决议中——我还记得这份决议，因为会议纪要丢失了——大家一致提出和通过决议，即抓到一只奖励一个几尼——那时的"几尼"可不是如今在麦卢卡树丛中可发现的"几尼鸡"——条件是"一只死的或活着的害兽"。不过，所有的书面决议都无法阻挡已经引入的瘟疫；这种损害一旦形成就无法挽回。

黄鼠狼、白鼬和雪貂是在卡特顿（Carterton）饲养并释放的。黄鼠狼很快大规模繁衍开来，并在乡下泛滥成灾。"至少在 1901 年之前"，我那时的邻居，拉卡莫纳（Rakamoana）的约翰·穆尔（John Moore）在他的住宅里发现了黄鼠狼。1901 年之前，它们到达了坦哥伊欧，1902

1　在南坎特伯雷，我曾见到一只野兔，受到了连续攻击而惊慌失措，在开阔的大路上跑了一刻钟到半个小时，然后在距离一条荆豆藩篱几码远的地方，开始平行着篱笆而走，从而获得了掩护和保护。

年之前图提拉就出现了一只。

我那时是怀罗阿郡议会莫哈卡选区的三名代表之一。郡议会每个月在怀罗阿开一次会，该镇离图提拉有 30 英里；我有位兄弟那时在吉斯伯恩附近拥有一座农场，离怀罗阿有 70 英里；在九十年代早期和中期，我是那里的常客；为了帮我的几个弟弟寻找灌木林地，我需要前往吉斯伯恩内部三四十英里的地区以及其北部 60—80 英里的区域。因此，在图提拉和怀罗阿之间，怀罗阿和吉斯伯恩之间，那里已修的和正在修建的道路，我可以说非常熟悉；吉斯伯恩以北，我亲自去了解了一些情况，更多的则是从我所派去的人那了解到的。事实上，在十到十二年里，我对于羊场以北差不多 150 英里距离内的外来动物——鸟类和动物——的进程是有所认识的。因此，我能有机会跟踪黄鼠狼的迁徙活动。

在黄鼠狼抵达图提拉之前，在它们穿过霍克斯湾南部居民区期间，报纸上，也许主要是对牧羊场主充满敌意的报纸——因为可怕的害兽是擅占土地者引进的——充斥着黄鼠狼谋杀羊羔、咬伤婴儿和大人，以及劫掠鸡窝的可怕新闻。那时，我不嫌麻烦，对攻击成人等几条新闻进行调查，我相信，有些新闻至少是真的，或者无论怎么说，可引用间接证据来支持这些新闻[1]。

图提拉最早是在 1902 年看到黄鼠狼的。从那时起到 1904 年之间，它们在图提拉和波弗蒂湾平原南侧之间的乡村泛滥成灾，哪里都听说有黄鼠狼。在那两个年度里，在每条公路和每条刚开辟的驮马径上，我都能遇到或追上向北跑的黄鼠狼，它们一副生死系于一线的样子。有三四次我也碰到了死在路上的黄鼠狼。黄鼠狼不论死活，都单独行动。我只

1　我了解到有一个晚上，有七八只健康的羊羔被杀死，它们彼此离得不远，每只羊羔的喉咙都有个小孔。

在 J.B. 克尔斯（J.B.Kells）先生那里听说他曾见过成群的黄鼠狼，那时他在管理坦哥伊欧牧场，在焚烧一小块干涸的沼泽地时，跑出了一大群黄鼠狼；用他的话说，它们是从草丛里"涌出来"的。在较短的时期内，黄鼠狼像野火一样席卷了图提拉到波弗蒂湾之间的东海岸，然后又像大火一样熄灭了。我跟踪它们，亲自观察，一直到波弗蒂湾平原边沿，就像"伟大的孪生兄弟"（指传说中的罗马建城者罗穆路斯和勒莫——译者注），"他们离去了，再也没人看见他们"。如今，我在图提拉已经六年没从牧羊人或搭围栏人那里听到黄鼠狼了。我自己也二十年没见过它们了。黄鼠狼在兔子之前到达羊场，兔子变多之后，黄鼠狼居然从这个地区消失了，这多少有些荒谬——事实上，解药居然走在了疾病的前头[1]。

---

1 因为一战，我离开牧场五年，1919 年 3 月才回来，我发现紫水鸡（*Porphyrio melanonotus*）和黑秧鸡（*Ocydromus greyi*）几乎已经从图提拉消失了；前者过去在沼泽地里有几百只，如今只是零星的两三对；黑秧鸡下降的幅度也一样。谷物里并没有毒，也没有射猎，因为在那紧张的几年里，我的兄弟从未离去。我发现人们把这种破坏归结为黄鼠狼，它们到处是更加证实了这种看法。也许是这样的，但是有些事实与这条理论并不相符。且不说在我回来的十二个月里并未见到黄鼠狼或其踪迹，不过为什么在它们伤害紫水鸡和黑秧鸡的同时，小斑山雀（*Petroica toitoi*）的数量在五年里出现井喷式的增长？为什么加州鹌鹑的数量也增加了？为什么椋鸟、乌鸫、画眉和鹩哥仍和过去那样成群结队呢？也许可以这样看待这个问题，在我所待在图提拉的时期，黑秧鸡的数量曾两度爆发。黑秧鸡是否有可能和之前那样，到了第三次就跟随小家鼠的旅程再也不回来了呢？紫水鸡是否有可能因为某种未知的原因也整体迁徙了呢？是不是它们的栖息地太过拥挤呢？最后，我们是否可以推测，留在两个地方的那三对鸟事实上已经驯化了，它们居住在人类附近，受到了保护，从而在某种程度上说，丧失了野性，因此它们总有各种原因，拒绝迁徙？迁徙的可能性不论怎么说都可能帮助解决了新西兰另外一个地区困扰我多年的难题——某种物种从一大片区域里消失了，尽管该物种很适应那里的气候、繁衍地和食物供应。

比如，在波弗蒂湾内地的曼嘎图（Mangatu）那肥沃的泥灰处女地上，之前并没有几维鸟和黑秧鸡。毫无疑问，该区域也有黄鼠狼，不过数量不比 1914 年前的图提拉多，而到了那年，我们知道，紫水鸡成群结队，黑秧鸡和几维鸟也数量众多。

椋鸟（*Sturnus vulgaris*）是由霍克斯湾归化协会从奥塔戈（Otago）引进的，不过两年后又从奥克兰引入。已故的 J.N. 威廉姆斯先生说，该鸟的引进在当地无疑获得了成功。即便如此，当地协会直到十年后才在会议纪要里写道它们繁衍得很快。

椋鸟是在 1867 年于奥克兰释放的。第二年，该地区的归化协会报道称椋鸟"也许比引进的任何品种都要繁殖得快"。协会的会议纪要给出了进一步信息，椋鸟——显然是落单的个体，"它们的羽毛凌乱不堪"——"几天之内，便在释放地外的 20 英里"被发现了。第二年的会议中，椋鸟的大规模分布再次被记录下来。不过，尽管奥克兰归化协会相信该物种繁衍得很快，但它们向前迁徙的活动则无法与其他在相近日期释放出的迁徙动物相比。比如，直到 1896 年，椋鸟还没到波弗蒂湾；当黑蟋蟀在那年晚秋肆意破坏我兄弟的农场时，没有一只椋鸟前来解救虫灾[1]。

这就是南北部的主要情况。很显然，椋鸟是从南方来的，因为从霍克斯湾释放了十年后，它们都在纳皮尔的崖壁上筑巢，即信德岛（Scinde Island）上巨大粗糙的石灰岩峭壁。然而，它们直到 1895 年才抵达图提拉，并在那年秋冬留下来一群鸟。然后，在接下来几年里，它们每年都在扩大冬天活动的范围，一大群鸟探访了山顶，它们飞翔时队列整齐，行动迅速机敏，寻找着草皮中甲虫的幼虫。然而，没有一对鸟

---

1 倘若该鸟能到这个地区，它们便能召集起大部队，正如几年后在图提拉所发生的一样。我的一个种地分包人在一块田地里种上了燕麦，燕麦开花时遭到了无数毛虫的袭击，它们出现数量之多仿佛有魔法相助。我立即骑马前去查看这可怕的破坏情况，却惊讶地发现毛虫不见了，只有落在地上的椋鸟；椋鸟几个小时之内聚集起了足够的数量，完全拯救了受到威胁的庄稼。

会留下来繁殖，每年一到繁殖期，它们便会舍我们而去。它们还未适应新环境：仍会回到适合群居或半群居生活的繁衍地。

开始，它们在牧场的殖民仅限于秋冬两季的来访地——快到春天了，鸟群就会回到多多少少受到人类保护和默认的繁衍区域，或者到诸如罗伊山的峭壁上，或者到诸如纳皮尔峭壁那样的绝壁上。随后它们开始在图提拉离房屋不远的地方繁殖，它们选择去了枝条的柳树和倒伏在地的茂密巨朱蕉上安窝。最后，它们远离人类，在羊场的森林保护区里的枯树中筑巢。

人们在卡特顿附近的威拉拉帕有计划地释放兔子；同时，早期也有人将它们偷偷带到霍克斯湾，并释放出来，以破坏擅占土地者的生活；比如，早在六十年代兔子就出现在阿普里牧场（Apley Run）。五十年过后，德·玛塔的伯纳德·钱伯斯先生仍对那些日子愤愤不平。[1]

图提拉附近最早出现的兔子，孑然一身，在八十年代早期跟着"野"火鸡群在坦哥伊欧周围游荡。从那以后，在八九十年代期间，有人故意放出成对的兔子，意图伤害牧羊场主，从而到处是有关兔子的传言、它们的足迹及其粪便。不过，幸运的是，在广阔的土地上仅仅有几对外来动物，正常生命的更替阻止了它们的繁衍。当地的捕食鸟类，如鹞鹰、黑秧鸡和斑布克鹰鸮（*Spiloglaux novæ Zealandiæ*）能够将外来动物维持在有限数量之内，不过若面临一次真正的入侵，那么这些小障碍就起不到作用。兔子最初在霍克斯湾的失败并不是经常所认为的那

1　他写道——我只给出首字母缩写——"那是一个叫 J.P. 的家伙把兔子放在羊场里的，这个混蛋！"

样——即最早的品种繁殖力不强，而是和乌鸫、画眉未能成功的原因一样——即放出来的数量不足；也和智人（*homo sapiens*）早期在图提拉不成功的原因一样，缺乏应对新环境的经验。

这便是主要原因；还有一个原因在于早已解释过的觅食区的收缩，该情况在每个发展中的羊场都发生过。兔子和绵羊一样，被迫来到山顶，直面鹰隼的威胁。

已故的准男爵诺曼·坎贝尔（Norman Campbell）先生在图提拉杀死了第一只兔子[1]，他那时是莫哈卡地区的猎兔人。兔子是在靠近牧场中央的地方杀死的，离公路就几码远。兔子的痕迹在牧场不同的地方都可见到，不过，杀死第二批兔子则要过好几年[2]。

事实上，具有长期威胁的入侵到了新世纪才开始。当时，几周之内，牧场的许多地方都可见到兔子。有小部分兔子分布在主要道路沿线，它们进入的主要线路是名为"野马"的荒野。赤鹿曾通过那里在六十年代晚期到达图提拉，兔子的先头部队在那里也最多；我相信兔子大致走了一条早些年那头流浪雄鹿所走的路径。

白嘴鸦（*Corvus frugilegus*）是奥克兰归化协会引进的，根据该

1　尽管这些兔子并不是在羊场里生养的，但是准男爵所射杀的三只兔子在图提拉待了很长一段时间。它们在向北迁徙时到达了牧场——和天堂鸭（*Casarca variegata*）情况一样，图提拉似乎是它们所及的北部极限。它们并未繁衍，好像无法适应贫瘠的土地。和黑麦草一样，过了几年，它们就消失了。

2　在那些黑暗的日子里，一个土地擅占者把另一个叫到一边私下谈话，所谈主题不难猜测。好像过去那种嗅来嗅去的习惯又回来了。在这个省里，没有哪个牧羊人不能从大衣口袋里掏出兔粪，也没有哪个人不会哆哆嗦嗦地请求朋友闻一闻，看到底是兔粪还是羊粪——以及除兔粪之外的其他任何粪便。

协会会议纪要，它开始并不兴盛；人们认为由于周围环境太热，它们的幼鸟疲弱，没有活力。尽管如此，该鸟很快就摆脱早期的病状；不管怎么说，多年后靠近黑斯廷斯所放走的几对白嘴鸦已经在霍克斯湾发展成一大群落。

1907年，图提拉的财务晴雨表显示"暴雨"到来了——羊毛价格跌到5便士之下，羊场因雨季而到处长满了灌木丛，牧场只有一半能与地主维持一年的合同，新租约受到了耽搁。我和兄弟哈里以及哈利·杨争论着一片急需的种植园的优缺点；在这样凄惨的境况下，要不要搭建围栏，这是一个问题。当事情正在争论时，我们向所讨论中的山坡望去以寻找灵感，眼前出现了三对白嘴鸦，并在哈利·杨房子上方的松树

34-1：人造鸟巢里的幼鸽，人们用粥来喂养，并给它戴上围嘴

林里安顿下来。它们一定是饿坏了，否则即便是在冬天，它们也不会冒险靠近一个屋子，或者落在一个小围场里。而这些流浪的鸟儿，很快落在了园子里，尽管园子是用高大整洁的果柏树篱笆围起来的，并且正好对着阳台；从那时起，白嘴鸦就在附近安家了，不过在图提拉和坦

哥伊欧之间又出现了几对。

"野"火鸡有几次跑到了牧场里。"野"鹅也许是从长岛的环礁湖而来的，曾两度到图提拉湖待了几个小时。信鸽过了很长时间——最早在 1883 年——才会在羊场的一两座建筑物屋顶上休憩。1912 年，有一只信鸽定居下来了，我抓住了它，并带到纳皮尔放生。然后我忙于驯化土著鸽子（*Carpophapa Novæ Zealandiæ*），也担心外来鸟类总有一天会把它们引诱走[1]。

1　驯化这些漂亮的鸟儿取得了完全的成功。如今它们已经在农庄的种植园里繁衍了七八年；它们对人类朋友是信任的，小孩在露天喂养它们时，它们便围着她飞，从中可见一斑。

第三十五章　来自北部的入侵

　　奥克兰归化协会的政策使之成为外来物种分散的主要中心，从北部入侵图提拉的外来物种即来自该中心。怀罗阿也为图提拉北部入侵物种贡献了一些由私人公司释放的品种。最后还有一种外来物种是从泰晤士附近到达牧场的。

　　1882年10月，即我们到达图提拉的一个月后，一小群麻雀在木头堆上的小片区域休息，新西兰的每个初建农庄免不了旁边堆着木头。该鸟类既不通过山顶、海岸，也不经过河床，而是沿着公路而来的。它们顺着——自然历史上中最有趣的旅程——人类的高速公路，穿过了北岛的腹地。

　　麻雀是奥克兰归化协会于1867年引入并驱逐的。两年后，协会报告道："麻雀繁衍迅速，不过似乎不愿离家，尽管有时会遇到几只落单的。"几年后，它们一定开始了迁徙活动，因为在1876年人们怀疑它们已经出现在陶波（Taupo）公路上的欧普普（Opepe）内。1877年，我发现霍克斯湾归化协会要求他们的委员会"采取必要步骤，消灭位于该区域的麻雀"，这种请求就像丹麦卡纽特国王命令消灭海浪一般徒劳。"七十年代晚期"，J.N.威廉姆斯在德·普纳见到了麻雀。1880

年，黑斯廷斯附近射杀了麻雀；1881年，它们到达了纳皮尔；1882年前，它们出现在图提拉。1884年——即霍克斯湾归化协会对麻雀在该省的存在还犹疑不决的七年后——该协会"对这种小鸟的大范围散布极为震惊，不过要提醒公众注意，他们对红雀、麻雀和云雀的引进并不负责"。因此，在15年之内，麻雀穿过了将近两百英里的无人居住的荒原，入侵了霍克斯湾移民区，甚至开始顺着道路离开该地区。

麻雀选择人类的高速公路作为自己的迁徙路径主要原因在于它们依赖人类及其与人类的联系。家麻雀（*Passer domesticus*）是它的学名，也是它的天性。在新西兰所有使用我们道路的野生动物中，没有哪种能像麻雀那样充分使用。也许它们天生就知道，肯定也是从上一代麻雀的经验中获得的，它们族群的繁荣与否主要依赖于人类手中的工作；人类给它们提供了庇护的种植园、搭窝的场所和食物。它们沿着人类所修建的道路其实就是置身于食品仓库里。在这里，马粪中有尚未消化的燕麦，旅人扔掉的食物残渣，以及从麻袋里掉出来的小麦、大麦和草籽。在这白色弯曲线的任一侧，分布着广阔的耕地和庄稼地，从天上看下去如此明显，与周边环境相比又如此不同。像蜂鸟带着狩猎者攻击蜂巢一样，麻雀发现了道路，并跟着走，因为它们预见到自己能够获得的好处。也许在城镇附近，村与村之间，飞翔的麻雀很常见，引不起人们的兴趣，它们不过是这个国家最常见的鸟类。不过，在新西兰内陆乡村的道路上，相隔10到15英里才能遇到农庄，麻雀群的出现就会引起人们的注意。秋天里，在内地的路上看到这些麻雀群飞翔着寻找过冬地，人们不可能不驻足观看，心生诧异。麻雀的习性中发生了年度改变栖息地的转变，这么说并不为过——夏季生活在乡下，冬季则回到城镇、村庄，或者至少是一个大型农庄。

所附地图将比任何描述都更好地展现了迁徙麻雀所穿过的乡野的本质，以及半个世纪人类劳作所带来的神奇成果。"土著"和"游牧土著"如今是我们的好朋友，"森林"和"灌木林"也已变成了牧羊场和奶牛场了。

1867年，麻雀是在奥克兰放生的，该城建在一片狭小的沙质土地上，东西两面都靠海。该城向北延伸了一个出口，在六十年代，那是一条贫瘠的道路，通向土质差、长满了灌木的区域。与其相反，有一条当时的唯一的公路，即南大路。麻雀顺着这条路经过美世（Mercer），沿着怀卡托河（Waikato）到达坎布里奇（Cambridge），又经武装警察站到达霍克斯湾，接着穿过无人居住的森林、丛生草丛和蕨草带，顺着大路向南前进。最后，麻雀从广阔的内陆山地涌入霍克斯湾西部的开阔土地上，它们沿着那个时期的一条牛道向着海岸而行，该路并未铺就碎石，也无大树遮阴，到了冬季就是一片沼泽，春季则有西北大风将其吹干，受到风蚀摧残，夏季里就埋在了深深的泥粉中，不过该路总是很明显，能与其他地表区分开，对麻雀总是充满着吸引力。

怀普纳的果园本是里星顿牧场最初的农庄，麻雀就是在那里第一次出现在霍克斯湾的。已故的J.N.威廉姆斯先生经常告诉我他所发现的情形。那时是早春时节，他正在赶牛。雪静静地飘下，落在地面中，挂在树梢上，一群麻雀栖息在羊场花园里的李树上，正在附近觅食，在一片白茫茫的天地间更显分明。两年后，"大概是1880年"，麻雀到达了弗雷姆勒，即威廉姆斯先生靠近黑斯廷斯的美丽住宅。他向我描述，这些鸟穿越荒野后，充满了野性而又害羞，想要好好看一看也很困难。

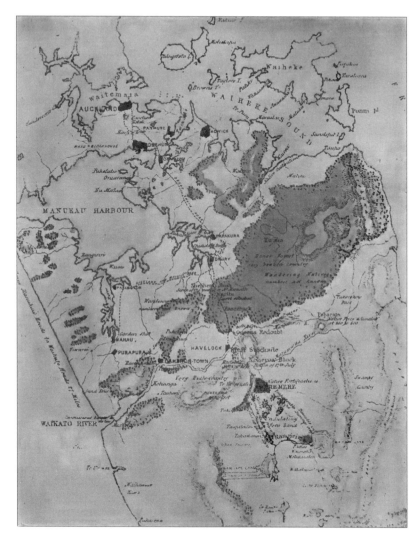

35-1：该局部地图是由剑桥大学图书馆提供的，该图显示了在麻雀开始南迁时新西兰北岛的情况。这份地图很了不起，标明了很多历史细节，以前的地图是无法做到的，比如"7月17日战争""梅雷迪斯遇害现场""护卫队遭袭地"以及"戈登被射杀场地"，等等。

第三十五章　来自北部的入侵

事实上，它们在某种程度上喜欢栖息在树冠上，并坚决地只在大桉树上端的枝杈上活动。不过，过了好长一段时间，人们为了求证麻雀的存在而射杀它们，因为只有确实抓到它们并进行查看后，威廉姆斯的朋友，比如托马斯，才会相信——"他们不太相信麻雀居然能在如此短的时间内跨越那么一大片荒野来到霍克斯湾。"

图提拉所观察到的有关麻雀的历史将表明，它们是如何通过在穿越荒漠的朝圣之旅中所养成的习性而进行快速繁衍的，就像是一种奇迹和某种预示一样；七十年代末，麻雀仍然让人感兴趣，让人觉得不可思议，而到了八十年代初，"人们对于它们的极速繁衍则惊慌失色"。

前文说到，麻雀于1882年第一次出现在图提拉，然后消失了多年。图提拉那时一定是麻雀最不待见的地方之一。那时是冬季饥荒时节（前文已述），羊和牲畜没有一点肥肉；那时也没有燕麦和谷糠、牛奶和黄油，家禽也无谷粒可食；总之，在那时，对于体面自重的麻雀而言，图提拉不是个好地方。不仅没有食物，连个树丛也找不到，除了三棵垂柳之外，不过垂柳不能用来筑巢；农庄附近也没有一棵树可以搭窝。这也难怪麻雀会鄙视这光秃秃的、没有树木且贫穷的羊场。

到了1892年，情况有所好转，麻雀才第一次在我们这里繁衍；那年在围绕原来园子而种下的一种非洲枸杞篱笆树上，它们搭了两个鸟巢。随后，麻雀的数量大增；斯图亚特和基尔南在七十年代末种下的松树已经长成大树，可以提供大量筑巢之所。在这附近，人们收割了一大片燕麦；受到庄稼种植和筑巢宝地的吸引，四十到五十对麻雀在那安了家，它们的数量比前一年在羊场成长的鸟所能繁殖的多得多。不过，在图提拉持续种植庄稼的时候还未到；播种停止了，因此只有两到三对麻雀留在农庄里，和之前一样，它们在枸杞树上筑巢生活。

如今，麻雀就在人们视听所及的范围内生活。九十年代末期，它们的习性发生了变化，开始以五到十对为一个群落，在农庄几英里之外生活，不过尚在公路几十码的范围内。

麻雀进一步恢复了夏季野性，它们对繁殖地的选择，不仅要远离农庄，而且——野性解放的另一个阶段——要远离它们极为重视的公路。图提拉低地地带的小块灌木丛保护区如今一到繁殖季节便都是麻雀。它们在这里找到了理想的养育后代的居所。它们在这里生息繁衍，夏日里就饱食昆虫、种子和浆果，这些以前都是土著鸟类所独享的。时间一到，它们便离开这片天堂，找到一条公路，然后前往最近的农庄。在那里，鸟群或者说它们当中有地方觅食的鸟儿会一直待到春天，然后再离开那里。

因此，季节不同，麻雀或集或散；若能注意到此，则不会忽略这种双向运动。只不过初夏迅速增多的雏鸟，它们朴实无华的羽毛以及观看它们之时的漠不关心，使之变模糊了。我相信，我亲眼所见发生在图提拉的事，在麻雀涌入霍克斯湾平原之时也发生过。经历了漫长的游历后，它们已习惯在远离人类的居所及其保护地的区域生活。然而，随着冬天的临近，麻雀对人类主人本能性的依赖被重新唤起：它们成群地从野外飞入彼此远离的几处农庄。因此当它们突然大规模来到一个之前很少或从未出现的地方，面对"它们巨大的数量"，移民不禁感到"惊惧"，这也就不奇怪了——这些鸟好像是被施了魔法才出现的。

最近，我发现，冬季里麻雀的数量取决于羊场管理的变化需要、所种下的燕麦总量以及合约垦荒营地的数量——垦荒队就在那里吃饭，

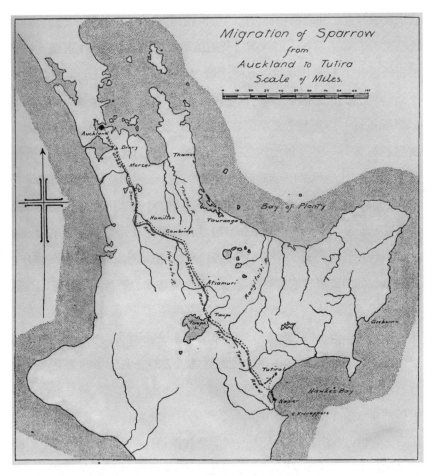

35-2：麻雀迁徙（从奥克兰到图提拉）

马粮袋里的谷物总会掉下来，或马槽里总有未净的谷粒。也许画个图表能够精确地表现出麻雀数量与伦敦羊毛价格之间的关系：价格好，则垦荒多，马草料也多；价格差，一切都少。麻雀和其他在新西兰的动物伙伴一样，也受到世界另一端所发生事件的影响——这些事件它们无

　　　　　　　　　　　　　　图提拉——一座新西兰羊场的故事

法控制，也完全不是它们的责任。

不过，麻雀在图提拉也不可能过得随心所欲。尽管麻雀产自英国，但是它们并不能适应暴雨；一只淋湿的麻雀，羽毛凌乱，光泽不再，且拖泥带水的，没有比这更可怜的了。当地鸟类也时常因为连续三四日的暴雨——暴雨隔一段时间便会降临牧场——而大批死亡，或几乎可以说是灭绝。有一次大暴雨，连续三天降下 1.5 英尺的雨水，羊场的麻雀几乎都消失了；能够存活下来的都要归功于该鸟类的机智和适应能力。大雨第三天的下午，不少麻雀不仅躲在鸡舍里，而且还在又大又蠢的浅黄奥平顿鸡蹲在窝里孵卵或在下蛋时，簇拥在它们的羽毛中。

乌鸫（*Turdus merula*）是在 1867 年由奥克兰归化协会放生的。该鸟的归化很成功，数量立即就增长了。然后该鸟的历史有一块空白，我曾尝试填补却毫无所获。那时很困难，到处充斥着战争的威胁及其谣言，无数种麻烦重重压在乡村的移民身上。可以想象，人们便没有空暇去观察、记录，或者说追求生活的趣味。不管怎样，多年后乌鸫在最初放生地几十英里以外再次出现之前的历史，我们一无所知。我们只能通过它们明显不可能走的路线以及它们再次出现的地点来推测它们早期的漫长旅程。

乌鸫和早期的麻雀一样，很快就避开了奥克兰北部的贫瘠土地。南大路是一条穿越蕨地和森林的阳光之道，吸引着偏爱公路的麻雀，却对乌鸫没有吸引力。显然，该鸟并未沿着新西兰西海岸南下。它们一定是向东飞了，最后才有可能重现在怀阿普；只有一点可以确定的是，它们所走的路线应是阻力最小的。乌鸫有三条路径可选——河床路线、山顶路线和沿海路线。它们一定不会走河床路线。从奥克兰出发到达怀阿普，全程中的溪流和河流都与该路线垂直。山顶路线没有多大吸引力。首先，并没有像引导赤鹿和兔子北走的主干山脉。确实存在的链式山脉也是破碎且彼此分离的，只是一大团混乱的圆形山顶；此外，所有的山脉都盖着厚厚的森林、蕨草或灌木丛。没有一块可供降落、运动和觅食的小片开阔地。在庞大的卢瓦西尼山脉（Ruahine range）上越往前走就越没有风蚀地、绿洲开阔地、裸露的山峰和落石以及垫脚石；这里的气候更加潮湿温和，每一寸土地都长着茂盛的丛林。阻力最小的路线是沿海路线。J.N. 威廉姆斯先生和他的兄弟（已故的怀阿普主教）从未怀疑这就是乌鸫所走的路线，它们离开了奥克兰，沿着海岸一直到达丰盛湾（Bay of Plenty）；他们还相信，到达内陆后，乌鸫越过山顶，沿着怀阿普河向南前行[1]。至于它们到达内陆，我觉得不太可能，乌鸫如何能够跨过最高峰达3000—5000英尺的摩图-满嘎图-毛嘎哈密-埃罗赫纳-奥兰基山脉（Motu-Mangatu-Maugahamea-Arowhona-Aorangi）；相反地，依我之见，这一道屏障正好将它们拦住，使得它们顺着沿海区域更向前走了一步。我个人认为，乌鸫从奥克兰出发沿着海岸线到达丰盛湾，然后继续向前，绕过东开普省，最终到达怀阿普河，在那里人们第一次看到乌鸫，而该河的一段正好与海岸平行，离海岸也不远；总之，J.N. 威廉姆斯先生和怀阿普的主教"在七十年代末"发现了乌鸫。"大

---

1 当我们第一次说起这件事时，也许威廉姆斯先生那一度很清晰的记忆细节变得模糊了，也许我也没有意识到最初是某些无关紧要的事实引导他得出的结论。细节在促成审慎的判断后很容易淡忘。比如，在麻雀旅行的例子中，更恰当的说法应是归化，我曾多次听说在怀普纳发现了麻雀，在弗雷姆勒射杀了麻雀，却没有看到补充的信息，"曾被认为是麻雀的"鸟类，据报道，在其现身于怀普纳之前的一段时间，人们发现它们出现在欧普普的木堡中。因此，也许并不是我所掌握的不重要的事实导致威廉姆斯先生得出乌鸫已经到达内地的结论。

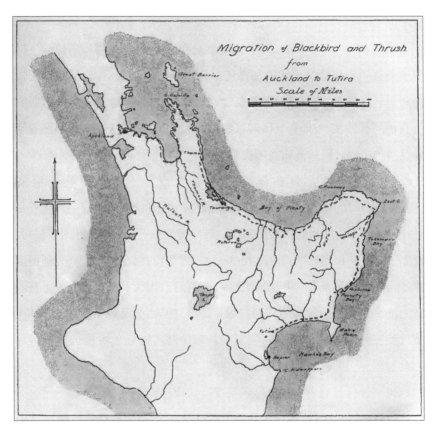

35-3：乌鸫和画眉的迁徙（从奥克兰到图提拉）

约"在 1887 年，已故的约翰·汉特·布朗（John Hunter Brown）先生
在波弗蒂湾与怀罗阿之间也发现了它们，随后麦克马洪先生也在怀胡阿
发现了，我则于 1891 年在图提拉发现了它们。

　　开始乌鸫的迁徙只是涓涓细流，后来汇成了小溪。不过，似乎直到
1912 年，每年在牧场繁衍的乌鸫的后代才留下来。然后，它们的数量明

显增加了。

画眉（*Turdus musicus*）的历史就是乌鸫的翻版。它和乌鸫同一时间被奥克兰归化协会引入，和乌鸫一样，也迅速归化了。它的迁徙史也是乌鸫迁徙史的重复。画眉和乌鸫在相似的日期里被 J.N. 威廉姆斯先生和怀阿普的主教发现于怀阿普河床，被麦克马洪先生发现于怀罗阿和莫哈卡之间，以及被我在图提拉发现。

1902 年春天，我在佩塔内附近发现了一只雄性苍头燕雀（*Fringilla cœlebs*）。一周后，我在图提拉羊毛棚和农庄之间的路上看见了一只雌性苍头燕雀。四天后，我发现了第三只苍头燕雀，几乎同时我看到了一只朱顶雀（*Acanthus linaria*），那是我在新西兰第一次看到这种鸟。两只都是雌鸟：朱顶雀把窝搭在附近，因为我的出现引发了它愤怒的抗议；而苍头燕雀的窝则在地上，也许是因为某种事故而掉下，或是被前一天的大风从筑巢点吹下来。两个鸟窝搭建的时候彼此一定相距很近。

每一种鸟都有着一段有趣的历史。

1873 年——即放生乌鸫和画眉后的第四年——奥克兰归化协会引进了 100 对朱顶雀。这次冒险是成功的，因为第二年，人们就宣布该鸟已经立足了脚跟。此后，和不少其他外来物种一样，朱顶雀似乎从它们十分适应的地区快速消失了。T.F. 奇斯曼担任了奥克兰归化协会多年的荣誉秘书长，他告诉我，他确实从未在新西兰亲眼见到一只野生朱顶雀；总之，朱顶雀放生后，迅速归化，然后就消失了，而三十年后在图提拉重新出现。看到第一只朱顶雀的几个月后，我又看到了第二只，第三只，然后是七只的鸟群。几年后，该鸟在槽形地带变得多起来了，尤其是在大火

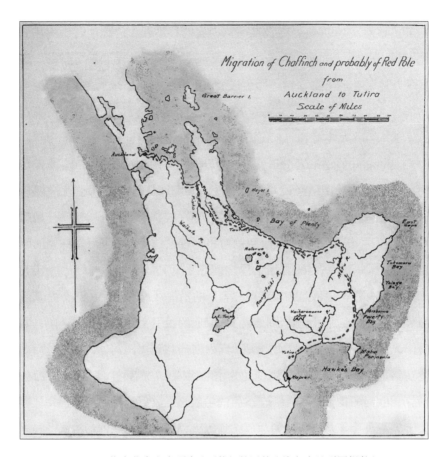

35-4：苍头燕雀和朱顶雀（可能）的迁徙（从奥克兰到图提拉）

烧过后的干燥挺立的麦卢卡树地带。为数不少的鸟群几年来在那里生息繁衍。最近，它们的数量正减少到正常范围，不过这并不反常。

1868年，归化协会将苍头燕雀引入奥克兰并放生了，很快就取得了成功。

苍头燕雀出现在图提拉并不奇怪。几年来我已注意到这种鸟正在向羊场移动。1898 年，在波弗蒂湾视察向移民开放的林地时，我在满嘎图溪——怀帕欧河的一条山间支流——的源头发现了苍头燕雀。这些鸟儿应是在向下游移动，因为过了几个小时我们回来了，它们已经向沿海飞了很远。我总认为，最初的这批苍头燕雀就是其中一批要飞过分水岭，然后大体沿着向东而流的小溪而行进的鸟群。

乌鸫和画眉是顺着海岸，绕过东开普省进行迁徙的，中途并未转向，这样走的原因已经说过了。不过，移民区从七十年代起就进展迅速。东西海岸林地的巨大差异已经缩小了；高大分水岭——摩图-满嘎哈米尔-阿拉沃纳——的东西两侧的树林都已砍伐；位于海岸一侧的欧普提基与海岸另一侧的吉斯伯恩之间几乎就是以草地和开阔地连接起来的。苍头燕雀很可能顺着乌鸫和画眉的沿海线路，然后在欧普提基区域停下；它们在那里受到了肥美的庄稼地的吸引，然后从海上转向，顺着阳光的路线和开阔的农场土地，向内陆迁移到摩图河，然后溯游而上到达该河支流的源头，直到抵达分水岭顶端。它们再次使用河床线路，即怀帕欧河的支流，然后顺着该河的主航道，最后到达对面的海岸。事实上，苍头燕雀从一条河的河口飞到源头，又从另一条河的源头飞到了河口。到达东海岸后，迁徙向南转移——也许是受该方向数量更多的低矮灌木丛的吸引。关于它们的先头部队，我从怀罗阿得到了两次汇报，从怀胡阿得到了一次报告；它们在 1902 年春天到达了图提拉。

不过，吉斯伯恩以北，没有苍头燕雀，它们没有绕过东开普省，也未从南去的大部队中脱离。朱顶雀非常小——也是一种野生鸟类——有可能被人忽略；而苍头燕雀，在一个人们经我访求已经注意到外来物种的地区里，应该不可能也悄无声息地通过。此外，到了冬天，后者会进入农庄和农家院落；它们与麻雀和黄鹂一起，占领阳光下自己的地盘，享用人类所提供的美食。苍头燕雀是不可能逃过我安排在吉斯伯恩以北的观察者们的眼睛的。

九十年代早期流行的一年生植物中，雪莉虞美人花颇为突出。1902年，在这一畦美丽的花丛里，图提拉首次出现了大黄蜂（*Bombus terrestris*）。第二年，也是在花园里，我发现了第二只；实际上，在红三叶草作为牧草种植之前，我不记得曾在花园之外羊场的其他地方看到大黄蜂。

大黄蜂在新西兰的历史如下：几次引进失败后，它们于1884年在奥克兰省泰晤士地区的玛塔玛塔庄园里放生——不过，在145只中，只有两只蜂王活下来。1885年，南岛运来了多批更有希望的蜂群，由此在北岛站稳了脚跟。走失的大黄蜂从玛塔玛塔抵达图提拉则是五六年后的事。

人们认为该试验成功了，在那以后卖出了不少的红三叶草。人们将此成果归功于大黄蜂；这种外来昆虫是否值得这一赞誉，我很怀疑。据我所知，红三叶草在大黄蜂到来的很久以前就能够授粉了。1880年，我在南坎特伯雷的皮尔森林站当实习生。那时我就在陌生的地方观察新来植物和外来物种；我记得曾爬上山坡，在将皮尔森林村与赫尔尼科特（Holnicote）——已故的约翰·巴顿·阿克兰（John Barton Acland）先生的美丽农庄——隔开的森林里摘取三叶草成熟的花冠。将这些花冠放在手中揉搓，会得到一颗饱满种子；在引进大黄蜂之前，图提拉也能收获这样的好种子。斯图亚特兄弟和基尔南在七十年代曾开垦了一块四分之一英亩的土地，并播了种，植物被吃掉后总能发现它们的种子。最后，在1909年，瀑布草场——有着300英亩的奶牛牧草——也全部授粉了。播种的工作非常繁重，我们就想到了进行收割和甩打，后来没这么做是因为租用机器以及在糟糕的路上运输都比较困难。我认为，这片三叶草地的传粉工作是由一种浅灰色的小飞蛾完成的，它们成群结队地藏在庄稼下面，受到干扰就如云层般飞起来。专家可以计算，若要"进行"300 英亩的奶牛牧草传粉工作，需要多少大黄蜂；不论怎么说，都比这个地区所有的要多得多。事实上，大黄蜂的数量在 1909 年毫不起眼，它们的数量也不可能增长。这种外来物种和其他物种一样，还不太能适应这种独特的气候条件；数量一增加，就会受到时常降临牧场的大暴雨的限制。

外来物种从北部到达图提拉的第二个扩散中心是怀罗阿。来自于澳洲的绿蛙就是从那里到来的，同时，我也相信，"负鼠"也来自澳洲。青蛙是 1894 年到达图提拉的，人们几乎同时汇报了它在牧场东西两侧的存在。它们极擅攀爬；我不仅在山顶上——它们也许受到逐步升高的诱惑而上爬——发现了青蛙，而且还在陡峭的锥体山如"自然山"和"圆丘"看到了它们[1]。

它们的数量在图提拉从未多过。在那浅浅的环礁湖和水潭里，它们为鹞鹰所猎杀；到了深水处，也许又要为鳗鱼所吞噬。

负鼠在 1900 年出现在怀卡热莫纳森林保护区；我们认为，尽管人们从未在图提拉看到它们，但在五年后它们向南进发了——锦葵树苗被剥了皮，多汁的柳树枝芽被啃尽，两处都出现了一种大型啮齿动物的牙痕。我们的柳树和锦葵此前从未被如此剥皮，也不可能再被那样破坏了。

1　J.N. 威廉姆斯先生告诉我，这种青蛙在伊顿汉姆（Edenham）的一个水塘放出来后，"马上"就抵达了该站最高山峰的顶端。

第三十六章　家畜的"野化"

在租用图提拉之前，野猪数量很多；少数"野化"的马和牛（可能还有绵羊）早已出现在羊场里。

马和牛没什么可说的，有十几匹马是从废弃的怀普扑扑寨子（Waipopopo）跑出来的。冬季里，为了寻找食物，它们像牛一样钻进灌木丛里；也和牛一样，折断并咀嚼灌木和小树的枝条。时常有些马会跑入临时搭建的羊圈里，然后绑上缰绳，被人驯服了。这群马中最后剩下的是一匹灰马，成了我多年的坐骑。

至于野牛，也没什么好说。它们的数量从来不多，悬崖、地下河以及泥泞的溪流让它们付出了惨重的代价。它们也仅够给我们提供牛肉和娱乐；事实上，我们早期大部分牛肉都是在凯瓦卡射杀而来的。

猪是库克船长最初所带的牲畜，它们在殖民地分布开来，正如我所想象中日后食用菜的分布那样——它们作为一种礼物从一个村子送到了另一个村子。这里的条件有利于它们的分布，土著村子内外的食物供应都很充足。随着猪数量的增加，人们可能有意让它恢复部分野性，猪也因死性不改，侵扰庄稼地被人猎杀。总之，不论是在南岛还是北岛，猪都繁衍得很快——八十年代早期，图提拉的中部和西部，猪比绵羊还多；在那里，少数几个绵羊营地分散在远离猪拱区域，便没遭到破坏。然而，到了冬季，数百头猪离开了蕨地荒野，入侵到羊场的草地；它们向着播种的土地迁徙，为了寻找根茎和蛆虫，大片的草地被拱起、翻倒。到了春季，它们造成了严重的破坏。附近每头又老又笨的猪似乎都知道此时正值下羊羔的时节。刚出生的羊羔从早到晚都集中在营地里，这些劫掠者如闪电般而来，然后又跑回到远处的巢穴，造成了很大的骚乱。它们总是在晚上行动，我只发现一次有一头猪在光天化日之下抢掠。猪要抓的是刚好可以跟着母羊跟跄而行的羊羔，这个阶段的羊羔会跟从任何会动的物体而前行，不论其是否有生命。不过，小动物很快就学会了恐惧。即便在我观察的时候，小羊羔就开始理解了其母亲焦虑呼叫中的某些含义。总之，尽管心中仍有疑虑，小羊羔在猪面前会保持几码的距离，有时会停下来仿佛有所怀疑，有时则会跑向激动地咩咩叫的母羊。母羊就在它前头，保证能吸引自己的孩子跟随着向前走。猪则跟在后面，在亚麻丛里躲躲闪闪，进进出出，不紧不慢地追着。让我惊奇的是，猪从不着急进攻，或许是因为无脑，或许是从之前的经验中得知，一旦跑得疲倦了便会带来的某些后果。它是否会抓到这只小羊羔，我不得而知。不过突然发现了我的存在，它便笨拙地跑走了。

"野"猪的颜色有黑色、红黑相间、锈红色、红白相间以及白色，与养得很糟、配种又差的现代家猪大体相似。野猪有一种不可理解的特性值得记下，即对乳猪冷漠无情。我在图提拉至少杀死了几百头猪，也许有上千头，但从不知道有一头猪显露出哪怕一丝对后代的关切。即便是在人和狗的面前，母羊也会站在新生羊羔身边，但是乳猪即便受到狗群惊吓而发出最让人心碎的尖叫也唤不回怯懦的母猪。小猪出生在一个用蕨或杂草搭建的温暖舒适的猪窝里，若抓得及时，可以成为很有趣的宠物。由于这个原因，再加上显然它们最终会变成猪肉，它们便出现在每个毛利村子里，在那个古老单纯的时代里，猪常跟从着剪羊毛人的队伍走过一个又一个羊场[1]。

狗的野化，图提拉并没有多少经验。在我的时代里，牧场只有一条

1　有一头在羊场养大的猪相当与众不同，它名叫"汤米"，是在农庄几英里之外找到的，当时它才出生一两天，我们将它从五六只小猪中挑了出来。想到它还很脆弱——我还有一天的活要干——便将其包裹在防水袋里，绑在马鞍上，用缰绳穿过马镫皮带系牢，然后把马放回去。那时还没有围栏，我的马便小跑着回家，马不停蹄地到达农庄门口，人们抓住了它，卸下马鞍，掏出了安然无恙的小猪。"汤米"被抓——或者可以说是转变——时还非常小，因此它长大后觉得自己一半是人，一半是狗，或者说，一半是人，一半是小狗。它和羊场的小狗一起跑步玩耍，小狗们假装去撕咬它，抓住它的长耳朵，又吼叫又狂吠。不过，它有本事照顾好自己，通过左右用力摆动鼻子能够在任何时候停止游戏。它很多时候是和我们在一起。吃饭的时候，它不是和我们一起吃，就是我们用手喂它，开始是从一个茶杯里喝牛奶，后来茶杯变成了它专用的食槽。没被锁住且能够自由行动的老狗们能够和其他狗一样容忍它的存在，把它的存在当作主人的一个怪癖来接受，毕竟主人一时的兴致便是法令。它们打招呼的方式很古怪，即两种动物的口鼻部互相触碰：对狗而言，它的招呼冷淡中有着好奇，然后好奇迅速泯灭；对猪而言，则显得唐突无礼。它主要的朋友是那个结婚的男人；它跟着他到处走，甚至下了水，显然，将猪割喉扔在水里游这样的故事"汤米"并不知道。总之，我曾看见那个男人在船上，而它在后面游，然后从湖里把它捞起来，它湿漉漉的，一脸拘谨，像个大黑孩子。随着年龄的增长，它能够熟练地从拴住的狗那里窃取肉骨头。它对良心毫不在意，人类和狗的道德标准越高，对它越是个优势。它从不掩饰自己的偷盗行为——这是它所知道的最好的法则。而狗则因对事物本质有着更深刻的认识而有所克制。狗在初次因本能而吼叫并冲过去保护自己的财产之后，内在的良心苏醒了；它想起来了，这黑色的抢劫犯某种意义上是主人的财产，它是不能动的，自己作为一条狗即便是对这样的偷窃发怒也是错的。思绪如天使降临，并将那具有冒犯倾向的亚当走了；总之，狗只好夹着尾巴跑回狗窝，而猪则厚颜无耻地享用偷来的食物。看到"汤米"，不可能说它没有十足的幽默感。它经常会跟着牧羊人以及牧羊犬去羊毛棚拣选场。它在那里找到了表达幽默的地方，悄悄靠近并叫醒昏睡的狗从来不使它乏味。这个玩笑开始可能只是出于偶然，或者出于与生俱来的粗鲁，重复次数多了就变成一种习惯了。牧羊人们干了一早上的活，并在屠宰处狼吞虎咽了一番，便喜欢在围栏的荫蔽中躺下昏睡。这便是"汤米"的机会：就像人们要哄骗一匹难以驯服的马那样，它开始故意让选定的对象注意到自己正远离它。它迈着迟疑的步伐，进一步哄骗它的猎物，然后小心翼翼地，悄

野狗；就这方面而言，这是极为幸运的，因为一群野狗便是羊场最可怕的诅咒之一。野狗接近而引起的焦虑从未停止，它所造成的损失也不仅仅是通过实际找到的死亡绵羊的数量就可以估计的；在莽荒的乡下，绵羊每被咬死一只，就会引起十几只甚至一百只羊因此而窒息或溺水而死。

早期，在未放牧的乡野，野狗以地面鸟类为食；不过它们主要的食物是猪，奇怪的是，当它们所在的荒野变成了牧场后，它们仍然继续猎猪。六十年代，霍克斯湾的帕梯高地就开始开发放牧了。那里的野狗异常多，不过，已故的 W. 伯奇（W. Birch）先生告诉我，有几年里，绵羊并不受干扰；野狗们或者因害怕新来动物潜在的威胁而有所克制，或者仅仅是出于习惯而继续捕捉原来的猎物。

当一种杂种狗进行撕咬时，每个品种的主要特性便表现出来了，斗牛犬和獒的杂种会紧紧扼住可怜绵羊的喉咙，柯利牧羊犬的杂交狗则

悄地走向前去，突然猛击狗的大肚子，然后听着那混合着痛苦和惊异的狂叫。我记得"汤米"并未表现出任何浮夸式的满足：它无非会狡辩说是狗的身体刚好碰到了它的鼻子，整件事情只是个意外。我们从羊圈里看过去，常常说它又狡猾，又不知廉耻，只见它用猪特有的方式倾斜着脑袋向上看，好像是假装停下倾听，仿佛怀疑自己的耳朵是否欺骗了自己，它是否真的听到了一声痛苦的嚎叫。然后它便假装继续在地面上寻找食物。有时，"汤米"出于猪种群特有的流浪特性，会跑得很远。有一天早上，我把山坡上的它误以为是野猪，便放狗去追，然后我气喘吁吁地跟在后面，却发现它们三个在一起，"汤米"呼噜呼噜地解释着，两条大狗听着，友好地摇着尾巴；我还意到，它们就确定了这是个误会。我给了"汤米"一些蕨草根茎以表歉意，然后我们四个就一起回去了。它有一大乐趣便是刮擦身子。这个过程中，尽管它危险地将一身的排骨肉展现出来，仍会先躺在一侧，然后又转向另一侧，它闭着眼睛，心下满是欢喜，就像一个在梳头发的女人一般。之后，和所有的宠物猪一样，它变得粗鲁、残忍甚至具有破坏性。当它不再愿意听到"不"作为答复时，最后便被送给了乔伊·兰尼埃拉及其帮手赫普，圈养在图提拉。他们在一起生活了好几年。

会把羊群赶在一起，防止它们四散逃逸[1]。

　　说起流浪猫我则没一句好话，这种流浪的牲畜所做的坏事远远超

1　若牧羊人无法揣测狗的放牧习性（其本质便是带头引领和控制），则不可能掌控一队牧羊犬。见到阳光不过几天的小狗就能够在山坡上看护家禽，比如鸡鸭，它会小心地将它们聚拢在一起，跑到它们前头，阻止它们走失，"工作"认真，正确无误。这种看护牲畜的热情主导了它的天性。有时，一条未驯服的年轻柯利牧羊犬，一旦获得了自由，便会立即跑到山上，一直待到晚上，然后走到它所赶在一起的羊群前头，防止它们走散。它无需命令，也未经培训，便能牧羊几个小时，它十分兴奋，不会对羊群造成伤害，就像它邈远的祖先那样，它们的后代在遥远的未来也会这么做。然而，在小狗中看不到它们具有驱赶羊群的意愿，在年轻未经驯服的狗里，也看不到它们渴望追赶畜群的迹象——简而言之，聚羊成群并进行引导显示了柯利牧羊犬未经雕琢的天性，而驱赶羊群则意味着狗的天性屈服于人的意愿。在先有鸡还是先有蛋这样的疑惑未解决之时，智者是不会尝试去揭晓本性的起源的。不过，关于史前牧羊犬的放牧习性以及人类对此的利用却值得探索。在犬科动物中，潜行，扑向猎物前暂时的停顿，然后拖着无论死活的猎物前往巢穴，这些与放牧特性一样，都是原始本能的行动：都是基本的、内生本能的特性，没有新的发明、新的添加，或者人类教了什么，它们和呼吸、觅食或巡视没什么两样。这三种本能行为最初都是完全为了动物自身的利益。不过，前两种行为和第三种行为有着巨大的区别，鉴于在潜行、短暂的停止以及拖运猎物的每个行为中都只与单个动物及其猎物有关，那么，放牧本性只有在与一个同伴合作时才会对其自身有用。我认为，柯利牧羊犬的祖先曾与一种比较不活跃但却更为强大的动物合作，赶拢过一群某种动物；后者杀死了赶来的猎物，两者一起分享了它们的尸骸。这两种野兽之间曾经存在一种自然联盟关系，这种关系如今还存在于蜂鸟与人类之间，牙签鸟与鳄鱼之间，舟鲋与鲨鱼之间。将狗最初的狩猎伙伴排挤出去很容易办到，即抓到小狗，然后驯服它们。这样养大的狗便能出色地为人类莽荒时代的祖先们放牧，同样也能出色地为他们在十九世纪图提拉的牧羊人后代服务。在赶拢时，我经常注意到柯利牧羊犬的工作是智慧与无知的结合，它们出于本能的工作如此完美，而其余的工作则完全不动脑子。在图提拉，牧羊人经常会碰到这样的事情，他自己在一条大裂谷的一边，而羊群却在另一边。为了将羊群赶过来，牧羊人呼唤背后的牧羊犬，它们便朝着峡谷那头过去。绵羊赶在一起后，牧羊犬便想将羊群沿着直线带到主人身边。如若让它们自己决定的话，它们一定会继续把羊群往峡谷处赶，而它们自己知道那是不可逾越的，因为吹哨让牧羊犬离开后，它们自己并不跨越峡谷，而是原路返回。柯利牧羊犬同样会按照直线让羊群穿过一片极为茂密的蕨草丛来到主人身边，而叫它离开后自己则会绕开走。它的工作在某种程度而言是完美的，但是失之于刻板狭隘、不知变通。它的本能决定着除非前头会移动或要拐弯，否则所有的牲畜都要按直线进行驱赶；一定是这样的。峡谷和蕨草丛在它的心理视域中并不是什么障碍。

过好事。尽管在牧场里并不稀有，但除了暴雨天（那时很多淋得半死的动物都会跑来避难）其他时候则少见。有一次下暴雨，一两天之内就射杀了 11 只潜行在房间和小餐馆里的野猫。小猫一定很早就开始流浪了，因为有一个伐木营地来了一只小猫，它允许人们驯服自己，最后被带回了羊场。该营地离农庄有 6 英里，离其他人类居住点还要远上一倍。

在八十年代，主要在图提拉东部，还有许多块灌木丛，每块灌木丛都有着各自的野羊群，它们是羊场治理的反抗者。这些不可屈服的野羊从未被圈养，它们的尾巴很长，那是一种独立地位的标识。它们是一支分离的族群，像那些被赶到沙漠或山顶的奇特部落那样，保存着自己的风俗习惯。除非是雨后它们会出来晾干毛发，否则就不会与耳朵做了标记的、剪了尾巴的驯化牲畜混在一块或一起觅食。那时它们在山顶上，由于背部的短羊毛经雨水冲洗而干净闪亮，看上去尤为醒目。它们的头部、脖颈和前肢由于和树木摩擦几乎刮秃了；而它们后肢部位挂着纠缠生长了多年的裙状羊毛，常常拖到了地上。稍微有一点警报，野羊便与驯化绵羊分开，它们会冲下山去，跑到林地里的堡垒中，而驯化绵羊则根据祖先的习性而向山顶靠近。野公羊通常会待在自己的母羊群里，在极少情况下会出现一头性欲更旺盛的公羊，将其赶走，让它和牧羊犬一起跑下山。有时，条件允许的话，一些野羊群或其部分会被吸收到我们的羊群里。野羊除了在赶拢时，会把驯化的羊带偏之外，并没有其他害处；相反地，早期在赶拢时，人们对它们充满兴趣，抓到它们是我们最大的乐事，在怀科欧河的多处峭壁边界——如今已经长满了茂密的麦卢卡树，不再是峭壁了，但在那时则是茂盛的茼芹和当地野草——还有着数量更多的野羊群。

在这些小族群里，有一支值得特别注意，它们的羊毛颜色发生了变化，显然环境对此起到关键作用，不过这在野外很少见或者说很独特。上述羊群活动在欧普阿西地区长着树林的悬崖上，该地区被狭窄干涸的峡谷切成了形状不规则的几块，而这些峡谷起始于山上深深的落水洞，止于山下怀科欧河上游难以逾越的河谷。欧普阿西地区绵延约3000 英亩，构成了欣德马什·拉卡莫纳（Hindmarsh's Rakamoana）羊场的一部分，我在八十年代第一次知道这个地方；由于该区域远离牧场中心，又受到沟壑和密林的阻隔，该地的主人也许认为这里毫无价值。总之，他完全没将其利用起来；然后，普陀里诺羊场的主人到那里放牧，将大约三千只瘦弱的美利奴羯羊赶到那里过冬。如今，总是发生这样的事，在筛选场中，由于在羊耳做记号时出错或一时疏忽，少数怀孕母羊混入一大群未孕母羊中——也许 1000 只中有两三只。因此，欧普阿西每年也许会诞生 10 到 12 只羊羔。不过，在那时，乡野是开放的，容易将羊群赶拢干净。因此，每年的剪羊毛季节有可能将所有的羊羔一网打尽，若有漏网的，则会在下一个赶拢季将那些走失的羊羔找回。

简而言之，欧普阿西和其他地方一样已经没有"野羊"了。八十年代，我有一项任务是去怀卡瑞参加拣选，挑出任何一只可能会与该羊场的绵羊发生打斗的"陌生羊"，所以我能够那么肯定。那时我们都是牧羊人，自然而言地要聊起营地、赶拢、狗的工作、柯利牧羊犬所绕的好"弯"、看到的野猪、草料以及牲畜的状况——最重要的是，引进的绵羊数，因为普陀里诺那时和图提拉忍受着同样的阵痛：冬天过后，绵羊数就"短缺"了，这一直让人焦虑不已。人们几乎没提到野羊，肯定也没谈起野黑羊。

直到 1892 年，有谣言说欧普阿西出现了黑羊：一名路过的牧羊人发现了四到五只黑羊，土著猎猪队也看到了长尾黑公羊。不过，到了 1895 年，应该还存在着几只黑羊。在那个极为干燥的旱季里，我们在欧普阿西区域租用了六个星期的牧草，那时它还属于麦克安德鲁先生。秋季到了，我们在那里给母羊配种，当时我和斯图亚特若考虑到这样做会破坏我们的林肯-罗姆尼母羊群，就不会那么做了。此外，若不是哈利·杨的反对过于强烈，我们又仔细考虑了他的反对意见，也不可能在那里配种。我和他以及斯图亚特都了解这里有几只野羊，不过我们判断，正如八十年代在图提拉东部所发生的，它们的数量还不足以成为威胁，它们会待在自己的地方里，不会混入耳朵做了标记的羊群里。我们的猜测是正确的，四个月后，羊羔出生了，没有一只具有美利奴羊的血统；那几只在欧普阿西区域的野羊，不论黑白，都只在本群内交配。

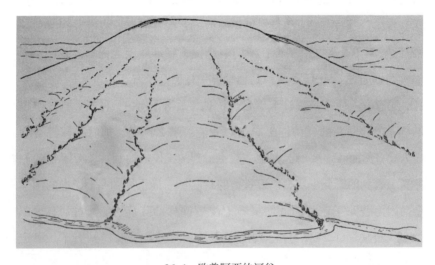

36-1：欧普阿西的河谷

现在我们必须暂且回到前文已论述过的植被变化。八十年代早期，欧普阿西区域还是当地草类的天下；不过，渐渐地，这个地方和牧场的其他地区一样，开始被麦卢卡树所占领。九十年代以后，麦卢卡树以越来越快的速率分散开来；年复一年，开阔地的收缩愈加明显，直到最后，在数百英亩土地中，人们都无法看到前面超过几码远的事物。1900 年，除了某些山顶、山坡、绵羊营地和灌木丛中的小块空地之外，八十年代还是草场的土地已经都变成了麦卢卡树丛；只不过已经长了当地灌木的土地如今变得更加繁密了。实际上牧羊人无法在该地区开展工作；曾经可以承载 3000 只绵羊的地方如今只能放牧不超过 600 只，而且每年也只能开放几个星期。最后，除了冬季外，该区域不再牧羊了。因此，这里的牧草一年四季都极为丰富。一直生活在灌木中的野羊受到山顶丰富草料的诱惑，便会在黄昏和清晨爬上山顶；我在黎明时分前往遥远的赫鲁-欧-图瑞亚的途中，一次又一次地看到欧普阿西区域几乎所有的野羊群从山上奔向隐秘的灌木丛中。它们并不属于同一群落，而是由七八个支系组成，每一支系都会跑回自己的领地。它们彼此之间数量不同，白羊与黑羊的比例也不一样。

欧普阿西租约要过期的最后几年里，伐木清场都成了不可能，而此时，黑羊的比重迅速上升。有理由相信，经过自我演化，美利奴黑羊的单纯品种即将形成。这个有趣的自然进程还未全部完成就被一份租约以及随之而来的平庸的开发所阻碍——付了大笔的租金，当然要寻求最大利益。从一个野外博物学家的角度看，开发建设是图提拉的祸根，如今又要开始玷污欧普阿西的土地。每年，从东部边沿开始，都会在一小块区域上进行采伐、放火、搭建围栏和播种草籽。野羊再也不可

36-2：欧普阿西河谷

能逃离自己的命运：峭壁变秃了，它们的藏身所也暴露在阳光之下。一群又一群野羊群被包围了，然后被赶入筛选场。

黑羊和白羊所生活的一块块土地经过大火和斧头的持续开垦造成了如下结果。其中第 4 群是正确的；其他小支系的情况，是从哈利·杨的日记里摘录的，大致不差。

第 1 群：最东边，超过 100 只野羊；20%—25% 纯黑，其中大部分尾端呈白色；2—3 只杂色；余下的都是白羊。

第 2 群：40 只羊；18 只黑羊，大部分有白尾尖；无杂色羊；余下都是白羊。

第 3 群：大约 50 只；一半多一些纯黑，大部分有白尾尖；无杂色羊。

第 4 群：16 只羊，全黑；都有白尾尖。

　　　　　　　　　　　图提拉——一座新西兰羊场的故事

第 5 群：和第 4 群数量相当；2 到 3 只杂毛或全白；剩余的全黑，有白尾尖。

所有的这些野羊——全黑、杂色或全白——都是纯种的美利奴羊，所有公羊的后代都很优秀。要注意的是，杂色羊的比例微不足道，黑羊的比例在不同的羊群里从 20% 或 25% 增加到 100%，全黑羊经常有着白尾尖。

要想解释绵羊黑化这件事，则无需追溯其野化进程。再长的时间也不足以将"野化"绵羊变色，更不用说短短的五十年。在八十年代那些饥荒的年岁里，从兰兹角（Land's End）的河面上所猎获的野羊是白色的；我在尖脊峰（Razorback）下一次性捕获了 43 只羊，也是白色的；乔治·比先生经过数周劳作从莫哈卡峭壁上聚拢了九百只两年未剪羊毛的羊，其中混入了很大一部分野羊，这批野羊中黑羊的比例也很正常，每千只才两三只。在美利奴黑羊群中，也没什么特别的。我相信，澳大利亚也有这样的几群羊。值得注意的是，这种部分发展的羊群完全是生活在自然环境之下。显然，在图提拉这个荒野角落，刚好碰上了一种极为罕见的组合，即适合的地理环境和偶然的愉快交配。在其他地方若不了解繁殖规律并有意识地去探索则无法获取这种偶然获得的成果。

渴望爬到高处在现代的绵羊品种仍很明显，因此很难相信它们的祖先不住在山顶上。同样很难相信的是，在多多少少覆盖了白雪的山坡上长期觅食的绵羊居然会长出除了白色之外的羊毛。尽管如此，在驯化绵羊当中，有着一种向着黑色转变的强大趋势；这种趋势经过数百代的淘汰仍然存在于美利奴羊当中。白色羊毛可以染色，黑色羊毛却不行；因此，自从绵羊被驯化后，黑色公羊就被隔绝了。不过，尽管几千年来严格挑选公羊，300—400 只羊羔中仍有一只是黑色的。

我对欧普阿西野羊群毛色变化的解读是，在某一地带，四周为山川阻隔，一只黑公羊和一只黑母羊交配产下了黑毛后代；然后通过杂交，黑毛性状固定下来，最后形成了一支只生黑羊的支系。如果能暂时接受这个理论，那么第二步就是解释九十年代到二十世纪最初几年里黑羊迅速增长的问题。这还需要到考虑地形构造——一系列除了在山顶相通之外便互相分离的小块土地。假设其中一块地里独立形成了一小群黑羊。时间久了，这一小群羊便无法在原来的地方获得足够食物，便会前往其他大一些的地方，而那里的羊群便受到了我们所假设的羊群的入侵。其他区块所发现的少量黑羊也许可以这样解释：不同区块的母羊已经与被认为是黑羊中心的第四区块有了几年的接触。杂交会在小范围内进行，第四区块的公羊与其他区块的母羊交配，然后在各自区域内散布开来。

　　人们不在该地区放牧的那几年的夏秋季节，山顶的牧草变多了，吸引着不同区块的野羊群前来，从而加速了毛发的转变。在山顶上，从黄昏到黎明，来自不同地带的公羊混在一起。交配不再有什么限制，黑、白公羊与黑、白母羊便在这中立的山顶上交媾。此外，我认为，有可能所有的黑母羊会把交配权"留给"黑公羊，很大比例的白母羊也有可能将交配权"留给"黑公羊，尤其会"留给"有着三到八代黑毛基因的公羊；对于公羊而言，黑毛的性状也许多多少少已经固定了[1]。

　　还有些使黑羊成为主导的次要原因——更旺盛的生殖力和生命力，

1　有一次经过加拿大，有人带我去看落基山下的一群卡腊库耳大尾绵羊。若让该品种的公羊和白色母羊交配，则生出的羊羔99%是黑色的。即便如今已经将黑羊剔除了多代，温斯利尔母羊仍会生出约25%的黑羊羔。黑毛羊羔好像一直为再次出现努力着。

具有绵羊野生祖先更多的野性。至少可以肯定的是，在育成羊情况不好的时节，羊毛最差的羊存活下来了，它们吸收的营养只用来维持原始形体和毛发的品质——总之，就是最少受人类选种和育种影响的羊。挑选绵羊用于冻肉生意的人也对黑羊充满疑虑。我相信，人们下意识里把它们当成不可能长膘的野生动物[1]。

总结：欧普阿西有七八百英亩大，被切割成了六七块陡峭的区域，每块区域都因裂谷而与其他各块分离，这些裂谷止于羊群不可跨越的河床底部，延伸至山上则有开阔的觅食地。在这些狭隘陡峭的小区块里，半个世纪之前 F. 比先生在赫鲁-欧-图瑞亚山区放牧时，少数羊群可能就野化了。到了八十年代，我第一次充分了解了欧普阿西时，这里和图提拉一样找不到藏起来的野羊了。

到了九十年代中期，欧普阿西的租期将近，地表的畜牧承载力也迅速下降，这是由于灌木的生长，到了后来连牧羊犬都无法在此工作了。最后，每年只有几周能让几百只耳上打记号的绵羊前去过冬。春末、夏季和秋天，这里无人牧羊；牧草由此长势旺盛；野羊群之前都是以树皮、树木嫩芽以及落叶为食，如今第一次慢慢靠近空旷的山顶，每一个支系都在黎明时分上山，到了黄昏则退回灌木丛里特定的区域中。在没有牧羊人干扰的优越环境中，觅食地不断扩大，野羊群或者说欧普阿西羊群因拥有无限量的牧草而保持良好的状况，生息繁衍，不断壮大。每

1　我记得来到新西兰不久之后，我去看著名的商人安德鲁·格兰特挑选"肥羊"。我问他为什么对几只明显是最好的黑羊充满偏见，他的回答是黑羊"不好杀"。尽管如此，很多这样的说法为人所接受，因为没有人会反对，且这位商人的看法值得人们相信。另一方面，对于羊，桑迪·格兰特所不知道的就不值得去了解。

一年，黑羊的比例都在上升，以至于有一个支系全部变成了黑羊，同时整个野羊群的黑羊和白羊的数量变得旗鼓相当了。可惜的是，一份新的租约签订了，地面的灌木被一点点地清除，野羊群被破坏了，美利奴黑羊种群的自然演化也被阻断了。对我而言，颜色的快速变化和这变化本身同样让人惊叹。不论在单个绵羊支系中黑毛血统变得如何稠密，就整个野羊群落的整体外观而言这种改变只需十到十二年。

第三十七章　反思

在思考迁徙活动的某些方面之前，有必要先澄清一下某些对外来物种的引进和归化所带来的影响的误解。人们经常认为，在某种程度上，人类对物种的捕获、拘禁和操纵并未改变所抓获的物种的本性——这是很有可能的——而是改变了这些物种后代的本性；外来物种尽管在新土地上放生了，但是文明的束缚仍会纠缠并阻碍着在乡下生长的外来物种的后代。这种看法会很大程度分散人们对穿越图提拉的许多外来物种的迁徙活动的兴趣。这些看法是不对的；不论是对于动物自身而言，还是对于最后的结果来说，航船的风帆和持久的大风没什么不同，汽船的甲板和漂浮的木头、浮冰以及一点浮渣没有区别；不论是因为大风而从所在区域吹来，还是在气流的作用下登船，不论是受困于码头，还是通过火车到达码头，或在轮船上运送数千英里，它们的后代都站在同一起跑线上。

怀阿普主教确实曾见过绣眼鸟（*Zosterops cærulescens*）到达玛西亚，人们也知道麻雀曾从奥克兰的鸟笼里放生。人们宣称这两种鸟为英国物种后，它们就到达了图提拉。从某种意义上说，前者的到来属于自然行为，后者则是人为的，不过这么说也许会带来困惑，因为人类对自然进程的每一次干预也可以说是自然的。不论如何，一旦在图提拉落脚了，这两种鸟本质上就在同一条船上。每种鸟都以自己的方式抵达目的地——绣眼鸟扇动翅膀，麻雀则依靠风帆。不论它们到来的方式有什么不同，两种鸟一旦到了图提拉，它们的未来都在同一起跑线上。每种鸟都不受人类直接的影响——都身在人类藩篱之外，能够自主选择行进路线、繁衍速率以及栖息地气候。事实上，我们可以不用在意它们在海上的长途旅行、船上的生活以及甲板下狭隘的居所。若是这样的话，那么六十年代、七十年代和八十年代陆续到达新西兰的麻雀、乌鸫、鹿和黄鼠狼便可看成是通过一连串几乎相连的岛屿而来的——这些岛屿

37-1：绣眼鸟

还未露出海平面就已相连。不管怎么说，它们的目标只要实现了，等待它们的便是最全面的自由；它们能够自由地去追求不受过往束缚的未来。

外来物种在一块陌生的土地上"变野"的行为既不能与大陆地区的季节性迁徙相比较，也不能仅仅看成诸如沙鸡或旅鼠等动物的入侵那样，离开消失后便不留下任何持久的痕迹。这些外来物种在迁徙的历程中，总有一个最初出发地；此外，它们所拥有的兴趣，再也不可能做一次试验来验证。新西兰在五十年代、六十年代和七十年代的条件不再存在。世界上也不再有一座未开发且无人居住的大陆或大岛了。

前文已经描述了某些外来物种的历史。有两个主要事实值得注意：首先，某些鸟类仍然存在着对集体飞翔的季节性冲动和怀念，不过这种迹象比较盲目破碎，较为混乱，也不坚决。我在图提拉一次又一次地在秋季目睹了鸟群的翔集。乌鸫、金翅雀和画眉会结成大大小小的飞翔队伍；它们为了某个目的而飞向某处，但是去哪里，为什么要去那里则不得而知，除非能对这些个体进行观察和研究。另一个事实是许多外来物种都是在一种实实在在的迁徙冲动的激发下而行动的。

新西兰的领土呈条带状南北分布。其中部山脉高耸陡峭，因此定居点便有在沿海分布的趋势：呈南北分散而非东西扩展。迁徙的路线便是遵循常识，即平行着山脉而走比翻越群山更容易。南北走向的路径便是人和动物所选择的阻力最小的线路，走这条路的开始是毛利人，后来是欧洲人，最后是欧洲人引进的哺乳动物和鸟类。

这是迁徙的大体方向，具体的则有山顶路线、沿海路线和河床路线。此外，不论是人类还是动物，每个物种所选取的路线都受到各自特

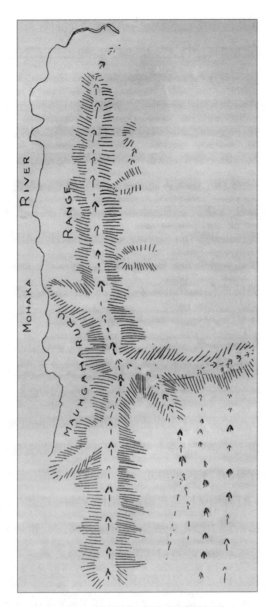

37-2：兔群迁徙受到了河流的阻碍

图提拉——一座新西兰羊场的故事

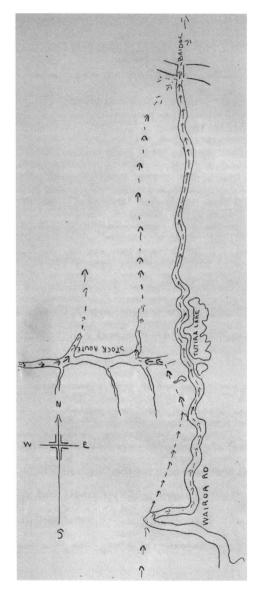

37-3：兔群迁徙——北部出口发现后才走的牲畜道路

殊习性和偏好的影响。

毛利人是最早的外来人类，他们喜温，便在北岛北部、沿海地带、河口区域以及内陆的地热区落脚。接下来是白人，码头和海港是他们核心活动区域。盎格鲁-撒克逊人来自于更寒冷的气候带，具有更顽强的生命力，不仅在沿海区域、北岛北部有分布，而且还进入了两座岛屿内陆区域的各个角落。

自然界中等级较低的外来物种同样因多种需求而选择不同路线。在最初的区域过着定居生活的物种，到了新西兰后，可以预料到会展现出相似的特性。其他物种则在更大程度上受到本能的驱使而前行。从后者的旅行中，可以获得一些有趣的事实。那如烈火般的骚动以及对前行的热情都融入正在迁徙动物的每个个体当中。

在威拉拉帕受到打击的兔子，几年后成为了一个诅咒，它们繁衍极快，很多当地的擅占土地者的土地都被啃光了，它们的羊场一片荒芜，他们自己也破产了。从那时起至兔子入侵图提拉期间，人类花了大力气消灭兔子。兔子的前进步伐在各地都有所减慢，因为它们受到了鹞鹰、斑布克鹰鸮和黑秧鸡的攻击，这些猛禽不像人类一天只工作 8 个小时，而是 24 小时连续作业。尽管如此，兔子还是将一支庞大的先锋部队向前慢慢推进，并几乎同时通过山顶路线、沿海路线以及人类的高速公路到达图提拉。在九十年代，从沿海到山脊沿线的开阔地面，到处都是向霍克斯湾方向渗透的兔子，即向图提拉方向。尽管这种入侵让牧羊场主极为厌恶，野外博物学家对此却充满兴趣。

前文已描述过图提拉的地貌，即西部一系列陡峭的山坡，向东缓缓倾斜，并为河谷所切割。这种模式正好能够解释兔子为什么想要沿着一个确定的方向行进。兔子的入侵方向是从南到北，而山谷则是东西走向，两者呈垂直关系。在西部的高大山脉中，这些自然屏障尤难逾越。在这群山之中有一道又一道山谷，有的隔了几座山，有的相距只有几码。因此，兔子只有沿着山峰才能继续前进。其他动物经常发现自己来到了悬崖边（很多深达五六十英尺），前路受阻。它们不可能在荒芜的悬崖边待很长时间。为了躲避天敌，寻找食物，也担心暴露在外，同时缺乏洞穴安身，它们最后不得不或者登上山顶，或者下山到更易进入的乡野。很多动物在既定路线上受阻，因此被迫下山，一段时间后到达牧场那大片的浮石质槽形地带。

羊场有一条牲畜的主要路径，东西走向，穿越了这片昏暗且禁止通行的区域。羊群通过这条路被赶往远处的草场，也从此路赶拢回来剪羊毛。该路的宽度五到十码不等，并穿过不见牧草的几英里蕨地。人们也许会推测，这条道路空旷平整，两边有蕨草作为篱笆，兔子一定会愉快地接受这个地方。不过，这种情况没有发生，这条东西走向的路只是被它们用来寻找通向北方的出口。即便猪径再狭窄、羊径再荒莽、篱笆路线再少人问津，只要通向北方，它们都不会被错过。在隐蔽的尖坡的最北方，承包人和猎人抓到了兔子。在那里，这些害兽无法跨越河谷便留下来了，从迹象上可以判断，它们也未试图往回走。我和牧羊人在猎猪期间所未抵达的地方，如今为了猎兔，都不得不勤勤恳恳地搜索一番。我们总能在朝北走的尖坡的极南端发现它们，而在朝南走的尖坡的极南端却从未发现。

兔灾一到图提拉就因合同的签订而受到控制，这一合同构成了相关各方都满意的体系。原始合同的期限是五年，不过会经常地进行更新，

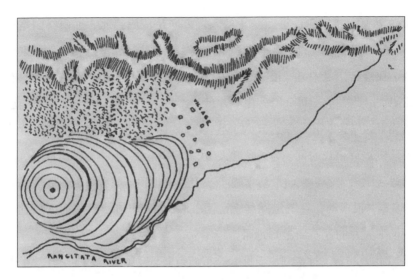

37-4：村子东边的野兔

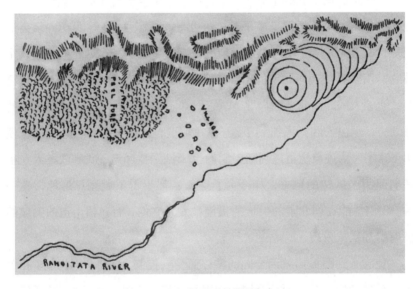

37-5：村子西边的野兔

　　　　　　　　　　　　　　　图提拉——一座新西兰羊场的故事

每年的应付承包款都会扣留下一大部分待期满付清。此外，承包人也接受了霍克斯湾兔子委员会可能会处罚牧场主的罚金和费用。因此，在这件事上关系着他的个人利益。兔子决心北迁的其中一个最实在的证据便是承包人忧心忡忡地关注着牧场南部的区域，因为那里是他合同所涉及之地，而对于图提拉以北的土地则漠不关心。那时，兔子有多少数量仍不清楚，兔子的到来也未引起人们的恐慌。因此，我了解情况，也理解我的承包人的不安。和他一起骑马时，我经常听他指责南部邻居随意设陷阱，并毒死、射杀兔子。至于图提拉以北的羊场的做法，他则一点也不关心；那里的兔子不是他要担心的。就像他所说的，"兔子已从我们这边经过，不会再回来了"。它们正向北移动。

在上述合同体系下，可以说，较大数量的兔群不可能出现了很久却没人发现。不过，第一次发现这样的一个兔群时，它们并未繁衍到超出一定的数量。只要小兔子能走了，它们显然就向前进发了。兔子的繁殖过多而超出食物供应极限的情况还从未发生过。兔子的居住点通常是麦卢卡树丛中的绿茵，我们已经在那里一次次地下了陷阱、连窝铲除，并进行射杀、毒害和放狗捕捉；那里的兔子因此灭绝了。事实上，这些地方只是兔子客栈，长征途中的它们最爱的休息地而已，一批又一批持续前来的兔子来此打尖，随后又有一群群北迁的兔子前来休憩。

还有些物种也会坚决地沿着某一既定线路迁徙，无论老幼都有着强烈的热情，这可从几种外来鸟类，比如乌鸫、画眉和苍头燕雀的行为进行说明。多年来，乌鸫和画眉穿过图提拉，而当地的鸟类数量并未增加。这两种鸟将在羊场孵化的小鸟带走了，在迁徙中，老鸟和小鸟混在一起。

自利是人性中最活跃的特性；无论是受到了伤害还是得到帮助，人类的观察都会更敏锐，记忆也会更清晰。对于兔子，我的承包人高兴地说，"兔子已从我们这边经过，不会再回来了"，这么说是基于他对与自己利益有关的事实的观察。而乌鸫和画眉的散布或定居，对于东海岸的移民、牧羊人和羊场里的帮手而言，与自身利益相关不大，因此在它们出现的早年，几乎没人注意到它们的到来、它们的习性以及习惯。只有一段时间后，野樱桃林的成熟果实不见了，园子里的覆盆子和葡萄被偷了，人们才彻底地意识到它们的存在。过去能够成熟的水果今后都等不到成熟了。

　　首批到来的乌鸫和画眉的细节前文已备述。它们大约是在1891年同时到达图提拉的。两年后，就有不少鸟儿在春季里暂时住下，在我们周边繁衍生息。现在，倘若这些在羊场出生的鸟儿继续待下来并进行繁衍，且它们的子孙也如此的话，那么乌鸫和画眉的数量就会大量增加，我们的樱桃园和园圃就会提早几年毁灭。倘若它们没有迁徙，便会在当地迅速繁衍，那样它们所付出的代价就像少了根马蹄钉而最终亡国那般惨重。事实上，这种破坏要到十到十二年后才造成。从那时起，樱桃的颜色变得鲜红后便不见了；而在过去，它们会在压弯的枝头停留几周，慢慢变甜、变黑和变皱。

　　关于乌鸫和画眉迁徙还有一个值得注意的事实便是它们迁徙区域狭窄，无论老幼都限制在沿海一线。在行进路线上的果园被破坏的几年后，位于怀罗阿内陆的怀卡瑞莫纳的樱桃园，以及图提拉内陆的毛嘎哈路路樱桃园，都未遭到破坏，其果实继续变熟以致烂在枝头。

　　没有人注意到乌鸫和画眉的迁徙，这是它们的迁徙具有不停歇特征的其他证据。比如，这些鸟儿住在怀阿普，尚未达到冬日食物的极限——蜗牛、虫子和昆虫——便前往波弗蒂湾；它们到了波弗蒂湾，还未达到这里食物的极限后就飞往怀罗阿，如此持续向南移动直到海边，即便是最粗心的观察者也能察觉出有鸟地区和没鸟地区之间的巨大区别；地方报纸一定都是人们的来信，充满感情地讲述着那些来自故乡的鸟类歌手。种植浆果的当地居民一定会怨声载道，因为乌鸫和画眉不可能只吃樱桃；社区里经常有人扬言要引进猫头鹰、老鹰、雕，也许还有蟒蛇、吸血蝠以及老虎来对付这些害鸟。事实是，这些归化的鸟儿已经悄悄来到我们身边了。它们行进得很慢，起初几无痕迹，除了几个零星的观察者外，便不会有人察觉、有人记录。在社区中，经常的情况是，在引进的外来物种成为一种公害之前，几乎没有人会注意到它们。

关于苍头燕雀，可以得到一些复杂性相类似的事实。读者应记得，该鸟首先通过沿海路线，接着走的是河床路线，在波弗蒂湾第一次出现，然后又出现在怀罗阿，二十世纪初首次到达图提拉。人们满怀信心地预计它们会到来，因此各地都进行了严密的观测。在波弗蒂湾平原的山峰上发现它们后，有两年的冬天我用了好几周在韩伽罗（Hangaroa）地区射猎鹌鹑和野鸡，此地距海岸线的直线距离为五到七英里。那里没有苍头燕雀，那时它们已经抵达沿海的怀罗阿。该鸟钻入图提拉，穿越佩塔内，远行至北哈夫洛克时，韩伽罗仍没有它们的踪影。该旅程沿着河床路线，到达海岸，然后紧挨着海岸前进。看上去就像一个投向未知区域的矛头。

苍头燕雀和乌鸫及画眉一样，在远未达到食物供应极限前就离开图提拉。行进的小队鸟群，也许是受到筑巢的冲动，在先头部队到达牧场后，有几年好像会在高大麦卢卡树的灌木丛等类似狭小的区域内繁殖，它们若不是过着半群居的生活，至少彼此会挨得很近。随后几年，这些地方的鸟变少了，有时一只鸟也看不到，尽管树丛、筑巢点以及食物供应和之前一样丰富。

我想，这些鸟无论老幼毫无疑问都卷入迁徙的潮流当中。没有其他比这个更能解释在行进路线上所哺育的幼鸟的消失。反正，可以确定的是，苍头燕雀与乌鸫和画眉的情况一样，迁徙进程并不是连续不断的，在一条既定的路线以北，鸟儿并不多，而此线以南则看不到一只鸟。

若对黄鼠狼沿东海岸迁徙进行一番思考，则比任何其他迁徙运动都更能清晰地反映出：在迁徙群体的每个个体中，对冒险的本能不仅存在于成熟的个体中，旅途中出生的个体也具有这种本能。证据是充足的，即黄鼠狼途经此地后就消失了。在这种情况下，我们不必推断幼兽是如何前进的。我们只要知道它们都迁走了，无论老幼都没留下来。黄鼠狼在图提拉、纳皮尔与吉斯伯恩之间的区域突然爆发的三年里，其进程很像划过天际的彗星，彗尾跟着彗头，最后留下再次清澈起来的天空。这次入侵就像卷轴一般收起，来去如雷雨；开始，恶毒的咒骂声，婴儿被咬、家禽及羊羔被杀的谣言形成了可怕隆隆的雷响，小报刊物传来的道道闪电，擅占土地者阶层的诅咒，预示着暴风雨的到来。然后黄鼠狼如暴雨般降临，似滂沱大雨一般泼在大路上。接着乌云消散，太阳再次从湛蓝的天空上照临大地——黄鼠狼成为了过去，并且多年来一直如此。

在椋鸟和鹩哥的迁徙活动中，有足够的证据表明它们也本能地将幼鸟融入迁徙行动之中。不过，在它们各自的长征中，它们对人类有种寄生般的依赖，这就将它们归入一个与黄鼠狼、兔子、乌鸫、画眉、苍头燕雀以及朱顶雀不同的类别中。麻雀穿越北岛中心地带的行程具有独一无二的趣味，不过它们是沿着人类的道路而行的——国王大道。

总的来说，沿着某条路线向前进，从不停歇地跟随头领行进，这样的巨大冲动，开始消退了。迁徙热情消散了，行进就可能受到阻碍，有时是暂时的，有时则是长久的。在任一种情况下，构成迁徙的长链条就会马上受到影响。该阻碍可与火车的发动机的停止相比较：每节车厢都依次受到影响；或者有一个更好的比喻：如同在溪流上筑坝拦水，水闸关上了，潮头水停止流动使得后面滚动的水流静止下来，最后似乎全部都平静下来了，或者——比喻继续——水坝因无法抵抗压力而坍塌，大水一冲，继续向前奔涌。

比如兔子，仅仅三四年后，便开始在沿线安顿下来，它们向前进发的急切热情也变淡了。兔子的先头部队到达了又深又急的莫哈卡河。关于这道自然屏障的消息沿着全线向后传导，我想这种方式并不神秘玄奥，不过是前头的兔群停止了前进——它们的停止便作用于第二群兔子，第二群又影响到第三群，如此这般影响了整个几英里长的链条。这就是为什么为阻拦兔子而搭建的篱笆边并未一下子聚集大量的兔子——前头受阻的消息已经自动沿线向后传递。迁徙运动中似乎可以分为三个阶段：首先，不论老幼都跟着首领，朝着既定的方向前进；第二个阶段，迁徙队伍开始遭遇阻碍，此时，不同的个体开始在周边往横纵两个方向扩展；第三个阶段，我曾看到一个很明显的例子，即冲出限制的障碍，之前分布着大量迁徙动物的地方现在走得一个都不剩[1]。

从金翅雀首次抵达图提拉到该鸟数量显著增加——即羊场开始出现了在牧场出生的鸟儿——之间相隔也很短。八十年代，金翅雀向北进发过程中，遇到了另一种屏障——由未开辟的土地构成的障碍，即一片灌木和蕨草覆盖的莽荒地，看不到蓟草，即由此引发的食物短缺。

朱顶雀迁徙经过图提拉所持续的时间也不长。朱顶雀向南迁徙的障碍正好与金翅雀相反——没有贫瘠的土地，而是一片沃土——对于乡野的野生物种而言，却是一块不祥之地——广阔分布的草原，看不到灌木丛，找不到食物，也无处筑巢。

另一方面，乌鸫和画眉穿越羊场的行动则持续数年。它们飞越图提拉边界几十英里，并未碰到任何障碍。它们受到温暖肥沃的沿海地带的极大吸引，穿越了这里无数的灌木、种植园和园圃。

黄鼠狼在牧场的行进时间比其他任何外来物种都短；未架桥的河流并不是障碍——不管是好是坏，它们都一冲而过。不过，由于它们没有基地，便因数量不足而消失了；就像寓言故事中的种子，太阳高照之时，它们便晒坏了，又因为尚未扎根，便枯萎死去。过了波弗蒂湾平原的南部边沿，我就无法寻到其行踪。它们途经东海岸，像一颗划过天际的彗星，在前面消失，而背后不见一点踪迹。

---

1 八十年代早期，我在南坎特伯雷的皮尔森林做学徒，就目睹了上述迁徙运动的第三阶段。那时，野兔在皮尔森林牧场的最西端泛滥，有成百上千只。在繁殖季节里，我能看到十七八对浓情蜜意的野兔。它们那时正向西迁徙，到达了一个暂时性的死胡同，那里一边是高山森林包围着，另一边是一条融雪补给的河流——朗吉塔塔河（Rangitata），同时，西面出口的对面坐落着皮尔森林的小村子。两三年后，我回来了，那里却看不到一只野兔了：迁徙的冲动席卷了这里，障碍被冲破了，野兔也行进在路上了。射猎队十年前受阻于河谷东部，十年后却受阻于河谷西部。

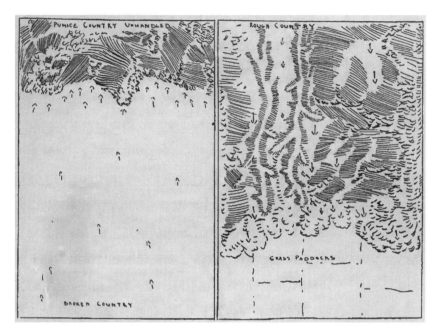

37-6：金翅雀途经"粗糙"的乡野——
受阻于未经开辟的蕨草和灌木丛

37-7：朱顶雀的迁徙因草地而受阻

　　迁徙活动的起点似乎都已拥堵不堪。哪里物种的数量增加得不多——野鸡、鹌鹑、白嘴鸦等物种就是这种情况——哪里的迁徙活动便不突出。动物的扩散几乎是偶然的，它们不过是消极地在追求完美，即食物、藏身所以及繁殖场地。另一方面，增长率很高的物种在它们的释放地周围繁衍，若这里的食物供应、清洁场所以及繁殖场地达到了极限便会离开。一个物种正常的扩散也许是从一中心向四周呈圈式辐射，倘若每个方向所遇的环境都类似，那么扩散的速度也许也是相同的。不过，天气条件、自然及地理障碍早晚会限制这种圈式扩散。任何一地受到了阻碍，这股扩散的压力便会传导至圆圈的其他部位——圆圈最初的形状便不存在了。最终，哪里阻力最小，哪里就成了迁徙队伍的突破口。动物若对迁徙失去了兴趣，便会在达到舒适生活的极限之后，仍然长时间留在原地。在动物的天性中，多多少少都会畏惧新环境，这阻止了个体从互相陪伴的联结中割裂出来。它们宁愿忍受不适也不想分裂；动物个体并不垂涎于领袖地位——这个职位充满了危险和恐惧——每个个体都不愿出来领头。不过，所有的个体不可能都是跟从者，这一危险的职位便在一大群个体中分配。一群绵羊，若未被牧羊犬赶得疲惫不堪，或并不是毫不在意地在熟悉的道路上漫步，则其前头队列会呈钝状，而非散乱的一片，就像水流轻轻倒在稍微倾斜的平缓地面上一般。不同时刻，领头的绵羊也不同，当不远处出现了让它们惊恐的事物时，这些临时的向导便会停下来，让任意一边邻近的羊承担这个职务和这份危险。通过这种行进方式，没有哪个个体很突出，每只羊都有时间从侧面冲入羊群里，享受不受关注的舒适。如果驯化了数百年的绵羊尚且不忘迫近的危险，那么野生动物更不敢须臾放松对未知的警惕。我想，正是这种恐惧才让那么多个体自愿长时间里聚在一起，紧紧地靠在小小的区域内。一个拥挤群体的绝对数量并不重要，该数量与环境的关系才决定了旅行开始与否。在迁徙之前，威拉拉帕的兔子的数量，以及霍克斯湾低地的金翅雀的数量，一定会比奥克兰的麻雀、乌鸫或者画眉多得多。在兔子和金翅雀的情况中，它们的活动圈还有扩大的空间，因此它们的旅行也可推延。另一方面，外来动物释放地的空间或者说觅食地有限之处，即像麻雀、乌鸫和画眉这种情况，在无需突破气候和地形地貌的障碍的情况下，正常突破动物活动圈的有限空间所需

37-8：行进中的羊群

的时间会更短，因此迁徙活动也会更快到来。

我们曾猜测一大群处在陌生土地上的外来动物，它们对未知的不信任和怀疑足以让它们聚在一起——足以推迟迁徙活动，直到进一步扩张之路受阻，对外部世界的恐惧抵消了对觅食场地变脏、繁殖场所不足的无力感；我们曾猜测拥挤变得难以忍受后，不安的群体最终会冲出来。迁徙那刻的推动力很大程度上可以进行合理推测，这无需什么提示。那种长久遗传下来的预见能力，或称之为本能，会渗入到这些迟钝不安的群体中，告诉它们行动的时候到了；长久以来大家一直期待改变居住地，整个群体的平衡陷入了动荡之中，本能引发了不安，大家日复一日等待着动身的信号。不过，低等动物之间和人类社会一样不平等。毫无疑问，大家存在着程度不同的恐惧和胆怯，尽管这种区别可能就是矮人国国王与其臣民的身高之间的差别那样微小。于是，激发群体行动的任务，可能会像前面提到的羊群领队那样，由多个个体同时担当，或者，若无法同时做到，则由其中一个个体——一名即将带领群体进入莽荒的摩西——担当，仅仅因为它更为敏捷，抬起前肢而比其他伙伴高了一英寸。

也许还需要考虑以下次要因素：领袖的性别、侦察活动、联合迁徙、气候条件以及外来物种归化成败的大体原因。

关于领袖的性别，我只有一些关于野兔的证据。野兔迁徙浪潮的先驱——图提拉抓到的第一只兔子——是只雄兔；兔群先头部队到来后首次抓到的几十只也是雄兔。在抓到的前一两百只野兔里，雄兔仍占主导。

关于侦察活动，在我的时代里，图提拉发生几例一种鸟多次重复出现的情况——而且几乎都是每 12 个月后出现在同样的地点。首先是金翅雀，开始在羊毛棚出现，第二年在同样的地方又出现了。然后是鹩哥，当时它正靠在刚建好的鸡场的铁丝网边，想要与家鸡交友。一年后，该鸟再次出现，同样紧靠铁丝网，据我们判断，即之前的同一位置。两种情况下该鸟的姿势很相似，也很少见，在正常的情况下是不会坐在或靠在地上的。这表明它累坏了，心生恐惧，孤苦伶仃。就像兔子要与火鸡交朋友那样，鹩哥似乎愿意和任何活物结交。在与特定的鸟儿打交道中，我可以肯定，我能感受到一般人所感受不到的东西，即在每种情况下，都能马上明白那是同一只鸟儿对我们的回访。由另一只偶然到来的鸟正好在下一年里的同一个时间落在同一个地方，这几乎不可能。这些鸟儿是侦察员吗？它们是否像人们所说的蜜蜂那样，派出来去寻找蜂群所需要的居所呢？不论如何，金翅雀和鹩哥都出现了，也许从它们所来的地方返回，再次出现。一年后，它们记住了路径，并重复了这个试验。

至于某些物种的联合迁徙，威廉姆斯先生及其兄弟都认为乌鸫和画眉是一起迁徙的。人们第一次在怀阿普和波弗蒂湾"同时"发现了它们，"不久后"在怀罗阿它们"又在一起"。到图提拉，这两种鸟前后不到一周又生活在一起了。如果不是一起迁徙，那么它们整齐一致的步伐就太不可思议了。同样的还有多年后到来的苍头燕雀和朱顶雀。若不是联合迁徙，这两种新到外来鸟类竟两度几天内前后到来，那这种巧合就太难以置信了。我个人对它们迁徙时互相做伴并不怀疑。

在引进新西兰的外来物种中，失败多于成功。很多物种都迅速消失了，比如夜莺、知更鸟和沙鸡。在霍克斯湾，黑琴鸡、鹧鸪和黄鹌鹑似乎从未繁育第二代。乌鸫和画眉在霍克斯湾最初的失败与多年后所展现出的适应能力相比，让人尤为吃惊。不过，当时它们放生的数量很少。我倾向于相信它们都是从笼子里直接放出来的，也许也因为缺乏运动而显得笨重；此外，尽管放生的地方没有猫，但是老鼠的破坏和食肉鸟类等因素被忽略了。还有些鸟类，开始很成功，后来消失了，比如红雀；其他的如野鸡、澳洲鹌鹑和加州鹌鹑，一度繁衍极盛，之后就逐渐消失。猎鸟的命运自然吸引着公众最多的关注。鹧鸪失败了一次又一次，不仅在它们适应得并不如意的霍克斯湾，而且还在那些看上去具有理想条件的地方。在这些地区失败的原因好像并不是起初数量的不足或害兽的侵扰。它们灭绝了，和苏格兰西部某些岛屿上引进的松鸡逐渐消失类似，也许是基于同种原因。野鸡的衰落，人们给出了多种原因。气候和害兽是主因，不过并不能解释全部事实。我们知道，野鸡确实在霍克斯湾生息繁衍了很长时间；气候或者当地捕食者，比如黑秧鸡、鹞鹰或者斑布克鹰鸮，起初并未阻止它们的繁衍。需要去考察缺少了哪种先前的有利因素，该因素即捕食昆虫的鸟类消失了。野鸡的衰落与某些小鸟的引进相同步，在七十年代，小鸟们增长迅速，霍克斯湾归化协会"视之而惊惧不已"。事实是，由于这里的气候条件，即便野鸡取得了任何巨大成就，一开始就注定会失败。只不过这里的鸡食最适合，又最有营养，且供应不匮，才让它们能暂时繁衍起来。尽管这些霍克斯湾的"破坏者"总处于威胁之中，不过由于昆虫丰富，危险便被暂时抵消了。同样要知道，野鸡引进之时，霍克斯湾的发展也极为迅速。每年每个羊场都有大片土地种上牧草，大量沼泽被排干，并开垦了大片土地。在那个时候，昆虫不受自然限制，急剧增加。

蚱蜢和毛毛虫，无论是本地的还是外来的，都靠着鲜嫩多汁的外来野草和牧草，数量大为膨胀。过去的居民说，它们是地里的瘟疫。野鸡那时并无竞争者；若条件变得更严苛，它们就无法生存。野鸡来自干燥之地，其小鸡特别容易受到寒冷与潮湿气候的影响。之前昆虫取之不尽，雌野鸡几乎不需要花时间便能获得，如今都变了，小鸡暴露在危险中的时间延长了。一窝小鸡要跟在母鸡后面走过更大的区域，它们吃不饱，母鸡下的蛋也变少了，若碰到了意外，野鸡也许就不会再筑一个巢。当考虑到看家的野鸡对小鸡付出的照料，为它们所提供的特殊食物，鸡窝周围矮小的草丛以及久已不下的暴雨，我们不应为野鸡为何数量下降感到奇怪，而应惊叹它们还能在霍克斯湾继续存活。

在此章和前几章中，我从穿越图提拉的物种中搜集了有关迁徙活动的证据，其主旨可概括为几句话。我认为，那些后来证明能够适应这里环境的引进物种开始却失败的原因是当时放生数量太少；在这种情况下释放的外来物种，彼此分散，相距过远，有的找不到配偶，有的则落入捕食者之手；流浪的个体会与那些毫无亲缘关系的动物结伴；成功归化的物种呈圆圈式对外分散，直到遇到限制的障碍；迁徙一旦开始，则由其领袖决定，沿着阻力最小的线路前进；行进路线一旦确定，不论老幼，全体成员都会遵守；在路上诞生的幼鸟或幼兽也会跟着前进；迁徙的快慢由领袖的速度决定；前头的障碍会以惊人的速度传递至整个迁徙链条；迁徙中的物种仍然保留着它们定居时的特别习性和特性；领袖很可能都是雄性；某些外来物种会互相结伴迁徙；最后，也许前文提到的单只金翅雀和鹩哥是侦察兵——至少，它们不是早已在迁徙的群体的领袖。

第三十八章　沧桑变迁

现在到了最后一章了，作者想先向读者致歉，本章看上去可能个人化的内容较多。不过，作者希望读者能明白，要想讲述一片土地的故事，便无法与其主人的故事分开。接下来，作者不会再叙述地表的变化，植物和动物的生活变迁，而是仅仅记录这颗星球上最常见物种——人类——的活动。

即便是羊场范围里的生活，社会学的学生也会对这里的演变充满兴趣。读者应记得，在七八十年代，牧场主和雇员是如何肩并肩一起分担搬运工、厨师、屠夫、栅栏工、赶牛人、锯木匠和牧羊人的工作的。在那阿卡迪亚式的生活中——罗马人在古老的英雄时代互相间也以兄弟相称——不存在社会阶级的区分。所有人都穿着同一样式的衣服（当时样式也少），在同一个茅屋里睡觉，共同享用那时简单的食物——面包、羊肉、土豆和硬面布丁。

之后，随着管理及文书工作消耗了牧场主一天的很大部分时间，他也开始使自己的风貌、职责与之前的劳动伙伴有所区分，牧场主和雇员这种原始关系变得稍显复杂。接着，由于羊场的工作进一步扩展，比如小型草场的增肥和扩大以及农业的发展，新旧生活的鸿沟进一步加大。

　　　　　　　　　图提拉——一座新西兰羊场的故事

38-1：图提拉农庄

最后，闲散的监督生活取代了个体劳动，这也许是图提拉这个小小的世界里第一次出现了潜在的细胞分裂进程，该进程一旦发展，就会进入更复杂的人类组织，便会出现混乱的威胁。作者将商业事务交给办事效率更高的人，而自己则继续巡查牧场，这是他从不消散的乐趣。对于这位牧场主兼野外博物学家而言，这会带来双重乐趣，即美妙的回忆和美好的期待。在从早走到晚的骑行中，我们经过了一只"掘金者"曾待过的地方 [1]；在这山顶上，曾分布着可怜的美利奴羊，现在到处是林肯-

---

1 在不同情况下，岩石、木头、荨麻丛、灌木丛或者树桩都有可能成为"掘金者"的养母。和前文提过的其他小现象一样，该现象也是多种特殊条件结合的结果。首先，未来"掘金者"的母羊一定要在离上述物体的不远处去世；同时，母羊死的时候，其小羊一定要处于年纪幼小且思念母乳的时候，同时又足够大可以以食草为生。接着，母羊必须死在道路之外、草场里羊群罕至的角落，在那里，成为孤儿的羊羔不能和其他相似年龄的羊羔结伴，因此就不会看到其他羊羔吸食母乳，也不会冲过去咬住那傻乎乎的母羊空出来的乳头，然后跪在该母羊真正的孩子对面，靠着诡计偷食乳汁。最后，该羊羔一定要是母羊。于是母羊死在了附近一个突出的物体旁边——比如，一块岩石。开始，可怜的羊羔可能会长时间地在死母羊的身边，时不时地悲鸣，它又冷又饿，仍希望能吸到乳汁。饿得受不了，就去啃食牧草，不过从不走远；若有路过的牧羊人驱赶它，它也会咩咩地跑回其母亲死去的地方。随着年龄的增长和食量的增加，它需要去更远的地方觅食，但是一旦受惊，总是会跑回岩石下迅速分解的羊毛堆那里寻求保护和陪伴；它就在这堆羊毛和尸骨旁过夜。慢慢地，尸骨逐渐分解，羊毛失去了光泽，发灰变脏，并沉入了地里；不过，每次受到惊吓，羊羔还是会跑到这遗迹几乎消失的岩石旁寻求保护，夜里仍会在那里过夜，靠近遗迹，靠近尸骸附近的岩石。它与其他绵羊没有联系；黄昏时分，羊群爬上山顶，它则孤零零地待在其母亲死去的岩石附近；赶拢时节的黎明，牧羊人叫唤着，柯利牧羊犬狂吠着，而它仍牢牢地守着那个地方。随着时间的流逝，羊毛和羊皮都消失在泥土中了，消瘦的羊骨也为秋季衰败的杂草所掩藏——只有岩石还在那里。那只小羊还是绕着岩石觅食，总是回到岩石附近过夜。最终，原本出于对死去母羊的感情转移到了岩石身上，岩石变成了它的母亲、保护者和伴侣。我从未听说"掘金者"生过小羊；我相信，当有公羊追求它时，它会显现出一种混杂着恐惧和愠怒的状态，正如在笼子里关了很久的鸟儿突然面对放进来的新同伴那样。由于不可能将一只"掘金者"从其养母那里分开，因此它就会总待在一个地方，远离同类，至死不渝地追随在岩石旁而求得拯救。下图所示的是一只未剪毛的六齿羊，一名牧羊人想将其展览，花了两天的工夫才带到羊圈里。它的养母是靠近毛嘎西纳西纳灌木丛保护区的一根木头。"掘金者"是一个用来描述发掘金矿的人的词语，他们年复一年地待在同一个地方不走。

38-2：岩石养母

38-3："掘金者"绵羊

罗姆尼羊；那里的当地草类已被麦卢卡树所取代；这里的一个新果园成为当地植被的一部分，这里还发现了一种新鲜的外来植物。前面总隐藏另一种新发现的良机。在羊场骑马千回，回回不同；四十年来，每一回都是故事的崭新的一页：旧世界被推翻了，新的均衡慢慢建立起来。每次骑行也为调整羊场管理提供某些指导。此外，留下来的都是美好的回忆——即便是过去的灾难留下的往往不是苦痛，而是对缓解痛苦的解药的记忆。爱迪生写到情人时说，爱她就是一次博雅教育；去真诚地热爱世界上的任何一片土地也是一次博雅教育[1]。随着牧场主的角色最

---

1 在人生刚开始的愉快日子里，一个人可以拥有一片土地，而到了后来，这片土地则拥有了他；作者虽有一群热切关心羊场福祉的朋友，却无法避免弗兰肯斯坦的命运。尽管他还未被自己所造之物所吞噬，但是羊场已占据了他的生活，成为了生活中最重要的事情。他的牧羊人管理员，每年春天都带来1000只羊羔的增益，却得不到一只肥美羊羔的奖励。对于可怜消瘦的黑羊，人们哄骗他——"黑羊一定要吃掉，不然会影响羊羔群的整体外观。"至于羊肉，他只吃又老又硬的母羊肉，因为如果出售的话，"会破坏经营良好的羊场的形象。"他的妻子——也来自苏格兰家庭——若想要一些羊头做饭都像乞丐一样乞讨；他的女儿——曾将我从狗的口中救出来——哭泣地索要小羊胰脏——但是它们是"留给柯利牧羊犬的"。他被迫偿付抵押贷款，"解放羊场"。他不知道如何借记一块为牧场买的擦鞋垫，这时他的记账人会愤怒地质问他，诸如"买了这个羊场会有什么收益"，还有，"在管理纯粹且简单的羊场里"，这不是一种"必要的奢侈品"。每年，都会有大量关于"每年羊场可供其使用"数额的建议。面对一张资产负债表，他想显得聪明些，在那本八十年代老式的账簿上忍住一声叹息，里面是简单的记录：

国家贷款和中介公司	9750英镑
拉塞尔上校	5英镑

然后就没有下文了。总之，他能理解。然后，对于具有公益精神的建议，比如将公羊草场用作大型鸟类饲养场，他那二三十年的朋友们没有一个会反对他。哈利·杨不再有其习惯性的祝福"好吧，再见"，而是大发雷霆。杰克·杨初步观察了持续很久的好天气，然后发誓说，那是不可能的；查理·帕特森会晃动着红胡子表示不同意；至于乔治·沃特利，他什么也不说，一张臭脸就足够了——那张臭脸多年来让他成为了羊场的真正的老板。

终从劳动者转变为对他人工作的监督者，羊场的生活从社会学角度而言进入了最后阶段，变动不居的时代也结束了。然而，还有最后一个巨大转变仍未考虑到，它正孕育在时间那黑暗的子宫里——一种注定要在新西兰每座大型羊场里发生的变化。

在过去的 35 年到 40 年里，新西兰的各届政府——有的好，有的坏，也有的漠不关心——都同意一点，即创造一个自耕农阶层于殖民地而言颇有助益：首先，殖民地需要有农村人口；其次，小农场从持有的土地中所获得的收益相对而言会比大农场的土地高。就前者而言，土地得到了充分的利用，而在后者，通常都未尽其利。为了满足自治领内对土地的极度需求，相关法案通过了，从而影响到了大土地持有者、原始土地持有者以及擅占土地者们的利益。在这种情况的威胁下，该阶层一方面有意拖延，另一方面法律也有延迟，自然地避开了砍向他们喉咙的刀。因此，部分由于上述原因，部分则因为"富有"家庭和"贫乏"家庭之间天然的敌意，产生了一种针对所有擅占土地者——并非个人，而是他们所构成的一个阶层——的敌意。土地擅占者——用某些社区的话来说，就是傲慢的土地擅占者——是指那些持有大量土地的人，不管他们是租地者还是自由保有者，不论所占土地不应增加的收入是要落入个人腰包、政府财政或者随遇而安的毛利人那永无止境的口袋里。因此，每到选举之时，经常发生这种情况，作者发现自己成为了公众所指控批判的纳皮尔北部"富有土地擅占者"的一员，其实他们很可怜，正如读者看到的，要和银行家、坏天气、糟糕的土地以及混乱的土地所有权做斗争。

在这种充斥着电闪雷鸣的政治氛围中，作者颇为不安地听说皇家委员会成立了，有权调查某些土著租约的土地使用权——图提拉就在其中。事实上，他的担心是没必要的，不过，在那时他所知道的就是他是一名土地擅占者；在法庭有关土地擅占事宜的司法问询中，他的性格是无法忍受毒辣辣的目光的；他那时拥有了太多的羊群和土地。

委员会按时到达坦哥伊欧，并在那里倾听了图提拉土著地主的看法，然后乘着四马大车来到图提拉。在马车前头，一匹属于地主的不符规格的轻型马在嘶叫。大马车后面是一长串各个时期且花样繁多的双轮轻便马车：有些是为了这种场合而准备的全新马车，搭环闪闪发亮，皮革也颇新；其他马车的马具用绳子、铁丝甚至是简陋的亚麻修补起来，不过每辆马车上都坐着男男女女的土地主人，他们兴奋而激动，像约翰·吉尔平〔John Gilpin，威廉·古柏（William Cowper）所著幽默长诗《痴汉骑马歌》中的主人公〕一样，希望受到招待。事实上，图提拉的地主们将其看成一个节日，因为对于毛利人而言，没有什么比谈谈一块土地更让人高兴的事；在他们无数的优良品质中，对于祖传之物的热爱是最让人感到愉快的。那一天，每位土地主人的内心里都很坚定：土地有着自己的权利。因此，每个"郡家庭"的代表必须参与以示对其土地的尊重，向其致敬，并确保所做的讲话和引用的神话典故都适当圆满。因此，土著们的演讲长而庄重——他们都是优秀的演说家——而我的讲话则相形见绌。我有理由相信，在委员会看来，我更像个傻子，而不是混蛋，而我能养到 32000 只羊更多是因为我的愚蠢而不是十足的邪恶。我将自己的事情毫无保留地向他们交代，重新签署了图提拉西半部的租约，然后请求自己能够得到公平交易的机会。

既然有可能，白人和土著人都迫不及待地要达成协议。那天，我们所有的人都很理智，便互相致以真挚的祝福，我自夸是一名模范租户，毛利人也称赞自己是模范地主，所有人都一起赞扬罗伯特·斯托特（Robert Stout）爵士和纳塔（Ngata）先生。土著人兴致很高，认为皇家委员会的莅临、我请求续约五十年以及早已评估决定的大幅度提高租金，这些都是他们土地的荣耀。毛利人和其他人一样，明白英镑、先令和便士的价值：不过，我相信，真正让他们高兴的是租金总额，而不是每个人应得部分。土地的情感得到了应有的尊重，它的权利和脆弱都得到充分的认可。更让人惊喜的是，委员会决定以皇家的名义巡视这片充满荣耀的土地。四马大车再次动了起来，前头有羊场的马车带路，后面跟着土著地主们的代表。皇家委员会亲自巡视了图提拉，然后并没有像土著地主们盼望的那样驾着升起烈火的战车飞上天际，而是在一团尘土中继续前往怀罗阿。

在处理与个体公民的个别事件中，国家总能极力讨价还价。尽管如此，最终做出的决定在委员会看来相当不错，租户也得到了公平的对待。委员会如果是一头野兽的话，也是像我们著名的橄榄球队队长那样，是一头公正的野兽。事实上，当时政治条件也不允许有其他可能，这就使此事受到公平的处理成为可能。塞登正处于权力巅峰，即便是他最大的敌人也无法指控他罔顾大众利益。也只有这样的工党政府敢于给土地擅占者以公平机会[1]。此外，我非常高兴能成为委员会的一员。罗伯特·斯托特爵士做了很多伟大的工作，八十年代他在启动农业改

---

1 很多年前，在坎特伯雷的山区下了一场大雪，一大片地区的羊群都死了，新西兰政府降低了土地擅占租户的租金，并延长租约，如有必要还安排合理取消部分抵押贷款——这些举动不仅本身很合理，而且也证明了，不论政治上多么无助，没有一个阶层在需要帮助时不应该受到救助。

革中起到了主导作用。他从实际的经验中了解土地，就像他了解法律一样。纳塔先生是议会里的四名土著议员之一，他是东海岸的牧羊场主，曾出色地组织了怀阿普地区土著人持有土地的工作。

为了避免专业术语，委员会的建议简而言之如下：赫伯特·格思里-史密斯获得 18000 英亩土地 30 年的租期，租金为原来的四倍；某些土地应返还给土著地主；收获亚麻的权利由租客和地主共享。

在这些建议被批准之前，怀科欧河河水已经悠悠流淌了很久。不过，与此同时，心满意足的租户回家了，纵情于打猎垂钓，感谢全知的上帝让他待在图提拉，并通过电报倾听着议会某一法案第 45 节"意卡罗阿毛利土地区域委员会兹代表霍克斯湾省级区域所辖土著土地之地主，即图提拉地区之地主，并受其委托，实施总督任命之委员所提之相关建议"。事实上，当我离开新西兰时，前景一片大好。羊毛价格上升了，羊群也增加了；不过，这种情况以前发生过，今后也会发生，优越的条件——过于优越了——最终导致了当地土地市场的繁荣，这是一种不健康的繁荣所带来的短暂爆发，后来土地价格下降，便偃旗息鼓了。羊毛价格之前是 11 便士，跌到了 5.5 便士，绵羊也卖不出去。从英国宜人的迪何河岸回来，我发现自己的美好前景化为乌有。我那当地的代理人所行并非明智，我们受了沉重的打击，图提拉之前的困境再次上演。对于那些经历过六七次危机和六七次重振的人，他们在这种情况下居然也陷入了郁闷和绝望之中，真让人惊奇。正如提幔地人和书亚人像呱呱鸣叫的青蛙占领土地一样，关于失败的可怕流言充斥于空气之中。银行和抵押贷款公司像折叠刀一般纷纷关闭，然后我们的老朋友又出现了——那位忧郁悲观之人曾说过"在接下来六年里，一只绵羊的毛要价 5 便士"，而且"听着，还找不到买家"[1]。

最后一点，但却并非不重要，人们抗议这个由皇家委员会提议的且经议会法案批准的租约的签订。

如今战争的尘土平息了，回望过去，作者能够看出自己对所发生的是负有部分责任的，他的行动也并不正确。在签订以前的租约时，他和斯图亚特往往看上去忧心憔悴、焦虑不安。他们和一群人说话时，或有一群土著人跟在后面之时，或与非常重要的翻译交涉之际，他们总感觉脆弱的肩上所担负的荣誉似乎过重，这就是"问题所在"。如今，在农场忍受着新租约降生的阵痛时，他却在苏格兰的沼泽和河流之间游荡，其行为举止是否太过自信了？他的行为只能当成对图提拉的忽视——一种对他自己身与灵相联系的沉默否定。他需要严格的纪律唤回之前的温顺；他需要一个审慎的提醒，这次重新接手牧场不是一个普通的日常交易；将图提拉这样的牧场延期如此长一段时间，在最开始需要进行斋戒、鞭笞和忏悔的仪式——由合法的兄弟会有偿提供——才能算圆满。以上这些，我相信都是土著人心中所想的。

我想医学中有一个词——新陈代谢——可以表示躯体的紊乱从人体的一处转移到另一处，若一处受了压迫，便在另一处再次出现。种族中也有类似的情况。在英国统治的和平下，毛利部落之间过去诉诸战场

---

1 同样的条件会导致，或者说至少再次唤起同样的故事。如今，提马鲁（Timaru）的防波堤毫无疑问是个成功典范，不过在其仍在试用阶段时，曾被一场巨大风暴所严重撼动。怯懦的人们在谈论所造成的破坏范围时，曾说到一条纽芬兰犬被海水卷入防波堤的一条裂缝里。大约 15 年后，纳皮尔的防波堤也同样被一场大风暴所破坏。人们会再次讲起关于狗的故事吗？结果，一条关于纽芬兰犬——也许是同一条狗？——的谣言广泛地传开了，它被海水冲入防波堤的一道裂缝里。

的纷争平息了。对战争的渴望仍在血液里强烈地涌动，不过公开用棍棒和长矛畅快地互相砍杀已经不可能，部落的酋长和长老们只能在当地的土地法庭里互相攻伐[1]。

关于图提拉新租约即将到来的诉讼在本质上与乔克·欧道斯顿·科勒福（Jock o' Dawston Cleugh）和丹迪·丁蒙（Dandie Dinmont）之间的讼事相似。土著人显然决定了土地有其自己的权利，其中最重要的一项就是出庭，并有其主人代理。他们渴望与某个人或某个委员会打一架。不过，我必须承认，他们最后放了我一马——他们只在大多数法律游戏都失败的时候才会对付我。

他们第一次尝试是起诉森林保护委员会，该委员会在我离开后不久，从土著地主那里——所有人都来自图提拉——购买了一块环绕着美丽的坦哥伊欧瀑布的土地作为保护区。现在，他们宣称这个交易进行时没有作足够的解释，每英亩价格太低，租约也没让每位相关的土著地主签字——简直是欲加之罪何患无辞。事实上，他们希望推翻该交易；并不是因为他们不希望瀑布的优美环境得到保护，相反地，他们会第一个出来抗议对瀑布的亵渎。他们要的是精神刺激——娱乐。一支代表团便到来拜访我兄弟。他们要求预付租金，用来和委员会"打架"——这是他们发言人的粗鲁用词。我的兄弟代我做了我本会做的事，用普莱德尔的建议来打发他们："回家吧，回家吧，喝上一品脱啤酒，然后就同意吧。"不过，他们是不会就此罢手的；几个月后，一支更大更重要的代

1　R.L.斯蒂芬森宣称某些美拉尼西亚部族逐渐消失了，主要是因为缺少了娱乐—传教士的礼仪杀死了他们。如果当地土地法庭的真正作用是保存毛利种族，让他们变得机警、聪明和愉快，那么作者就不会为自己曾不情愿地为这项事业作了贡献感到后悔了。

表团前来要求一笔更大的预付租金。这一次，他们有了更大的野心，要推翻南岛一大块土地的所有权，因为这些图提拉的土著中的几位拥有，或者自认为拥有那块土地的所有权。这个请求似乎比前一个更荒谬。我们再一次给他们提供了可靠的或类似的建议；我的兄弟也再次建议他们不要浪费钱了，好像他们把钱浪费在土地诉讼上，不论谁赢，争议的荣耀都可能归于土地似的。这样，我们两次干涉了他们的法律游戏，他们没有其他小一点的游戏玩，便决定拿我开刀。

其他势力，为了自己的目的而利用土著人的诉讼癖好，也发挥了作用。皇家委员会在处理霍克斯湾的另一块土地时做出了严重犯罪的判决；推翻图提拉租约就是不尊重委员会的工作，也是对其工作价值的否定。

于是，其他可能的诉讼渠道的安全阀门关起来了，遏制了地主们找委员会以及其他人"打架"的欲望，于是地主们把目光投向图提拉。我想，就是在那时他们形成了图提拉租约有争议的想法。这个计划与坦哥伊欧和南岛两次尝试相比有诸多优势，会将图提拉的神力提升到从未到达的高度。我能肯定，毛利人这一方并无恶意。委员会中有一人曾告诉我，我的地主们有个特别的愿望，即我能留在图提拉。他们认为，也许我不是很喜欢官司，但和他们一样，官司却可以驱散无聊和烦闷，也可为我提供一个多方面思考的主题。对于后者，他们是对的，确实达到了这样的目的。

与此同时，那个仍租用图提拉一半的旧租约的租期也快结束了。租期只剩下七年，我们便不可能去改善牧场；牧场没有改善，羊毛的重量开始下降，总体生产率也降低了。不仅如此，法庭上胜诉未定也暂时阻碍了牧场的发展。这推迟了在正常情况下会完成的工作：蕨草和灌木丛，本来要焚烧的，如今只能任其生长；图提拉中部大片荒地进行妥善处理的可能性不得不重新考虑。这种推延尽管在胜诉的情况下对未来有利，但同时对于羊群的健康伤害极大；这是牺牲一个确定的现在来换取一个不确定的未来。前面章节已全面描述过的情况史无前例地发生了，即绵羊觅食区域大规模收缩，到处都受到蕨草和灌木丛的包围，羊群只得前往堆满粪便的山顶、阳光照耀的北部和西部山坡以及肥沃的沉积平地。

不论是好事还是坏事，都不可能长久。初级法院宣布："除非从此日起的一个月内发出出庭通知，且出庭费用得到充分的保障"，委员会将执行图提拉的租约。这是最重要的部分。

我本可以不去管那件事了，但对方可不答应，为什么要停下来而失去另一半的乐趣呢? 出庭的通知发出了，法庭再次判决合同必须执行。

关于未来，法庭也十分恰当地拒绝了延缓执行，同时也恰当地拒绝了授予任何临时禁令；不过，在另一方面，允许——在我看来实无必要——他们向枢密院上诉；总之，法庭做得非常公平。对我而言，这是我应得的，事情本该如此，因为若没有合法的土地使用权，我该如何继续开发牧场呢? 而对于我的对手而言，简直是对坦诚的白白浪费；现在也没理由对这个事实遮遮掩掩了，即作者自己和他的法律顾问都具有最良好的道德操守，而那些对手则显示出麻木无情，这种堕落出现在人性中真是件憾事。我记得那时，我常感到不安，怕这些可怜人的做法会毒害到我的同胞。在一个更知名的案件中[1]，我对手的顾问时常还有脸和我

1　巴德尔控告匹克威克的案子。

的同伴们说早上好，对于那一位诉讼当事人的惊异和恐惧，我感同身受。

不过，我注定不会纠缠在法律的泡林藤中而殒命。我所不知道的是，法庭外我的一位一生的朋友正代表我四处活动，而根据所有的法律和人性准则他本不需干涉的。通过他的干预和影响，他们对我的进一步索取被阻止了。向枢密院的上诉也未获成功，意卡罗阿地区土地委员会签订了租约。

随着这个麻烦的解决，作者和土著人都很高兴。前者高兴的是，不计成本终于把问题明确解决了，然后可以再次投入牧场的发展之中；后者则享受了这种为了能拿到钱而进行的奔波。与此事有关的代表团一次又一次地来到惠灵顿。下议院的议员们收到了成堆的观点对立的小册子。土著议员受到了采访，他们的发言稿也广为流传。图提拉的"神力"大为提升，超过了该地区的其他土地；所有人都知道了它的名字和名声，它那讨人喜爱的土地、美丽的湖泊以及古老的神话。图提拉终于享受到了自己的权利。我的土著朋友们因这个诉讼而变得非常兴奋，也充满乐趣，当我拒绝支付双方的法律费用时，他们中的一些人出于善意和庄重，居然感到震惊。我赢了官司呀！如果我付钱的话不是很不正常吗？我的对手们出于孩子般的坦诚，祝贺我们打败了他们。我想对于人类一个种族不可思议的事情，对于另一个种族也许则是最简单的现象而已。几乎无一例外，土著们在公共用地上建房子，种庄稼。因为每个人都有了足够的空间，关于这些土地的麻烦便无从谈起。性格随和、过着简单生活的毛利人，不可能理解白人对结局的需要，对"发展"的热情。为什么白人没有租约就不能好好活呢？而他们自己就没什么租约。为什么那么热衷于除掉蕨草和麦卢卡树呢？它们是猪多好的巢穴呀——土著人喜欢猪肉胜过羊肉。也许土著人的观念"*Taihoa*"——不着急，时间还很多，等等看——终究是对的，而我们英国人的艰苦奋斗只是对精力错误且徒劳的浪费。也许，在八十年代那些曾以我们播撒草籽和排干沼泽地来威胁控告我和康宁汉的人终究是智者，而我们则是傻子。不管怎么说，案子解决了——提到这个案子只是为了说明羊场几乎要陷入财务困境，并强调在一个所有人都相信过去已经做了最好的努力，未来一定会成功的地方，人们对困难具有很强的抵抗力。

现在要来算算成本：由于毛嘎哈路路山和图提拉的部分土地要还给土著人，羊群需要缩减四分之一；我的租金变成原来的四倍。由于羊毛和羊肉价格低迷，羊场管理要做到收支平衡是不可能的。因此，必须马上替换 5000 只老羊，曾经没有牧草的地方要立即种上牧草。作为一名狂热的恋地者，我的任务是在原先寸草不生的地方种出 5000 株草。

在像牧场槽形地带的土地上如此大规模地植草，这在以前是不可能的，不过在近些年，草场萎缩了，尤其是最西部区域，情况就不同了。发生这种情况，部分是因为欧普阿西教育保护区的租约快过期了（现在也幸运地续约了），部分是因为近几年多雨，还有则由于在少数几个干旱期里，我们忍住不去放火焚烧。进一步分区、砍伐麦卢卡树和开垦，每件事都是为了重新补充羊群。

羊毛价格极低，银行家便能在任何时候举出有人将接下来六年的一头羊的羊毛报价为 5 便士，而且还"听着，还被拒绝了"，借钱实在不是个好差事。我也不怎么会借钱；我知道，我借钱的时候，一脸沮丧，再有钱的人也会被吓走。尽管如此，总是要找来几千英镑用来买草籽、翻地、排干沼泽、砍伐灌木和搭建围栏。从"开发"中得来的收益并不及时，若不清楚这点，这本书便白读了。在蕨草的荒漠中编织一英里复一英里的铁丝网，仅仅是实现目标的一种方式，排水、砍伐灌木以及采伐树木的进程也一样。在这些工作中并不能出产羊毛或肥羊。不过，我们确实很依赖通过焚烧某些草场，尤其是洛基楼梯草场（其进程前文已作论述，就是牧场槽形地带的典型），来实现羊群的快速增长。不过，我们忽略了一个重要因素。我们的进程受阻于天气条件。那年夏天很不同，不仅下毛毛雨，不刮风，而且还不见太阳。11 月和 12 月各有 10 天，1 月则有 11 天见不到太阳光——也就是说，在一年最热的三个月里，有三分之一的时间，我那记录光照的感光纸上没有任何记录。没有大雨，但乡下每天都包裹在白茫茫且暖和的蒙蒙细雨里。蕨草和灌木长势极盛；永久性的草地上，牧草也不甘示弱。在正常时节长出的又短又甜的小草，如今却长成了又高又老的干草，纷纷伏倒在浸湿的地面上，新的绿色植物从中钻了出来。绵羊不吃这种牧草，它们宁愿挨饿。在这个恼人的季节里，不论是图提拉好的地段还是糟糕的地区，羊群被压缩在最小的范围里，挤进的区域还不到它们本可以觅食面积的四分之一；它们汇集在了牧草最糟糕的草场里——山顶、营区以及湖泊周围低矮的肥沃沉积地。断奶时期，羊羔大为不足——糟糕的开始总是这样的。三月里，从南方刮来了一阵强风，三天之内降水达 1.5 英尺 [1]。羊羔们早已瘦弱得不成形，又多疾病，纷纷死亡，我在图提拉还从

---

1 重复强调不同寻常的事件也许会造成误导，强调得越多就越会给人留下不寻常事件总发生的印象。因此，本书中时常提到的大暴雨会让人对霍克斯湾正常的天气产生一个错误的印象。当然，暴雨确实发生了，每年的降水量也不少，但是由于它们降临时来势汹汹，而实际的时长则不多；一场带来数英寸降水的大雨所用的时间仅是其他地方的八分之一。这种气候充满情绪——一腔热泪短暂爆发后，微笑和幸福的笑声可以持续很久，然后伤心一个小时，接下来可以平静好几周。

未见过那么多的羊羔如此死去。即便是在母羊之间，损失也很大，整个过冬的羊群的死亡率超过百分之二十五，而正常的死亡率是百分之三。即便是这么大规模的损失也不足以表明实际的损失。在这样的情况下，羊羔的出生率很低；此外，出生后的羊羔，不仅体形小，体质也很差。羊毛重量很轻，质量也差。那个季节存活下来的羊羔从未变成第一流的绵羊，似乎只有羊毛质量最差的活下来了。那些年给羊群留下了一个集体的印记，正如一场严重的疾病能够在它们的趾甲和牙齿留下印记一样。活过一个可怕冬天的羊，瘦弱且发育不良，一眼可以看出，不仅只有双齿，而且随着时间的过去，也会在羊群中死去。羊群和葡萄酒一样，都会受到气象条件的影响；就像品酒专家会谈起彗星港以及葡萄酒是哪个年份的，牧羊人也可以从羊群的整体面貌看出它们出生前的状况。

不过，恶风带来的不尽是坏事。使得野草疯长而戕害羊群的天气却非常适合第一批尝试在浮石质地面上种植的芜菁、瑞典甘蓝和红三叶草。我总是希望能够在牧场的槽形地段种点什么，这片区域在皇家委员会到来之前进行了重新评估，每英亩租金 5 先令。因此，租约一签订，我们就立即行动了。一块一百英亩的土地围起来了，焚烧了矮小的蕨草，砍倒了麦卢卡树，大的树桩也挖出来了，并放在一堆烧掉，然后进行翻地除草。接着，芜菁和瑞典甘蓝的种子种下去了，并撒上了过磷酸钙，每英亩用量 1.5 英担（1 英担 = 0.05 吨）；通过使用 V 形滚筒使柔软多孔的地面硬化；在滚筒压实之前，芜菁种子种下之后，红三叶草的种子也全面撒布。这种非传统的种植带来的结果很让人满意：红三叶草和芜菁的产量都非常好。当然，这些庄稼的产量并不高，但是从路边经过的人仍会啧啧称奇——曾经有路人讥笑我的工人，说不可能从这块浮石质的沙漠土地上长出东西，如今我向他们证明自己并非失去了理智。站在几英里外的山顶上，可看到一片蕨草和麦卢卡树的荒漠中出现了一块光明的绿洲。

这是荒年中的一个亮点。随着羊场账簿上的利润变成红字，亏损达几千英镑，我们本应审慎行事，停止开垦、种草、围栏以及伐木；然而，不容变更的实际需求却要求必须全力继续——羊场需要一笔钱维持经营，因此需要保持一定规模的羊群以保证这笔收入。因此，五六种不同线上的"开发"继续在牧场上大张旗鼓地进行着。然而羊场的账簿仍显示着亏损，只不过损失减少了——大概是上一年亏损额的一半[1]。

图提拉经历着一个对七八十年代拓荒者产生致命影响的相似时期，即过渡期，资金状况恶化，收入还无法投入生产。羊毛价格低迷，羊群数量仍少；尽管没怎么听说有人"一只绵羊的羊毛要价5便士"，但是市场信心远没有恢复。

就在这时——羊场的账簿上连续第三年出现亏损，尽管亏损额只

1　最后几年的收益记录已经找不到了，不过一个连续九年的数据将会给出绵羊总数、羊毛平均重量、死亡率和工作成本（包括最后两年的战争征税）。

绵羊总数、羊毛重量和死亡率主要取决于降水。

过冬的绵羊总数	每只羊羊毛的平均重量		死亡率（百分比）	每只羊所需的工作成本	
	磅	盎司		先令	便士
22450	7	14	6	3	11
22000	6	7	25	4	11
19000	6	7	12.5	5	5
17800	8	7	5.25	5	6
19100	7	1	5.25	5	4
19024	7	14	5.25	5	4
19771	8	15.5	5.02	6	4
19535	8	7	5.55	9	10
19961	7	12	6.93	9	8

有几百英镑——来了一封信，我的银行家的弦外之音便是，建议我将牧场部分出售。

又一年过去了。开发的费用开始变少了：最重要的工作已臻完成。羊毛价格开始上升，羊群数量也开始增加。就像克里斯蒂安的朝天之行一样，我也能够不用顾虑银行和法庭而继续自己的道路，他们只能向朝圣者龇牙咧嘴却伤不到我。在这样的情形下，原本可能被视为危险的要求脱胎换骨成了一种虔诚的渴望。不再有人要求我将图提拉的任何部分出售了。

凭借着新土地上的人们那种特有的坚毅品质，现在情况开始好转。在新开垦的且阳光普照的草场上，小羊们大量出生。数英里的围栏里挤满了绵羊。在要下就下暴雨的原则的作用下，雨季过去了，随之而来的天气最适合图提拉：乡野只要是干的，到处都可以放火焚烧；草原扩展的速度可以与之前退化的速率相比。仅仅在一块草场里，绵羊的数量就从区区几十只增长到近两千只。当地的野草大规模分布开来，无数钝叶三叶草的种子在焚烧后的草场上发出了芽。羊羔出生率史无前例地高，并且个个体格健壮；肥羊在牧场的历史上第一次成千上万地被送往冷冻厂。

开发的投入已经停止了，而这些开发的所有效应都从羊毛收获、绵羊状况、绵羊增长和金钱回报中体现出来。图提拉的事业欣欣向荣，就和其他了解艰难时光的牧场主的羊场一样，牧场的抵押贷款第三次付清了。如果作者从撒旦的魔爪中逃回后，若不拥有"1.4万只绵羊、6000头骆驼、1000头公牛和1000只母驴"的话，他所有的与此也差不多；他至少拥有对他来说足够多的财富。事实上，上帝对于一份工作

38-4：克里斯蒂安经过护卫美丽宫的狮子（兹感谢 D.E.B. 斯格特）

的后半部分的祝福多于前半部分。

　　还有一点要补充的。1914 年 8 月，作者当时在家里，战争爆发了，旧世界粉碎而成为了过去。起初，由于他所具有的是当地牧羊的知识以及对新西兰鸟类某些野外博物学知识，加之已经五十岁左右，便无法安排在欧战的计划当中。被人看到自己无法入伍，他感到很羞愧；因此，他混在少数几个英国老头和黑人当中，在剑桥当了几期的超龄本科生。随后，他很幸运，在寻找成为一名勤务兵之时，结识了那位亲切的著名医生，那时他正主管着伦敦第三综合医院。他在那里与其艺术家员工（顺便提一句，当地人称他们为"链式帮"）接手管理这座大医院所在的那些土地。作者不应该再说了；他相信自己会有点用，他总可以从布鲁斯·布鲁斯·波特爵士那里获得一个职位，而这却是一场可将图提拉吞下的地震。就在那时，他找到了救赎的方法；他有了闲暇思考自己作为一名公民的罪恶，其中之一也许是——仅仅是也许——占据了一片太大的土地。这种醒悟确实是某种关键时刻或死前的觉醒，此外还有很多世俗平凡的理由触动了他。他想要有更多的时间去追求自己的爱好；最后，为那些决定新西兰的土地分级及税收等次的恶狼们做牛做马，并不明智；总之，正如《唐璜》中的女士，曾发誓自己永远不会同意的，最终还是同意了，他也决定将羊场剩余的大部分土地划分成小农场。这些都做完了；他在毛嘎哈路路的权益已经终止了，普陀瑞诺也已经出售了；如今，加上欧普阿西地区，从他手头卖出的图提拉土地达 13000 英亩。随着新移民时期的到来，我们羊场的历史就可以结束了。

　　作者希望告诫年轻的读者，他们也许会希望通过认真研读此书，从而走入荒野，拥有自己的土地和羊群，成为任何人都可获得充足且

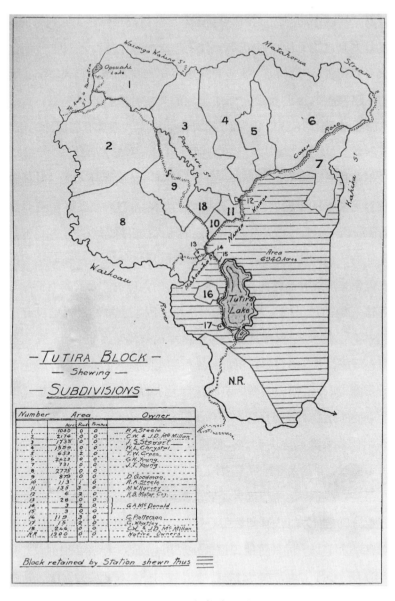

38-5：图提拉分区图

适度财富的国家的公民。在那里，若不了解黄金时代是如何到来的，财富便是多余之物，因此，花费大气力追求便成了徒劳。对于任何这样的读者我想提一些建议。遗传和环境一样都对新西兰起到作用，她并没有不堪回首的过去要让人忘却。她的开拓者们，不论是来自特威德河（Tweed）南岸还是北岸，都显得绅士而朴实，都具有最成熟的血统；八十年来，在物以类聚、人以群分的作用下，具有类似教养、品味和习性的亲友们都被吸引到了她的海岸上。在播迁海外的历程中，其他移民在较容易获得的土地上安了家，而最粗糙的谷物则被丢弃在最遥远的角落。新西兰尽管不能产生世界一流的诗人或音乐家——才智之士是不会外迁的，最高水平的知识分子还未在欧洲之外出现——但是她的建国者们都是勇敢和品行的代表；在她目前的人口中，人人具有简朴节约的美德。她的孩子们会起来为这个小小的国家祈祷，祝福她没有大城市，财富人人共享；祝福理想的生活由幸福来衡量而非财富；祝福这里的阳光雨露，尽管仍有阴霾沉沉；祝福结实的孩子们或在内地绿色的原野上养育，或在沿海经大海巨浪冲洗得干净的沙滩上成长；祝福这里世界上最低的死亡率。当作者在写作《图提拉》的每一页时，都在心中思考该用什么来赞美这块土地，就像克里夫在印度的财富面前那样，他不得不感叹，自己太吝惜赞美之词了。

最后一些话：他希望读者能够认真阅读，不要匆匆浏览。读者如果没有走马观花，并能认真阅读每一章，可以确定的是，即便在显微镜之下观察一个羊场，读者都能知道会发现什么内容。作者必须强调，自己所写的那一小片土地并没有什么特殊之处。一章章细读会发现，新西兰的每个羊场都是由一场大雨塑造的，都拥有传说和土著种族神奇的遗迹；都曾被森林、亚麻丛和蕨草丛所覆盖；都曾在拓荒者们遇到信贷和现金的极端困境下被征服；都曾有外来植物和动物席卷牧场；都曾调整了牧场的均衡状态；牧场的表面都被羊群画成地图，河流都曾受到冲刷作用；都曾见证了最初引进的家畜品种被另一种更适应环境变化的品种所取代；最后，都曾或者正在将羊场分成小块土地。这些变化都是作者的兴趣所在，能见证这些实为大幸；在和读者道别时，作者也希望将这一兴趣传递下去。

图书在版编目(CIP)数据

图提拉:一座新西兰羊场的故事/(新西兰)赫伯特·格思里-
史密斯著;许修棋译.—北京:商务印书馆,2021
(自然文库)
ISBN 978 - 7 - 100 - 18839 - 5

Ⅰ.①图…　Ⅱ.①赫…②许…　Ⅲ.①农业环境保护—历史—
研究—新西兰　Ⅳ.①X - 096.12

中国版本图书馆 CIP 数据核字(2020)第 142260 号

自然文库

图　提　拉
——一座新西兰羊场的故事
〔新西兰〕赫伯特·格思里-史密斯　著
许修棋　译

商　务　印　书　馆　出　版
(北京王府井大街 36 号　邮政编码 100710)
商　务　印　书　馆　发　行
北京新华印刷有限公司印刷
ISBN 978 - 7 - 100 - 18839 - 5

2021 年 5 月第 1 版　　　开本 710×1000　1/16
2021 年 5 月北京第 1 次印刷　　印张 34¼
定价:118.00 元